2023海峡两岸
岩土工程/地工技术交流研讨会
论 文 集

主 编 张晋勋
副主编 李连祥 王新杰 张德功

中国建筑工业出版社

图书在版编目（CIP）数据

2023 海峡两岸岩土工程/地工技术交流研讨会论文集 / 张晋勋主编 ；李连祥副主编. — 北京 ：中国建筑工业出版社，2023.10

ISBN 978-7-112-29297-4

Ⅰ. ①2… Ⅱ. ①张… ②李… Ⅲ. ①岩土工程－学术会议－文集②地下工程－学术会议－文集 Ⅳ. ①TU4-53②TU94-53

中国国家版本馆 CIP 数据核字(2023)第 198816 号

责任编辑：杨　允　李静伟
责任校对：姜小莲

2023 海峡两岸岩土工程/地工技术交流研讨会论文集

主　编　张晋勋
副主编　李连祥　王新杰　张德功

*

中国建筑工业出版社出版、发行（北京海淀三里河路 9 号）
各地新华书店、建筑书店经销
北京红光制版公司制版
建工社（河北）印刷有限公司印刷

*

开本：880 毫米×1230 毫米　1/16　印张：15½　字数：472 千字
2023 年 11 月第一版　2023 年 11 月第一次印刷
定价：**80.00** 元

ISBN 978-7-112-29297-4
(42003)

序

海峡两岸岩土工程/地工技术交流研讨会自 1992 年首次在北京召开以来，相继在台北（1993）、西安（1994）、上海（2002）、台北（2004）、天津（2007）、台中（2009）、广州（2011）、台北（2013）、成都（2016）及南投日月潭（2018）召开过十一次，推动了两岸岩土工程/地工技术界的交流与繁荣。今年，我们欣然迎来 2023（第十二届）海峡两岸岩土工程/地工技术交流研讨会在美丽的杭州召开。此次研讨会是继 2018 年在南投日月潭成功举办的第十一届地工技术/岩土工程交流研讨会后的又一次重要聚会。

2023 年将是一个极具里程碑意义的年份。这不仅是因为我们从 2018 年以来的不懈努力和成果将在本次会议上得到展现，更是因为这标志着我们在新的起点上，将继续担当起推进两岸岩土工程/地工技术发展的重任。

历经磨砺的四年，既有风雨，也有希望。面对全球疫情的严峻挑战，我们并未止步，而是以更坚定的决心、严谨的科研态度投入到岩土工程/地工技术的研究中。我们尽心尽力提升研究水平，积极致力于相关技术的开发和创新。

本次研讨会（2023）由中国建筑业协会深基础与地下空间工程分会、财团法人地工技术研究发展基金会主办，浙江大学滨海和城市岩土工程研究中心、北京金山基础工程咨询有限公司承办，同时得到了北京城建集团有限责任公司、北京城建设计发展集团股份有限公司、北京城建华夏基础工程有限公司、北京市轨道交通设计研究院有限公司、同济大学、清华大学、天津大学、北京交通大学、深圳大学、湖南大学、山东大学等单位的协办与支持。

会议将围绕“地基处理·风险控制·绿色岩土·数字岩土”这一主题，对亟需解决的岩土工程/地工技术问题展开深度讨论，会议议题覆盖了“地基处理、加固与土质改良”“自然灾害下的基础工程：破坏、监测与处理”“建（构）筑物顶升、改移与纠倾”“城市地下工程建设环境影响与智能检测”“城市地下工程施工综合化”“数字化、信息化、岩土工程机械智能与遥控”等众多议题，这既体现了岩土工程/地工技术领域的热点，也反映我们对迎接未来挑战的决心和信心。

为继承和延续两岸研讨会的优良传统，中国建筑业协会深基础与地下空间工程分会与财团法人地工技术研究发展基金会按照上述主题和议题分别组织出版了两册论文集，正好反映了两岸在岩土工程/地工技术领域里各自的探索。这两册论文集各具特色，共同构成了璀璨的学术华章。我们期待，通过这样的方式，可以激发更多的思考和启发，推动海峡两岸在岩土工程/地工技术的发展上取得更大的进步。

在此，我们要衷心感谢每一位参与本次研讨会的业界同行，无论是论文的作者，还是热心的参与者，是你们的付出和贡献，使得研讨会得以顺利举行，论文集得以完美呈现。

看似波澜不惊的土地，其实蕴含着巨大的秘密和力量。在满足建设需求的同时，我们始终要关注土地的更深层问题，更合理地利用和保护土地，更好地服务于社会及环境的可持续发展。

我们相信，在共同的热情和追求下，我们会在岩土工程/地工技术领域取得更大的进步，两岸的学术研究将共同繁荣，技术交流将更加紧密，更多的共享成果将造福于两岸和全世界的人民。

四年前，南投日月潭给我们留下了美好的回忆和宝贵的经验。此次，我们期待在杭州这座充满文化和科技气息的城市，分享更多的研究成果，推广更多的技术应用，携手迎接更多的挑战与机遇。

谨代表组委会，向所有参会人员表示最热烈的欢迎，期待与您在杭州的相聚，共创两岸岩土工程/地工技术的美好未来。

中国建筑业协会深基础与地下空间工程分会

会长　张晋勋

2023 年 11 月

目　录

第一部分　地　基　基　础

第二部分　风　险　控　制

第三部分　绿　色　岩　土

第四部分　数　字　岩　土

第一部分

地　基　基　础

深厚填土路基处理分析

郭红梅[1,2]

(1. 北京城建勘测设计研究院有限责任公司，北京 100101；2. 城市轨道交通深基坑岩土工程北京市重点实验室，北京 100101)

摘　要：通过对某深厚填土坑进行地基处理前后地基土物理力学参数试验，处理后单桩及天然土、桩间土的静力载荷试验及桩间土浸水静力载荷试验的结果分析，处理后的复合路基满足设计要求，取得较好经济效益，可为类似工程提供较好借鉴。

关键词：深厚填土路基；地基处理；载荷试验；分析

0　工程概况

某拟建道路工程线路路基范围穿越一个深大的采砂坑，该深大砂坑现状已大部分回填至自然地面，砂坑填土层厚度最大约 22m，最浅约 5m，砂坑自然地面平均标高 50.5m 左右，回填土的成分主要是近 1～2 年回填的房渣土、建筑垃圾及部分砂、卵石等杂填土，回填土的厚度大，组成成分复杂且不均匀，呈欠固结状态，承载力及沉降量不能满足路基的使用要求，必须进行加固处理。

1　工程地质及水文地质条件

拟建场地位于永定河冲积扇顶部，以第四纪冲洪积层为主，根据岩土工程勘察报告，砂坑填土层最深为 22.0m，地层由上至下依次为：

人工堆积地层：低液限黏土填土（CL）①层：黄褐色—褐黄色，稍湿—湿，可塑—硬塑，含砖渣、白灰；建筑垃圾（B）$①_1$层：杂色，湿，松散，含砖渣、白灰、树根等；级配良好砂填土（SW）$①_2$层：黄褐色—褐黄色，稍湿—湿，松散—稍密，含砖渣、白灰；级配不良砾填土（GW）$①_3$层：杂色，稍湿，稍密，一般粒径 3～10mm，最大粒径 120mm，粒径大于 2mm 的颗粒约占全重的 85%，含砖渣、白灰。该层层底标高为 46.25～51.99m。

其下为级配良好的砂、卵石。

勘探期间，各钻孔均没有见到地下水，根据场地东侧以及场地内现存的机井地下水位资料，本场地地下水位标高为 28.50m 左右。由于本场地地下水埋藏较深，在进行地基处理方案设计时，可以不考虑地下水的影响。

2　地基处理方案选择

通过对不同的地基处理方案的主要工程量，经济造价、施工工期及环保、社会效益等技术经济对比分析，采用柱锤冲扩桩复合地基不但可以消纳大量场地周边原有的建筑垃圾等工程废料，具有良好社会效益，而且可以节省工程经济造价，缩短施工工期，具有相对明显的优势。

3　柱锤冲扩桩复合地基方案

3.1　地基加固设计要求

采用柱锤冲扩桩处理后设计要求复合地基承载力不低于 120kPa，桥后 50m 范围内沉降不大于 5cm。拟采用先将填土表层平均开挖 1m 至标高 49.5m 处，可将较浅的填土换除掉，在坑下施工柱锤冲扩挤密白灰渣土桩，最后再回填碾压灰渣土至地面。

3.2　柱锤冲扩挤密灰渣土桩复合地基设计

经设计计算得到的主要设计参数如表 1 所示。

柱锤冲扩挤密灰渣土桩设计参数　　表 1

桩数/根	设计桩长/m	桩间距/m	布桩形式	设计桩径/mm	面积置换率	总延米/m	总方量/m^3
7117	7～2	1.6×1.35	梅花	550	0.11	71200	20292

作者简介：郭红梅（1972—），女，博士，教授级高级工程师，现从事岩土工程相关工作。E-mail：1297427709@qq.com。

经计算，柱锤冲扩灰渣土桩复合地基承载力特征值 f_{spk} 为159kPa，中心点的最大沉降计算结果为45mm，满足设计要求。

4 地基处理试验研究分析

4.1 单桩及天然土、桩间土承载力

采用慢速维持荷载法分别对单桩、天然土及复合地基桩间土进行了静力载荷试验，压板面积为1.4m×1.4m方板，检测结果如表2所示。

竖向抗压静载荷试验结果汇总　　表2

点号	终止荷载/kN	总沉降量/mm	竖向抗压极限承载力/kN	竖向抗压承载力特征值/kN
单桩1号	640	29.07	560	280
单桩2号	640	26.62	560	280
单桩3号	800	35.66	720	360
天然土1号	96	29.53	168	84
天然土2号	108	24.11	192	96
桩间土1号	110	44.80	200	100
桩间土2号	120	38.03	220	110

4.2 处理前后地基土物理力学参数对比分析

为了对比地基处理前后填土层的物理力学指标变化情况，在处理前后分别进行了大体积试验，测得地基处理后土的密度范围值由1.64～1.81提高到2.01～2.20。另外，在处理前后还分别进行了动力触探试验，取得了 $N_{63.5}$，动力触探试验结果表明：地基处理前填土的 $N_{63.5}$ 数值范围为6～9，地基处理后桩体的 $N_{63.5}$ 数值范围为16～32，桩间土的 $N_{63.5}$ 数值范围为8～20，对桩间土的挤密效果明显。

4.3 复合地基承载力载荷试验

采用慢速维持荷载法对复合地基进行静力载荷试验，压板面积为1.4m×1.4m方板，检测结果如下：

试验结果（表3）表明，复合地基承载力特征值满足120kPa的设计要求。

复合地基载荷试验结果汇总　　表3

点号	终止荷载/kN	总沉降量/mm	试验点承载力特征值/kPa	对应沉降量/mm	对应 s/b	复合地基承载力特征值/kPa
1号	600	12.79	120	2.33	0.0017	120
2号	600	15.18	120	2.78	0.0020	

4.4 桩土应力比试验

在进行复合地基静载荷试验时，还分别在桩体及桩间土上埋置压力盒，每级荷载施加后各测读一次桩体上、桩间土上压力盒的压力值，试验成果如表4所示。

由表4可以得出，压力增加初期，荷载主要由桩体承担，此时桩土应力比最大，随着荷载的逐步增加，桩间土受力的比重逐渐增加，桩土应力比逐步减小。

4.5 地基处理后桩间土湿陷性试验

采用慢速维持荷载法对复合地基处理后的桩间土进行了浸水静力载荷试验，具体检测结果见表5。

桩间土浸水载荷试验结果表明处理后的场地土不具有湿陷性。

桩-土压力变化情况　　表4

点号		荷载/kN								
		120	180	240	300	360	420	480	540	600
1号	桩/MPa	0.050	0.075	0.118	0.150	0.156	0.253	0.408	0.353	0.371
	土/MPa	0.0023	0.005	0.0114	0.021	0.034	0.079	0.159	0.196	0.246
	桩/土	21.74	15.00	10.35	7.14	4.59	3.20	2.57	1.80	1.51
2号	桩/MPa	0.065	0.087	0.116	0.145	0.181	0.225	0.283	0.340	0.420
	土/MPa	0.0033	0.006	0.012	0.024	0.047	0.081	0.127	0.193	0.271
	桩/土	19.70	14.50	9.67	6.04	3.85	2.78	2.23	1.76	1.55

桩间土浸水静载荷试验结果汇总 表 5

点号	终止荷载 /kN	总沉降量 /mm	附加湿陷量 /mm	附加湿陷量与压板直径之比	极限承载力 /kPa	承载力特征值 /kPa
1号	105	36.07	9.26	0.0116	180	90
2号	120	29.28	5.40	0.0068	210	105
3号	120	21.00	3.54	0.0044	210	105

5 结论

（1）通过处理前后桩间土密度及单桩载荷试验表明，处理后复合地基承载力特征值满足设计要求。

（2）桩-土压力试验结果表明，压力增加初期，荷载主要由桩体承担，此时桩土应力比最大，随着荷载的逐步增加，桩间土受力的比重逐渐增加，桩土应力比逐步减小。

（3）处理后桩间土浸水静力载荷试验表明，经处理后场地不具湿陷性。

参考文献：

[1] 徐至钧，李军．柱锤冲扩桩法加固地基[M]. 北京：机械工业出版社，2004.

[2] 住房和城乡建设部．建筑地基处理技术规范：JGJ 79—2012[S]. 北京：中国建筑工业出版社，2013.

[3] 住房和城乡建设部．建筑地基基础设计规范：GB 50007—2011[S]. 北京：中国建筑工业出版社，2012.

[4] 住房和城乡建设部．建筑桩基技术规范：JGJ 94—2008[S]. 北京：中国建筑工业出版社，2008.

北京城市副中心三大建筑超深止水帷幕施工技术研究

彭志勇

（北京城建集团有限责任公司，北京 100088）

摘　要： 北京城市副中心三大建筑及共享配套设施项目基坑一体化设计和施工，基坑面积 321536m²，基坑最大深度 34.9m，采用搅拌水泥土连续墙止水帷幕，墙厚 0.8m，深度 49～55m，帷幕长 2127.6m，帷幕深度及长度均为北京地区之最。本文通过对 TRD 和 SMC 两种施工工艺对比研究，确定适合该地区场地地层特性的止水帷幕施工工艺和相关工艺参数，为北京城市副中心地区今后类似工程设计和施工提供经验借鉴。

关键词： 搅拌水泥土；止水帷幕；硬质地层；TRD 小角度转弯

0　工程概况

北京城市副中心三大公共建筑及地下共享配套设施项目主要包括城市副中心剧院、城市副中心图书馆、首都博物馆东馆三大公共建筑和地下共享配套设施（含 M101 线、M104 线轨道交通预留工程）。基坑工程实行一体化设计和施工，基坑面积 321536m²，基坑最大深度 34.9m。工程处于潮白河故道下游，地层分布复杂，土层岩性以黏性土、粉土和砂土交互沉积层为主，地层均匀性较差，地下水丰富，在地表下 45m 范围内无连续隔水层。

基坑东南侧为东方化工厂旧址，地下滞留以原化工厂排放的有害污染羽（漂浮于潜水层上方），施工过程中要防止基坑周边地下水水位变化导致东方化工厂污染羽的扩散。

1　工程地质与水文地质条件

1.1　工程地质条件

本工程场区位于潮白河冲洪积扇中下部，地层以黏性土、粉土和砂土交互沉积层为主。场区地层划分为人工堆积层、新近沉积层和第四纪沉积层三大类。新近沉积层主要有②层粉砂、细砂和③层黏质粉土、砂质粉土。第四纪沉积层依次为④层细砂、中砂；⑤层黏土、重粉质黏土；⑥层细砂、中砂；⑦层粉质黏土、重粉质黏土；⑧层细砂、中砂；⑨层重粉质黏土、粉质黏土。其中④层细砂、中砂和⑧层细砂、中砂厚度达 7～8m，密实，最大标准贯入度达 115。

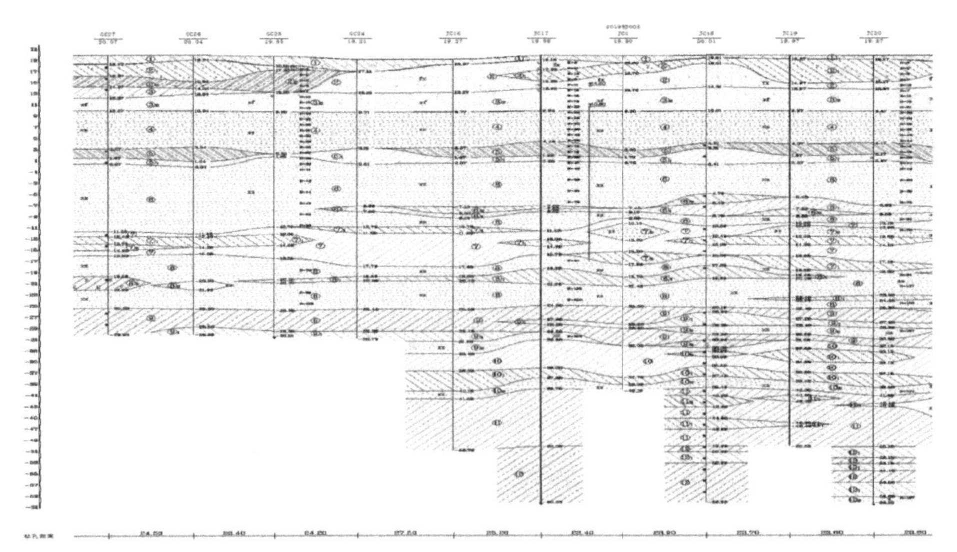

图 1　场区典型地层剖面图

作者简介：彭志勇（1973—），本科，土建施工项目总工，正高级工程师，E-mail：980554705@qq.com。

1.2 水文地质条件

通过勘察，各层地下水类型及钻探期间实测水位情况如表1所示。

地下含水层　　表1

地下水序号	地下水类型	地下水稳定水位（承压水侧压力水头）	
		埋深/m	标高/m
第一层	上层滞水	5.50～6.10	15.31～16.12
第二层	潜水	5.30～9.10	12.16～14.85
第三层	潜水—承压水	7.10～8.50	11.50～13.31
第四层	承压水	8.60～11.20	10.41～11.71

2 止水帷幕工艺试验

2.1 TRD、SMC工艺比较

由于北京地区没有搅拌水泥土地下连续墙工程案例，在对国内外成熟的水泥土搅拌连续墙施工工艺充分调查的基础上，重点对渠式切割等厚搅拌水泥土连续墙（TRD）和双轮铣搅拌水泥土地下连续墙（SMC）两种施工工艺进行对比分析研究（表2）。

TRD、SMC止水帷幕工艺比较　　表2

工艺名称	成桩深度	设备高度	适用地层	墙厚	优点	缺点
TRD	可达60m，最新设备施工深度可达70m	整机高度不超过13m	各种土层、砂层、<100mm卵砾层、强风化岩层	550～850mm	设备高度较低，成桩深度较大，等厚成墙，连续性较好，施工环保	辅助设备多，复杂地层适应性较差
SMC	可达50m	成桩深度+5m	各种土层、砂层、<100mm卵砾层、强风化岩层	800mm、1000mm、1200mm	施工环保，等厚成墙，地层适应性高	设备高度较高，成墙接缝多

TRD和SMC工法虽然在国内已有不少工程案例，但如何在北京地区实施如此超长超深水泥土搅拌连续墙止水帷幕，达到环保、安全、高效、经济的目标成为项目研究的主要内容。为研究两种帷幕工艺在本项目场地地质条件下所能达到的最佳止水效果和相应施工参数，项目首先在场地周边选择有代表性的地层分别进行TRD和SMC两种工艺进行试验段施工。

2.2 试验段地层选择

试验段选址参考初勘地层剖面，选择地层构造具有代表性的勘探孔附近。考虑两个试验段间距离有30m，地层可能存在一定变化，因此在两个试验段帷幕边缘3.0m左右各补充了1个钻孔，孔深均为57m。两个补充钻孔的地层剖面见图2。其中，⑨$_1$层在此区域为砂质粉土，靠近SMC段勘察孔揭露⑨$_2$层细砂。

2.3 试验段止水帷幕设计

每个试验段由4段连续墙组成封闭井字形，共32延米长，墙深50m，墙厚0.8m，墙底进入⑨层，施工前将场地平整至标高21.00m，墙底标高为−29.00m。为确定搅拌水泥土最佳配合比，分别设计了4种配比进行试验。水泥采用P·O425水泥。

A段配合比：水泥掺量20%（水泥用量380kg/m^3），水灰比1.2；

B段配合比：水泥掺量25%（水泥用量475kg/m^3），水灰比1.2；

C段配合比：水泥掺量30%（水泥用量570kg/m^3），水灰比1.2；

D段配合比：水泥掺量25%（水泥用量475kg/m^3），水灰比1.0。

2.4 抽水试验设计

（1）抽水井、观测井平面布置

为验证止水帷幕封闭效果，针对不同含水层分别设计抽水试验井和观测井。针对第一含水层的抽水井TJ1、SJ1（TRD试验井前缀T、SMC试验井前缀S，下同）及观测井TG1、SG1和TG2、SG2设计深度为18m；第二含水层的抽水井TJ2、SJ2及观测井TG3、SG3和TG4、SG4设计深度为30m；第三含水层的抽水井TJ3、SJ3及观测井TG5、SG5和TG6、SG6设计深度50m。3个抽水井在闭合环内中间位置布设；观测井平行于一侧墙体布设，井间距1.00m，与墙体轴线距离1.00m。各试验井平面布置见图4、图5。

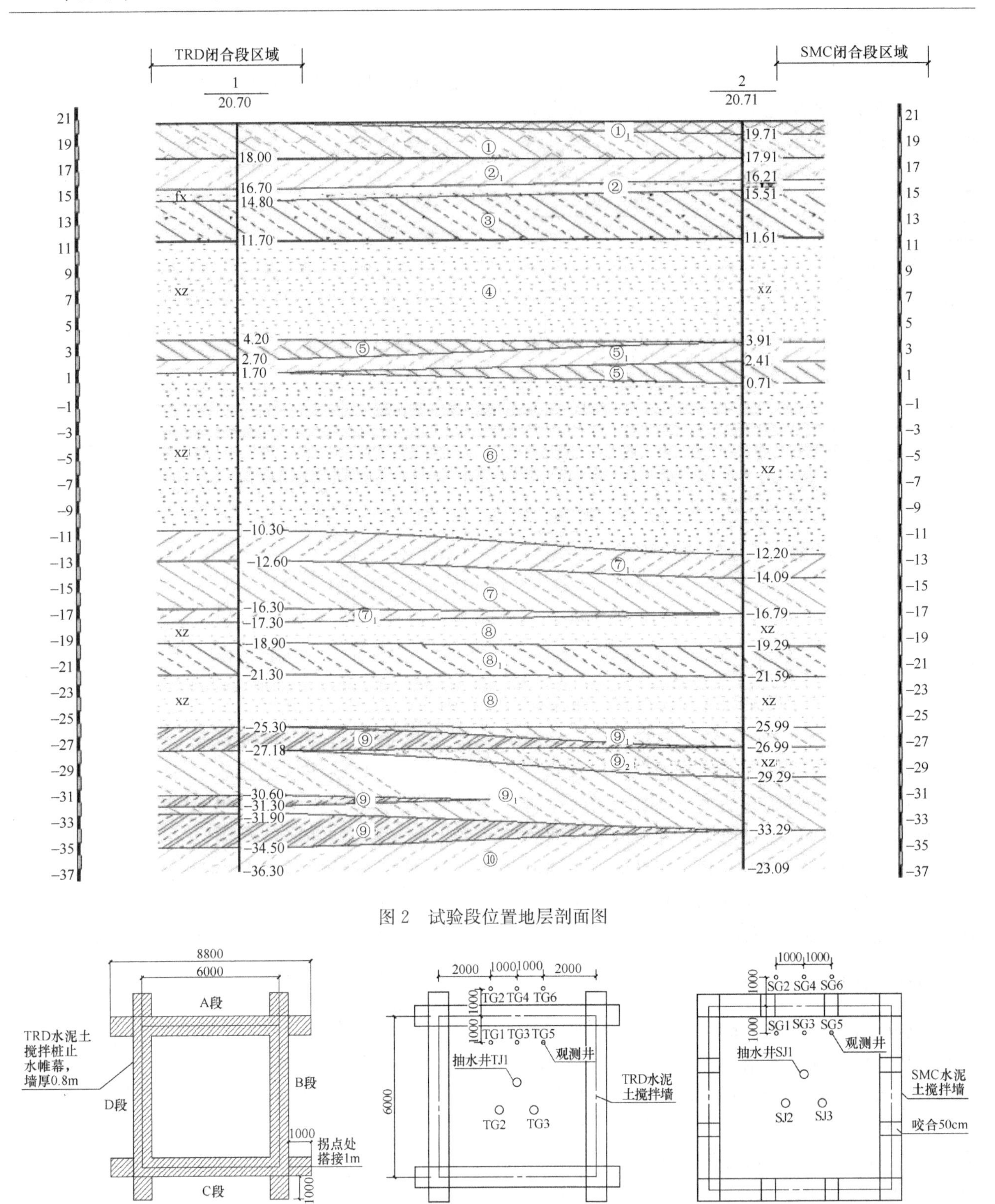

图2　试验段位置地层剖面图

图3　试验段布置图

图4　TRD抽水试验井位平面布置图

图5　SMC抽水试验井位平面布置图

（2）抽水试验井身设置

抽水井孔直径均为600mm，观测井孔直径为325mm。抽水井TJ1、SJ1深18m，抽水井TJ2、SJ2深30m，抽水井TJ3、SJ3深50m。TG1/SJ1、TG2/SG2井花管长度13m，实管长度5m，封井深度5m；TG3/SG3、TG4/SG4井花管长度10m，实管长度20m，封井深度20m；TG5/SG5、TG6/SG6井花管长度14m，实管长度36m，封井深度36m。抽水井及观测井井身结构图见图6～图8。

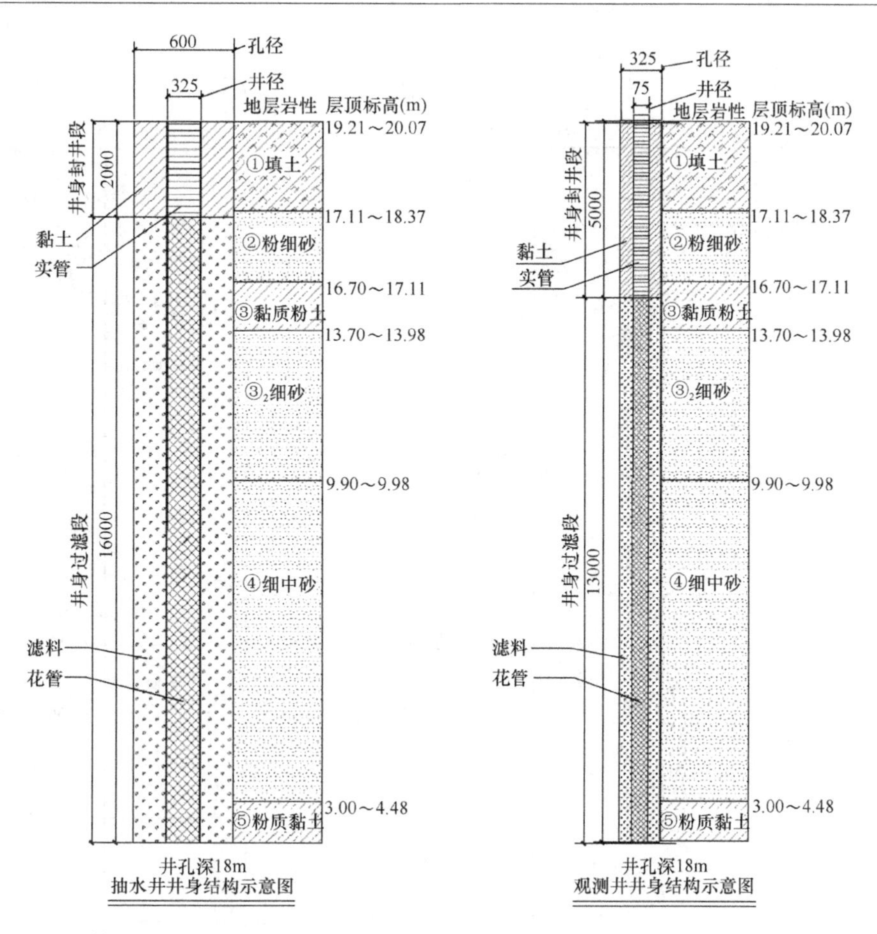

图 6　第一层含水层试验井井身结构图（井号 TJ1/SJ1 和 TG1/SG1、TG2/SG2）

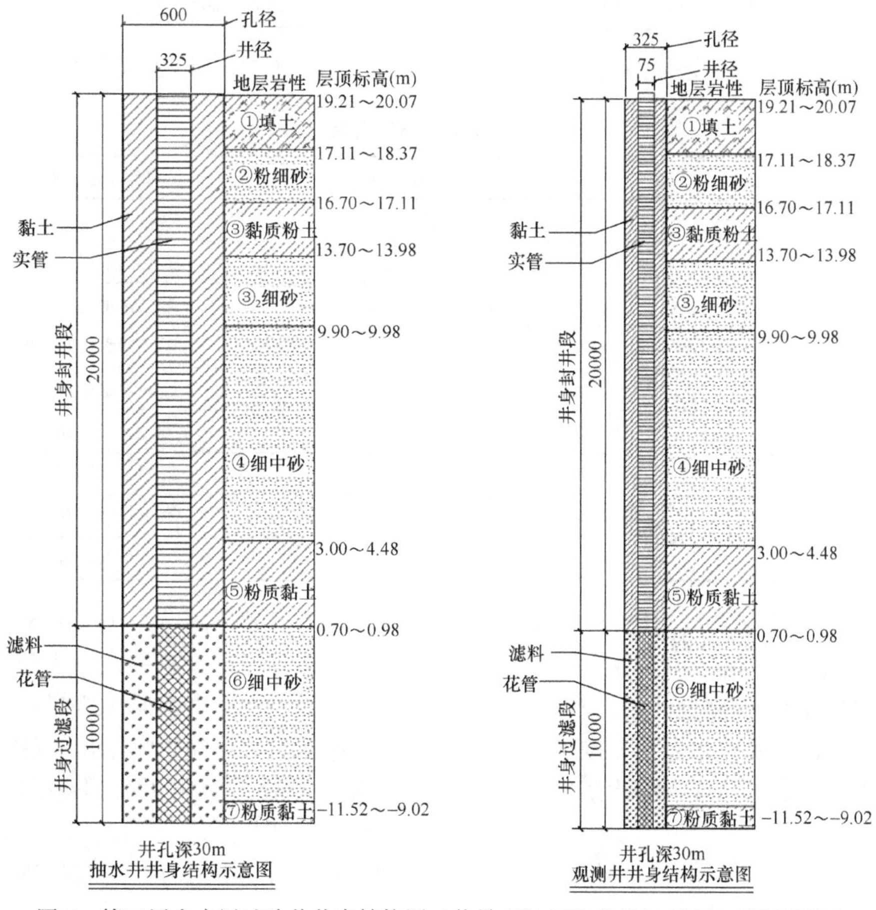

图 7　第二层含水层试验井井身结构图（井号 TJ2/SJ2 和 TG3/SG3、TG4/SG4）

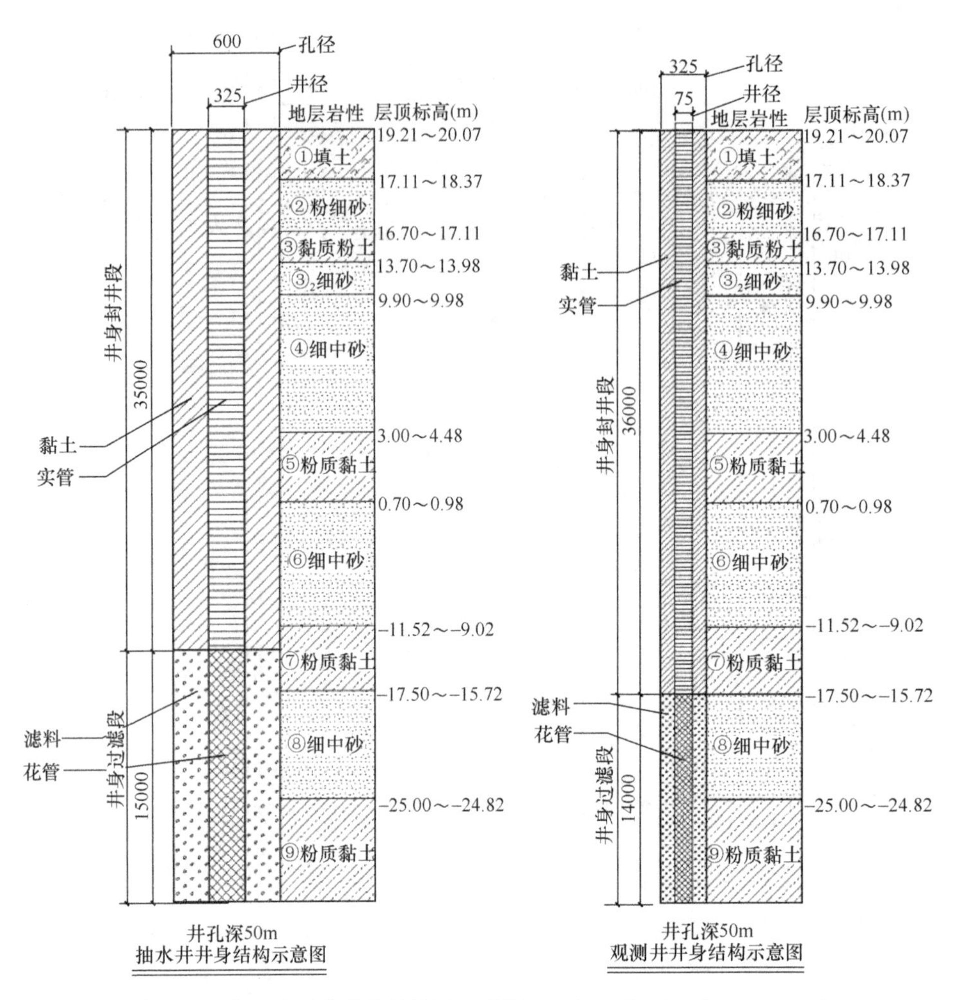

图 8　第二层含水层试验井井身结构图（井号 TJ3/SJ3 和 TG5/SG5、TG6/SG6）

抽水试验井深及孔径表　　**表 3**

井号	井深/m	孔径/mm	井径/mm	针对含水层及相对闭合环位置
TJ1/SJ1	18	600	325	第一含水层抽水井（帷幕内）
TJ2/SJ2	30	600	325	第二含水层抽水井（帷幕内）
TJ3/SJ3	50	600	325	第三含水层抽水井（帷幕内）
TG1/SG1	18	325	75	第一含水层观测井（帷幕内）
TG2/SG2	18	325	75	第一含水层观测井（帷幕外）
TG3/SG3	30	325	75	第二含水层观测井（帷幕内）
TG4/SG4	30	325	75	第二含水层观测井（帷幕外）
TG5/SG5	50	325	75	第三含水层观测井（帷幕内）
TG6/SG6	50	325	75	第三含水层观测井（帷幕外）

表 3 中 50m 井设计取水深度对应 36～45m 深度之间的细砂、中砂层（第三层含水层）；30m 井取水深度对应 21～29m 深度之间的细砂、中砂层（第二含水层）；18m 井取水深度对应 18m 深度以内的饱和粉砂、细砂层（第一含水层）。

2.5　抽水观测

抽水过程中同时对抽水井的动水位和流量进行观测，开始每隔 5～10min 观测一次，连续 1h 后，每隔 30min 观测一次，水位变化较小后可每小时观测一次，直至抽水结束。

抽水过程中注重帷幕内（G1、G3 和 G5）和帷幕外（G2、G4 和 G6）各相应层位观测井的水位变化，按 1、3、5、10、15、20、30、40、60、90、120、150min 的时间间隔进行观测，直至抽水试验结束。

抽水停止后，立即开展恢复试验，各试验井的水位观测时间间隔按 1、3、5、10、15、20、30、40、60、90、120、150min，水位观测持续时间至水位基本稳定 24h 后或恢复到抽水前静止水位。

2.6 试验分析

SMC 闭合段 SJ1、SJ2、SJ3 抽水水量变化曲线如图 9（a）、(c)、(e) 所示，对应的水位-标高曲线如图 9（b)、(d)、(f) 所示。从图中可以看出，SJ1 抽水量在 24h 后明显减少；SJ2 抽水量在 24h 后出现减少趋势，但不持续；SJ3 抽水量在 24h 后无明显变化。在停止抽水后，SJ1、SJ2 水位回升速度较快。TRD 闭合段 TJ1、TJ2、TJ3 抽水水量变化曲线如图 10（a)、(c)、(e) 所示，对应的水位-标高曲线如图 10（b)、(d)、(f) 所示。从图中可以看出，TJ1、TJ2、TJ3 抽水量在 1～2h 后明显减少，在停止抽水后，水位回升不明显。

通过对 SMC 工法闭合环试验抽水水量和抽水过程、恢复过程水位标高分析，可以得出结论：SMC 工法施工的水泥土搅拌墙闭合环帷幕整体止水效果不理想，随深度增加止水效果逐渐变差，仅阻断了第一层地下水环内、外间的水力联系，对于第二层与第三层地下水均未完全切断其径向水力联系，即：相应第二和第三含水层位置均存在渗漏问题。渗流可能来自两个方面的因素，一是 SMC 连续墙相邻槽段冷缝搭接处出现渗漏点；二是由于隔水层在该部位缺失。

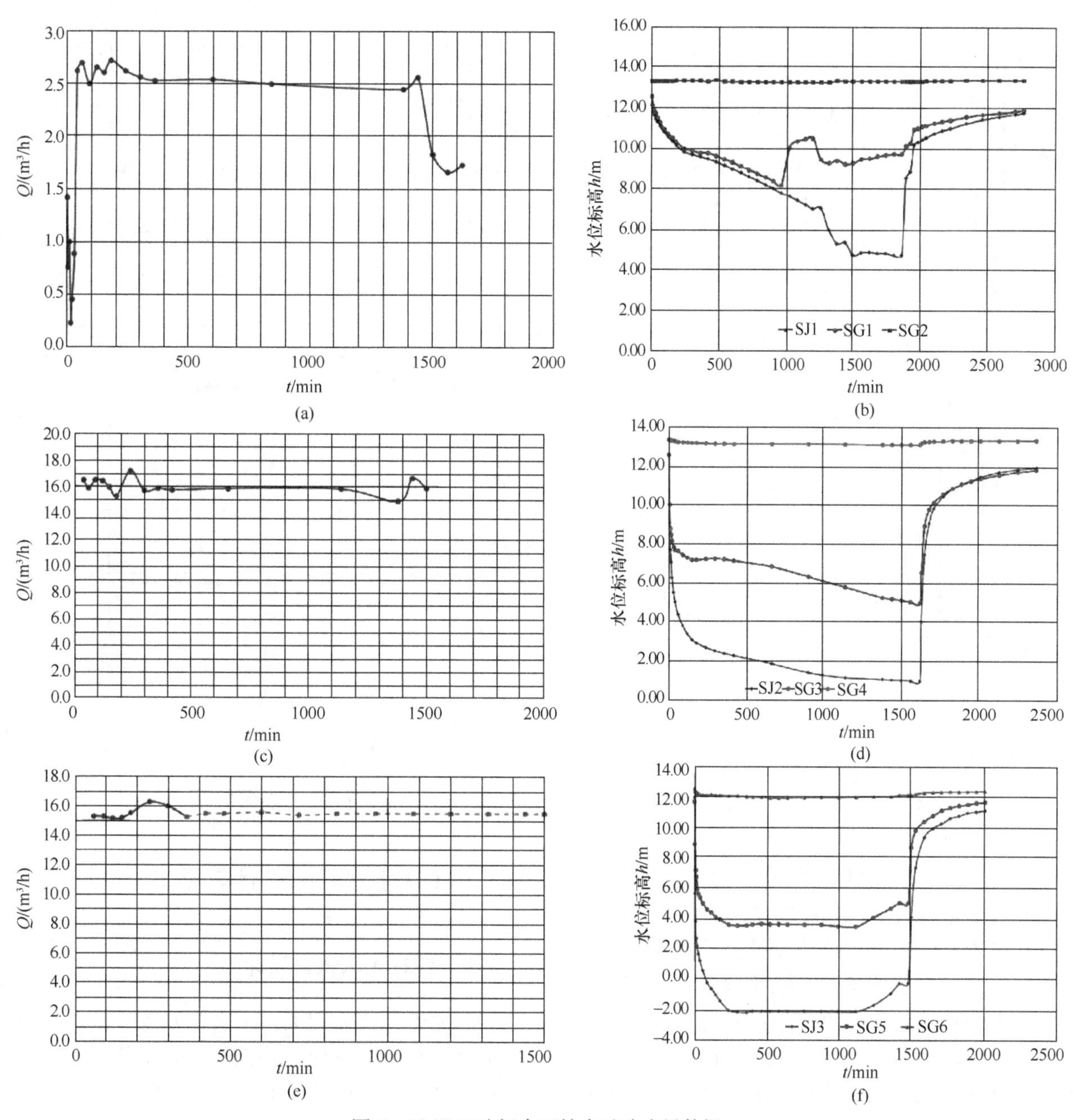

图 9 SMC 工法闭合环抽水试验成果数据

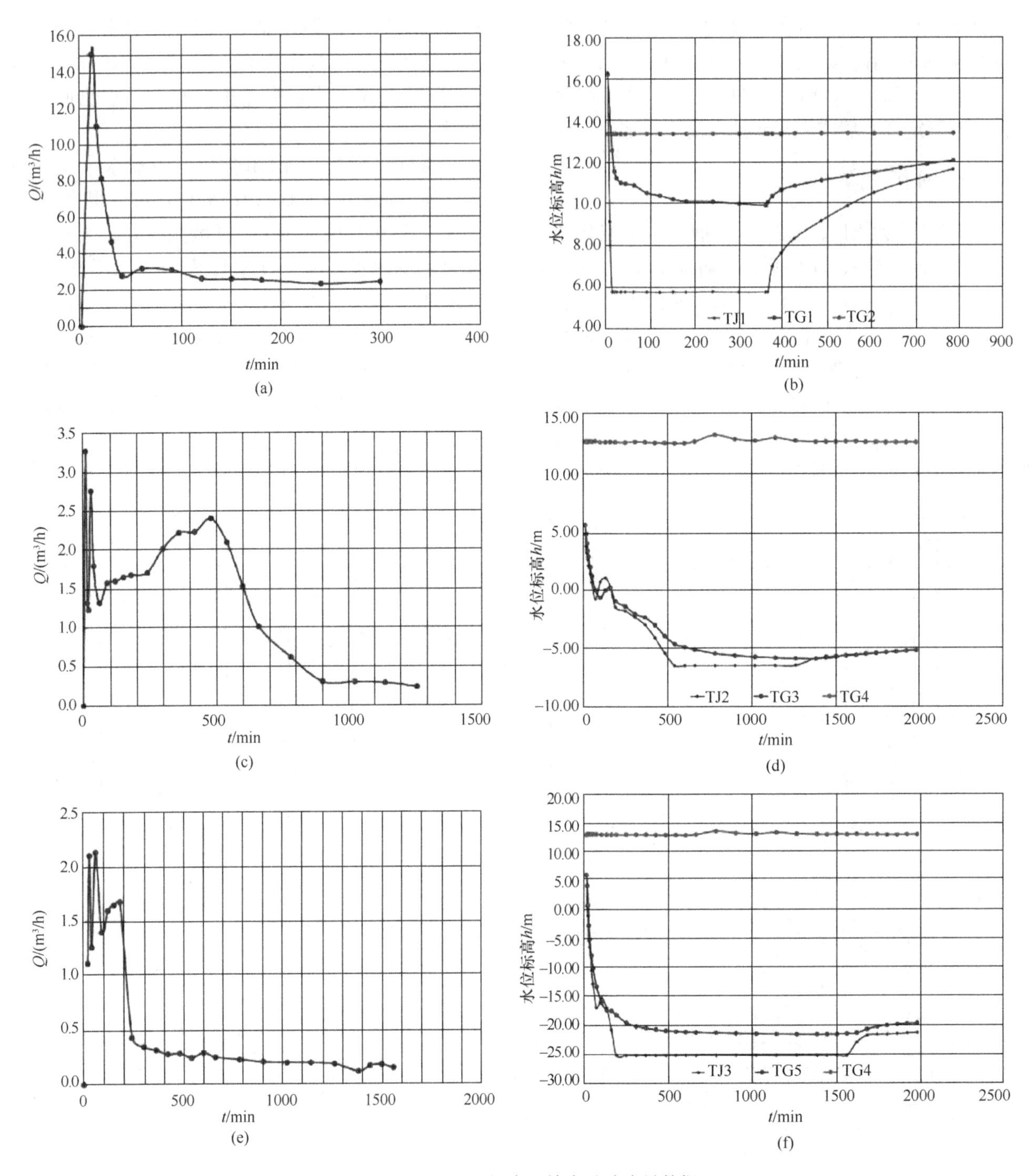

图10 TRD工法闭合环抽水试验成果数据

通过对TRD工法闭合环试验抽水水量和抽水过程、恢复过程水位标高分析，可以得出结论：TRD工法施工的闭合环帷幕止水效果总体良好，针对相应于第二含水层深度段存在微小渗漏问题，可在后续帷幕施工中严格控制搅拌均匀度来加以解决。同时，由于本项目止水帷幕较深，基坑疏干井布设与抽排水量计算时也应充分考虑下层地下水越流补给的影响。综上所述，通过试验对比，本项目选择TRD作为最终的止水帷幕工艺并结合施工情况进行进一步研究。

3 TRD止水帷幕设计与施工

3.1 TRD止水帷幕设计

由于基坑面积大，上部隔水层不连续，在详细勘察基础上对地层构造分析，最终选定⑨粉质黏土作为隔水层，帷幕深度49～55m，周长

2127.6m。止水帷幕与隔水层共同形成“盆”式隔水屏障，阻断基坑内地下水疏干对外围环境的影响。止水帷幕为水泥土连续墙，墙厚 0.8m，固化液拌制采用 P·O42.5 级普通硅酸盐水泥，每立方米被搅拌土体掺入不少于 25%的水泥，水灰比为 1.2。

3.2 小角度折线转弯成墙施工

在工程施工过程中，转折点较多，在 TRD 墙体 2127.6m 长度中，共有 17 处转折点，其中转折点最小角度为 108°，最大角度为 166°。由于 TRD 设备通常只能直线切割掘进，在遇到折线时需要拔出切割箱，待先行施工的墙体达到一定强度后，再重新下切割箱进行下一段墙体的施工，折线节点处施工周期长。为节约工期，本工程施工过程中通过调节机械角度，循环切割土体，实现角度大于 150°、补角小于等于 30°的小角度转角施工。

进行墙体 1 直线切割—第一次小角度回撤—小角度直墙一次切割—第二次小角度回撤—小角度直墙二次切割—第三次小角度回撤—墙体 2 直线切割。

先行切割和回撤切割都应超出帷幕墙一幅刀箱宽度，满足搭接长度要求。当箱体由墙体 1 转至墙体 2 方向后，再一次喷浆成墙。

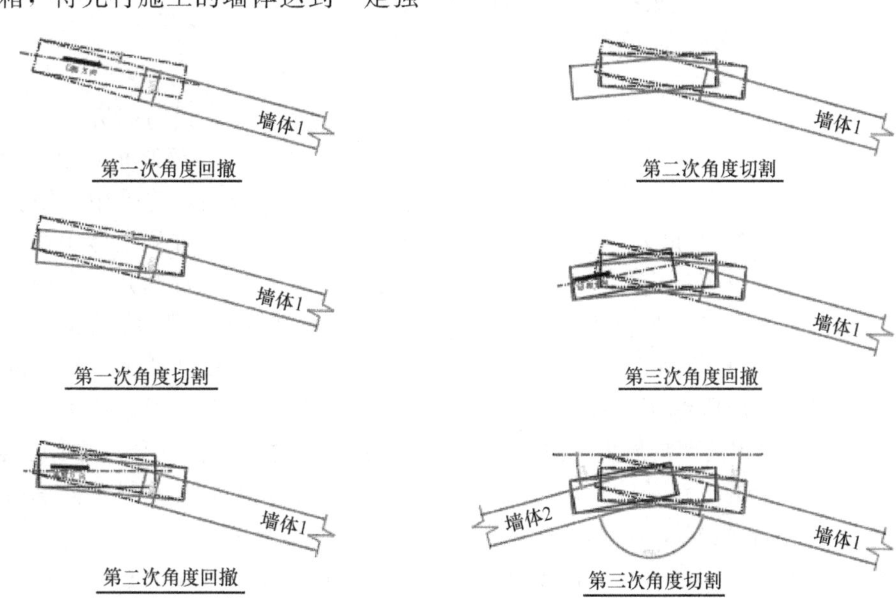

图 11 小角度成墙工序示意

4 止水帷幕效果验证

在止水帷幕施工完成后，在基坑地下水疏干过程中，通过对基坑外不同监测点地下水位随时间累计变化量分析反馈，各测点地下水位累计变化量均未超控制值，承压水水位变化不大，波动幅度均趋于平稳。验证了本工程等厚度水泥土搅拌连续墙有效隔断坑内外水力联系，基坑内部大面积疏干地下水对坑外地下水无影响。

参考文献：

[1] 李星，谢兆良，李进军，等. TRD 工法及其在深基坑工程中的应用[J]. 地下空间与工程学报，2011, 7(5)：945-950，995.

[2] 田丁，安思璇，黄浩天，等. 北京地区采用 TRD 止水帷幕工法的固化液掺量研究[J]. 建筑技术，2020，51(5)：566-568.

[3] 葛永超. TRD 工法原理及其在深基坑止水帷幕中的应用[J]. 工程建设与设计，2021(9)：29-31.

[4] 郭双朝，张澍，张振，等. TRD 工法在北方地区的适用性分析[J]. 建筑技术，2020，51(5)：569-571.

[5] 雷超，胡雨辰，周鹏辉. TRD 工法水泥土搅拌墙在某基坑支护工程中的应用[J]. 长江工程职业技术学院学报，2019，36(1)：1-5.

[6] 王卫东，邱国恩. TRD 工法等厚度水泥土搅拌墙技术与工程实践[J]. 岩土工程学报，2012(S1)：628-633.

植入桩技术介绍及承载特性现场试验研究

周佳锦[1,2]，龚晓南[1,2]，张日红[3*]，俞建霖[1,2]
（1. 浙江大学滨海与城市岩土工程研究中心，浙江 杭州 310058；2. 浙江省城市地下空间开发工程技术研究中心，浙江 杭州 310058；3. 宁波中淳高科股份有限公司，浙江 宁波 315100）

摘　要：本文介绍了植入桩技术及其承载特性现场试验研究。植入桩技术可以解决传统锤击或者静压法施工预制桩产生的振动、噪声污染和挤土效应问题，同时能够大幅度减少灌注桩施工过程中产生的泥浆污染环境问题。通过两组现场试验分别对植入桩与预制桩和灌注桩的承载特性进行比较分析，植入桩与灌注桩的静载荷试验结果表明直径为 850mm 的植入桩的抗压承载性能与直径为 1000mm 的灌注桩的承载特性接近，采用 850mm 植入桩代替 1000mm 灌注桩可以大幅度减少混凝土和水泥等资源消耗，并且可以大幅度减少泥浆排放；植入桩与预制桩的静载荷试验结果表明植入桩中预制桩周围的水泥土层可以有效提高桩基的承载性能，植入桩在各土层中的极限侧摩阻力为规范推荐的预制桩极限侧摩阻力的 1.27～2.75 倍，并且植入桩施工过程中的桩端扩底和注浆过程可以有效提高桩端承载性能。

关键词：静钻根植桩；预制桩；灌注桩；现场试验；承载特性

0　引言

钻孔灌注桩和预应力高强度混凝土管桩（PHC 管桩）是实际工程中应用最为广泛的两种桩基础。随着我国城市化进程的快速推进，采用锤击或者静压方法施工的 PHC 管桩产生的噪声、振动污染以及严重的挤土效应限制了其在都市区的应用；钻孔灌注桩施工过程需要排放大量泥浆，泥浆污染问题已经引起社会的广泛关注。国务院发布的《2030 年前碳达峰行动方案》提出加快推进城乡建设绿色低碳发展，加快提升建筑能效水平；加强适用于不同气候区、不同建筑类型的节能低碳技术研发和推广，推动超低能耗建筑、低碳建筑规模化发展。工信部“十四五”工业绿色发展规划中要求加大绿色低碳建材的开发和推广。建筑工程的“绿色发展、节能减排”已被提升至国家发展战略高度，桩基工程作为建筑工程的重要组成部分，亟需进行绿色、低碳转型。

自 20 世纪 90 年代以来，日本不断对预制桩的桩型、施工技术进行改进，已研制出多种类型的预制桩及配套施工技术，预钻孔扩底固化工法为目前日本最主要的预制桩施工方法。Ishikawa 等[1-2]通过模型试验对采用预钻孔扩底固化法施工的预制竹节桩的承载性能的影响进行了研究，分别对桩端水泥土强度、水泥土扩大头长度和高度对桩端承载性能影响进行了分析，试验结果显示为了确保桩端承载性能的充分发挥，桩端水泥土强度需要随着桩端直径的增加而增加。Kon 等[3]通过现场试验对采用预钻孔扩底固化工法施工的预制桩的承载特性进行研究，发现采用预钻孔扩底固化工法施工的预制桩承载性能有明显提高；静载荷试验完成后，将采用预钻孔扩底固化法施工的预制竹节桩试桩从土体中挖出，并分别沿桩身和垂直桩身将试桩锯开，发现静载荷试验完成后预制桩和水泥土形成的组合桩是一个整体。Kim 等[4]对采用预钻孔工法施工的钢管桩在韩国的应用情况以及采用预钻孔工法施工形成的组合桩的承载性能进行了研究。研究结果表明，采用预钻孔工法施工形成的组合桩承载性能相比传统非挤土桩有明显提高。

静钻根植工法是在预钻孔扩底固化工法基础上结合我国东部沿海深厚软土地质条件研发的一种预制桩的非挤土施工技术。采用静钻根植工法施工的预制桩被称为静钻根植桩，静钻根植桩是国内应用较为广泛的一种植入桩[5-6]。静钻根植桩施工主要分为钻孔，桩端扩底、注浆，桩周注浆和植桩四个过程，如图 1 所示。首先，采用特殊钻机进行钻孔，根据地质情况选择合适的钻孔速度，钻孔过程中注水或膨润土混合液对孔体进行修整，目前实际工程中钻孔直径一般比预制桩直径大 100mm；当钻孔深度达到设计桩端位置处时，通过可控液压技术打开桩底部位钻头扩大翼，按照设定的扩大直径分 3 次进行扩底保证扩孔质量，桩端注浆过程中上下反复升降钻机，确保全部注入扩底部位，并保证桩端水泥浆的均匀，桩端扩大头直径一般为钻孔直径的 1.5 倍左右，高度为钻孔直径的 2 倍左右，桩端扩大头位置处注入水灰比为 0.6 的水泥浆；桩端注浆完成后，开始拔出钻杆，注入桩周水泥浆并进行反复搅拌，注入水泥浆水灰比为1.0，同时通过多次上下反复提升钻杆确保注浆液与孔内液化土混合均匀；钻机将钻杆全部拔出后，将预制桩植入到钻孔中，由于钻孔中为搅拌均匀的液态水泥土预制桩可通过自身重力进入钻孔中，不需要在桩顶施加荷载，因此植桩过程对周围环境扰动较小[7]。高喷插芯组合桩[8]，劲芯水泥土桩[9]，劲性复合桩[10]等桩基的施工流程与静钻根植桩比较接近，也是在高压旋喷桩或者水泥搅拌桩施工完成后插入高强度芯桩，桩基施工过程对周围环境的扰动也较小。

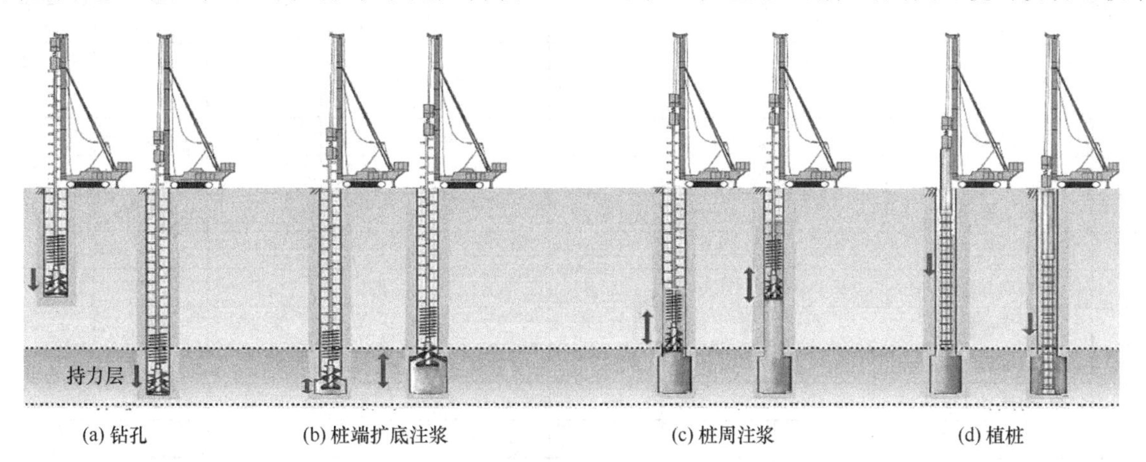

图1　静钻根植桩施工流程

组合桩在我国东部沿海地区已有了一些成功应用，仅静钻根植桩在实际工程中的使用量已到达400多万米，取得了显著的社会、经济和环境效益。本文将通过两组现场试验分别对植入桩与钻孔灌注桩和PHC管桩的承载特性进行分析和研究，并对实际工程中植入桩与钻孔灌注桩的资源用量和工程造价进行对比分析。

1　植入桩与钻孔灌注桩现场试验

植入桩与钻孔灌注桩的现场试验在温州进行，试验场地分布有深厚软土层，试验场地的土层分布和土体性质如表1所示。试验场地表层有15m厚的淤泥和淤泥质黏土层，淤泥质黏土2以下主要为粉质黏土，粉质黏土层中有一个粉土层和两个圆砾层。由于试验场地含有两个圆砾层，传统锤击或静压法施工的PHC管桩在穿过圆砾层时施工比较困难，且桩身容易发生破坏，因此桩基设计过程中拟选择植入桩和钻孔灌注桩。试验场地中共设置6根试桩，其中2根为钻孔灌注桩，另外4根为植入桩。2根钻孔灌注桩直径为1000mm，桩长61m，设计极限承载力为10000kN。4根植入桩中2根试桩的直径为850mm（钻孔直径为850mm），内部为直径800mm的PHC管桩和600（800）mm型号（竹节直径为800mm）的PHC竹节桩，PHC管桩段长度为46m，PHC竹节桩段长度为15m；另外2根植入桩直径为700mm，内部为直径600mm的PHC管桩和500（650）mm型号（竹节直径为650mm）的PHC竹节桩，PHC管桩和竹节桩的长度也分别为46m和15m。直径为850mm和700mm的植入桩设计极限承载力分别为10000kN和7500kN。

试桩养护28d后进行静载荷试验，静载荷试验过程参照《建筑基桩检测技术规范》JGJ 106—2014[11]，采用锚桩法用千斤顶反力进行加载，加载过程中通过桩顶布置的4个位移传感器测读桩顶沉降。静载荷试验采用慢速荷载维持法进行分级加载，分级荷载宜为最大加载值或预估极限承载力的1/10，第一级荷载取分级荷载值的2倍，每级加载后按时间间隔5、15、30、35、60、90min……测读沉降量，直到沉降达到稳定（稳定标准为不超过0.1mm/h），再继续加下一级荷载；卸载值为每级加载值的2倍，并按第15、30、60min测读，卸载至零后维持时间为3h。根据加载过程中测得的桩顶荷载和沉降数据经整理后得到的试桩荷载位移曲线如图2所示，图中PT1和PT2代表2根直径为700mm的植入桩，PT3和PT4为2根直径为850mm的植入桩荷载-位移曲线，PT5和PT6为2根直径为1000mm的钻孔灌注桩。

试验场地地质条件 **表 1**

土层	土层名称	土层厚度/m	含水率/%	重度/（kN/m³）	孔隙比	塑性指数	液性指数	黏聚力/kPa	内摩擦角/°
1	黏土	1.0	38.0	18.0	1.08	20.5	0.82	25.0	12.8
①1	淤泥 1	2.1	59.4	15.8	1.73	23.1	1.57	18.9	10.0
②2	淤泥 2	2.2	54.5	16.1	1.59	23.1	1.39	21.2	11.0
③1	淤泥质黏土 1	3.1	44.4	16.8	1.32	20.7	1.10	26.2	12.4
③2	粉砂	3.2	22.0	19.0	0.69	—	—	14.6	23.8
③3	淤泥质黏土 2	3.1	44.4	16.8	1.32	20.7	1.10	26.2	12.4
④1	粉土	4.1	25.1	19.2	0.72	—	—	15.0	23.8
④2	粉质黏土 1	4.2	26.4	18.9	0.79	12.2	0.63	32.6	17.7
⑤1	圆砾 1	5.1	27.1	19.0	0.76	—	—	—	—
⑥1	粉质黏土 2	6.1	31.0	18.8	0.88	18.5	0.59	50.8	11.4
⑥2	粉质黏土 3	6.2	25.7	19.4	0.74	16.3	0.45	48.2	14.7
⑦	圆砾 2	7.0	23.1	19.6	0.65	—	—	—	—
⑧1	粉质黏土 4	8.1	29.2	18.5	0.88	17.2	0.52	—	37.3
⑧2	粉质黏土 5	8.2	31.4	18.6	0.90	21.2	0.51	—	49.1
⑧3	粉质黏土 6	8.3	27.2	19.0	0.79	15.5	0.55	—	45.7

从图 2 中可以看出，试桩 PT1 和 TP2 的荷载-位移曲线比较接近，PT3 和 TP4 的荷载-位移曲线也比较接近，说明直径相同的植入桩的承载特性比较接近。从图 2 中还可以看到 6 根试桩的荷载-位移曲线均随着桩顶荷载的增加而稳步增大，各级沉降稳定、连续、无突变，均为缓变型曲线。PT1 和 PT2 加载至 8250kN 时，桩顶位移分别为 28.97mm 和 30.69mm，均未超过 40mm，可以认为直径 700mm 的植入桩的极限承载力为 8250kN。700mm 的植入桩设计极限承载力分别为 7500kN，满足设计要求。PT3 和 PT4 加载至 11000kN 时，桩顶位移分别为 25.44mm 和 24.4mm，可以认为 850mm 植入桩极限承载力为 11000kN，850mm 的植入桩设计极限承载力分别为 10000kN，也满足设计要求。PT5 和 PT6 加载到 11000kN 时桩顶位移分别为 30.47mm 和 27.65mm，直径为 1000mm 的钻孔灌注桩设计极限承载力也为 11000kN，满足设计要求。对比直径为 850mm 植入桩与直径为 1000mm 钻孔灌注桩的荷载-位移曲线可以发现，当桩顶荷载增加至 11000kN 时，850mm 植入桩的桩顶位移分别为 25.44mm 和 24.4mm，而 1000mm 的钻孔灌注桩的桩顶位移分别为 30.47mm 和 27.65mm，植入桩的桩顶沉降小于钻孔灌注桩的沉降。此外，植入桩的直径为 850mm，内部为直径 800mm 的 PHC 管桩，其直径小于钻孔灌注桩的直径，可以认为植入桩的抗压承载特性优于钻孔灌注桩。

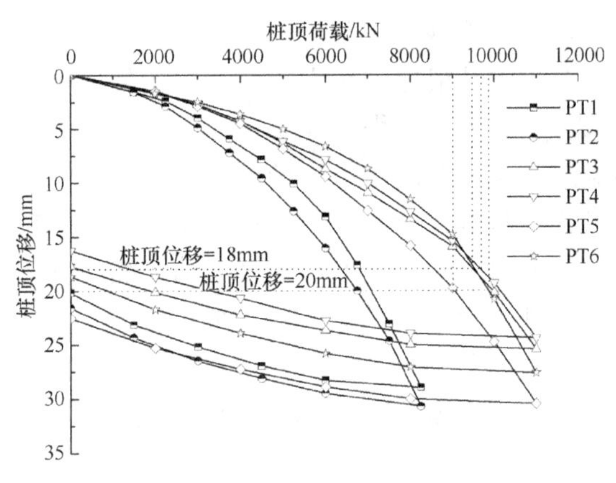

图 2 试桩荷载-位移曲线

由于这次试验中桩身未埋设传感器，无法直接测得试桩在各土层中的侧摩阻力。根据桩基的荷载传递机理可知，桩基的侧摩阻力一般在桩顶位移达到（0.5%～2.0%）D（D 为桩身直径）时即完全发挥，而桩端阻力完全发挥时桩顶位移需要达到 10%D[12]。本次试验中试桩桩侧达到 61m，加载过程中桩身压缩量较大，可以认为桩顶位移达到 2.0%D 时侧摩阻力完全发挥。根据图 1 中试桩荷载位移曲线可知，当桩顶位移达到 18mm 时，PT3 和 PT4 的桩顶荷载分别为 9500kN 和 9700kN；桩顶位移达到 20mm 时，PT5 和 PT6 的桩顶荷载分别为 9025kN 和 9850kN。考虑到直径为 850mm 的植入桩和直径 1000mm 的钻孔灌注桩的承载特性比较接近，将这两种桩基的侧摩阻力进行对比分析。采用有效应力法计算各土层中试桩的极限侧摩阻力：

$$\tau_f = K_s \cdot \sigma_{v0} \cdot \tan\delta \quad (1)$$

式中，τ_f 为各土层中的极限侧摩阻力；K_s 为水平土压力系数；σ_{v0} 为竖向有效应力；δ 为桩土接触面摩擦角。

侧向土压力系数一般根据静止土压力系数进行转换得到，对于非挤土桩，侧向土压力系数为静止土压力系数的 0.7～1.2 倍[13]。植入桩和钻孔灌注桩均为非挤土桩，取静止土压力系数值为侧向土压力。桩土接触面的摩擦角一般为土体内摩擦角的 0.8～1.0 倍[13]，考虑到植入桩施工过程中会有水泥浆液渗透到桩周土体中，将土体内摩擦角作为桩土接触面内摩擦角。

根据公式（1）计算得到的植入桩和灌注桩在各土层中的极限侧摩阻力如表 2 所示，其中 f_s 为建筑桩基技术规范[14]推荐的灌注桩在各土层中的极限侧摩阻力。从表 2 中可以看到，黏土和淤泥 1 土层中规范推荐的极限侧摩阻力值远大于有效应力法计算所得的极限摩阻力，这是由于浅部土层的竖向有效应力较小，计算所得的极限侧摩阻力值偏小。其他土层中计算所得的极限侧摩阻力与规范推荐值都比较接近，说明黏土层中也可以采用有效应力法计算各土层所能提供的极限侧摩阻力。

根据有效应力法计算和规范推荐的各土层极限侧摩阻力的试桩 PT3 和 PT4 的极限侧摩阻力分别为 7683kN 和 7653kN，实测的极限侧摩阻力分别为计算的 1.24 倍和 1.26 倍。试桩 PT5 和 PT6 根据有效应力法计算和规范推荐的各土层极限侧摩阻力计算所得的极限侧摩阻力分别为 9680kN 和 9687kN，实测的极限侧摩阻力分别为计算的 0.93 倍和 1.02 倍。通过上述计算和分析可以得到本次试验中直径为 850mm 的植入桩的平均极限侧摩阻力是直径为 1000mm 的灌注桩的平均极限侧摩阻力的 1.28 倍。

植入桩和灌注桩计算极限侧摩阻力　　表 2

土层	土层名称	δ /°	K_s	τ_f/kPa		f_s /kPa
				植入桩	灌注桩	
①	黏土	12.8	0.78	4.5	3.2	28
②1	淤泥 1	10.0	0.83	9.2	9.0	15
②2	淤泥 2	11.0	0.81	21.8	20.4	19
③1	淤泥质黏土 1	12.4	0.79	31.7	29.0	32
③2	粉砂	23.8	0.60	54.7	52.1	60
③1	淤泥质黏土 2	12.4	0.79	44.0	44.5	37
④1	粉土	23.8	0.60	77.7	79.3	57
④2	粉质黏土 1	17.7	0.70	70.8	71.5	55
⑤1	圆砾 1	—				140
⑥1	粉质黏土 2	11.4	0.80	62.6	65.3	70
⑥2	粉质黏土 3	14.7	0.75	85.4	82.7	90
⑦	圆砾 2	—				150

由静载荷试验结果可知直径为 850mm 的植入桩与直径 1000mm 的灌注桩的极限承载力接近，可以认为 850mm 的植入桩可以代替 1000mm 的灌注桩。将实际工程中采用这两种桩基所需要的材料用量进行统计，如表 3 所示。从表 3 中可以看到植入桩的混凝土用量仅为灌注桩的 35.7%，水泥用量为 86.0%，这是由于植入桩施工过程需要进行桩端和桩周注浆，植入桩总的水泥使用量仍小于灌注桩的水泥使用量，植入桩施工过程的泥浆排放量为灌注桩的 32.6%，可以大幅度减少桩基施工过程的泥浆排放。

桩基材料用量对比　　表 3

材料种类	桩基类型		比例/%（植入桩/灌注桩）
	灌注桩	植入桩	
混凝土/m³	67963	24264	35.7
水泥/t	23787	20451	86.0
泥浆排放/m³	230889	75264	32.6

2　植入桩与 PHC 管桩现场试验

植入桩与静压法施工 PHC 管桩现场试验在宁波某试验场地中进行，试验场地土层分布和土体性质如表 4 所示，从表 4 中可以看到，试验场地分布有深厚淤泥质土和黏质粉土层。现场试验共设计 1 根植入桩和 3 根 PHC 管桩。植入桩钻孔直径为 650mm，内部为直径 500mm 的 PHC 管桩和 400（550）mm 的 PHC 竹节桩（竹节直径 550mm），其中 PHC 管桩段长 33m，竹节桩段长 13m，试桩总长 46m。PHC 管桩和竹节桩桩身均埋设光纤传感器以测试加载过程中试桩桩身轴力。此外，植入桩桩端位置处存在一个直径为 800mm，高度为 1000mm 的水泥土扩大头。3 根静压法施工的PHC管桩为工程桩，PHC管桩桩径为500mm，桩长为46m。

试验场地土层分布和土体性质　　表4

土层	土层名称	土层厚度/m	含水率/%	重度/(kN/m³)	孔隙比	液限	塑限	黏聚力/kPa	内摩擦角/°	预制桩/kPa	
										f_s	f_p
⓪	杂填土	2.0									
①	淤泥质土层1	5.0	33.4	18.4	0.94	34.6	23.2	12.1	14.8	16.8	
②	黏质粉土层1	10.5	28.4	18.9	0.80	33.2	24.1	11.9	19.5	21.7	
③	砂质粉土	2.5	26.8	19.1	0.76	32.0	23.4	12.4	20.9	30.0	
④	淤泥质土层2	8.0	39.6	17.7	1.11	36.5	21.5	11.7	10.4	18.0	
⑤	粉质黏土层	9.5	34.9	18.2	0.98	38.3	22.5	25.7	13.5	38.1	
⑥	黏质粉土层2	7.5	25.7	19.3	0.73	31.1	22.6	12.3	21.5	56.0	2400
⑦	细砂	10.0	19.4							80.0	5200

试桩施工完成28d后进行现场抗压静载荷试验，试验过程参照建筑基桩检测技术规范，采用堆载法用千斤顶反力进行加载。采用慢速维持法进行加载，加载过程中桩顶承压板采用直径为1000mm的钢板，使用4个最小读数为0.01mm，量程为100mm的位移传感器测读桩顶沉降，加载过程与植入桩与灌注桩加载过程一致。植入桩加载至极限状态，3根静压法施工PHC管桩需要作为工程桩使用，加载至设计极限承载力2500kN后即停止加载，植入桩和PHC管桩的荷载-位移曲线如图3所示。从图中可以看到，植入桩桩顶荷载从0增加到3600kN时，桩顶位移随桩顶荷载的增加而线性增加，当桩顶荷载从3600kN增加到5600kN时，桩顶位移增加幅度显著增加，桩顶荷载达到5600kN时，桩顶位移为20.21mm，当桩顶荷载增加到6000kN时，桩顶位移增加到43.58mm，发生刺入破坏，植入桩的极限承载力为5600kN。

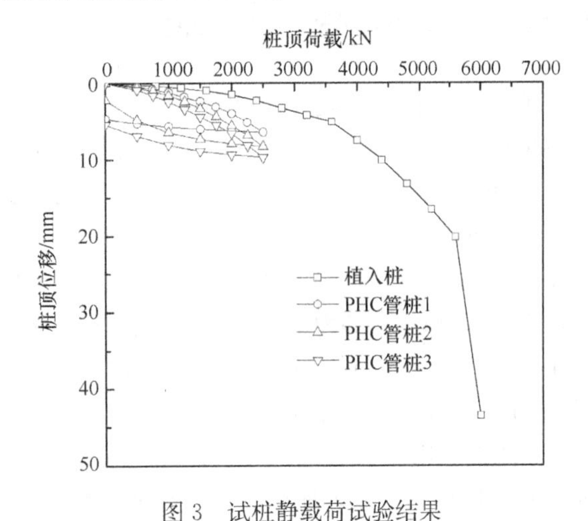

图3　试桩静载荷试验结果

从图3中还可以看到，3根PHC管桩均未加载至破坏状态，桩顶荷载达到2500kN时，3根PHC管桩的桩顶位移分别为6.48mm、8.31mm和9.76mm。植入桩加载至2800kN时，桩顶位移仅为3.3mm，因此可以认为植入桩的承载特性优于PHC管桩，植入桩中PHC管桩周围的水泥土层可以有效提高桩基的承载性能。

植入桩加载过程中的桩身轴力曲线可以通过埋设在桩身的光纤传感器测得，各土层桩侧平均摩阻力f_{si}可以用下式进行计算：

$$f_{si}=\frac{P_i-P_{i+1}}{A_i} \tag{2}$$

式中，f_{si}为桩侧摩阻力；P_i，P_{i+1}为第i和$i+1$截面处桩身轴力；A_i为第i段桩身侧表面积。

根据公式（2）计算所得的植入桩在各土层中的极限侧摩阻力如表5所示，其中预制桩的极限侧摩阻力为桩基技术规范给出的极限侧摩阻力推荐值。

各土层极限侧摩阻力　　表5

深度/m	土层名称	极限侧摩阻力/kPa	
		植入桩	预制桩
2~7	淤泥质土层1	36.1	16.8
7~17.5	黏质粉土层1	44.1	21.7
17.5~20	砂质粉土层	47.0	30.0
20~28	淤泥质土层2	49.5	18.0
28~37.5	粉质黏土层	59.8	38.1
37.5~46	黏质粉土层2	71.0	56.0

从表5中可以看到，植入桩在各土层中的极限侧摩阻力分别为36.1kPa，44.1kPa，47.0kPa，49.5kPa，59.8kPa和71kPa，分别为规范推荐的预制桩极限侧摩阻力的2.15、2.03、

1.57、2.75、1.57、1.27倍。植入桩施工过程中的注浆搅拌阶段可以对桩孔中的土体进行加固，同时水泥浆也会渗透到钻孔周围的土体中，提高桩土接触面的摩擦特性，因此植入桩在各土层中的极限侧摩阻力高于预制桩在各土层中的极限侧摩阻力。

植入桩施工过程中在桩端埋设了压力传感器，静载荷试验过程中通过压力传感器测试各级荷载作用下的桩端阻力。当试桩加载至破坏状态时，测得的桩端阻力为1425kN。植入桩桩端位于细砂层中，细砂层中预制桩的单位极限端阻力推荐值为5200kPa，灌注桩的单位极限端阻力推荐值为2300kPa。植入桩施工过程中在钻头达到设计桩端位置时会进行扩孔注浆，其机理与灌注桩的桩端后注浆过程有些类似，且植入桩施工过程中最后预制桩凭借自重进行桩孔中，不需要施加外部荷载，因此桩端处的预压应力较小，其桩端承载特性应该与桩端后注浆的灌注桩的桩端承载特性相似。植入桩桩端扩大头直径为0.8m，高度为1m，桩端扩大头底面积为0.5m^2，取灌注桩单位极限端阻推荐值2300kPa，计算得到的桩端极限承载力为1150kN。实测的桩端极限承载力为1425kN，大于计算所得的桩端极限承载力，这是因为桩端注浆搅拌过程中也会有一部分水泥浆渗透到桩端土体中，与桩周注浆过程相似，桩端土体强度会有一定的提高，因此实测的极限端阻力较大。

3 结论

本文主要介绍了植入桩技术，并通过两组现场试验分别对植入桩与钻孔灌注桩和静压法施工的PHC管桩的承载特性进行了比较分析和研究，通过对试验结果的分析可以得出以下结论：

（1）植入桩抗压承载特性相比钻孔灌注桩有明显提高，直径为850mm的植入桩与直径为1000mm的钻孔灌注桩的极限承载力接近，且850mm植入桩的平均极限侧摩阻力是1000mm钻孔灌注桩的平均极限侧摩阻力的1.28倍。

（2）植入桩中的水泥土层可以有效提高桩基承载性能，植入桩承载特性相比预制桩也有明显提高，本次试验中植入桩在各土层中的极限侧摩阻力为规范推荐的预制桩极限侧摩阻力的1.27～2.75倍。

（3）植入桩施工过程中的桩端扩底、注浆过程可以有效提高桩端承载特性，桩端水泥土扩大头不仅可以增加植入桩的桩端面积，同时注浆过程中水泥浆渗透到桩端土体中可以提高桩端土体性质，从而提高桩端极限承载力。

参考文献：

[1] ISHIKAWA K, ITO A, OGURA H, NAGAI M. Effect of strength and tip length of enlarged grouted base on bearing capacity of nodular pile. Journal of Structure and Construction Engineering, AIJ, 2011, 76: 2107-2113.

[2] ISHIKAWA K, ITO A, OGURA H. Effect of strength and diameter of enlarged grouted base on bearing capacity of nodular pile. Journal of Structure and Construction Engineering, AIJ, 2013, 78: 1253-1261.

[3] KON H, YOSHIDA E, KABASAWA K, KOMATSU G, et al. Investigation of soil cement around nodular piles after pile-toe load test installed by pre-bored piling method. Japanese Journal of Geotechnical Engineering, 2011, 5(4): 615-623. (In Japanese).

[4] KIM D, JEONG S, PARK J. Analysis on shaft resistance of the steel pipe prebored and precast piles based on field load-transfer curves and finite element method. Soils and Foundations, 2020, 60(2): 478-495.

[5] 周佳锦，王奎华，龚晓南，等．静钻根植竹节桩承载力及荷载传递机制研究[J]．岩土力学，2014，35(5)：1367-1376.

[6] ZHOU J J, GONG X N, WANG K H, et al. Testing and modeling the behavior of pre-bored grouting planted piles under compression and tension. Acta Geotechnica, 2017: 1061-1075.

[7] Zhou J J, Yu J L, Gong X N, Zhang R H. Field study on installation effects of prebored grouted planted pile in deep clayey soil[J]. Canadian Geotechnical Journal, 2023.

[8] 刘汉龙，任连伟，郑浩，等．高喷插芯组合桩荷载传递机制足尺模型试验研究[J]．岩土力学，2010，31(5)：1395-1401.

[9] 叶观宝，蔡永生，张振．加芯水泥土桩复合地基桩土应力比计算方法研究[J]．岩土力学，2016(3)：672-678.

[10] 王安辉，章定文，谢京臣．软黏土中劲性复合桩水平承载特性 p-y 曲线研究[J]．岩土工程学报，2020，42(2)：381-389.

[11] 住房和城乡建设部．建筑基桩检测技术规范：JGJ 106—2014[S]．北京：中国建筑工业出版社，2014.

[12] FLEMING K, WELTMAN A, RANDOLPH M, el al. Piling engineering[M]. 3rd Ed. London: Taylor & Francis, 2009.

[13] KULHAWY F H. Limiting tip and side resistance: Fact or fallacy? [M]// Analysis and Design of Pile Foundations. ASCE, Reston, VA, 1984: 80-98.

[14] 住房和城乡建设部. 建筑桩基技术规范: JGJ 94—2008 [S]. 北京: 中国建筑工业出版社, 2008.

拉森钢板桩在深基坑不同土层中的施工技术探讨

胡 芬
（云南建投基础工程有限责任公司，云南 昆明 650501）

摘 要：本文以昆明地区某深基坑为案例，针对拉森钢板桩在深基坑不同土层中的施工技术进行探讨，并对钢板桩施工的整个过程，包括施工重难点，钢板桩打入，钢板桩拔除，施工注意事项及施工效果等方面进行详细阐述，并提出了对拉森钢板桩施工的建议，总结了拉森钢板桩的施工特点，为类似基坑支护施工提供借鉴作用。

关键词：深基坑；拉森钢板桩；支护；止水

0 引言

拉森钢板桩作为一种新型建材，在建桥围堰、大型管道铺设、临时沟渠开挖时作挡土、挡水、挡沙墙，在码头、卸货场作护墙、挡土墙、堤防护岸等，工程上发挥重要作用。拉森钢板桩的互锁结构可以形成一个水密结构，增加板桩结构强度，且起到较好的止水作用。拉森钢板桩做围堰不仅绿色、环保而且施工速度快、施工费用低，具有很好的防水功能。若要充分发挥拉森钢板桩的优异性能，需要严格控制施工质量，确保钢板桩的垂直度及深度；然而，在不同类型的土层中，钢板桩施工难易程度不同，需要采用不同的施工方法。

1 工程概况

1.1 项目简介

某工程位于云南省昆明市呈贡区聚贤街 768 号，景明北路与联大路交会处。拟建中水站，包括生化反应池及调节池，为地下一层钢筋混凝土结构构筑物，构筑物平面尺寸 61.15m×14.85m，采用天然地基，筏板基础。基坑支护范围场地现状为空地，相对高差 2.05m，东侧和南侧从场地平整标高算起，基坑开挖实际深度为 5.5m，北侧和西侧从现状地面标高算起，基坑开挖实际深度为 6.7～7.2m，基坑开挖面积约 1133m²，基坑开挖底周长约 161.0m。

基坑东侧为原有污水处理站，西、南、北侧为绿化用地，基坑及周边分布各种管线，西北侧有一条已铺设的 PE 天然气管线（未通气），南侧中部有一近东西向污水管（HDPE 污水管 DN500，埋深约 3.3m）穿基坑而过，西南角有一条自来水管（无缝钢管 DN300，埋深约 0.7m）穿基坑而过。本基坑安全等级定为二级，基坑侧壁重要性系数取 1.0，基坑支护结构使用年限为 1 年。

1.2 工程地质情况

根据勘察报告，在影响基坑支护范围内的地层为：浅表层为不等厚的素填土，填土层结构松散，均匀性较差，属欠固结土，下部主要为含砾黏土、黏土。场地土层物理力学参数见表 1。

场地土层物理力学参数　　表 1

层号	土层名称	层底深度/m	天然重度 γ/(kN/m³)	黏聚力标准值 c/kPa	内摩擦角标准值 φ/°
①	素填土	1.16	16.8	22.2	5.8
②	含砾黏土	9.21	17.3	45.0	8.4
$②_1$	黏土	19.21	17.8	38.4	7.4

2 方案比选

2.1 设计方案比选

（1）基坑支护方案选型

根据基坑开挖深度、周边环境与荷载情况、地质情况，可选取的基坑支护结构类型见表 2。

（2）支护方案设计

从建设方的严控支护造价要求，结合本工程支护深度范围内的土层特性和施工场地周围环境

作者简介：胡芬（1993—），女，学士，地基基础工程，云南建投基础工程有限责任公司、工程师。

基坑支护方案对比表 **表2**

支护方案	优点	缺点	可行性
排桩	施工工艺简单、成熟，平面布置灵活，对土方开挖要求相对较低，对施工工期占用时间相对较少	造价相对较高	建设方要求严控支护造价要求，不可行
放坡-锚杆	施工工艺简单、成熟，成本低，施工速度快的特点，边开挖边支护便于信息化施工	需要足够的放坡空间	受周边环境限制，不可行
钢板桩	钢板桩支护对于周围环境影响较小，施工简便，工序简单，质量容易控制，工期短，且节约造价	—	可行

条件。施工安全、简便、快捷等综合分析，确定本工程采用“钢板桩＋钢管支撑”的支护形式，钢板桩长度12m。支撑平面布置：结合基坑的平面形状，采用了角撑结合对撑的平面形式，共设11道钢管撑，包括4道角撑，7道对撑（支撑平面布置见图1）。基坑竖向布置：基坑周边布置一圈拉森钢板桩，钢板桩顶部以下1m位置布置钢管支撑（支护结构剖面见图2）。

2.2 施工方案比选

对于拉森钢板桩施工，常用的打桩方法如表3所示。

结合本项目施工特点，考虑到土质情况、精度要求及施工进度要求，本项目拉森钢板桩施工拟选用逐根打入的施工方法。

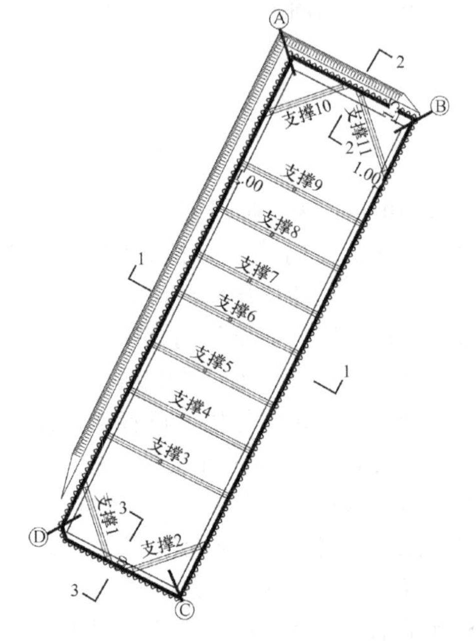

图1 基坑支撑平面布置

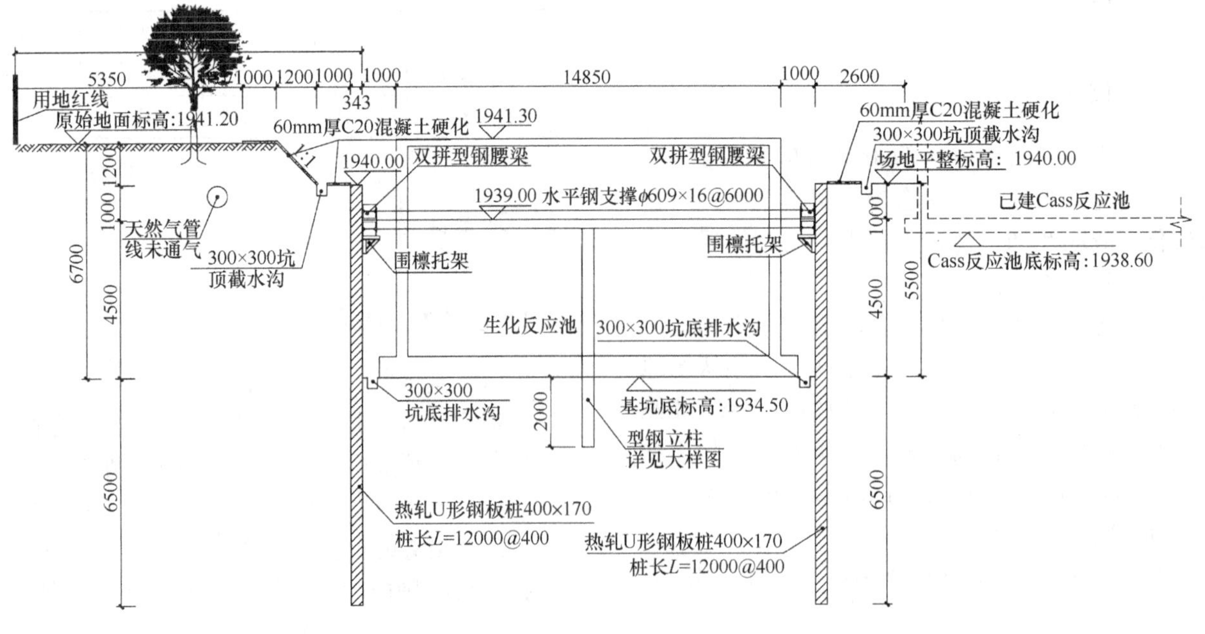

图2 基坑支护剖面

拉森钢板桩施工方案对比表　　表3

打桩方法	方法	优点	缺点	适用范围
逐根打入法	从钢板桩墙的一角开始，逐根打设，直到工程结束	方便、快捷，不需要辅助支架	打设过程中桩体容易倾斜，误差积累后不易纠正	土质比较松软和板桩长度比较小的情况
屏风式打入法	将10～20根钢板桩成排插入导架内，使之呈屏风状，然后用桩机来回施打，并使两端先打到设计深度，再将中间的钢板桩顺次打入	可以减少钢板桩倾斜误差积累，防止过大的倾斜，且施工完后易于合拢	施工速度慢，需搭设较高的施工桩架	适用任何土质，施工进度要求不严的情况
围檩打桩法	在地面上一定高度处离轴线一定距离，先筑起单层或双层围檩架，而后将钢板桩依次在围檩中全部插好，待四角封闭合拢后，再逐渐按阶梯状将钢板桩逐块打至设计标高	能保证钢板桩墙的平面尺寸、垂直度和平整度，适用于精度要求高、数量不大的场合	施工复杂，施工速度慢，封闭合拢时需要异形桩	适用于精度要求高、数量不大的情况

2.3 施工重难点分析

(1) 基坑内及基坑周边均有管线，且基坑东侧为原有污水处理站，需采取措施避免基坑施工对周边管线、污水处理站及建筑物的影响，确保基坑顺利施工。

(2) 本工程项目工序繁多，存在相互制约及交叉施工作业（内支撑施工、土方开挖交叉作业），且基坑内设有内支撑，开挖工作面狭窄，同时需要对成品进行保护，开挖工作开展较为困难，必须要加强与各方的协调。

(3) 本基坑设一道内支撑，如何确保内支撑拆除过程中的安全及基坑的安全是本工程的一大重难点。

3 施工控制要点

下面以钢板桩逐根打入法为例，详细介绍钢板桩施工控制要点。

3.1 施工工艺流程

钢板桩施工工艺流程如下：

施工准备→现场三通一平→设备机具及材料准备（钢板桩预购、钢板桩进场检测、钢板桩吊装运输、钢板桩储存）→桩位放样→引孔→吊送钢板桩→夹桩及就位→插桩（垂直度控制、平面位置控制）→锤击沉桩→停锤（桩顶标高控制）→桩机移动（直至施工结束）→挖土及安装支撑系统→主体结构施工→基坑回填→拔除钢板桩→桩孔回填。

3.2 钢板桩打入

1) 施工准备

(1) 钢板桩材料堆放

装卸钢板桩宜采用两点吊。吊运时，每次起吊的钢板桩根数不宜过多，注意保护锁口免受损伤。钢板桩应堆放在平坦而坚固的场地上，必要时对场地地基土进行压实处理。在堆放时要注意以下三点：

① 堆放的顺序、位置、方向和平面布置等应考虑后续的施工方便。

② 钢板桩要按型号、规格、长度、施工部位分别堆放，并在堆放处设置标牌说明。

③ 钢板桩应分别堆放，每层堆放数量一般不超过5根，各层间要垫枕木，垫木间距一般为3～4m，且上、下层垫木应在同一垂直线上，堆放的总高度不宜超过2m。

(2) 钢板桩检验及矫正

对板桩，一般有材质检验和外观检验，以便对不符合要求的板桩进行矫正，以减少打桩过程中的困难。钢板桩运到工地后，需进行整理。清除锁口内杂物（如电焊瘤渣、废填充物等），对缺陷部位加以整修。

外观检验：包括表面缺陷、长度、宽度、厚度、高度、端部矩形比、平直度和锁口形状等项内容。

材质检验：对钢板桩母材的化学成分及机械性能进行全面试验。

(3) 桩机工作面铺垫：根据场地情况铺设桩机工作面，采用砖渣铺垫，铺垫厚度60cm（根据场地情况适当调整），宽度8m。

(4) 钢板桩施工前必须平整清除地下、地面及高空障碍物，需保留的地下管线应挖露出来，加以保护。

2) 施工方法

（1）定位放线

根据设计方案，定出钢板桩施作定位线，由测量员现场定位放线，并撒出灰线。钢板桩放线施工，桩头就位必须正确、垂直，沉桩过程中需随时检测，发现问题及时处理。沉桩容许偏差：平面位置纵向100mm，横向为－50～0mm，垂直度为5°。

（2）打桩围檩支架（导向架）的设置

为保证钢板桩沉桩的垂直度及施打板桩墙墙面的平整度，在钢板桩打入时应设置打桩围檩支架，围檩支架由围檩及围檩桩组成。如图3所示围檩系双面布置形式，如果对钢板桩打设要求较高，可沿高度上布置双层或多层，这样，对钢板桩打入时导向效果更佳。一般下层围檩可设在离地面约500mm处，双面围檩之间的净距应比插入板桩宽度放大8～10mm。围檩支架一般均采用型钢组成，如H型钢、工字钢、槽钢等，围檩桩的入土深度一般为6～9m，根据围檩截面大小而定。围檩与围檩桩之间用连接板焊接。

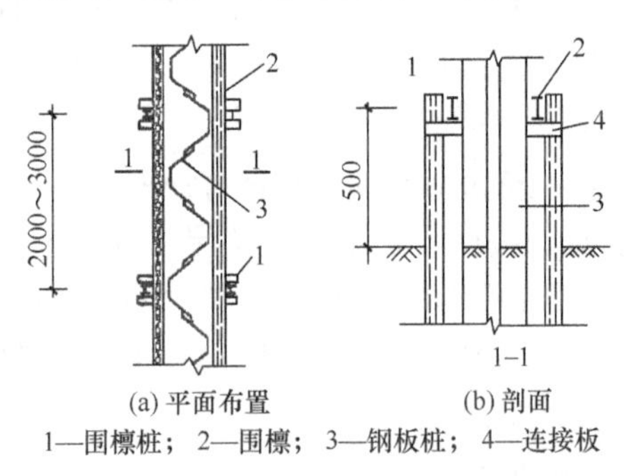

图3　打桩围檩支架

（3）引孔

① 基坑东侧靠近污水处理站位置，为避免对污水处理站造成过大的扰动，钢板桩打入前，需要进行引孔，其他钢板桩无法直接打入的位置，也需进行引孔，引孔深度11m（自桩顶位置），引孔直径400mm。

② 引孔采用挖掘机螺旋钻机进行，引孔深度11m（自钢板桩顶标高算起）。

③ 引孔需由专人指挥，避免出现引孔位置偏差或深度不够的情况，引孔完成后，应及时进行钢板桩的打入，以免出现塌孔的情况。

（4）振动沉桩

① 为防止锁口中心线平面位移，可在打桩进行方向的钢板桩锁口处设卡板，阻止板桩位移。同时在围檩上预先算出每块板桩的位置，以便随时检查校正。

② 开始打设的一、二块钢板桩的位置和方向应确保精确，以便起到样板导向作用，故每打入1m应测量一次，打至预定深度后应立即用钢筋或钢板与围檩支架焊接固定，在打桩过程中，为保证钢板桩的垂直度，用两台经纬仪在两个方向加以控制。

③ 打入桩后，及时进行桩体的闭水性检查，对漏水处进行焊接修补，每天派专人进行检查。

④ 钢板桩的转角和封闭合拢。由于板桩墙的设计长度有时不是钢板桩标准宽度的整数倍，或板桩墙的轴线较复杂，或钢板桩打入时倾斜且锁口部有空隙，这些都会给板桩墙的最终封闭合拢带来困难，采用轴线修整法解决。轴线修整法通过对板桩墙闭合轴线设计长度和位置的调整，实现封闭合拢，封闭合拢处最好选在短边的角部。

3）控制要点

（1）导向桩打好之后，与槽钢焊接牢固，确保导向桩不晃动，以便打桩时提高精确度。

（2）线桩插打，钢板桩起吊后人力将桩插入锁口，动作缓慢，防止损坏锁口，插入后可稍松吊绳，使桩凭自重滑入。

（3）钢板桩振动插打到小于设计标高20～40cm时，应放慢施工速度，防止超深发生。

（4）打桩过程常见问题及解决方法

① 打桩阻力过大不易贯入

a. 在坚实的土层中打桩，桩的阻力过大使桩不易打入，需在打桩前对地质情况做详细分析，充分研究钢板桩打入的难易程度，若不能直接打入，需在施工前引孔，不能用锤硬打；

b. 钢板桩连接锁口锈蚀，变形，致使钢板桩不能顺利沿锁口而下，应在打桩前对钢板桩逐根检查，有锈蚀或变形的及时调整，还可在锁口内涂上油脂，以减少阻力。

② 钢板桩向打桩方向倾斜

在将钢板桩打入软土地基时，由于连接联锁处的阻力大于板桩周围地面的阻力，形成不平衡力，导致板桩向前倾斜。应尽快调整此倾角，锤击前可用绞盘拉索将板桩向反方向拉动，或改变锤击方向。当倾角过大，无法用上述方法修正时，可采用特殊的楔形板桩来达到修正目的。

3.3　钢板桩拔除

1）操作要求

基坑回填后，要拔除板桩，以便重复使用。拔除板桩前，应仔细研究拔桩方法、顺序和拔桩时间及土孔处理。否则，由于拔桩的振动影响，以及拔桩带土过多会引起地面沉降和位移，会给已施工的地下结构带来危害，并影响邻近原有建筑物、构筑物或地下管线的安全。

（1）拔桩顺序：自2-2剖面开始逆时针拔桩，基坑东北角的钢板桩最后拔出。

（2）拔桩时，可先用振动锤将板桩锁扣振活以减小土的阻力，然后边振边拔，对较难拔出的板桩可先用柴油锤将桩向下振打100～300mm，再与振动锤交替振打、振拔。

（3）对引拔阻力较大的板桩，采用间歇振动的方法，每次振动15min，振动锤连续工作时间不超过1.5h[1]。

（4）拔桩应符合下列规定：

① 拔桩前用拔桩机卡头卡紧桩头，使起拔线与桩中心线重合；

② 拔桩开始略松吊钩，当振动机振1～1.5min后，随振幅加大拉紧吊钩，并缓慢提升；

③ 钢板桩起到可用吊车直接吊起时，停振，钢板桩同时振起几根时，用落锤打散；

④ 振出的钢桩及时吊出，起吊点必须在桩长1/3以上部位；

⑤ 拔桩过程中，随时观察吊机尾部翘起情况，防止倾覆；

⑥ 钢板桩逐根试拔，易拔桩先拔出，起拔时用落锤向下振动少许，待锁口松动后再起拔；

⑦ 钢板拔出后的桩孔及时用砂浆填实。

（5）拔桩中，操作方法正确、拔桩机振幅达到最大负荷、振动30min仍不能拔起时，停止振动，采取其他措施。

（6）在地下管线附近拔桩时，必须对管线进行保护，机械不得在上面作业。

（7）拔出的钢桩需进行修整，并用冷弯法调直后待用。

2）控制要点

（1）为防止将邻近的钢板桩同时拔出，宜将钢板桩和加固的槽钢逐根割断。

（2）拔出的钢板桩应及时清除土砂，涂上油脂。变形较大的钢板桩需调直，完整的钢板桩要及时运出工地，堆置在平整的场地上。

（3）按与打钢板桩顺序相反的次序进行拔桩。

（4）如钢板桩拔不出，可采用以下措施：

a. 用振动锤再复打一次，以克服与土的黏着力及咬口间的铁锈等产生的阻力；

b. 板桩承受土压一侧的土较密实，在其附近并列打入另一根板桩，可使原来的板桩顺利拔出；

c. 在板桩两侧开槽，放入膨润土浆液，拔桩时可减少阻力。

4 施工效果

4.1 变形控制情况

该工程基坑变形总体可控（图4），基坑开挖后，基坑出现向内变形的情况，内支撑安装完成后，基坑向内变形趋势减缓，随着基坑开挖深度的加深，基坑有向外变形的趋势，向内变形量减小，基坑变形在土方开挖至支撑标高以下0.5m，且未安装内支撑时最大，但基坑变形均在设计允许值以内。

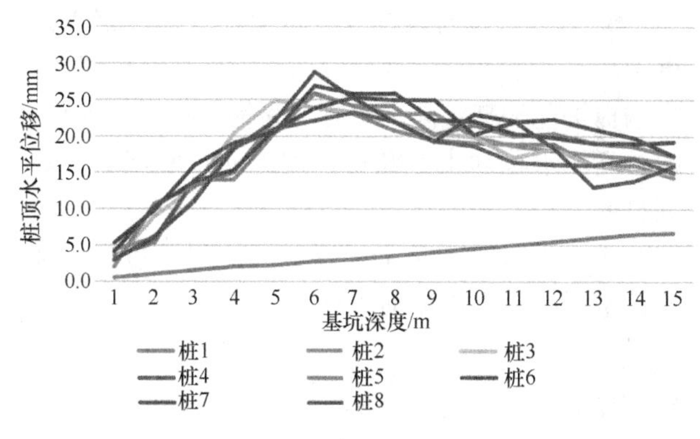

图4 桩顶水平位移曲线图

4.2 成本节约情况

拉森钢板桩材料以租赁为主，回收率高，损耗率少，经过矫正后可多次重复使用，分摊到每个项目的成本较低，与混凝土支护桩相比节约成本20%左右，拉森钢板桩施工具有显著的环保效果，大量减少了取土量和混凝土使用量，有效保护了土地资源。

4.3 工期节约情况

拉森钢板桩与内支撑配合使用，兼具止水与支护的作用，无需单独施工止水帷幕，与混凝土支护桩相比，拉森钢板桩无需养护，施工完成即可进行土方开挖，工期节省了20d。

5 施工建议

（1）钢板桩的施工方法应根据土质情况、桩长、精度控制要求、施工进度要求等因素综合考虑。对于钢板桩施工，在土质较软或板桩长度较短的情况，可以采用逐根打入的方法，而对于钢板桩精度要求高、数量不大的情况，可以采用围檩打桩法，屏风式打桩法适用范围广，桩身倾斜小，但施工进度慢。

（2）在钢板桩施工前，需进行详细的地质勘察，在不同的土层中进行拉森钢板桩的施工，可以针对性采取以下方法：

① 在土质松软的地层中，可采用振动锤直接打入；

② 地质比较坚硬，出现钢板桩无法打入的情况：

a. 若施工条件允许，可以使用泡水，将地下土泡软，带水打桩，适用于钢板桩打入深度不深的情况；

b. 若钢板桩打设的深度较深，且通过带水打桩无法将钢板桩打至设计深度，可采用水刀法，在钢板桩前端绑定高压水管，和钢板桩一起施打，通过高压水枪冲击，破坏坚硬地质，使钢板桩顺利打入。

③ 地层中存在岩石，无法打入时，可先用螺旋钻机引孔，再用振动锤打入。

6 结束语

本文对某深基坑工程施工中所涉及的拉森钢板桩设计方案及施工方案选择、施工技术要求及应用效果等进行分析。可见该技术在造价节约及工期节约方面具有明显的优势，且具有较好的社会效益，在项目中具有较好的推广应用价值。采用拉森钢板桩施工方案具有以下特点：

（1）绿色环保：钢板桩施工不需耗费大量钢筋、混凝土和水，使用时直接拉至现场，在插入与拔出过程中无泥浆、粉尘等环境污染，施工过程较环保。

（2）节约工期：拉森钢板桩施工速度快，施工工艺简单，打入地下即有强度，与混凝土桩相比，无需养护，成桩到基坑开挖施工工期短，能大幅度节省工期。

（3）节约成本：钢板桩拔出，经过矫正后，可多次循环使用，平摊到每个项目成本较低，且钢板桩兼具止水功能，节省了高压旋喷桩、搅拌桩等止水帷幕的施工工序和工程投资[2]。

参考文献：

[1] 赵中娥. 建筑工程深基坑支护施工中拉森钢板桩的应用[J]. 工程施工技术，2022(10)：226.

[2] 陈小刚 . 浅析拉森钢板桩支护[J]. 中华建设，2019(6)：138.

基于桩侧阻应变硬（软）化的承载力修正方法

薛　锐[1,2]，王　旭[3]
（1. 中国建筑科学研究院地基基础研究所，北京 100013；2. 建筑安全与环境国家重点实验室，北京 100013；3. 中建一局集团建设发展有限公司，北京 100102）

摘　要：根据103根桩竖向静载荷试验的侧阻力端阻力测试结果分析表明，软土中桩的侧阻分布模式不受长径比的影响，发挥正常，不予对桩侧摩阻力基本值进行修改；碎石土、砂土中桩侧阻分布模式会发生异化，在桩顶以下约 $5d$ 深度范围呈现应变软化，随深度增加逐渐演变为应变硬化导致桩身下部侧阻发挥滞后或发挥值显著降低；桩侧土的硬实程度和桩长径比也会影响侧阻的分布模式，土越硬且桩长径比越大，侧阻增加，侧阻分布模式异化越明显。基桩在工作荷载（即特征值时）和极限承载力下，桩侧阻力和端阻力发挥程度并不完全一致。传统规范法简单将极限承载力计算结果折半作为工作荷载下桩侧、端阻力特征值是不恰当的。为解决此问题，本文提供了相应的修正系数表格，用于修正应用规范提供的极限承载力标准值计算时的侧阻力和端阻力。然而，由于侧阻力和端阻力修正系数的研究样本较少，需要进一步的研究工作来丰富和完善这方面的知识。

关键词：侧阻力；端阻力；分布模式；应变硬化；应变软化；承载力修正

0　引言

大量工程实测表明桩侧阻力的发挥与分布与桩长径比、后注浆效应相关。近桩顶约5倍直径深度范围的碎石土、砂土显示应变软化现象，随深度增加逐渐转变为应变硬化；端阻比随侧阻增强、随桩长径比增大而降低，随荷载水平增加呈非线性增长，中长、长桩在同一土层长径比越大，端阻比越小；端阻比随荷载水平提高呈非线性增长，工作荷载下的端阻比为极限荷载下的1/6～1/2[1-2]。国内外对桩侧摩阻力和桩端阻力这一课题已有多年的研究，解决的方法基本上有两类：一类是通过原位测试手段探查土层的物理参数，与试桩资料对比，建立经验公式或修正曲线，来确定桩侧摩阻力和桩端阻力；另一类方法是通过桩静载荷试验实测桩侧摩阻力和桩端阻力。《建筑桩基技术规范》JGJ 94—2008提供的桩的极限侧阻力标准值没有考虑侧阻力埋深效应下的应变硬化、应变软化以及端阻力发挥的比例。当下很少有工程通过侧阻分布实测曲线确定附加应力。究其原因有二：一是进行单桩静载荷试验测定侧阻力分布的工作投入大，时间长，仅限于少数重点工程实施；二是侧阻力分布实测曲线多数形态复杂[3]。因此，在应用规范提供的桩的极限侧阻力标准值计算时，基于目前勘察单位岩土工程勘察报告中仅提供桩侧摩阻力 q_{sa} 基本值，考虑上述侧阻发挥的特性，有必要对 q_{sa} 基本值进行修正。但目前对于侧阻力、端阻力修正系数研究的试验样本较少，本文通过收集103根现场试验桩成果对桩侧、端阻力修正进行初步研究。

1　《建筑桩基技术规范》JGJ 94—2008对桩基极限承载力的估算

单桩承载力与桩的类型、材料、截面尺寸、入土深度、桩端进入持力层深度、成桩后休止时间以及成桩施工方法等因素有关。在《建筑桩基技术规范》JGJ 94—2008（简称《规范》）[4]中建议采用下述公式计算：

$$Q_{uk}=Q_{sk}+Q_{pk}=u\sum l_i q_{sik}+A_p q_{pk} \tag{1}$$

式中：Q_{sk}、Q_{pk}——单桩极限侧阻力标准值、极限端阻力标准值（kN）；

u、A_p——桩的横断面周长（m）和桩底面积（m^2）；

l_i——桩周各层土的厚度（m）；

q_{sik}——桩周第 i 层土的单位极限侧阻力标准值（kPa）；

q_{pk}——桩底土的单位极限端阻力标准值（kPa）。

地基土对桩的支承能力（即地基土强度）包含桩端阻力和桩侧阻力。它们有各自的发挥规律，

作者简介：薛锐（1999— ），男，山西晋城人，专业方向为桩基础工程，中国建筑科学研究院在读硕士研究生。E-mail：xori000@163.com。

不仅与土层的类别有关，还与土层的结构、桩的设置及类型、桩身材料及尺寸、施加荷载的水平、时间等因素有关。q_{sik} 及 q_{pk} 是经验统计值，一般按照土的类别、物理性质指标（液性指数或密实度）和桩入土深度给出。这些数值是根据大量的基桩静载荷试验结果经统计分析得到的。因此极限承载力估算的可靠性如何，直接取决于作为统计依据的试桩数量、地区分布、桩长分布及统计分析方法。由此可见，q_{sik}、q_{pk} 值需要随着试桩成果的积累不断进行改进。

在当前《规范》修订过程中，共收集到437根桩的详细试桩资料，其中包括预制混凝土桩88根，水下钻（冲）孔桩184根，干作业钻孔桩165根。试桩数量、分布地区以及试桩的长度、穿越的土（岩）层等方面与《规范》承载力参数统计所收集的资料相比均有较大的提高。需要指出的是，规范中承载力参数表是基于本次收集到的437根试桩实测与计算值之比的平均值等于1的条件给出的。《规范》中提出了较为完整的桩的极限侧、端阻力标准值表，从其颁布至今的十年间，桩基础作为常用的基础形式，已在全国各地得到越来越广泛的应用，同时也积累了大量试桩资料和丰富的设计、施工及使用经验。在此期间应用规范给出的 q_{sik}、q_{pk} 值来计算单桩竖向极限承载力标准值，对桩基础的设计发挥了重要作用，总体上来说对于极限承载力的估算是适宜和偏于安全的。

2 《规范》对桩基极限承载力估算对于桩基沉降计算影响

群桩基础的沉降计算长期以来作为桩基领域的研究热点之一，但迄今为止，桩基础的沉降计算都是半理论半经验的方法，没有一个方法称得上完美，这是由桩基土中附加应力分布的复杂性和应力应变的非线性决定的。在桩基设计领域，按现行规范桩基沉降计算值一般为实测值2～4倍，最终沉降量需用0.25～0.5的经验系数予以修正[2]，这表明当前规范沉降计算方法精度欠佳。《建筑桩基技术规范》JGJ 94—2008中制定了单桩、单排桩、疏桩基础的Mindlin应力系数叠加分层总和法计算沉降，并计入桩身的压缩沉降，即Mindlin附加应力系数叠加法。此法计算时，实际侧阻力分布形式和量值对附加应力计算以至最终沉降计算结果有直接影响。实际侧阻分布重心越靠桩身上部，其产生的附加应力越小，与Geddes正梯形假定计算的附加应力的差异也愈大；实际侧阻概化分布重心愈靠下，其附加应力愈大。桩基沉降计算的核心问题是桩基附加应力的确定。为提高计算精度，合理确定桩基附加应力是沉降计算核心问题[1,3]。针对桩侧阻应变硬（软）化现象，有必要对《规范》普遍提供的侧阻力、端阻力基本值进行修正，提出更为合理、适用的设计参数以适应广大设计人员的需要[7]。

3 桩侧阻力、端阻力修正方法建议

3.1 桩侧阻力性状特征

通过表1与表2比较，在桩顶附近桩侧摩阻力比《规范》经验值小，出现了所谓“应变软化现象”；在桩的中下部出现了比《规范》经验值大的现象，出现了所谓“应变硬化现象”。《规范》提供的桩的极限侧力标准值没有充分考虑地层埋深的影响效应。应变硬化、软化现象的产生对于采用传统《规范》估算总极限承载力影响相对较小，仍可沿袭《规范》中经验表格进行设计前的承载力预估。但应变硬化、软化现象对于桩身实际侧阻力的分布计算将产生直接影响，特别对基桩在工作荷载下侧阻力的发挥影响极大，关系到桩侧力的发挥及扩散至桩端平面下的附加应力的计算精确度，进而影响桩基沉降计算。此外，采用《规范》计算工作荷载下侧阻 $q_{sia}=q_{sik}/2$ 与真实侧阻力发挥差别较大，原因是桩侧阻力发挥并不是自上而下同步进行，而是逐级向下传递。在工作荷载（特征值）下，超长桩近桩底处侧阻力极大可能没有充分发挥，在此情况下，套用极限侧阻力折半的方法计算是不恰当的[11]。

上海中心大厦桩侧阻力实测值与规范取值[9]　　表1

土层序号	实测摩阻力极限值/kPa		实测摩阻力残余值/kPa		规范取值范围/kPa
	SYZA02	SYZB01	SYZA02	SYZB01	
⑥	20.2	24.9	4.3	8.8	50～60
⑦$_1$	49.4	45.8	9.4	32.7	50～75
⑦$_2$	96.1	135.3	87.2	135.3	55～80
⑨$_1$	224.8	201.8	224.8	192.0	70～90
⑨$_{2-1}$	267.4	212.1	267.4	167.8	70～90

北京 CCTV 新址桩侧阻力实测值与规范取值[10]　表 2

土层岩性	状态	极限桩侧阻力 q_{sik} /kPa	
		实测值	规范参考值
⑤卵石	密实	＞300（国贸）	140～170
⑤$_1$细砂	中密—密实	＞200	64～86
⑥粉质黏土	可塑—硬塑	26～60	68～84
⑨细砂	中密—密实	＞200	64～86

图 1、图 2 为上海中心大厦 SYZA01、SYZA02 试验桩桩侧摩阻力随深度变化曲线，为了更好地模拟桩侧荷载传递规律和桩侧阻应变硬化、应变软化的特性，图 3 根据实测桩身荷载传递规律总结出简化的模型。模型将桩身简化为可压缩的球模型，桩身与土接触面简化不同刚度的弹簧，不同土层的软硬程度通过弹簧的刚度 k 来反映。桩体形成后，在桩自重荷载下桩身压缩膨胀，桩侧阻力部分释放。当桩顶作用工作荷载时（即基桩承载力特征值），桩顶向下逐段产生桩身压缩变形，进而产生桩土相对位移，桩侧阻力逐步释放和发挥[12]。但在工作荷载下，超长桩近桩端附近侧阻力尚未充分发挥，端阻力发挥的比例更小。

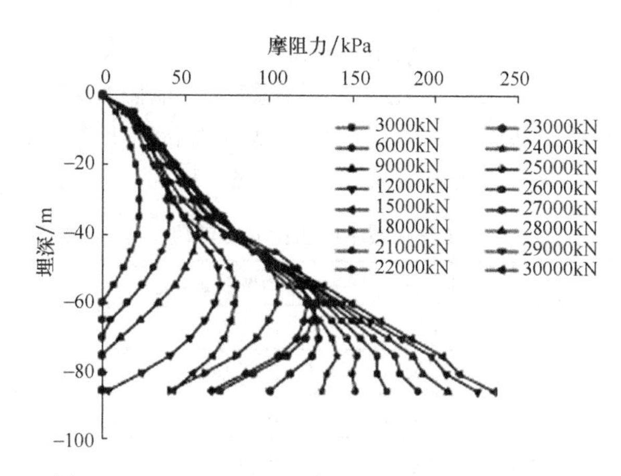

图 1　SYZA01 试验桩桩侧摩阻力随深度变化曲线

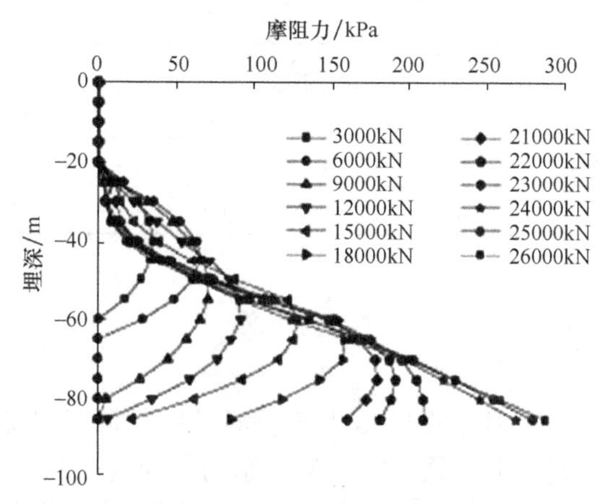

图 2　SYZA02 试验桩桩侧摩阻力随深度变化曲线

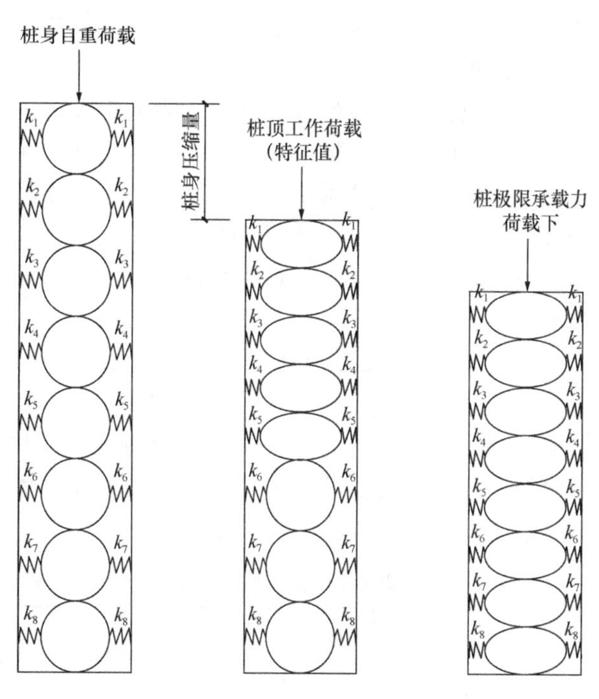

图 3　不同荷载水平下桩承载力传递示意

随荷载水平不断提高，近桩端处桩身侧阻不断发挥，桩端阻力也不断释放。

通过图 3 简化模型可以得出以下结论：

（1）基桩在工作荷载（即特征值）和极限承载力下，桩侧阻力发挥程度并不完全一致，传统规范法简单将极限承载力计算结果折半作为工作荷载下桩侧阻力特征值是不恰当的。

（2）对于摩擦桩，基桩在工作荷载（即特征值）下端阻力发挥并不能简单概括为极限承载力下端阻的一半。实际上在工作荷载下，桩端阻力的发挥程度一般均较低。

（3）当桩侧土层埋深较大时，有效上覆土压力对桩侧摩阻力的影响发挥是较大的。特别是粗颗粒无黏性土受上覆土埋深效应影响尤为显著。

（4）桩侧阻是随桩顶荷载作用，桩身逐段压缩而产生桩土相对位移而逐步发挥。也即简化模型中，各土层弹簧逐步被压缩，根据胡克定律，反力会相应增加。当超过桩土最大抵抗摩阻力（相应弹簧拉力极限）时，桩土界面破坏。

3.2　桩侧阻力修正

考虑桩侧阻力应变硬（软）化效应，较准确计算基桩在工作荷载下侧阻力和端阻力值。考虑国内现行规范和勘察、设计实际，本文通过总结 103 根试桩资料成果（详见文献［2］收集 51 根桩资料信息，本次又新近收集 52 根可见文献［6］～［13］），对基桩在工作荷载下按当前桩基规范计算得到极限桩侧、端阻力进行修正。总结得出相应修正系数表格[13]。

基于目前勘察单位提供常规的岩土工程勘察报告中提供的桩侧摩阻力 q_{sa}（系由土层类别、性质、厚度根据经验关系确定）基本值，考虑侧阻发挥的特性，对 q_{sa} 基本值进行修正。

具体修正时，根据桩侧土类别分为以下几种情况：

（1）碎石土（砾石、卵石、碎石），此种情况下在桩顶 $0\sim5d$，q_{sa} 出现软化；桩顶以下约 $10d$，q_{sa} 趋向硬化，至 $15d\sim20d$，q_{sa} 达到峰值。随后因桩身压缩导致桩土相对位移 Δs 减小，q_{sa} 随深度衰减，直至 $q_{sa}(l)$ 趋向于0。

桩侧碎石土层 q_{sa} 修正系数　　表3

h	$0\sim5d$	$5d\sim10d$	$10d\sim20d$	$20d\sim30d$	$30d\sim40d$	$40d\sim l$
η_s	0.4～0.8	0.6～1.0	1.4～2.8	1.8～1.0	1.0～0.6	(0.5～0.2)～0

对于成层土，当碎石土层厚度大于上、下相邻土层厚度时，q_{sa} 分布模式以碎石土起主导作用。当碎石土层为薄夹层（$\Delta h<2d$）时，碎石土 q_{sa} 不产生硬化，q_{sa} 分布形态综合各土层 q_{sa} 值确定。

对于后注浆桩，η_s 取高值。

（2）砂土（砾砂、粗砂、中砂、粉细砂）

桩顶 $0\sim5d$，q_{sa} 出现软化。桩顶以下约 $10d$，q_{sa} 开始趋向硬化，至 $20d\sim30d$，q_{sa} 达到峰值。随后因桩身压缩导致桩土相对位移 Δs 减小，q_{sa} 随深度衰减，直至 $q_{sa}(l)$ 趋向于0。当桩土相对位移趋向0时，q_{sa} 也趋向0（一般 $l=0$ 处，$q_{sa}=0$）。砂土硬化，其 q_{sa} 增幅小于碎石土。粉细砂的硬化明显弱于砾砂、粗砂。

桩侧砂石土层 q_{sa} 修正系数　　表4

h	$0\sim5d$	$5d\sim15d$	$15d\sim30d$	$30d\sim45d$	$45d\sim60d$	$60d\sim l$
η_s	0.4～0.8	0.8～1.4	1.1～(1.2～2.4)	1.4～1.0	1.0～0.2	0.2～0

表4是全部或大部土层为砂土情况时，成层土中较薄（$\Delta h<3d$）砂层不考虑 q_{sa} 的硬化。松散、稍密砂中的打入、压入式预制桩，η_s 在表4基础上增加1.1～1.3。

（3）粉土（粉土、黏质粉土）

桩顶 $0\sim5d$ 左右 q_{sa} 略显软化。中密以上粉土，经后注浆的松散、稍密粉土，桩中部 q_{sa} 显示弱硬化现象，但对于 $l/d\leqslant30$ 桩，可忽略硬化。

桩侧粉石土层 q_{sa} 修正系数　　表5

h	$0\sim5d$	$5d\sim20d$	$30d\sim40d$	$50d\sim l$
η_s	0.7～0.9	0.9～1.0	1.1	1.1～0.8

（4）黏性土（粉质黏土、黏土）

桩顶 $0\sim5d$，q_{sa} 发挥正常。

长径比 $l/d<50$ 的桩，全桩长 q_{sa} 发挥正常；当 $l/d>50$ 时，当中、下部为较硬、硬黏土时，因桩身压缩导致下部桩土相对位移减小，q_{sa} 随深度衰减。

桩侧黏性土层 q_{sa} 修正系数　　表6

h	$0\sim5d$	$5d\sim l$	硬、较硬黏性土层 $5d\sim l$
η_s	1.0	1.0	1.0（0.8～0.9）

（5）软土（淤泥、淤泥质土、流塑至软塑黏性土）

q_{sa} 发挥正常，$\eta_s=1.0$。

3.3 桩端阻比参考值

工作荷载下端阻力修正方法对于中长、长桩在同一土层端阻比 α 长径比越大，端阻比越小；端阻比随荷载水平提高呈非线性增长，工作荷载下的端阻比为极限荷载下的1/6～1/2。

工作荷载下端阻比 α 参考值　　表7

桩端持力层	桩长径比 l/d	平均极限侧阻力 $\bar{q}_{sa}$/kPa			
		50	100	200	300
较硬	$l/d\leqslant30$	0.25	0.15	0.08	0.02
	$30<l/d\leqslant60$	0.2	0.1	0.05	0.01
	$l/d>60$	0.1	0.05	0.02	0
硬	$l/d\leqslant30$	0.3	0.2	0.1	0.03
	$30<l/d\leqslant60$	0.2	0.15	0.08	0.02
	$l/d>60$	0.15	0.08	0.03	0.01
坚硬	$l/d\leqslant30$	0.35	0.25	0.15	0.04
	$30<l/d\leqslant60$	0.25	0.2	0.1	0.03
	$l/d>60$	0.2	0.1	0.05	0.02

4 结论

本文通过收集103根现场试验桩测试结果，经分析表明，软土中桩的侧阻力分布受长径比的影响不大，侧阻力表现正常，无需对基本值进行修改；而碎石土和砂土中的桩则存在侧阻力分布模式的异化，即桩顶以下约5倍直径深度范围内会出现应变软化，随深度增加逐渐转变为应变硬化，导致桩身下部的侧阻力发挥滞后或显著降低。另外，桩侧土的硬实程度和桩长径比也会影响侧阻的分布模式，土越硬且桩长径比越大，侧阻力越大，侧阻力分布的异化越明显；且端阻比随侧阻力增强、随桩长径比增大而减小，中长、长桩在同一土层长径比越大，端阻比越小；端阻比随荷载水平提高呈非线性增大，工作荷载下的端阻比为极限荷载下1/6～1/2。

此外，本文还指出传统规范法简单将极限承载力计算结果折半作为工作荷载下桩侧阻力和端阻力的特征值是不恰当的。当桩侧土层埋深大时，有效上覆土压力对桩侧摩阻力的影响发挥是较大的。特别是粗颗粒无黏性土受上覆土埋深效应影响尤为显著。因此基于当前勘察单位岩土工程勘察报告中仅提供桩侧摩阻力 q_{sa} 基本值，考虑上述侧阻发挥特性，本文提供了相应的修正系数表格，用于修正应用规范提供的极限承载力标准值计算时的侧阻力。然而，由于侧阻力和端阻力修正系数的研究样本较少，仍需要进一步的研究工作来充实和完善相关知识。

参考文献：

[1] 邱明兵，刘金砺，秋仁东，等．基于Mindlin解的单桩竖向附加应力系数[J]．土木工程学报，2014，47(3)：130-137.

[2] 刘金砺，秋仁东，邱明兵，等．不同条件下桩侧阻力端阻力性状及侧阻力分布概化与应用[J]．岩土工程学报，2014，36(11)：1953-1970.

[3] 刘金砺，邱明兵，秋仁东，等．Mindlin解均化应力分层总和法计算群桩基础沉降[J]．土木工程学报，2014，47(5)：118-127.

[4] 建设部．建筑桩基技术规范：JGJ 94—2008[S]．北京：中国建筑工业出版社，2008.

[5] 国家建筑工程质量监督检验中心．北京财源国际中心工程基础桩检测[R]．北京：国家建筑工程质量监督检验中心，2006.

[6] 王志玲，靳中华，李民生．钻孔灌注桩的垂直承载性状试验研究[C]//中国土木工程学会土力学及基础工程学会桩基础学术委员会，中国工程建设标准化协会地基基础委员会桩与深基础学组．第三届联合年会论文集（桩基工程技术）.

[7] 辛公锋，张忠苗，夏唐代，等．高荷载水平下超长桩承载形状试验研究[J]．岩石力学与工程学报，2005，24(13)：2397-2402.

[8] 龚剑，赵锡宏．对101层上海环球金融中心桩筏基础性状的预测[J]．岩土力学，2007，28(8)：1695-1699.

[9] 王卫东，李永辉，吴江斌．上海中心大厦大直径超长灌注桩现场试验研究[J]．岩土工程学报，2011，33(12)：1817-1826.

[10] 孙宏伟．京津沪超高层超长钻孔灌注桩试验数据对比分析[J]．建筑结构，2011，41(9)：143-146.

[11] 周代表，陈守祥，宋健伟．超长灌注桩在大型火电厂中的应用[J]．武汉大学学报，2004，37(S1)：120-123.

[12] 王陶，马晔．超长钻孔桩竖向承载性状的试验研究[J]．岩土力学，2005，26(7)：1053-1057.

[13] 蔡健，周万清，林奕喜，等．深厚软土超长预应力高强混凝土管桩轴向受力性状的试验研究[J]．土木工程学报，2006，39(10)：102-106.

中国强夯40年之工程实践

董炳寅[1]，杨金松[2]，水伟厚[2]，郭跃盼[2]
（1. 大地巨人（广东）岩土工程有限公司，广东 广州 510700；2. 大地巨人（北京）工程技术有限公司，北京 100176）

摘　要：本文介绍了强夯法在中国近40年的应用发展历程，阐述了强夯法应用的特点，介绍了强夯实践的场地特点及其应用案例，归纳总结了强夯法设计时需要考虑的33个设计要点。分别从技术发展与强夯装备角度进行梳理，并提出了强夯行业发展展望。
关键词：强夯法；强夯置换；工程实践；展望

0　引言

强夯法将土作为一种能满足技术要求的工程材料，在现场对土层本身做文章，以土治土，充分利用和发挥土层本身的作用，是一种经济高效、节能环保、绿色的地基处理方法[1-4]。中国自1975年开始介绍与引进强夯技术，1978年开始真正用于工程实践，距今已有40多年的历史[5-8]。40多年来工程界先后将强夯技术应用于山区高填方、围海造地等场地形成后的地基处理和湿陷性黄土、淤积土、砂土、粉质黏土等原地基处理，取得了良好的加固效果，社会效益和经济效益也很明显[9-15]。同时，工程建设中的山区高填方地基、开山块石回填地基、炸山填海、吹砂填海等工程也越来越多，需要加固处理的填土厚度和深度相应也越来越大，为高效处理这些复杂地质条件的场地，强夯加固技术向高能级和多元化发展，应用前景广阔[16-17]。

1　强夯法的应用特点

1.1　强夯法在我国的发展历程

我国自20世纪70年代引进并在工程中应用强夯技术至今，经历了若干阶段的快速发展。工程应用中，强夯夯击能已由引进初期的1000kN・m提高到25000kN・m，处理深度从5m提高到20m以上，强夯法的发展主要经历如表1所示的四个阶段[18-19]。

强夯法在大陆的发展阶段　　表1

阶段	时间	能级	处理深度
理论、技术引进及试验阶段	20世纪70年代到20世纪80年代初	一般仅为1000kN・m	5m左右浅层人工填土
积极应用阶段	20世纪80年代到20世纪90年代初	8000kN・m能级以下	有效处理深度10m左右
迅猛发展阶段	20世纪90年代至21世纪10年代	提高到18000kN・m	处理深度达到15m
超高能级与复合工艺发展阶段	21世纪10年代至今	最高达到25000kN・m，成孔强夯、降水强夯等新技术	处理深度达到20m以上

1.2　强夯法应用场地的特点

强夯技术应用范围广泛：可应用于工业厂房、民用建筑、设备基础、油罐、堆场、公路、铁路、桥梁、机场、港口码头等工程的地基加固。强夯地基处理工程具有以下特点：一是场地巨大，由于项目投资规模大，一般需要较大的场地进行建设，例如大型石油化工场地、大型机场面积一般是超百万平方米。二是地质条件复杂，处理难度大，特别是大面积场地形成，一般不会修建于城市核心地带，例如工业厂房或大型机场和高速公路，所以一般还需要填海造地或开山造地[20-22]。

对于山区高填方工程，如某些开山填谷工程，最大填土厚度超过35m，辽宁、重庆、山西、河南和湖南等地约20余个重大项目的最大填土厚度超过了40m，近些年一些新区建设中的开山造地、

作者简介：董炳寅（1986—），男，硕士研究生，大地巨人（广东）岩土工程有限公司总工程师，高级工程师，北京经济技术开发区经海三路109号院33号楼2层201室，dong_bingyin@dadigeo.com

山区城市的机场建设填土厚度已经超过100m。这些项目一般工期紧、任务重，为了使其地基强度、变形及均匀性等满足工程建设的要求而最终选用了分层强夯法进行处理。

对于抛石填海工程，其传统地基加固做法是吹填完成后进行真空预压或2～3年的堆载预压。由于工期太长且承载力提高有限，传统做法无法满足要求。此外，此类“炸山填海”“炸岛填海”等工程中回填的抛石、海水对钢材和混凝土的腐蚀性等问题都大幅增加了桩基施工的难度、工期和造价，也就促成了高能级强夯在抛石填海工程中的大量应用和快速发展，部分工程抛石和淤泥层的最大厚度达到了25m，如福建、广东、山东、广西、浙江等近30个国家重大工程项目，经方案经济、技术、工期等综合比选后采用了高能级强夯地基[23-24]。

1.3 我国关于强夯法的规范综述及其特点

(1)《建筑地基处理技术规范》JGJ 79—2012

变形计算有突破，墩变形＋应力扩散法，即将强夯置换地基的变形计算划分为两种：一是没有硬壳层而由置换墩独立承载，按照静载荷试验沉降量加上置换墩下附加应力产生的分层沉降总和计算；二是有2m以上的硬壳层，则采用复合地基的计算方法[25]。

(2)《复合地基技术规范》GB/T 50783—2012

强夯置换更明晰，明确提出了强夯与强夯置换的区别和联系，即4个条件：①有无填料；②填料与原地基土有无变化；③静接地压力大小；④是否形成墩体（比夯间土明显密实）[26]。

(3)《钢制储罐地基处理技术规范》GB/T 50756—2012

首次将施工能级提高至18000kN·m，实际上，国内高能级强夯最先在石油石化项目中试行，其最高的处理深度也达到了15m[27]。

(4)上海市《地基处理技术规范》DG/TJ 08—40—2010

首次提出了降水强夯，这是一次比较重要的突破，因为传统意义上的强夯是无法应用在高饱和度的软土上的，降水强夯的主要适用土质是粉质黏土、砂性土、含砂率较大的黏性土和淤泥质土、吹填土等地基[28]。

(5)《高填方地基技术规范》GB 51254—2017

对分层强夯做出明确要求，并对工作面搭接的强夯做出要求。高填方实施过程中，涉及大规模的土方调配，土方与地基处理的交叉作业，场地形成又要面临稳定性和承载力能力问题。因此强夯作为经济高效的方法，能够很好地应用于高填方工程中[29]。

(6)《吹填土地基处理技术规范》GB/T 51064—2015

明确了上硬下软双层地基的概念。在沿海吹填活动中，往往会形成上部为开山填土填石、吹填砂下部为原状淤泥、淤泥质土或吹填淤泥，这样形成了上硬下软地层，强夯的作用可以将上部硬层进一步加固密实，形成一定厚度的硬壳层，有利于工程项目的建设和使用[30]。

(7)《建筑地基检测技术规范》JGJ 340—2015

多种方法综合判定，对回填土地基强夯地基处理后，最主要的指标是地基承载力、加固深度和均匀性，应采取静载荷试验、标贯、动探或静探等多种检测方法综合对强夯地基进行评价[31]。

(8)《建筑施工机械与设备 履带式强夯机》JB/T 11679—2013

随着强夯施工工艺在全国的不断推广，强夯机的施工环境、可靠性需求、安全性需求、舒适性需求也发生了较大的变化，对强夯设备的期望也在不断提升，该规范对履带式强夯机的制造和检验进行了规范，目前正在修订新版中[32]。

1.4 强夯地基的承载力与变形指标特点

(1) 承载力特点

对于强夯地基来说，《建筑地基处理技术规范》JGJ 79—2012第6.3.13条规定：强夯处理后的地基竣工验收时，承载力检验应采用静载荷试验、原位测试和室内土工试验。强夯处理后的地基竣工验收承载力检验，应在施工结束后间隔一定时间方能进行，对于碎石土和砂土地基，其间隔时间可取7～14d；粉土和黏性土地基可取14～28d。

对于强夯置换地基来说，承载力的确定需要注意两点：对于软黏土地基，表层没有填粗粒料，形成的场地从宏观角度来看是“桩式置换”，软黏土中强夯置换地基承载力特征值应通过现场单墩静载荷试验确定；对于饱和粉土地基或上硬下软地基，当处理后墩间土能形成2m以上厚度的硬层时，即形成“整式置换”，其承载力可通过现场单墩复合地基静载荷试验确定[33-35]。

在进行强夯地基处理设计过程中往往有一个误区，那就是强夯能级越高，强夯处理后的地基承载力越高，但多年的工程实践证明，强夯能级从1000～

20000kN·m表层的承载力基本都满足要求，这主要原因在于我们常规所说的承载力一般都是浅层承载力，检测效果也是通过浅层平板载荷试验来反映的。对于浅层承载力检测效果起到决定性的作用是满夯，而各大能级施工满夯的能级是大同小异的。因此，设计上除了要验证承载力是否满足要求，更重要的确保加固深度能够满足要求，这就是按变形控制进行强夯地基处理设计的思想，也就是说地基承载力实际是强夯成果的“副产品”，加固效果应按照加固深度来进行控制[36-39]。

（2）变形特点

强夯地基处理的变形计算是进行设计时必须要考虑的工作，在进行地基处理设计时应当考虑两点：①在长期荷载作用下，地基变形不致造成上部结构的破坏或影响上部结构的正常使用；②在最不利荷载作用下，地基不出现失稳现象。前者为变形控制设计的原则，后者为强度控制的原则。对于大多数的强夯地基处理工程来讲，地基承载力往往是地基处理成果的“副产品”，关键是地基处理中地基的变形特性是否满足要求[40-42]。在利用变形控制思想进行地基处理设计时，首先应计算分析地基变形是否满足建筑物的使用要求，在变形满足要求的前提下，再验算地基的强度是否满足上部建筑物的荷载要求。

2 强夯实践

2.1 填海造地实践

（1）回填开山石场地实践

该类场地一般通过开山抛石至海底形成，回填厚度超过10m，由于本身回填粗颗粒填料，海底原始地形持力层较好，这种场地是比较适合采用强夯法进行处理的，经强夯处理后地基承载非常高，一般超过200kPa[43-44]。由于超高能量的强夯作用，填土体的密实度也可以得到保证。

大连南海某罐区碎石填海项目，场地碎石填土厚度为8～14m，填土下为粉细砂，经15000kN·m能级强夯处理，填土层地基承载力特征值为300kPa，压缩模量超过20MPa，地基处理完成后直接使用未打一根桩。

（2）上硬下软场地实践

该类场地一般通过开山回填土或抛石至海底形成，回填土厚度超过10m且填土下有超过10m以上淤泥或淤泥质土。这类场地较适合采用强夯法或者强夯置换法进行处理，并形成一定厚度的硬壳层，达到小型建（构）筑物、道路、地坪的使用要求[45-46]。

广东惠州某炼油项目，填土层厚度约10m，填土层下存在有厚度约10m的淤泥质土层，是典型的上硬下软土层，该项目地基采用8000～12000kN·m能级强夯处理，处理后场地的地基承载力特征值超过200kPa，变形模量超过15MPa，有效加固深度超过10m。

（3）吹填砂场地实践

该类场地通过绞吸船吹填砂土形成，回填砂土深度范围内由于密实度不够，一般存在液化的可能，因此，强夯法可用于处理吹填砂地基的液化问题，同时由于砂土特性达到一定密实程度后，其承载力和模量相对较高，可以形成很好的地基[47]。

广东揭阳某炼化项目，表层填土为松散粉细砂，属于液化场地。经8000～12000kN·m能级强夯处理消除了液化，处理后地基承载力特征值

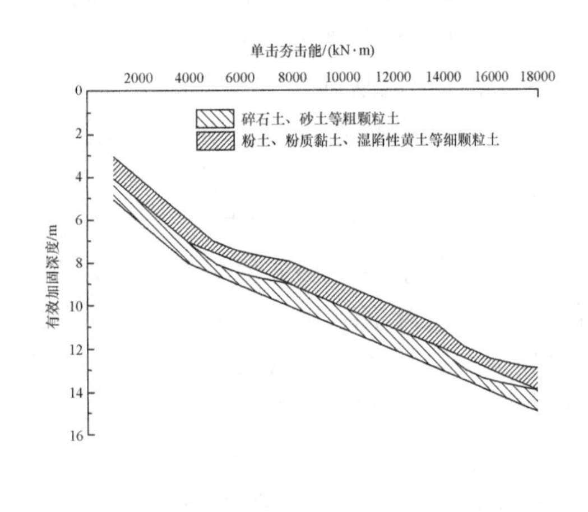

(a) 强夯能级与有效加固深度的关系

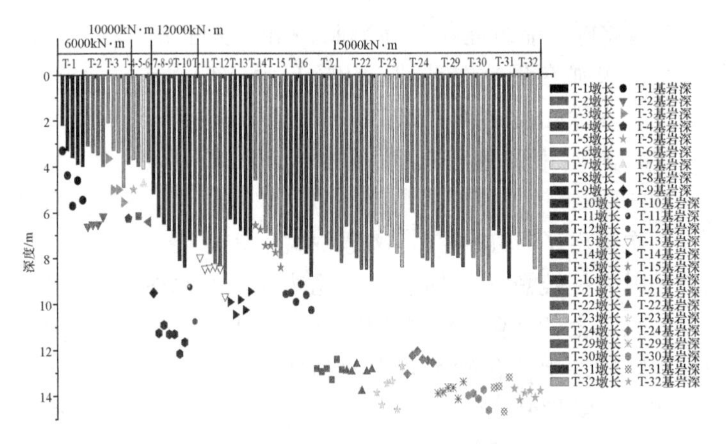

(b) 能级与强夯置换墩长度的实测关系

图1　不同土质条件下强夯能级与有效加固深度的关系

超过 250kPa，压缩模量超过 20MPa。

2.2 开山造地实践

（1）有序回填场地实践

该类场地是在山区丘陵地带，将原地基处理、土方工程、填筑体处理、边坡、地下水处理综合考虑，是有策划有组织地回填形成可靠性较好的场地。以陕西延安某煤油气项目为例，该处场地经削峰填谷形成，场地通过原地基处理、填筑体处理、地下水处理、边坡处理形成，原地基采用相应能级的强夯处理湿陷性。填筑体采用 4000～12000kN·m 能级分层强夯处理，每层厚度约 12m，最大填筑厚度约 60m。

由于新建机场往往处于城市边缘且周围居民较少，则相对于在城市建设中强夯的噪声和振动问题，在机场建设中也就并不那么要求苛刻了，同时机场场地的面积之大也让选择强夯进行地基处理更加顺理成章了。与中东部城市不同，很多西部城市尤其是西南城市地处丘陵山区，建设机场时难免涉及土方的深挖高填，但是机场跑道的适航性对机场高填方变形及稳定提出了极为严格的要求，这些机场广泛采用了分层回填＋碾压强夯来处理场地，部分机场建设工程汇总如表 2 所示。

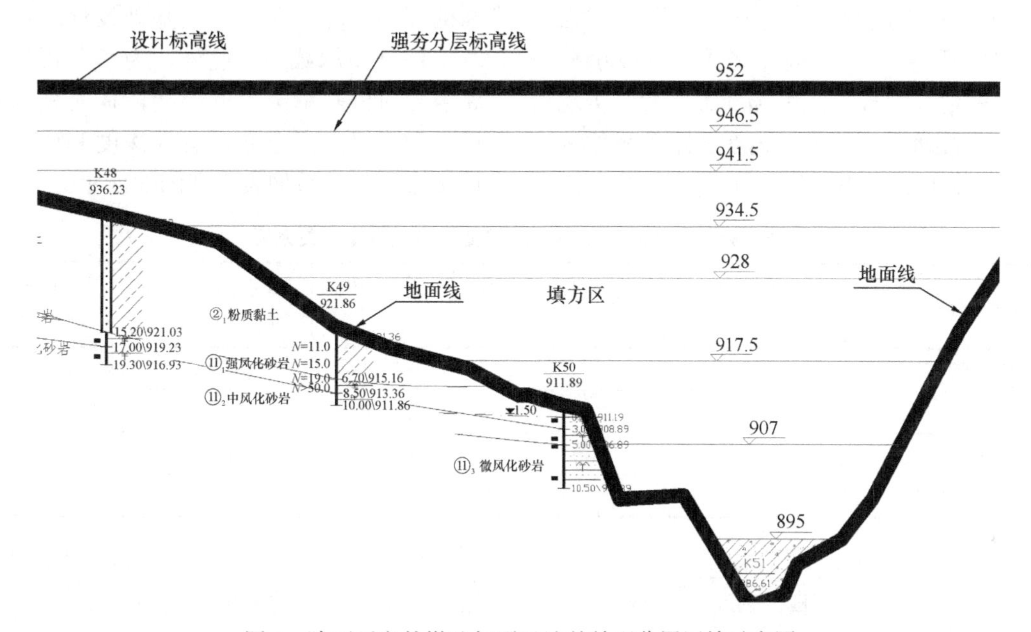

图 2 陕西延安某煤油气项目地基处理分层回填示意图

西南部分机场场地建设概况[48-53] **表 2**

机场名称	最大填方高度/m	填料类型	处理方式	填方量/万 m³	强夯能级/kN·m
大理机场	30	白云岩石渣	强夯	750	2000～3000
龙洞堡机场	54	石灰岩大块碎石	强夯	1200	1000～6000
绵阳机场	28	卵砾石	碾压、强夯	250	1000～4000
万州机场	32	砂泥岩块碎石	强夯	750	2000
攀枝花机场	65	砂泥岩块碎石	强夯	2400	2000～3000
九黄机场	104	含泥砂砾石	碾压、强夯	2763	800～3000
兴义机场	42	白云岩大块碎石	强夯	1199	3000～4000
康定机场	47	碎石土	碾压、强夯	1900	800～3000
江北机场三期	130	砂岩、泥岩碎石	强夯	4000	2000～6000
长水机场	52	白云岩大块碎石	碾压、强夯	10800	1000～4000

随着我国民航事业的迅猛发展，新建机场的数量也逐年增多，截至 2021 年我国民用运输机场数量为 248 个，根据《“十四五”民用航空发展规划》到 2025 年这个数量将达到 270 个，强夯将继续在民航领域大有作为。

（2）既有无序回填场地实践

该类场地与有序回填场地对应，即在回填过程中未考虑原地基处理又未考虑地下水处理，场地下往往存在一定厚度的软土。由于填土厚度不均，是较难处理的一类场地，要完全处理到位一般要花很大代价，因此利用强夯法形成一定厚度的硬壳层的适度处理是较为合适的方法。

云南省某高速公路工程位于煤矿采空区，煤矿开采导致矿区产生大面积无序回填区，雨水聚集后形成深厚软弱杂填土，具有厚度大、孔隙比大、压缩性较高、含水率高等特点，公路建设中造成路基稳定性差、沉降变形大，影响公路质量和寿命。经过技术经济性和现场试验论证，在“强夯法＋CFG 桩＋路堤冲击补压加筋”和“强夯置换（大厚度硬壳层）＋泡沫轻质土（较小荷载路堤）”两种地基处理方法中选择了后者，实现了 8000kN · m 能级强夯置换工艺在公路工程领域的首次应用，施工效果不仅满足了设计要求，还比原方案（CFG 桩地基处理）节省造价 1200 万元、缩短工期约 50％。

（3）无序回填场地的负摩阻力

无序回填场地一般很难处理到位，一般经强夯处理后形成一定厚度的硬壳层，会存在一定程度的桩基负侧摩阻力。然而在很多实际工程中，桩基设计往往很难预估桩基负摩阻力。闫小旗、张文龙等[54-55]通过现场长期测试研究了强夯处理后在考虑固结效应情况下的桩侧负摩阻力，结果表明深厚回填土场地经过强夯处理后桩身的中性点深度较规范的建议值明显减小，说明场地先进行强夯预处理形成的硬壳层能够部分消除桩周土体的固结沉降，在进行桩基础设计时可适当提高基桩桩身的承载力。此外，为了分析夯后桩基负摩阻力对桩基承载力的影响，在研究了 4 个项目后，初步得出强夯处理有效深度和中性点深度与填土厚度的关系如表 3 和图 3 所示。

强夯处理有效深度和中性点深度与填土厚度的关系表　　表 3

项目名称	填土厚度 /m	强夯有效处理深度 /m	中性点深度 /m	有效处理深度与填土深度比值 x	中性点深度与填土深度比值 y
江苏南充某厂区强夯项目	23	5	18.4	0.22	0.80
浙江温州某强夯项目	51	15	34.0	0.30	0.67
内蒙古某工程强夯项目	9	8	0.0	0.89	0.00
中化格力某地基处理项目	24	11	10.0	0.46	0.42

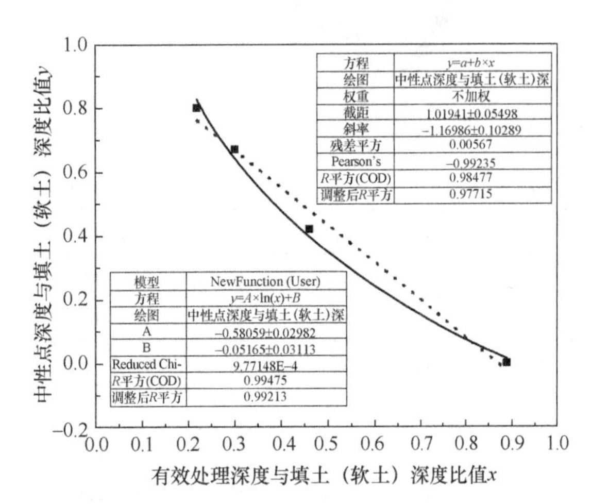

图 3　强夯处理有效深度和中性点深度与填土厚度的关系曲线

对上述对应关系进行拟合，拟合图形见图 3，拟合公式为：

$$y = -0.58\ln(x) - 0.05,\ R^2 = 0.99213 \tag{1}$$

该公式基本反映出以上几个项目填土深度、强夯有效处理深度、中性点位置的关系，桩基设计人员可通过该拟合公式对夯后填土桩基的中性点做初步估算，并由此计算桩基侧摩阻力，从而指导桩基设计，达到节约造价的目的。

2.3　强夯设计要点

（1）设计要点

强夯法地基处理在很多项目中具有显而易见的优势，但必须因地制宜地进行设计和施工才能扬长避短，人工回填或原始工程地质条件的复杂性、上部结构变形敏感性和承载力的差异性等均导致了强夯法设计的复杂性，而且能级较高时超出规范，对工程经验的依赖性很强。强夯法设计是一个系统工程，是一个变形与承载力双控且以变形控制为主的设计方法。具体来讲，强夯地基处理的设计要结合工程经验和现场情况，表 4 列举了强夯设计中需要考虑的 33 个要点。

强夯 33 个设计要点　　表 4

主项	要点
工艺参数	主夯能级、加固夯能级、满夯能级、夯点间距及布置、夯击遍数、夯击次数、收锤标准、间歇时间、处理范围

续表

主项	要点
机具设备	夯锤选择（形状和底面积、静接压力）、强夯机选择
施工控制	填料控制、夯坑回填方式、施工监测、夯坑深度、起夯面标高、减振隔振、降排水措施
填方设计	原地基处理、挖填搭接面处理、填方边坡处理、排渗系统、分层厚度、地基调平
效果检测	承载力检测、有效加固深度检测、均匀性评价、置换墩长
结构验算	变形验算、稳定性验算、垫层设计、基础方案（负摩阻力）、结构措施

（2）工程案例

① 工程概况与处理方案

梧州市某光伏产业园建设项目总用地面积约30万m^2，场地主要薄弱层为素填土，填土厚度超过30m。主要建设27栋建（构）筑物，综合考虑安全性、经济适用性、设备调度能力和工期，根据填土厚度，软弱下卧层分布情况，采取强夯+强夯置换+刚性桩复合地基的方案进行处理，各区域处理方案如表5所示。

地基处理方案汇总表　　表5

区域	回填土厚度	地基处理方案
建（构）筑物范围外的填方区	小于6m	4000kN·m能级强夯
	6～12m	12000kN·m能级强夯
	12～18m	18000kN·m能级强夯
	大于18m	20000kN·m能级强夯

续表

区域	回填土厚度	地基处理方案
建构筑物范围内的填方区	小于6m	4000kN·m能级柱锤置换加强区
	6～12m	12000kN·m能级强夯置换加强区
	12～18m	18000kN·m能级强夯置换加强区
	大于18m	20000kN·m能级强夯置换加强+刚性桩复合地基
加筋土挡墙	高差6m	分层碾压加筋+2000kN·m能级强夯

② 工程验算与处理效果

a. 沉降验算：对各建筑物基础采用分层总和法计算，结果显示地基处理前沉降最大可达15.3cm，最小为4.21cm，不满足设计要求；经处理后沉降验算，最大沉降量为2.4cm，差异沉降不大于2‰，满足设计要求，地基处理效果明显。

b. 施工后检测

对处理过后的场地地基进行浅层平板荷载试验，结果（表6）显示各试验点的实测地基承载力特征值和地基平均压缩模量均已达到设计要求。

对复合地基刚性桩进行了单桩竖向抗压静载荷试验，单桩竖向抗压承载力特征值（实测值）均达到了1200kN，满足设计要求。经验算，复合地基承载力满足设计要求。

浅层平板载荷试验成果汇总表　　表6

试验点位置	最大试验荷载/kPa	对应的最大压力/kN	最大荷载对应沉降量/mm	最大试验荷载下是否稳定	压板边长/mm	0.01b对应荷载/kPa	1/2极限荷载/kPa	承载力特征值（实测值）f_{ak}/kPa	压缩模量/MPa
食堂	400	900	15.02	是	1.50	≥400	200	200	164.51
宿舍	600	1350	32.22	是	1.50	310	300	300	54.60

c. 工后沉降监测

对14个重要的建（构）筑物主体在施工期间和工后进行长期沉降观测，结果显示：所测得的最大沉降为9.25mm，其余建（构）筑物的沉降一般在3.85～4.61mm；观测期间测得的最大沉降速率为0.21mm/d，其余建（构）筑物的一般最大沉降速率在0.12～0.14mm/d，在工后经半年左右的持续沉降观测结果显示，沉降速率均小于0.02mm/d，达到了稳定状态。

3 技术与设备发展

3.1 技术发展

随着在厚度大、有软土、水位高等地质复杂的地基上处理应用，强夯法的技术发展主要向两个方面发展：一是向高能级超高能级方向发展，目前已经实际应用的强夯能级达25000kN·m，处理深度超过20m；二是为了适应更多的地质条件和施工环境，朝着强夯与其他工艺复合的方向发展。表7列举了强夯技术主要发展的新技术。

强夯新技术发展 表7

工艺	简介
超高能级强夯	能级一般超过15000kN・m，处理深度超过10m，目前工程应用的最大能级达25000kN・m，处理深度超过了20m，只要环境允许、土层条件合适，超高能级强夯是最具性价比和环保优势的
强夯+刚性桩复合地基	经过强夯处理过的地基一般有很好的承载力和抗变形能力，但因为地基可能难以结构荷载和变形的要求时，可以采用刚性桩强夯复合地基工艺，强夯可大大降低刚性桩置换率，由于强夯处理后地基一般承载力很好，刚性桩主要起到控制变形作用[56]
降水+强夯	通过常规降水方法将高地下水位降低至规定位置，然后采用相应能级进行地基处理。在强夯施工过程中持续降水以降低超静孔隙水压力。根据不同的地质条件选择降水方式，如真空井点降水，排水板降水，管井降水等[57-58]
孔内强夯	先成孔至预定深度，然后自下而上分层填料强夯或边填料边强夯，形成承载力的密实桩体和强力挤密的桩间土。目前，该类方法发展出了适应多种地质条件的工艺，如适用于处理湿陷性黄土的孔内深层强夯法（DDC）和孔内深层超强夯法（SDDC），适用于高地下水位的预成孔深层水下夯实法，适用于较深厚软土地基的预成孔置换强夯法[59-61]

3.2 装备发展

强夯机是强夯技术发展、应用、推广的一个重要的工具，强夯机的发展和强夯技术的发展密不可分，强夯技术的应用也要通过强夯机不断的变革、改造来实现，其变革主要体现在表8所述的三个阶段。

强夯机变革的三个阶段 表8

阶段	设备	特点
第一阶段	改造式起重设备	采用履带式起重机为改造对象获得强夯设备，增加辅助措施来实现8000kN・m以下能级作业，改造式强夯机的安全性差、使用效率低、消耗和维护成本高
第二阶段	专用式强夯设备	液压式，系列性、能级覆盖广，安全性高，消耗和维护成本低，需专人上机操作，对于操作人员还是有一定的安全风险
第三阶段	智能式强夯设备	电子化、信息化、智能化改造，很多项目希望获得一些非人工操作质量控制的数据，通过强夯机上加装智能化的设备获得施工数据，同时实现远程操控，避免人工操作的风险

现阶段智能式强夯设备（图4），通常为多模组联合的深度技术融合产物。以强夯设备生产制造为引领的强夯数字化变革，主要表现为数字编码器技术、全球定位技术的深度融合。以夯点平面位置、数字编码器行程为量化控制指标，通过自动规划、自动布点、自动收锤，保证施工质量的同时，大大增加了施工效率。与此同时，以卷积神经网络为技术基础的深度学习视觉识别算法，将在未来强夯智能化监测中发挥作用。未来强夯数字化的发展必将融合BIM技术，根据建筑结构设计、三维地质构造进行精细化智慧设计、精准化智能施工。

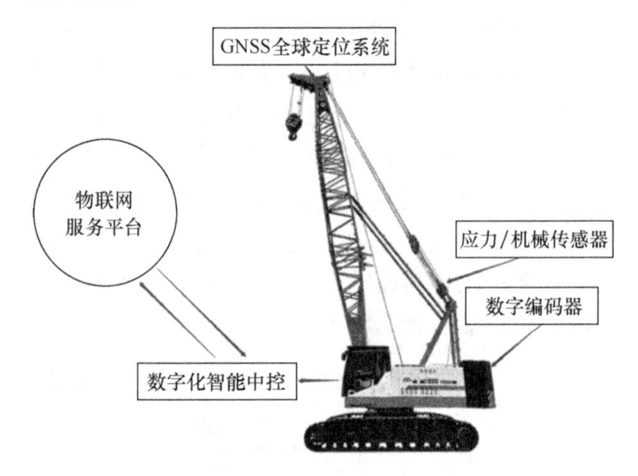

图4 智能式强夯设备技术

强夯工程信息化技术变革所积累的大数据基础，亦将成为传统强夯地基处理工程理论技术创新的重要驱动力量，为地基处理技术的发展创造更多的工程及经济价值。

4 展望

4.1 强夯技术

（1）复合工艺

工业项目工程建设中的山区高填方地基、开山块石回填地基、炸山填海、吹砂填海等围海造地工程也越来越多，形成的场地也更加复杂，仅采用传统的强夯加固技术往往难以满足地基处理的要求，强夯加固技术向高能级和多元化发展：①高能级强夯技术在吹填土、高填方地基的成功应用将为复杂环境条件下的地基处理工程设计、施工和检测提供实质性指导，从而提高工程设计水平，减少工程事故，减少经济损失，提高施工效率，保障工程质量，实现强夯地基处理工程的可持续发展，具有广阔的应用前景；②将强夯与其他地基处理方法的联合应用（如碎石桩-强夯法、真空井点降水-强夯法等）是地基处理技术发展与创新的方向，是处理软土、冲填土地基的有效方法，具有很大的发展空间。

（2）强夯的振动

由于用地空间小，新建设项目往往紧邻既有建筑物，强夯的超高能量必然带来振动影响，目前在业内以下几个问题亟待研究与解决：一是行之有效的隔振减振方法；二是强夯振动的机理；三是振动对建（构）筑物的影响研究；四是振动对人的影响研究。

（3）检测评价

强夯地基的质量检测方法，宜根据土性选用原位试验和室内试验。对于一般工程，应用两种和两种以上方法综合检验；对于重要工程，应增加检验项目并须做现场大型复合地基载荷试验；对液化场地，应做标贯试验，检验深度应超过设计处理深度。对于碎石土下存在软弱夹层地基土，一定要有钻孔试验，建议采用各种方案综合测试。目前行业内关于检测的发展，笔者认为检测的评价应更加准确，强夯检测各种手段的组合适应不同土质，更趋向于地区经验，而不是放之四海皆准的规范经验。

4.2 强夯设备

随着建筑数字化的推广与发展，强夯行业必须改变“傻大笨粗”的面貌。因此，需研制发展智能式新型强夯机，新型强夯机需在精密化、自动化、强韧化、灵活性、集成化、安全性、高效率、柔性化等方面进一步发展，以满足现场施工苛刻的要求以及现代化的数字管理需求。

5 结论

我国自1975年开始介绍并引进强夯技术、1978年左右开始真正工程实践，距今已经40余年。这40年中我国工程界先后将强夯技术应用于山区高填方、围海造地等场地形成后的地基处理和湿陷性黄土、淤积土、砂土、粉质黏土等原地基处理，取得了良好的加固效果，具有明显的社会效益和经济效益。

（1）强夯技术的应用，对节约水泥、钢材，降低工程造价，高效环保等许多方面都有显著优点。多年工程实践表明，强夯技术的广泛应用有利于节约能源和环境保护，是一种绿色地基处理技术，其进一步应用必然使强夯这一经济高效的地基处理技术为工程建设事业做出更大的贡献。

（2）强夯在填海造地、开山造地的成功实践将为复杂环境条件下的地基处理工程设计、施工和检测提供实质性指导，从而提高工程设计水平，提高施工效率，保障工程质量，实现强夯地基处理工程的可持续发展，具有广阔的应用前景。

（3）强夯地基处理工艺的设计是一个系统性的复杂工程，需要综合考虑工艺参数、机具设备、施工控制、填方设计、效果检测、结构验算6大主项的33项要点。

（4）强夯法发展前景仍广阔，这主要体现在了强夯复合工艺、振动影响、检测评价等技术发展前景，以及新型智能强夯机具的设备发展。

参考文献：

[1] 董炳寅，水伟厚，秦劭杰．中国强夯40年之技术创新[J]．地基处理，2022，4(1)：1-16.

[2] 王铁宏，水伟厚，王亚凌．高能级强夯技术发展研究与工程应用[M]．北京：中国建筑工业出版社，2017.

[3] 刘汉龙，赵明华．地基处理研究进展[J]．土木工程学报，2016，49(1)：96-115.

[4] 龚晓南．地基处理手册[M]．3版．北京：中国建筑工业出版社，2008.

[5] 国家建委建筑科学研究院建筑情报研究所二室．国外一种新的地基加固方法——强夯法[J]．建筑结构，1978(6)：22-28.

[6] 钱家欢，钱学德，赵维炳，等．动力固结的理论与实践[J]．岩土工程学报，1986(6)：1-17.

[7] 潘千里，朱树森，左名麒．高填土地区强夯法的试验与应用[J]．建筑技术通讯(施工技术)，1979(6)：14-20.

[8] 钱征．强夯法加固地基试验报导[J]．水运工程，1980(3)：47.

[9] 葛华康．高含石量土石混合体高填方边坡稳定性与变形研究[D]．重庆：重庆大学，2017.

[10] 水伟厚，王铁宏，王亚凌．对湿陷性黄土在强夯作用下冲击应力的分析[J]．建筑科学．2003，19(1)：33-36.

[11] 薛玉，韩晓雷，水伟厚，等．8000kN·m能级强夯处理湿陷性黄土实践研究[J]．水利与建筑工程学报，2008，16(2)：8-10.

[12] 冯志焱，林在贯，郑翔．孔内深层强夯法处理湿陷性黄土地基的一个实例[J]．岩土力学，2005(11)：143-145.

[13] 张凤文，王庭林．强夯砂土桩复合地基承载力的试验研究[J]．岩土力学，2000(1)：81-83.

[14] 王柳江，刘斯宏，樊科伟，等．真空电渗联合振动碾压加固超软黏土试验研究[J]．水运工程，2017(5)：150-156.
[15] 时伟，邵琪琳，董炳寅，等．深厚粉细砂场地8000kN·m能级强夯振动衰减规律研究[J]．西安建筑科技大学学报(自然科学版)，2019，51(3)：309-314.
[16] 王志伟，詹金林，水伟厚．高能级强夯在填海造陆地基处理中的应用[J]．土工基础，2009，23(2)：25-28.
[17] 胡瑞庚，时伟，水伟厚，等．深厚回填土地基高能级强夯有效加固深度计算方法及影响因素研究[J]．工程勘察，2018，46(3)：35-40.
[18] 刘文俊．基于波动理论的含软弱夹层地基强夯加固效果研究[D]．天津：中国民航大学，2023.
[19] 何立军，秦劭杰，刘增华，等．25000kN·m高能级强夯地基标贯和动探试验对比研究[J]．地基处理，2023，5(4)：271-278.
[20] 董炳寅，水伟厚，胡瑞庚．LNG储罐高承台灌注桩"一体成型"关键技术及优化分析[J]．低温建筑技术，2018，40(2)：108-112.
[21] 陈国栋．分层强夯置换在大型油罐地基处理中的应用[J]．建筑结构，2017，47(6)：96-101.
[22] 王平．机场大型土石方压实技术分析与研究[D]．重庆：重庆交通大学，2008.
[23] 董炳寅，胡瑞庚，水伟厚，等．海相淤泥质土地基加筋滤网碎石桩竖向承载性能试验研究[J]．长江科学院院报，2019，36(12)：133-138.
[24] 何铁伟．真空预压联合强夯加固深厚吹填土地基[J]．勘察科学技术，2015(4)：34-38.
[25] 住房和城乡建设部．建筑地基处理技术规范：JGJ 79—2012[S]．北京：中国建筑工业出版社，2013.
[26] 住房和城乡建设部．复合地基技术规范：GB/T 50783—2012[S]．北京：中国计划出版社，2012.
[27] 住房和城乡建设部．钢制储罐地基处理技术规范：GB 50756—2012[S]．北京：中国计划出版社，2012.
[28] 上海市城乡建设和交通委员会．地基处理技术规范：DG/TJ 08—40—2010[S]．2010.
[29] 住房和城乡建设部．高填方地基技术规范：GB 51254—2017[S]．北京：中国建筑工业出版社，2018.
[30] 住房和城乡建设部．吹填土地基处理技术规范：GB/T 51064—2015[S]．北京：中国计划出版社，2015.
[31] 住房和城乡建设部．建筑地基检测技术规范：JGJ 340—2015[S]．北京：中国建筑工业出版社，2015.
[32] 工业和信息化部．建筑施工机械与设备　履带式强夯机：JB/T 11679—2013[S]．北京：机械工业出版社，2014.
[33] 水伟厚．对强夯置换概念的探讨和置换墩长度的实测研究[J]．岩土力学，2011，32(S2)：502-506.
[34] 李惠玲，徐玉胜，胡荣华．强夯置换处理软土地基的现场试验研究[J]．工业建筑，2012，4(10)：83-86.
[35] 李岳，刘文俊，蔡靖，等．强夯置换的ALE法仿真与夯击参数研究[J]．岩土工程学报，2023，45(7)：1471-1479.
[36] 水伟厚，王铁宏，朱建锋．高能级强夯作用下地面变形试验研究[J]．港工技术，2006(2)：50-52.
[37] 水伟厚，胡瑞庚，时伟，等．基于夯击能和夯沉量的强夯参数优化分析[J]．工业建筑，2018，48(9)：117-122，180.
[38] 费涵昌，王广欣，曹来发，等．双层地基的变形与沉降[J]．同济大学学报，1995，23.
[39] 刘文俊，李岳，蔡靖，等．基于强夯应力波传播模型的夯击参数研究[J/OL]．岩土力学，2023(S1)：1-10[2023-09-12].
[40] 水伟厚，胡瑞庚．按变形控制进行强夯加固地基设计思想的探讨[J]．低温建筑技术，2018，40(2)：117-121.
[41] 水伟厚，何立军，王亚凌，等．10000kN·m高能级强夯作用下地面变形实测分析[J]．地基处理，2006，17(1)：49-54.
[42] 王铁宏，水伟厚，王亚凌，等．10000kN·m高能级强夯地面变形与孔压试验研究[J]．岩土工程学报，2005，27(7)：759-762.
[43] 冯世进，水伟厚，梁永辉．高能级强夯加固粗颗粒碎石回填地基现场试验[J]．同济大学学报(自然科学版)，2012，40(5)：679-684.
[44] 赵熠．金州湾填海造陆区碎石土性质及机场沉降研究[D]．长春：吉林大学，2021.
[45] 李云华，马哲，张季超，等．动力排水固结法加固某吹填淤泥地基试验研究[J]．工程力学，2010，27(S1)：77-80.
[46] 席宁中，于海成，席锋仪．围海造地软弱地基综合处理技术[J]．建筑科学，2016，32(1)：121-128.
[47] 邓满香．吹砂填海地基强夯加固研究[J]．铁道工程学报，2012，29(5)：11-13，87.
[48] 何兆益，周虎鑫，吴国雄．攀枝花机场高填方地基强夯处理试验研究[J]．重庆交通大学学报，2002，21(1)：51-55.
[49] 維永涛．万州机场土石混填高填方路堤沉降与稳定性分析[D]．重庆：重庆交通学院，2003.
[50] 朱彦鹏，师占宾，杨校辉．强夯法处理山区机场高填方地基的试验[J]．兰州理工大学学报，2018，44(5)：10.
[51] 陈涛．山区机场高填方地基变形及稳定性研究[D]．郑州：郑州大学，2010.
[52] 张宁．荔波机场高填方边坡稳定性研究[D]．成都：四川大学，2003.
[53] 闵卫鲸．绵阳机场高填方强夯加固工程实践[J]．路基工程，2006(1)：34-36.
[54] 闫小旗，胡瑞庚，时伟，等．考虑固结效应的高填

方夯实地基桩侧负摩阻力计算方法[J]. 重庆大学学报，2019，42(7)：42-53.
[55] 张文龙. 深厚黏性填土地基强夯处理后考虑固结效应下桩侧负摩阻力的现场实测与计算方法研究[C]//2021年工业建筑学术交流会论文集(下册)，2021.
[56] 詹金林，梁永辉，水伟厚. 大直径刚性桩桩网复合地基在储罐基础中的应用[J]. 岩土工程学报，2011(S1)：122-124.
[57] 蔡仙发，唐彤芝，蔡新，等. 新型降排水强夯加固冲填沉积土地基研究[J]. 福州大学学报(自然科学版)，2019，47(1)：100-106.
[58] 米晓晨. 轻型井点降水联合强夯法加固吹填土地基[J]. 中国港湾建设，2017，37(9)：54-57.
[59] 我国首创孔内深层强夯桩[J]. 特种结构，1996(2)：43.
[60] 金继伟，卢淑萍，王春江. 孔内深层超强夯法(SDDC)作用机理及其在公路工程中的应用[J]. 公路，2000(9)：27-31.
[61] 谢春庆，潘凯，张李东，等. 孔内深层强夯桩法在红层地区软基处理中的应用研究[J]. 路基工程，2019(4)：33-40.

扩底抗拔桩极限荷载试验变形特性分析

白纯钢，宋永威，杨 光，杨思远，李 策
（北京城建集团有限责任公司，北京 100088）

摘 要： 以北京城市副中心站综合交通枢纽工程扩底抗拔桩为背景，通过多组极限承载力试验，深入分析各因素对桩基承载力的影响规律，得到如下结论：扩底和后注浆使承载力提高，二者共同作用使承载力提高 46.7%；后注浆对桩侧摩阻力增强 34%～55%，但距桩顶 20m 范围内无增强作用；单纯的桩底扩大未进行后注浆的试桩，极限荷载下桩底扩大端仅能提供 1.5%～3.9%的抗力，主要表现为纯摩擦型桩。

关键词： 扩底抗拔桩；轴力测试；侧摩阻力；后注浆工艺

0 引言

扩底抗拔桩以其良好的抗拔承载能力在工程项目中得到越来越多的应用，扩底抗拔桩相比于常规等截面抗拔桩，经济效益显著。当前对扩底抗拔桩的研究以有限元数值模拟、室内模型试验和现场足尺试验为主。其中尤以现场足尺试验工程实用价值最高，试验结果可直接指导工程设计，判定后注浆扩底抗拔桩的适用性[1-3]。扩底抗拔桩现场足尺试验案例并不少，然而试桩试验加载至极限破坏状态的案例不多。试桩不能加载至极限破坏状态，则试桩实测数据无法直观体现扩大头的抗拔承载能力，也就无法进一步对扩底抗拔桩全过程荷载传递规律有更深入的认识[4-6]。

1 工程概况

1.1 工程基本概况

本工程为纯地下结构，基础埋置深度达到 35m，而地下水位埋深浅，地下结构的抗浮问题十分突出。从经济性和环保性角度考虑，拟采用扩底抗拔桩，有必要开展现场足尺试验，以验证扩底抗拔桩在该地区地层条件下的适用性，进而分析扩底抗拔桩的承载变形，本次对 SZ3、SZ4、SZ5、SZ6 四种类型共 8 根有效桩长 71.6m 混凝土灌注桩进行单桩竖向抗拔静载荷试验，并进行桩身轴力测试。

1.2 试验场地地质情况

选择北京市通州区某地进行现场试验，试验桩为钻孔灌注桩，根据拟建场地勘察成果资料分析，场地埋深范围内主要为细砂和中砂，中间夹杂有粉质黏土、重粉质黏土，具有成层分布特点，地下水水位埋深为 9.07～10.82m。典型土层参数如表 1 所示。

典型土层参数 表 1

土层	重度/（kN/m³）	黏聚力/kPa	内摩擦角/°	分布范围/m
②黏质粉土、砂质粉土	1.7～1.95	20	30	11.57～18.87
③细砂、粉砂	2	0	28	7.87～11.57
④细砂、中砂	2.05	0	32	2.27～7.87
⑤细砂、中砂	2.05	0	32	−8.23～2.27
⑥细砂、中砂	2.06	0	34	−15.73～−8.23
⑦粉质黏土、重粉质黏土	1.93～2.07	39.33	14.3	−21.57～−15.73
⑧细砂、中砂	2.08	0	35	−28.43～−21.57
⑨细砂、中砂	2.09	0	35	−35.73～−28.43
⑩粉质黏土、重粉质黏土	1.94～2.1	48.9	16.3	−38.03～−35.73
⑪细砂、中砂	2.1	0	36	−51.63～−38.03

作者简介：白纯钢（1994—），男，硕士研究生，北京城建集团有限责任公司建筑工程总承包部，北京城市副中心站综合交通枢纽项目技术部技术员，北京市通州区潞城镇通运西路与辛安屯街交叉口北京城建项目部，1143670217@qq.com。

1.3 试验基本情况

试桩参数表　　表 2

桩型	试桩桩号	桩直径/mm	扩底直径/mm	注浆情况	预估极限抗拔承载力/kN	抗拔试验最大允许加载值/kN
SZ3	SZ3-3	1000	未扩底	未注浆	12300	16000
	SZ3-4					
SZ4	SZ4-5	1000	未扩底	桩底和桩侧 45m 注浆	18000	22000
	SZ4-6					
SZ5	SZ5-11	1000	1600	未注浆	13000	16000
	SZ5-12					
SZ6	SZ6-9	1000	1600	桩底和桩侧 45m 注浆	18000	22000
	SZ6-10					

2 试桩试验与结果分析

2.1 试桩试验

(1) 传感器布设

将钢筋应力计分别布设在试验桩顶、桩底、桩身（土层分界处）主筋上，以测量试桩不同位置的分层阻力值。具体安装情况见表 3。

传感器安装位置统计表　　表 3

测力计号	测力计标高/m	测力计距桩顶距离/m	测力计数量/个
1	13.7	2.1	2
2	11.7	4.1	2
3	7.7	8.1	2
4	1.7	14.1	2
5	−9.3	25.1	2
6	−10.8	26.6	2
7	−16.3	32.1	2
8	−19.3	35.1	2
9	−21.3	37.1	2
10	−27.3	43.1	2
11	−31.3	47.1	2
12	−33.3	49.1	2
13	−37.3	53.1	2
14	−49.3	65.1	2
15	−51.3	67.1	2
16	−55.3	71.1	2

图 1　传感器布置现场照片

(2) 检测方法

采用锚桩法，加荷方式为液压千斤顶（高压油泵）；加载值由静荷载测试分析仪测读；单桩竖向抗压静载荷试验加载分为 10 级，用 4 个位移传感器测读试点的沉降量。

采用应力计进行桩身内力测试。桩身内力测试与抗拔静载荷试验同步进行，钢筋应变量于每级荷载作用下稳定后用仪器测量其应变值，计算应变计断面处桩身轴力及桩侧土的分层侧摩阻力。

2.2 试验结果分析

4 种类型共 8 根桩加载变形直至破坏曲线图如图 2 所示，所有桩破坏形式均为缓变型，无扩底试桩 SZ3-3、SZ3-4 和 SZ4-5、SZ4-6 同类型两根试桩荷载-位移变形图基本接近，同类型桩所对应的抗拔极限承载力也相同。但有扩底试桩 SZ5-11、SZ5-12 和 SZ6-9、SZ6-10 同类型桩试桩荷载-位移变形数据存在一定的离散性，当荷载超过 8000kN 时，即桩端阻力比较充分发挥时，桩顶荷载-位移曲线形状有所差异。

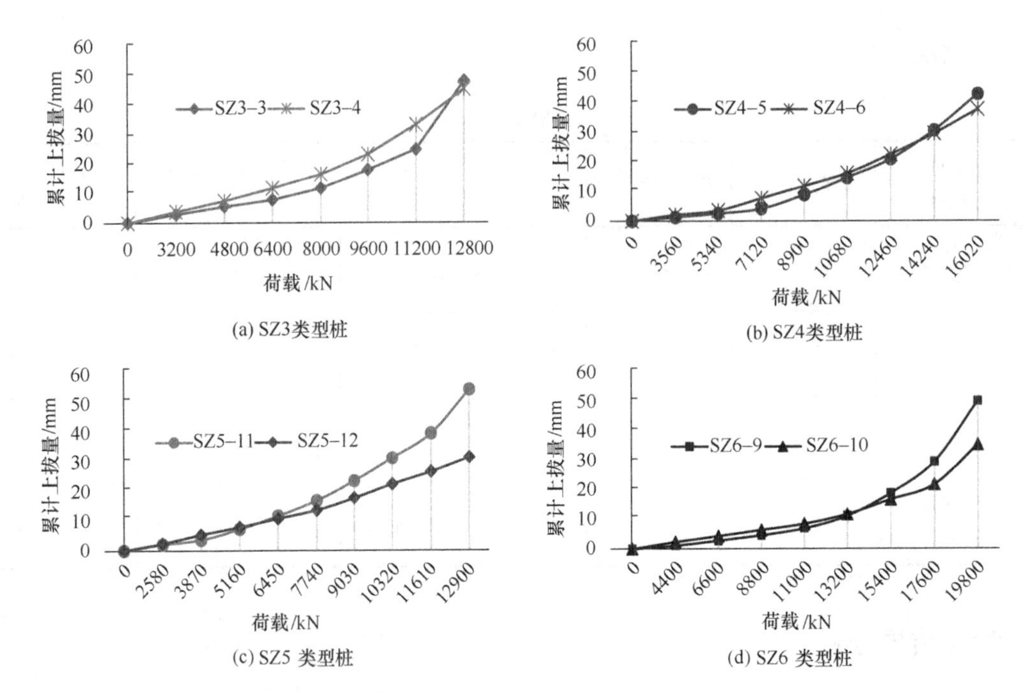

(a) SZ3类型桩　(b) SZ4类型桩　(c) SZ5 类型桩　(d) SZ6 类型桩

图2　试桩变形加载曲线

试桩试验结果　表4

桩类型	桩号	扩底直径/mm	注浆	单桩竖向抗拔极限承载力/kN
SZ3	SZ3-3	—	—	11200
	SZ3-4			12800
SZ4	SZ4-5	—	桩底＋桩侧45m	14240
	SZ4-6			16020
SZ5	SZ5-11	1600	—	11610
	SZ5-12			12900
SZ6	SZ6-9	1600	桩底＋桩侧45m	17600
	SZ6-10			17600

通过分析表4单桩竖向抗拔极限承载力可知，在单桩竖向抗拔试验中，扩底使承载力提高2.1%，后注浆使承载力提高26%，二者共同作用使承载力提高46.7%。显然，后注浆对于单桩竖向抗拔承载力提高更加有效。

3　桩身轴力测试结果

3.1　桩的轴力测试

为研究单桩受力特性，本试验对所有试桩埋设了钢筋应力，在单桩抗拔试验过程中进行单桩轴力测试，以得出各桩段轴力和桩侧阻力、扩大端抗力分布情况。

根据试桩在各级桩顶荷载 P 作用下的各测试断面钢筋应力，可计算得出桩在断面1～16处的轴力，通过计算试桩在单桩极限承载力标准值对应的测试断面轴力差，可计算出桩在各测试断面间的桩侧摩阻力，结果如表5所示。

试桩各断面侧摩阻力值　表5

断面位置	桩号							
	SZ3-3	SZ3-4	SZ4-5	SZ4-6	SZ5-11	SZ5-12	SZ6-9	SZ6-10
1-2	46.00	45.04	17.35	10.50	35.65	31.99	39.98	36.98
2-3	51.97	49.98	34.22	18.78	46.32	40.03	55.94	50.00
3-4	55.97	57.93	38.73	41.86	53.05	47.96	45.95	55.97
4-5	47.00	47.98	42.97	48.12	60.31	43.99	54.00	55.97
5-6	56.87	57.93	66.85	42.44	62.39	46.05	62.82	66.00
6-7	47.00	47.98	71.19	43.18	55.10	40.98	57.99	59.96
7-8	43.93	44.03	77.88	73.64	56.34	49.98	55.92	57.93

续表

断面位置	桩号							
	SZ3-3	SZ3-4	SZ4-5	SZ4-6	SZ5-11	SZ5-12	SZ6-9	SZ6-10
8-9	52.05	49.98	62.23	63.66	58.41	53.96	84.04	78.94
9-10	49.98	47.96	78.31	97.41	58.20	50.98	59.95	79.98
10-11	71.94	69.95	79.79	86.74	60.95	55.94	84.99	94.94
11-12	52.05	48.07	69.80	90.88	57.62	53.00	64.94	87.01
12-13	66.93	63.98	66.53	89.13	58.57	57.93	85.95	92.95
13-14	64.96	62.97	83.21	97.62	52.97	53.98	87.96	95.95
14-15	58.09	53.96	56.82	76.40	49.29	42.97	70.03	90.72
15-16	65.97	63.90	67.48	84.35	95.58	77.99	123.91	165.61

图 3（a）为未后注浆 SZ3、SZ5 抗拔桩桩身对应深度极限侧摩阻力曲线图，图 3（b）为后注浆 SZ4、SZ6 抗拔桩桩身对应深度极限侧摩阻力曲线图；分析可知，SZ3、SZ5 类型桩侧摩阻力分布均匀，各断面平均侧摩阻力标准差为 $\sigma=9.61$，SZ4、SZ6 类型桩侧摩阻力分布不均匀，各断面平均侧摩阻力标准差为 $\sigma=24.03$，桩身 45m 处和桩底注浆位置侧摩阻力明显增大。

3.2　桩侧摩阻力实测值与勘察值对比

分别计算未注浆试验桩 SZ3、SZ5 和后注浆试验桩 SZ4、SZ6 对应地层的侧摩阻力平均值，通过表 3 未注浆试验桩侧摩阻力平均值与勘察报告侧摩阻力比值 β 可知，未后注浆抗拔试验桩侧摩阻力值约为勘察报告建议值的 70%～95%；根据后注浆侧摩阻力增强系数 γ 可知，后注浆对距桩顶约 20m 范围内无法增强其侧摩阻力，对距桩顶 20～70m 范围内增强 30%～55%，其中标高 −23m（桩身 45m 注浆位置）和桩底附近增强最为明显，分别增强 52%和 55%。

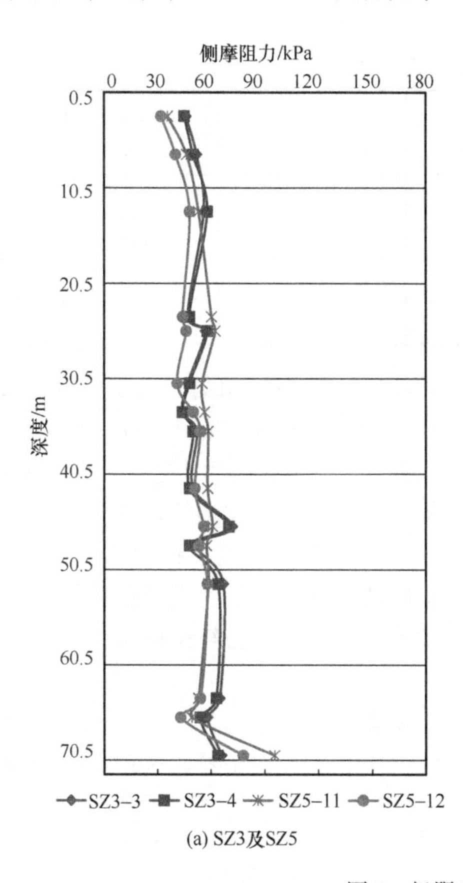

(a) SZ3及SZ5

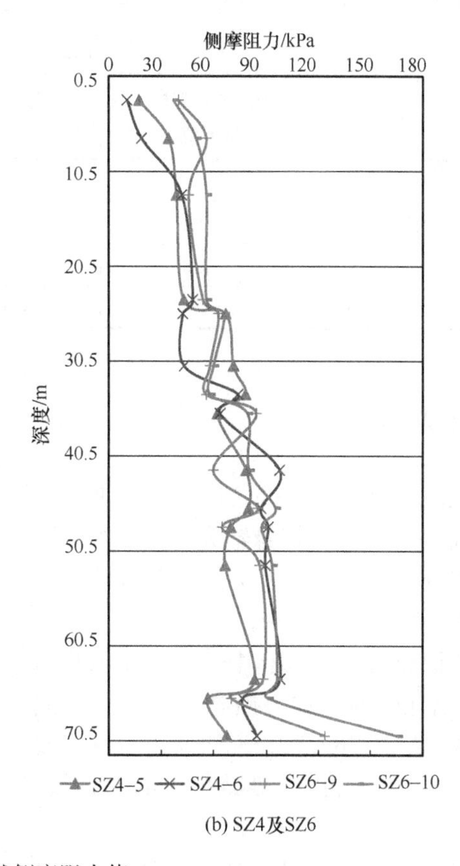

(b) SZ4及SZ6

图 3　极限荷载侧摩阻力值

极限荷载下单桩承载力试验结果　　表6

土层	对应试桩标高/m	未注浆侧摩阻力平均值/kPa	后注浆侧摩阻力平均值/kPa	勘察报告建议值/kPa	未注浆侧摩阻力与勘察报告值比值β	后注浆侧摩阻力增强系数γ
③细砂、中砂	10	47.07	39.74	60	0.78	0.84
④细砂、中砂	6	53.73	45.63	65	0.83	0.85
⑤细砂、中砂	0	49.82	50.27	70	0.71	1.01
⑥细砂、中砂	−11	55.81	59.53	70	0.80	1.07
⑦粉质黏土、重粉质黏土	−18	48.57	66.34	60	0.81	1.37
⑧细砂、中砂	−21	53.60	72.22	75	0.71	1.35
$⑧_1$黏质粉土—砂质粉土	−23	51.78	78.91	70	0.74	1.52
$⑨_1$黏质粉土—砂质粉土	−29	64.70	86.62	62	1.04	1.34
$⑨_3$黏土	−33	52.68	78.16	60	0.88	1.48
⑩黏质粉土—砂质粉土	−35	61.85	83.64	65	0.95	1.35
⑪细砂、中砂	−39	59.72	91.19	85	0.65	1.52
⑫细砂、中砂	−51	50.08	78.09	90	0.64	1.55

3.3 扩底抗拔桩桩端受力分析

试桩桩长71.6m，第16断面钢筋计位于71.1m处，通过第16断面位置钢筋计测值减去71.1～71.5m的侧摩阻力可近似认为是桩底扩大端抗力值，计算结果见表7。

极限荷载下单桩承载力试验结果，SZ5、SZ6类型桩扩底直径均为1600mm，未进行桩底后注浆SZ5-11、SZ5-12桩扩大端抗力值占极限承载力百分比为3.9%、1.5%，桩底后注浆SZ6-9、SZ6-10桩扩大端抗力值占极限承载力百分比为9.8%、9.6%；说明桩底后注浆可以明显提高极限荷载下扩大端抗力，提升幅度约为430%。

扩大端抗力值占极限承载力百分比　　表7

桩号	桩端土层	极限荷载下扩大端抗力值/kN	扩大端抗力值占极限承载力百分比	扩底直径/mm	极限抗拔承载力/kN	备注
SZ5-11	细砂、中砂	454	3.9%	1600	12900	
SZ5-12	细砂、中砂	190	1.5%	1600	11610	
SZ6-9	细砂、中砂	1725	9.8%	1600	17600	桩底后注浆
SZ6-10	细砂、中砂	1706	9.6%	1600	17600	桩底后注浆

4 结论与建议

基于试桩试验成果，对扩底抗拔桩的承载变形特性从荷载-位移曲线、桩身轴力分布、桩侧摩阻力分布、桩身变形以及扩大头的承载特性等方面进行了分析，得到如下结论。

（1）在单桩竖向抗拔试验中，扩底使承载力提高2.1%，后注浆使承载力提高26%，二者共同作用使承载力提高46.7%。说明通过后注浆改变桩土界面的特性，可以明显减少桩的上拔量，提高承载力。

（2）根据后注浆侧摩阻力增强系数γ可知，后注浆对桩侧摩阻力增强具有明显的不均匀性，在45m注浆断面和桩底附近增强最为明显，分别增强52%和55%，因此适当增加注浆断面可以使侧摩阻力增强更加均匀，进一步增强抗拔承载力。

（3）单纯的桩底扩大未进行后注浆的试桩，极限荷载下桩底扩大端仅能提供1.5%～3.9%的抗力，主要表现为纯摩擦型桩。

参考文献：

[1] 李升．砂土中抗拔直桩承载变形性状模型试验研究[D]．西安：西安建筑科技大学，2017.

[2] 王卫东，吴江斌，王向军．基于极限荷载试验的扩底抗拔桩承载变形特性的分析[J]．岩土工程学报，2016，38(7)：1330-1338.

[3] 王卫东，吴江斌，王向军，等．桩侧后注浆抗拔桩技术的研究与应用[J]．岩土工程学报，2011，33(S2)：437-445.
[4] 王磊．地下结构抗浮及抗拔桩试验研究与分析[D]．杭州：浙江大学，2016.
[5] 孙冶默．基于某厚砂层地基后注浆抗拔桩的承载性状分析[D]．北京：北京建筑大学，2018.
[6] 董卫青，何晶，明灿．昆明景成大厦大直径超长灌注桩设计及承载特性研究[J]．建筑结构，2020，50(21)：106-113.

盾构在富水砂层穿越 CFG 群桩施工技术

于海亮

（北京城建中南土木工程集团有限公司，北京 100124）

摘　要：盾构法隧道施工目前城市轨道交通常见的一种施工工法，该工法可以高效、快速、安全穿越建（构）筑物，本文依托哈尔滨市轨道交通 2 号线一期工程土建工程施工 2 标哈尔滨北站—大耿家盾构区间施工过程中遇到了盾构始发后即下穿高铁站 CFG 群桩的立体交叉工况，线路穿越位置位于全断面富水中砂层中，该地层采用土压平衡盾构机进行施工，通过对刀盘的加固研究及穿越的施工参数研究，总结了此地层中采用土压平衡盾构机的技术方案及控制措施，确保穿越的安全性，对国内外土压平衡盾构在富水中砂层中掘进、防喷涌技术及穿越 CFG 群桩的施工参数提供参考和指导。

关键词：富水砂层；盾构穿越；CFG 桩

0　引言

目前各大城市纷纷开始发展城市轨道交通建设，盾构工法因其具有机械化程度高、掘进速度快、对周围环境影响小等特点，在城市地铁隧道建设中得到了广泛的应用，并取得了很好的变形控制效果，目前已成为我国城市轨道交通建设中应用最广泛的一种工法。但是随着城市化进程的不断加快，城市人口聚集与城市地面交通基础设施落后之间的矛盾日益凸显，为了缓解这一矛盾，现代化的城市建设逐渐开始发展立体式交通，地下工程和地面工程出现了交叉设计和施工的局面，随着城市化进程的快速发展，相应的城市轨道交通建设伴随着城市化进程呈辐射型发展，不可避免地出现地铁施工穿越既有运行铁路的工况，地铁穿越铁路存在较大的风险，如何将穿越过程中对铁路的运行安全影响降低到最低是一个重大难题。哈尔滨北站—大耿家区间双线顺利穿越哈尔滨高铁北站及线路，实现了哈尔滨市轨道交通地铁施工首例穿越高铁站及既有运行线路施工，尤其是穿越哈齐客运专线下方 CFG 群桩段更是国内少有案例，其成功经验对于哈尔滨市轨道交通建设工程乃至国内类似工程具有很强的借鉴意义，交叉施工带来的变形控制是施工中需要解决的难题，该施工技术具有进一步的推广和应用的价值。

1　工程概况

1.1　简介

本工程为哈尔滨市轨道交通二号线一期工程哈尔滨北站—大耿家盾构区间工程，区间全长 2088.561m，隧道埋置较深，盾构拱顶上方覆土厚度为 9～22m。区间隧道的断面形式为单线圆形隧道，隧道外径 6m，内径 5.4m，隧道开挖直径 6.28m，隧道中心间距 12.0～26.4m。盾构在穿越哈齐客运专线段铁路下方的路基段时，已采用 CFG 桩进行加固处理，CFG 桩沿隧道前进方向共计 16 排，采用长螺旋钻机成孔，桩位呈梅花形布置，桩间距为 1.6m×1.6m，桩体直径 400mm，采用 C20 混凝土，CFG 桩桩底距离地面约 24.9m，区间隧道底距离地面约 21m，根据隧道与 CFG 桩位置关系，单线盾构穿越哈齐客运专线过程中，需连续切割 16 排桩，约 64 根桩。穿越风险源段线路左右线线间距约为 26.4m，线路平面为直线段，竖曲线为单面坡，线路坡度均为－23‰，区间隧道埋深约为 15m。具体如图 1 所示。

1.2　地质条件概况

经过地质勘探，盾构穿越过程的主要地层为中砂地层。具体如图 2 所示。

作者信息：于海亮（1979—），男，学士，北京城建中南土木工程集团有限公司、副总工程师，北京市丰台区总部基地外环西路 26 号院 28 楼，E-mail：13307333@qq.com。

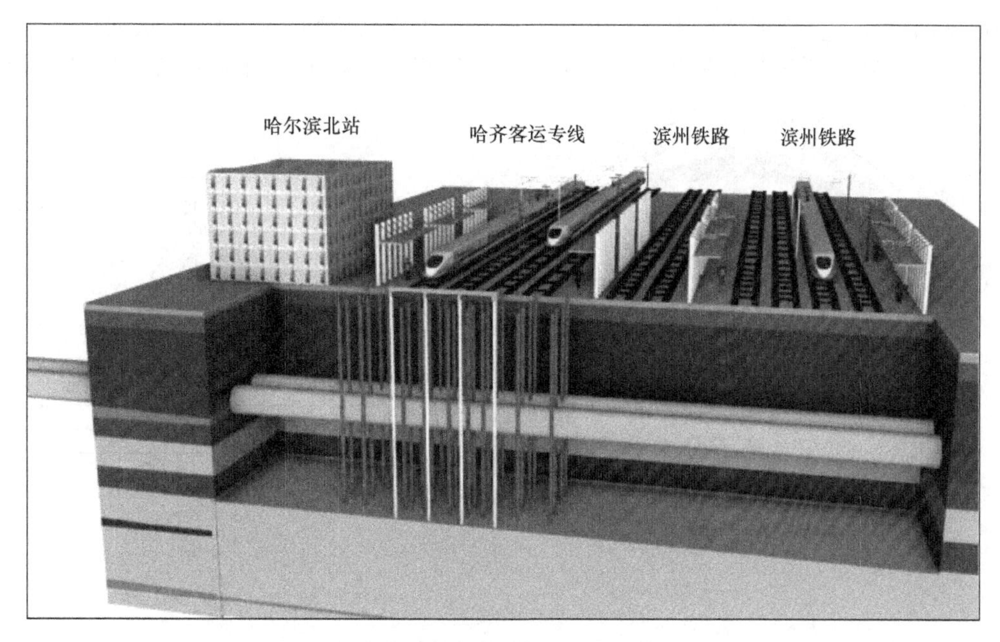

图1　线路穿越CFG桩示意图

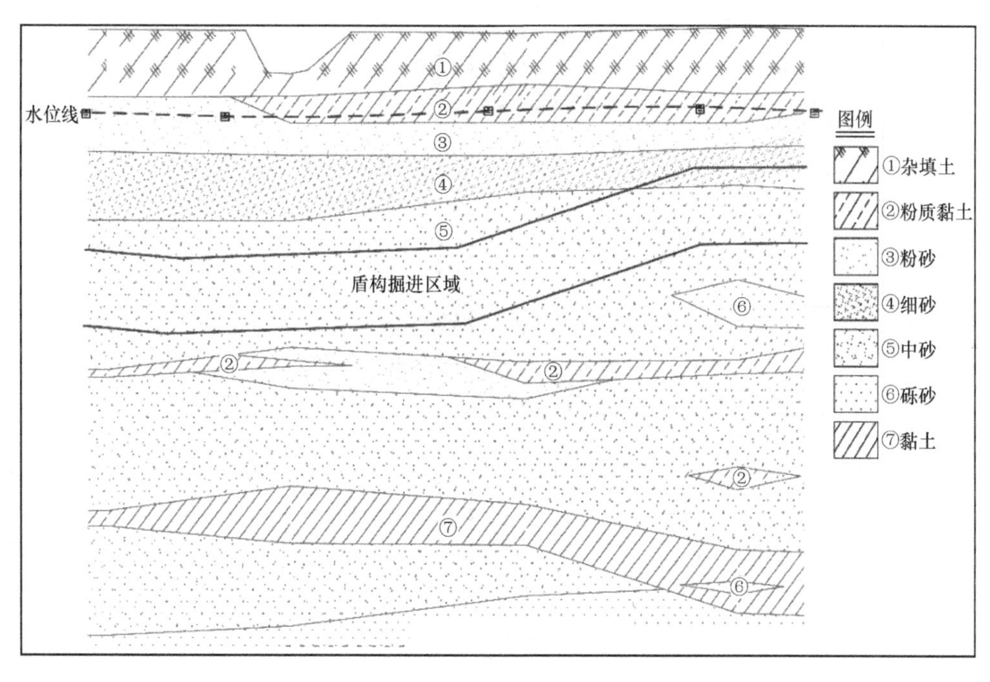

图2　地质剖面示意图

1.3　盾构隧道结构设计

本工程盾构隧道结构形式为单圆形隧道，隧道内径5.4m，外径6.0m，管片结构厚300mm，盾构隧道每环由6块管片拼装而成，错缝拼装。盾构隧道环宽1.2m。盾构管片采用C50、P10防水混凝土。管片结构形式详见图3。

盾构区间隧道的防水等级为二级，管片环、纵缝采用三元乙丙橡胶密封材料密封止水，螺栓孔、注浆孔等部位采用遇水膨胀橡胶圈密封处理。穿越风险源段采用增加注浆孔的三类加强配筋型管片。

1.4　工程特点及难点

隧道在里程SK2＋968～SK3＋110段，穿越哈尔滨北站站、哈齐高铁客运线路，长度共计142m。其中哈齐高铁客运线路路基下方存在CFG群桩，长度沿隧道前进方向为24m，共计16排CFG桩，CFG桩直径为400mm，桩间距为1.6m×1.6m，梅花形布置，桩底距离地面为24.9m，区间隧道底距离地面为21m，根据隧道埋深与CFG桩的位置关系，区间隧道通过哈齐客运专线位置时需连续切割16排CFG桩通过。区间隧道穿越铁路下方CFG桩平面位置关系如图4所示。

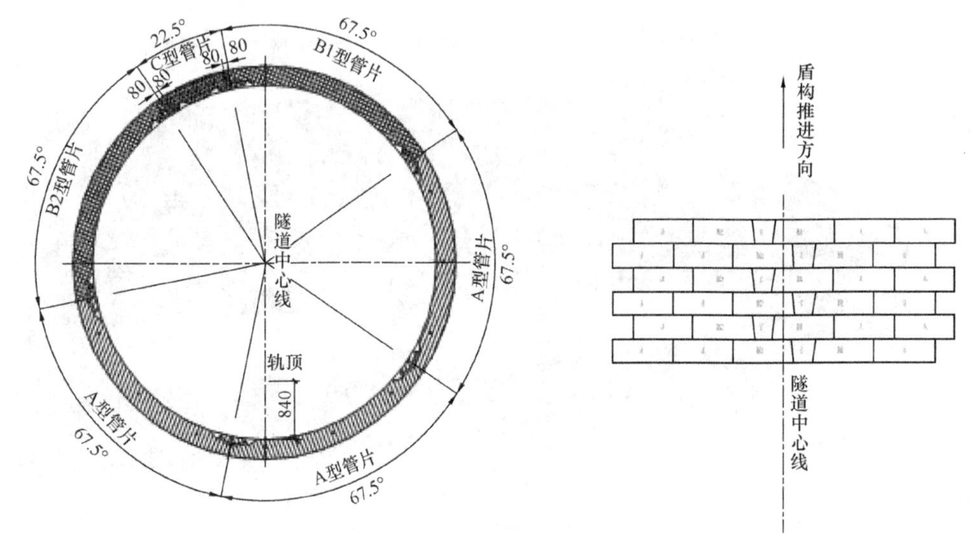

图3　盾构隧道管片结构形式

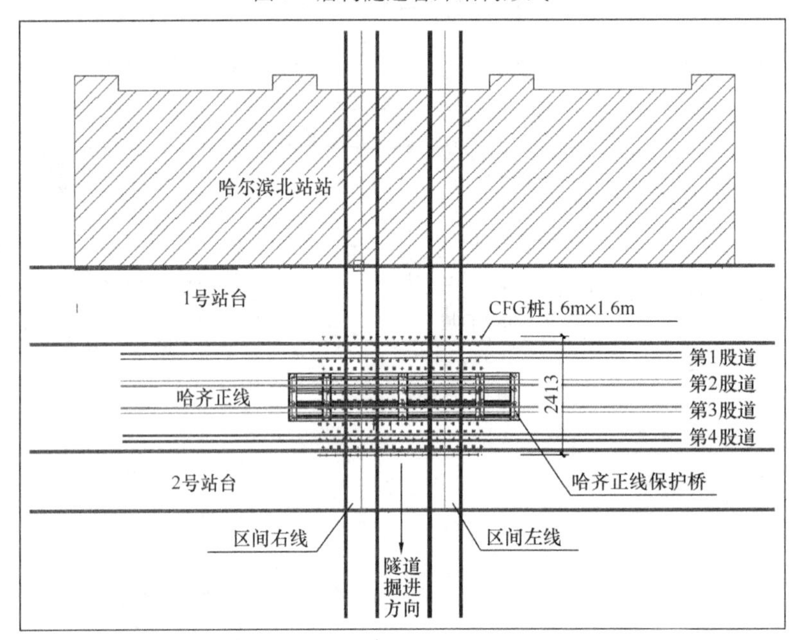

图4　区间隧道穿越铁路下方CFG桩平面位置关系图

盾构在穿越CFG群桩的过程中，如果施工不当可能会存在严重的风险，主要有：盾构经过CFG群桩时，可能引起地下水含量和水流运动状态的改变，造成混合地下水的砂体从刀盘开口或者切口环处流入土仓，从而导致砂层与土仓连通，引发螺旋机喷涌，引起地面以及周边建（构）筑物沉降，严重时甚至会造成地面坍塌等事故；盾构穿越CFG桩时，对桩周围的土体造成扰动导致桩与土之间的摩擦力发生变化，可能导致桩身下沉进而引起地面变形；盾构切削CFG桩体时，由于桩体强度较高，刀盘扭矩难以控制，当刀盘转速过快时，可能造成刀具磨损甚至崩坏。因此，盾构施工需要严格控制盾构施工参数，采用减小掘进速度、降低刀盘扭矩等措施，并且在施工前做好结构加固等预防措施。

2　下穿前准备措施

2.1　研究准备工作

（1）针对穿越CFG群桩的工况，提前进行刀盘刀具的改造研究；针对穿越段地层的高富水特性，提前做好防喷涌技术研究。

（2）采用计算机软件进行变形数据模拟，确定沉降变形控制值。

（3）通过穿越前试验段掘进，分析沉降变形控制效果，通过试验段总结，得出合理的掘进参数，并设定穿越段掘进参数。

（4）穿越过程中利用自动化监测系统进行变形监控，及时进行数据反馈，并对掘进参数进行优化调整。

（5）穿越段掘进参数总结和变形控制结果分析。

（6）通过与模拟沉降变形数据对比分析，确定最终沉降变形控制结果。

2.2 刀盘加固处理

本工程采用两台 ϕ6280mm 维尔特土压平衡盾构机用于隧道掘进施工，为确保盾构安全顺利通过 CFG 桩群，结合盾构机的选型设计情况，项目部多次组织邀请国内具有实际穿越 CFG 桩经验的专家进行讨论分析，在结合专家意见、充分分析盾构穿越 CFG 桩的风险的基础上，经与盾构机制造厂家及与刀具厂家进行沟通，在原盾构机的基础上采用 ϕ114mm，$t=20$mm 的钢管对刀盘结构进行加强，使刀盘面板可通过的最大粒径控制在 500mm 以下。同时在中心鱼尾刀周边不同的切割轨迹位置增加 8 把撕裂刀，以降低切割 CFG 桩的过程中对中心鱼尾刀的磨损。如图 5、图 6 所示。

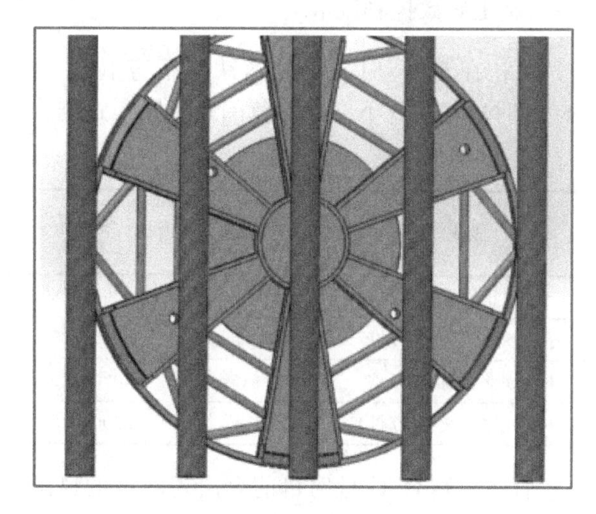

图 5 模拟工况图

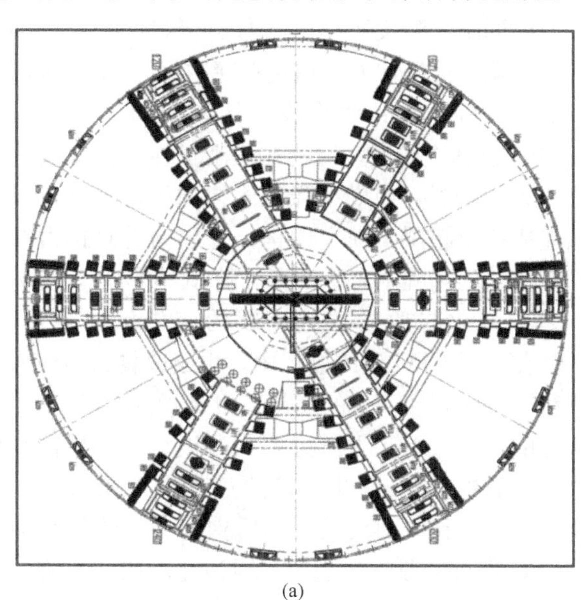

(a)

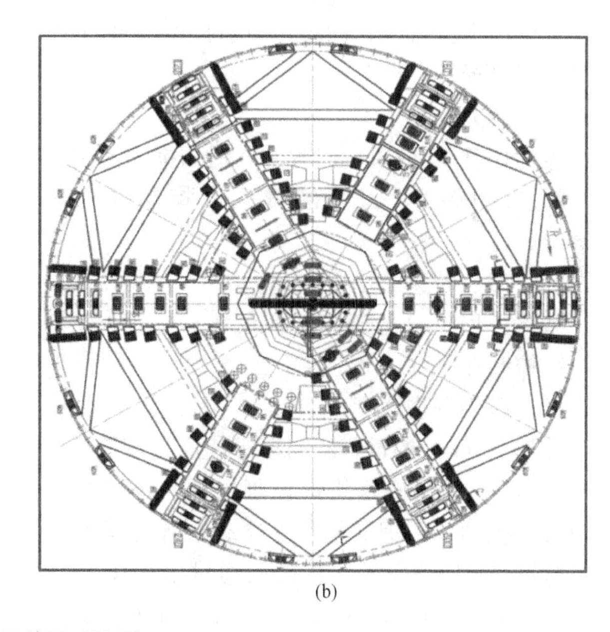

(b)

图 6 刀盘改造前后对比图

2.3 施工准备

（1）盾构穿越前对铁路的基础形式及与隧道的位置关系进行详细调查；完善穿越铁路前的各项施工手续办理。

（2）盾构穿越前制定穿越铁路过程中的相关应急措施、应急联络机制及响应程序。

（3）提前完成高铁站监测点及轨道自动化监测点的布设工作，并进行初始值的读取工作。

（4）充分利用穿越风险源前 100m 试验段的掘进参数作为穿越指导依据，设定渣土改良参数、出土量、土压控制值、注浆率与切割 CFG 桩时掘进参数。

（5）做好穿越风险源前的各项施工材料准备工作。

（6）做好盾构机及后备套设备的检修工作，

提前做好易损配件的储备，降低穿越过程中设备停机风险。

3 施工控制技术

3.1 施工参数控制技术

盾构在91环时刀盘到达铁路站房下方，在194环时盾尾离开下穿铁路范围，下穿正式结束。其中124～146环为CFG群桩范围，盾构在切割CFG群桩的过程中对推进速度、刀盘扭矩、总推力等参数进行了严格调整控制。为了对下穿铁路过程中的盾构施工参数进行更精确的分析研究，将盾构推进过程的参数变化分为三个阶段：正常掘进、下穿铁路（无CFG桩）、下穿铁路（有CFG桩）。取80～194环的盾构掘进参数分析，见表1。

盾构不同阶段施工参数变化　　表1

阶段	掘进速度/(mm/min)	总推力/(kN)	刀盘扭矩/(kN·m)	土压力/bar	出土量/m^3	注浆量/m^3
正常掘进	30～40	23000～28000	2900～3200	0.8～1.2	41～43	6～6.5
下穿铁路（无CFG桩）	20～40	20000～25000	2500～3200	1.0～1.2	41～43	6.5～7.3
下穿铁路（有CFG桩）	5～15	18000～20000	1500～3000	1.1～1.8	42～44	6.5～7.4
下穿铁路（无CFG桩）	35～40	23000～28000	2000～3400	1.0～1.3	41～43	6.5～7.3

盾构切割CFG桩时可能会出现断桩的风险，造成刀盘、螺旋机被卡住影响盾构正常掘进；盾构切除CFG桩的过程可能出现大块桩体进入土仓，沉淀后无法排出；同时，切割CFG桩时可能会导致刀具损坏及掉落。

（1）推力控制

盾构切割CFG桩的过程中，盾构推力控制在18000～20000kN，刀盘的贯入度控制在5～8mm/min。

（2）刀盘转速及扭矩

磨桩过程中刀盘转速控制在0.8～1rmp，推进扭矩控制在1500～3000kN·m。

（3）盾构掘进速度

穿越CFG桩的过程盾构掘进速度控制在5～15mm/min，确保慢速均衡切割桩体，减少对上部地层的扰动。考虑盾构仅在穿越哈齐客运专线位置时需切割CFG桩，在盾构通过哈尔滨北站后，进入CFG桩切割区域前盾构掘进速度应提前由原来的40～50mm/min掘进速度缓慢降低至5～15mm/min，防止刀盘瞬间接触桩体速度过快，出现桩体断裂及刀具损坏的风险。

（4）土仓压力

掘进中土仓压力监控仍以上部土压监控为主，穿越CFG桩段上部土仓压力为1.1～1.8bar。

（5）其他

重点做好出土量控制、同步注浆量和注浆压力的监控，及时进行二次注浆。

盾构穿越CFG桩的过程中遵循“小推力、低扭矩、低贯入度、慢速均衡”的原则进行施工时可行的，达到了沉降控制的目的。

如表1所示，盾构在下穿铁路的过程中，在不同的施工阶段盾构的参数有明显的变化：①盾构的掘进速度和刀盘扭矩在穿越CFG群桩范围时明显下降，较其他阶段降低约50%，这是由于CFG桩强度较高，盾构在切削桩体时刀盘要承受更大的扭矩，如果不降低盾构的推进速度，可能造成扭矩超限，损害盾构；②盾构的总推力在下穿铁路的过程中有所下降，降低约15%，盾构推力的变化与盾构掘进速度的变化呈现一致性；③在穿越CFG桩的过程中，由于改良材料注入量和同步注浆注入量的增加，以及切削CFG桩体产生的碎石，引起土压力增大和波动，根据监测结果，盾构在穿越CFG桩的过程中土压力增大约50%，并且波动较大；④盾构同步注浆量在穿越CFG群桩阶段略微增加，因为此阶段需要增大注浆量提高地层稳定性，同时导致出土量的增加。

3.2 渣土改良技术

盾构穿越地层为高水压富水砂层，地层渗透性高，盾构在此地层进行下穿CFG群桩的施工时，地层容易受到扰动而产生喷涌等施工风险，因此施工过程中的渣土改良技术是研究重点。针对富水砂层渗透性高，保水性差的特点，采用膨润土+高分子聚合物并配合泡沫的混合改良方式，高分子材料采用阴性PAM。

渣土改良材料的注入速率和浓度如表2所示。

由于盾构的掘进速度在穿越CFG群桩阶段下降较多，渣土改良材料的注入速率也相应降低，泡沫的注入速率降低约40%，膨润土和PAM的注入速率降低约60%。下穿的过程中，对盾构施工产生的渣土进行实时监测，观察出土情况，结果表明，盾构施工实际出土情况良好，渣土均匀切螺旋出土口无喷涌现象。盾构穿越CFG群桩的过程中产生桩体碎块，实测碎块平均粒径小于10cm，多为5cm以下碎石，完全满足盾构机的掘进要求，如图7所示。

下穿铁路过程的渣土改良参数　　表2

材料	浓度/%	注入速率/(m^3/h)	
		未穿越CFG群桩	穿越CFG群桩
泡沫	4	0.6～0.8	0.4～0.6
膨润土	9	6～7	2～2.5
PAM	0.40	6～7	1.5～2

(a)

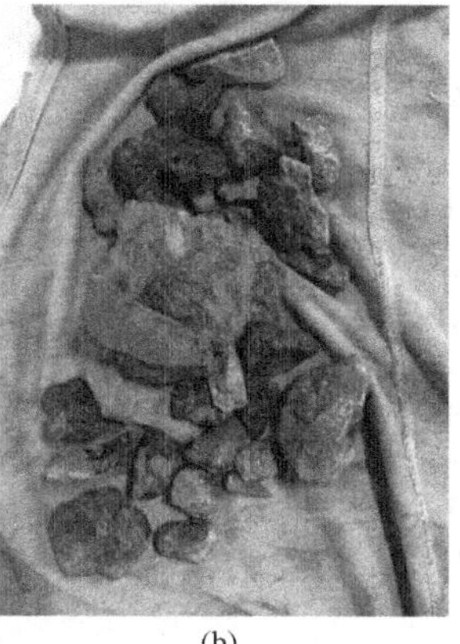

(b)

图7　螺旋机排出的混凝土块渣样

3.3　穿越后施工技术

盾构施工不可避免地要扰动周围土体，虽然在掘进过程中采用同步注浆的方式填充了管片与土层之间的空隙，但在盾尾脱出管片之后土体仍然存在应力释放，势必造成地面的二次沉降。因此，为了减小盾构穿越后地面的二次沉降和进一步稳固地层，在盾构通过后及时采用二次注浆及多次注浆的方式进行弥补，二次注浆及多次注浆采用双液浆。

（1）注浆位置及范围

在管片脱出盾尾后5环的位置，通过特殊环管片上方的注浆孔对隧道上方的土体进行深孔注浆，挤密，从而有效地控制地面的最终变形，使地面的最终沉降控制在设计允许的范围内。

注浆方式为每环注浆，注浆重点为拱顶120°范围内的土体，以管片邻接块为主，充分利用特殊环管片上增加的注浆孔进行注浆。注浆时相邻环注浆位置应相互错开，严禁在封顶块管片上进行开孔注浆。

（2）注浆压力和注浆量

注浆采用双液浆，压力初始值设定为0.3MPa，注浆量为每环1.2m^3，施工前通过试验段检测浆液的扩散范围和注浆效果，确保其扩散半径不小于1.5m。补浆应遵循量少多次，注浆压力和注浆量双控的原则。

4　监控量测

穿越高铁站及铁路段地表沉降控制要求极高，哈齐客运专线允许沉降值为8mm，高铁线路轨道沉降允许值为6mm，盾构施工过程中下穿了总计10条轨道，经过实时监测，盾构穿越过程中轨道产生不同程度的变形，经在盾构穿越完毕后变形迅速减小并保持稳定，根据最终的稳定变形绘制曲线如图8所示。5号轨道产生了最大变形值−3.44mm，未超过安全限值，轨道变形未超标。

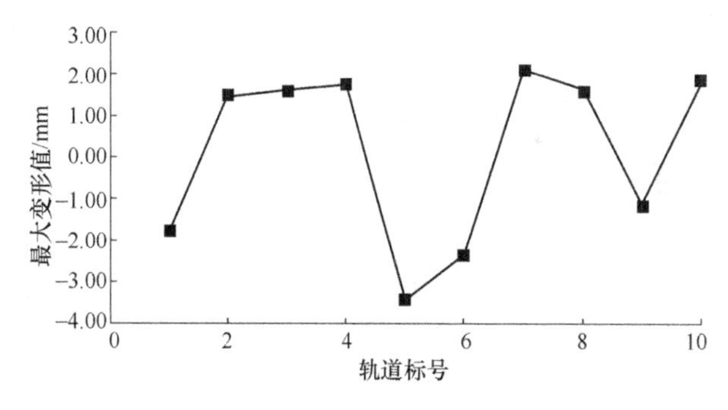

图8　各轨道盾构通过沉降最大值

5　结论

针对本工程富水砂层中盾构下穿含有CFG群桩的施工技术，通过实施下穿前刀盘加固，以及下穿过程中的参数控制和渣土改良技术，成功完成盾构的下穿，并得到了如下结论：

（1）富水砂层的盾构下穿施工容易出现地表沉陷，在穿越的过程中要适当降低掘进速度；当下穿施工的路线中存在既有桩基时，要严格控制盾构掘进速度、土压力、推力等关键参数，并保证盾构的扭矩不超过安全限值，防止盾构在掘进中刀盘被困，确保盾构的安全施工。

（2）盾构在富水砂层施工时容易出现喷涌等风险，在施工的过程中需要进行有效的渣土改良施工措施，根据研究结果，采用泡沫＋膨润土＋高分子材料的混合改良方式可以起到良好的效果。

通过本工程的顺利实施，为后续工程提供了借鉴经验。

参考文献：

[1] 李家春，陆金龙，徐佩，等．全断面富水砂层盾构穿越铁路施工参数的设定[J]．市政技术，2015，33(6)：76-78.

[2] 任建喜，李龙，郑赞赞，等．黄土地区地铁盾构下穿铁路变形控制技术[J]．铁道工程学报，2013，30(5)：57-62.

[3] 刁伟轶．轨道交通盾构隧道下穿铁路保护技术分析[J]．地下工程与隧道，2015(2)：17-21.

软岩中嵌岩桩嵌岩段竖向承载力特性试验分析

刘兴远，卓　亮，刘　洋，唐家富
（重庆市建筑科学研究院有限公司，重庆 400010）

摘　要：根据某工程 4 根大直径嵌岩桩竖向抗压承载力静载荷试验及岩基载荷试验，探讨了重庆地区软岩中嵌岩桩嵌岩段竖向抗压承载性能，指出嵌岩桩竖向抗压承载力受桩基施工质量、桩基沉渣厚度影响极大，设计者应充分考虑施工单位的实际施工质量控制水平，合理选择软岩中嵌岩桩竖向抗压承载力特征值的取值；施工质量不稳定时不宜过高估计软岩中嵌岩桩竖向抗压承载力，其试验结果可供相关单位技术人员借鉴。

关键词：软岩；嵌岩桩；竖向抗压承载力；沉渣厚度

0　引言

重庆地区地处山区，建设工程经常遇见的地基是岩质地基，因此嵌岩桩基础在重庆住房建设中得到了广泛的应用。早在 20 世纪 70 年代末、80 年代初，以黄求顺为代表的老一辈专家对重庆地区嵌岩桩理论与试验展开了广泛的研究，并总结了其实践经验，形成了那个年代的行业与地方标准，有力地推动了嵌岩桩的工程应用。在前人研究的基础上，随后的国家、行业（住房和城乡建设部）及重庆市地方标准为进一步简化计算方法，对相应的技术标准进行了修订[1-4]，修订后的技术标准不同学者有不同的学术观点[5]，不论其学术观点的差异，如何解决嵌岩桩实践中的实际问题才是工程师关心的重点问题。针对重庆地区岩质地基通常遇到的是极软岩或软岩的实际情况，建设单位和设计单位在极软岩或软岩条件下考虑挖掘嵌岩桩的实际承载力，降低工程造价是其考虑的重点问题。本文根据某工程软岩地基上的钻孔灌注嵌岩桩竖向承载力的静载荷试验结果、相应的施工质量检测及其他技术资料等，探讨了软岩中嵌岩桩竖向静载荷试验中基桩试验资料完整性[6,7]、施工质量、沉渣厚度控制、变形等问题，其静荷载试验的工程经验可供相关单位工程技术人员借鉴。

1　嵌岩桩静荷载试验

1.1　试验场地地质情况简介

该工程勘察给出的部分工程地质情况如下：

地形地貌：勘察区原始地貌属构造剥蚀丘陵地貌，后经人为改造，原始地貌已发生显著变化，目前场地内总体地形较平缓，南侧低，北侧高，地形坡角一般在 5°～20°，场地西北侧局部较陡，最大坡角 35°～40°，地面高程 202～222m，最大高差约 20m，最高点为北侧天生路处，最低点为场地南侧学校预留地处。

地层岩性：根据调查和钻探揭示，场地的地层有第四系全新统人工堆积层（Q_4^{ml}）、残坡积层（Q_4^{dl+el}），下伏基岩主要为侏罗系中统沙溪庙组（J_2s）沉积岩层。现分述如下：（1）第四系全新统（Q_4）：人工堆积填土层（Q_4^{ml}），杂色，主要由砂、泥岩碎块石、少量粉质黏土组成，碎石粒径一般 10～160mm，最大粒径 450mm，硬质含量 25%～55%。填土主要为原修建厂房时回填堆积，回填时间大于 10 年，厚度 0.3～10.5m，稍湿，呈稍密—中密状；场地东侧局部表层含大量拆迁后堆积的砖石、混凝土块、钢筋等建筑垃圾，为人工抛填堆积，厚度 0～2m，稍湿，呈松散—稍密状。填土分布于整个场地。（2）残坡积粉质黏土（Q_4^{el+dl}）：棕褐色，主要由黏粒及粉粒组成，含有角砾、碎石，呈可塑状，稍有光泽，无摇振反应，干强度中等，韧性中等。主要分布在原始地貌表层，处于填土与基岩面之间，个别钻孔

作者简介：刘兴远（1963—），男，四川渠县人，博士后，正高级工程师，重庆市专家库成员，主要研究方向为建（构）筑物检测、鉴定与加固技术研究，砌体结构基本理论，混凝土结构耐久性研究，建筑边坡工程安全性分析等。邮箱：1290768073@qq.com。

有揭露，最大厚度5.9m。(3) 侏罗系中统沙溪庙组 (J_2s)：①砂质泥岩 (J_2s-Sm)：紫褐色，紫红色，泥状结构，泥质胶结，中厚层状构造，主要由黏土矿物组成，局部砂质成分含量稍重。强风化带岩芯多呈碎块状、块状，质软，手掰易断，中风化带一般岩芯较完整，局部较破碎，多呈柱状、短柱状，局部呈碎块状。分布于整个场地区域，与砂岩呈互层状产出，为场地主要岩层。砂质泥岩强度因砂质成分含量不同导致强度有所差异。② 砂岩 (J_2s-Ss)：灰白色、黄灰色，细粒—中粒结构，中厚层状构造，以钙质胶结为主，局部为泥质胶结。主要矿物成分为石英、长石、云母。强风化带岩芯多呈碎块状、块状，质软，手掰易断，中风化带岩芯较完整，局部破碎，多呈柱状、短柱状、局部碎块状，强度较高，分布于整个场地，与砂质泥岩呈互层状产出，为次要岩层。③粉砂岩 (J_2s-St)：暗灰色，泥质松散胶结，中厚层状构造，主要矿物成分为石英、长石、云母。强风化带岩芯多呈碎块状、块状，质软，手掰易断，中风化带岩芯较破碎—较完整，强度较低，浸水后手捏呈粉末状。仅在局部钻孔有出现，分布少，厚度较薄。

基岩面及基岩风化带特征：(1) 基岩面特征：据钻探揭露，场地范围内第四系全新统覆盖层厚度不均匀，覆盖层最大厚度约11.5m，基岩面北高南低，倾角整体较小，0°～15°，局部稍陡约25°。(2) 基岩风化带特征：①强风化带岩体：岩性为砂质泥岩、砂岩及粉砂岩，网状风化裂隙发育，岩芯多呈碎块状—块状，仅少量为短柱状，岩质较软，岩体较破碎，差异性较小。强风化厚度一般为0.3～5.9m。②中等风化带岩体：岩性为砂质泥岩、砂岩。岩体较完整，岩芯多呈短—长柱状，局部呈碎块状，节长一般50～360mm，为层状结构。

不良地质现象：通过场地调查，拟建场地范围内未发现滑坡、危岩崩塌、泥石流等不良地质现象。

工程设计选择中等风化砂质泥岩作为嵌岩桩持力层，勘察报告给出的参数如下：中等风化砂质泥岩天然状态下抗压强度标准值建议取4.83MPa，饱和状态下抗压强度标准值建议取3.02MPa。

1.2 试验场地岩石地基静荷载试验

建设单位委托某检测单位进行了中等风化砂质泥岩基静载荷试验，检测单位于2020年9月16日对其建设场地进行了3个点的岩基载荷试验，检测结果及检测数据见表1～表3；其 Q-s 曲线如图1所示。

岩石地基静荷载试验结果 表1

试验编号	试验点高程/m	岩体情况	试验点承载力极限值/kPa	试验点承载力特征值/kPa	破坏特征
1	204.072	中风化泥岩，褐红色，自然风干为薄片状	10500.0	3500.0	承压板边缘出现破碎挤出，荷载不能稳定，变形增大
2	204.559	中风化泥岩，褐红色，自然风干为薄片状	7500.0	2500.0	
3	207.832	中风化泥岩，褐红色，自然风干为薄片状	7500.0	2500.0	

注：1. 高程系1956年黄海高程系；2. 场地岩石承载力特征值为2500kPa。

1号点岩石地基静载荷试验数据 表2

荷载/kPa	3000	4500	6000	7500	9000	10500	12000
竖向位移/mm	2.14	2.85	4.28	5.08	5.84	6.85	22.00（且未稳定）
荷载/kPa	10500	6000	3000	0			
竖向位移/mm	20.00	19.28	17.86	14.64			

2号点、3号点岩石地基静载荷试验数据 表3

试验点	荷载/kPa	0	3000	4500	6000	7500
2号点	竖向位移/mm	0.00	2.25	3.23	4.25	5.75
3号点	竖向位移/mm	0.00	3.57	5.25	7.15	9.28
试验点	荷载/kPa	8500	7500	6000	3000	0
2号点	竖向位移/mm	16.25（且未稳定）	15.85	15.25	13.75	11.00
3号点	竖向位移/mm	23.25（且未稳定）	22.25	20.11	18.57	16.43

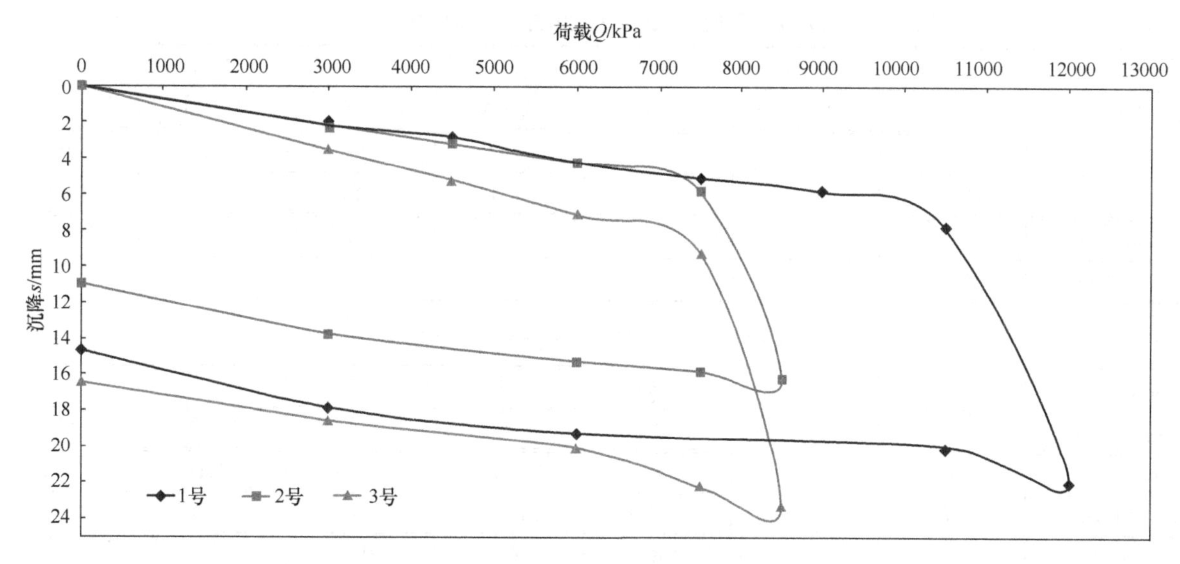

图1 岩基载荷试验 Q-s 曲线

1.3 桩基竖向抗压承载力静荷载试验

为了较大幅度提高软岩中嵌岩桩的竖向抗压承载力（设计要求 5400×2＝10800kN），建设单位委托另外一家检测单位进行了 4 根嵌岩桩竖向抗压承载力静载荷试验（其中 1 根是后补的试验桩）。2021 年 10 月 8 日至 2021 年 11 月 11 日某检测单位对指定位置的 4 根旋挖钻孔灌注桩（桩径均为 800mm、混凝土强度等级均为 C40）进行了竖向抗压承载力静载荷试验（堆载法试验），试验方法依据为《建筑基桩检测技术规范》JGJ 106—2014[8]。检测报告表述的检测结果如下：1-SZ1 号桩极限承载力为 13215kN，1-SZ2 号桩极限承载力为 10914kN，1-SZ3 号桩极限承载力为 12669kN，1-SZ4 号桩极限承载力为 6339kN。检测报告给出的有关检测数据见表 4～表 9。4 根嵌岩桩 Q-s 曲线如图 2 所示。检测报告未给出 s-lg$t$ 曲线。

4 根试验桩基本参数　　表 4

试验桩号	桩长/m	桩径/mm	检测时桩顶高程/m	嵌入中风化岩的深度/m	施工日期
1-SZ1 号	5.25	800	208.57	2.5	2021-08-20
1-SZ2 号	5.00	800	209.66	2.6	2021-08-20
1-SZ3 号	5.15	800	208.81	2.4	2021-08-20
1-SZ4 号	5.80	800	208.65	2.4	2021-08-20

4 根试验桩竖向抗压承载力静载荷试验结果　　表 5

试验桩号	总沉降量/mm	试验极限荷载/kN	试验终止荷载/kN
1-SZ1 号	32.013	13215	13215
1-SZ2 号	57.335	10914	11565
1-SZ3 号	57.633	12669	13215
1-SZ4 号	70.463	6339	8437

1-SZ1 号桩竖向抗压承载力静载荷试验数据　　表 6

荷载/kN	0	2429	3658	4750	5979	7208	8437
竖向位移/mm	0	1.386	3.022	4.761	7.091	9.396	12.038
荷载/kN	9665	10894	11440	12123	12669	13215	12123
竖向位移/mm	16.196	20.562	23.047	25.720	28.425	32.013	31.689
荷载/kN	10894	8437	5979	3658	2429	0	
竖向位移/mm	30.915	30.054	28.765	27.215	26.114	23.415	

1-SZ2号桩竖向抗压承载力静载荷试验数据 **表7**

荷载/kN	0	2446	3531	4834	5920	7223	8308
竖向位移/mm	0	2.165	4.410	6.060	9.684	14.634	19.753
荷载/kN	9611	10914	11565	9611	7223	4834	2446
竖向位移/mm	27.407	36.471	57.335	56.518	53.211	50.198	45.164
荷载/kN	0						
竖向位移/mm	39.895						

1-SZ3号桩竖向抗压承载力静载荷试验数据 **表8**

荷载/kN	0	2429	3658	4750	5979	7208	8437
竖向位移/mm	0	1.828	3.333	4.756	5.954	7.764	9.833
荷载/kN	9665	10894	11440	12123	12669	13215	12123
竖向位移/mm	12.648	16.620	20.393	24.818	34.138	57.633	57.511
荷载/kN	10894	8437	5979	3658	2429	0	
竖向位移/mm	56.215	53.285	49.865	46.524	44.765	39.528	

1-SZ4号桩竖向抗压承载力静载荷试验数据 **表9**

荷载/kN	0	2420	3658	4750	5979	7208	8437
竖向位移/mm	0	5.161	12.243	22.661	34.905	52.300	70.463
荷载/kN	5979	3658	2429	0			
竖向位移/mm	68.594	63.875	60.825	53.264			

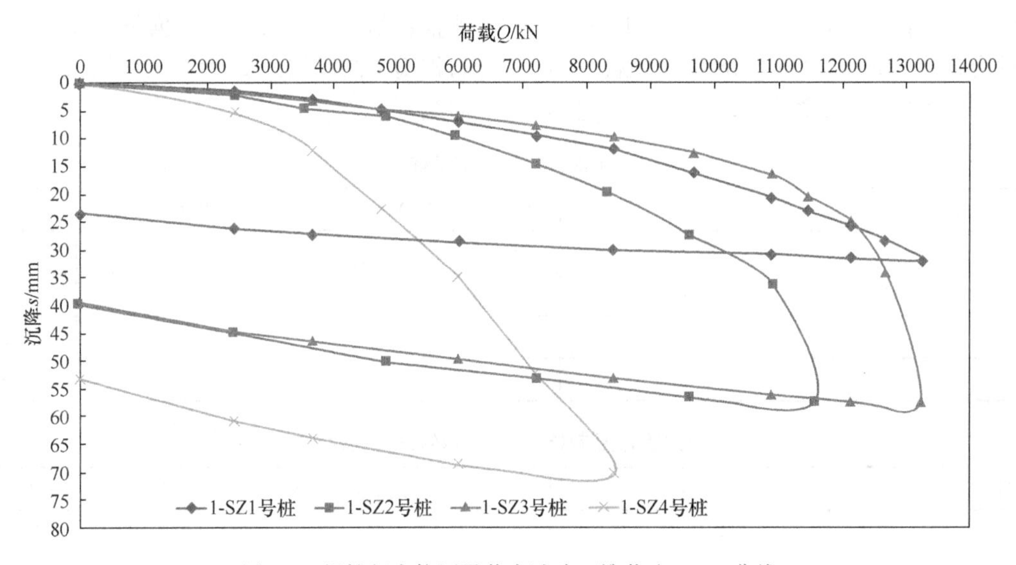

图2 4根桩竖向抗压承载力试验（堆载法）Q-s曲线

1.4 试验桩其他资料

由于编号为1-SZ4号的钻孔灌注嵌岩桩（因其试验数据未达到建设单位的要求，后增加了1根试验桩调整后的试验桩编号）的竖向抗压承载力静荷载试验与已检测的其他2根嵌岩桩竖向抗压静载荷试验结果存在较大差异，建设单位又增加了1根嵌岩桩的竖向抗压承载力试验。为此，作者又收集了其他一些相关技术资料，4根嵌岩桩沿桩身竖向岩土层分布情况见表10。

4根嵌岩桩桩周岩土体分布情况 **表10**

桩身范围	1-SZ1号	1-SZ2号	1-SZ3号	1-SZ4号	桩身范围
素填土	0～0.74m	0～1.77m	0～1.90m	0～0.34m	出露地面
强风化砂质泥岩	0.74～1.64m	1.77～2.47m	1.90～3.00m	0.34～2.54m	素填土

续表

桩身范围	1-SZ1 号	1-SZ2 号	1-SZ3 号	1-SZ4 号	桩身范围
中等风化砂质泥岩	1.64～5.25m	2.47～5.00m	3.00～5.15m	2.54～3.44m	粉质黏土
中等风化砂质泥岩	桩底：f_{rk}为 3.32MPa	桩底：f_{rk}为 3.23MPa	桩底：f_{rk}为 3.65MPa	3.44～4.04m	强风化砂质泥岩
				4.04～6.00m	中等风化砂质泥岩
				桩底：f_{rk}为 4.65MPa	中等风化砂质泥岩

注：第 1 列桩身范围岩土体情况指 1-SZ1～1-SZ3 号桩；最后一列指 1-SZ4 号桩身范围岩土体情况。

竖向静载荷试验前，建设单位委托第三家检测机构在试验桩上安装了应变测量元件，拟检测嵌岩桩桩侧摩阻力。遗憾的是测量元件基本失效，未获得有效的检测数据。竖向极限静载荷试验检测单位说，为试验方便施工单位对桩头一定范围进行了处理，但处理细节和资料未知。为了厘清 4 根嵌岩桩竖向极限承载力差异的原因，又采用钻芯法检测了 4 根嵌岩桩的桩身完整性（未做混凝土抗压强度检测），且采用水下摄像技术采集了钻孔孔壁信息，其采集的信息如图 3～图 7 所示。

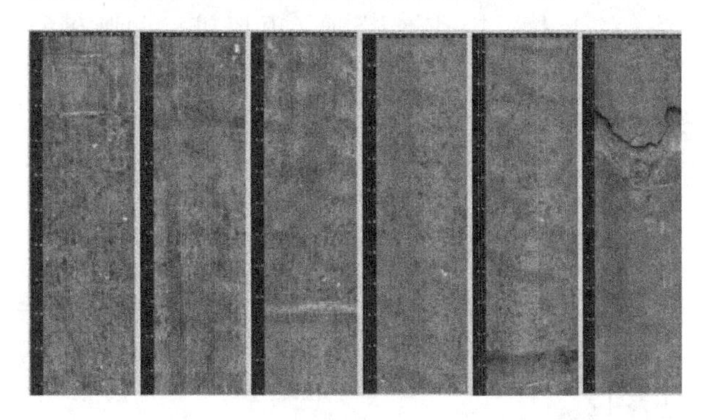

图 3　SZ1 号试验桩钻孔摄像图（桩底未见沉渣）

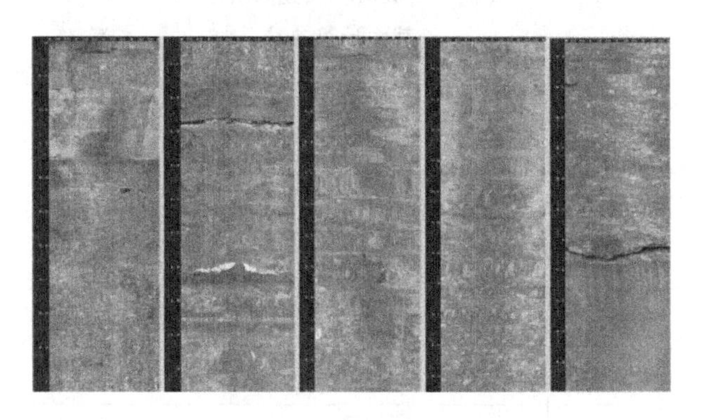

图 4　SZ2 号试验桩钻孔摄像图
（上部 1.2～1.3m 之间存在施工缝，缝宽约 10mm，
桩底存在沉渣，沉渣厚度 20mm 左右）

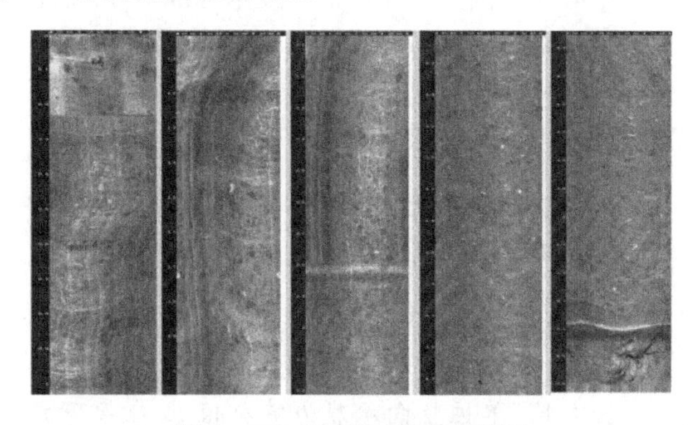

图 5　SZ3 号试验桩钻孔摄像图
（桩底存在沉渣，沉渣厚度 20mm 左右）

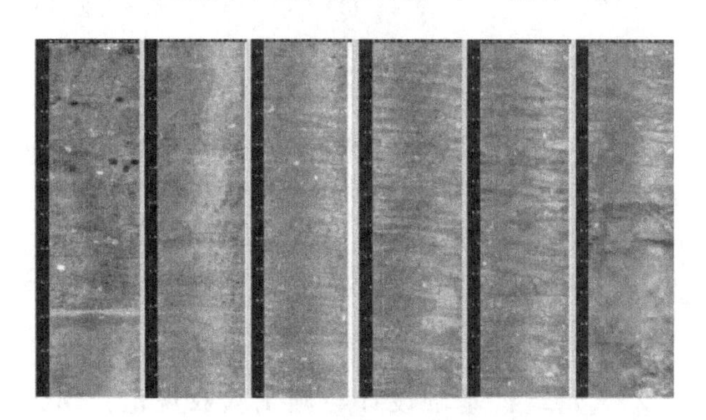

图 6　SZ4 号试验桩 1 号钻孔摄像图
（桩底存在沉渣，沉渣厚度 70mm 左右）

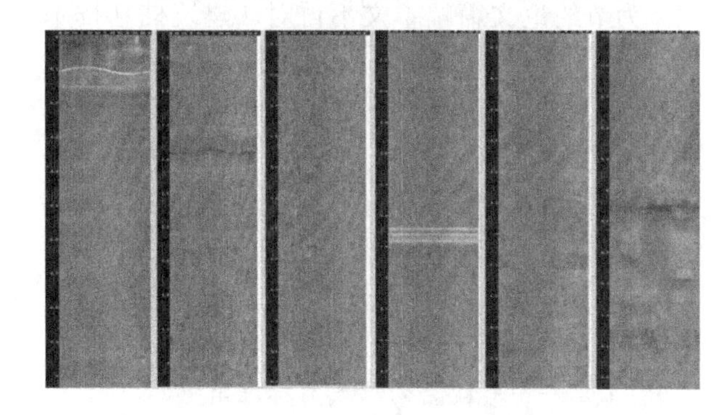

图 7　SZ4 号试验桩 2 号钻孔摄像图
（上部 1.4m 处施工缝，缝宽约 20mm，
桩底存在沉渣，沉渣厚度 70mm 左右）

该工程因未办理施工许可证（某检测机构给出的检测报告无缺陷桩），为此对该工程基桩桩身完整性进行钻芯抽样复检，第一次抽检的 11 根基桩中有 5 根基桩存在桩身质量缺陷（桩身夹泥、桩底空洞、沉渣等）；为此进行了第二次抽样复检，第二次抽检的 14 根基桩中有 2 根基桩存在桩身质量缺陷（桩身夹泥、沉渣等）；故又进行了第

三次抽检复检，第三次抽检复检的11根基桩中有1根基桩存在桩身质量缺陷（沉渣），剩余桩未再复检。随后建设单位对复检中的缺陷桩进行了缺陷专项处理。

2 试验桩嵌岩段竖向承载力性能简析

不同现行国家行业与地方技术标准[1-4]对确定嵌岩桩基础竖向极限承载力和特征值的方法略有差异，本文以住房和城乡建设部主导的技术标准简析嵌岩桩竖向承载力性能。

2.1 《建筑与市政地基基础通用规范》GB 55003—2021的规定[9]

《建筑与市政地基基础通用规范》GB 55003—2021第5.2.4条和5.2.5条规定如下。

5.2.4 单桩竖向承载力特征值R_a应按下式确定：

$$R_a = Q_{uk}/K \qquad (5.2.4)$$

式中：Q_{uk}——单桩竖向承载力标准值（kN）；

K——安全系数。

5.2.5 单桩竖向极限承载力标准值应通过单桩静荷载试验确定。单桩竖向抗压静荷载试验应采用慢速维持荷载法。

该规范未对安全系数取值大小进行规定，未专门规定嵌岩桩竖向承载力核算方法。

2.2 《建筑桩基础设计与施工验收规范》DBJ 50—200—2014的规定[4]

为节约论文篇幅本文不再对《建筑桩基技术规范》JGJ 94—2008[2]、《建筑地基基础设计规范》DBJ 50—047—2016[6]中对嵌岩桩的计算规定进行阐述。

《建筑桩基础设计与施工验收规范》DBJ 50—200—2014中第5.2.4条规定如下：

5.2.4 单桩竖向承载力特征值R_a应按下式确定：

$$R_a = Q_{uk}/K \qquad (5.2.4)$$

式中：Q_{uk}——单桩竖向承载力标准值（kN）；

K——安全系数，土质地基，$K=2$；岩质地基，采用单桩静载荷试验或按本规范第5.3.7条确定桩基竖向极限承载力时，$K=2$；采用荷载板试验或按本规范第5.3.8条确定桩基竖向极限承载力时，$K=3$。

《建筑桩基础设计与施工验收规范》DBJ 50—200—2014中第5.3.7条的规定与《建筑桩基技术规范》JGJ 94—2008中第5.3.9条相应内容的规定基本一致。

《建筑桩基础设计与施工验收规范》DBJ 50—200—2014中第5.3.8条规定如下：

5.3.8 干作业成孔且清底干净的嵌岩桩，嵌入完整、较完整岩石段总极限阻力标准值，当根据现场荷载板试验所得的桩端地基极限承载力标准值确定时，可按下列公式计算：

当嵌岩深度小于0.5倍桩径或短边长度时：

$$Q_{rk} = f_{uk} A_p \qquad (5.3.8\text{-}1)$$

当嵌岩深度不小于0.5倍桩径或短边长度时：

$$Q_{rk} = 1.2\beta f_{uk} A_p \qquad (5.3.8\text{-}2)$$

式中：f_{uk}——现场荷载板试验所得的桩端地基极限承载力标准值；

β——考虑嵌固力影响后的承载力综合系数。

对于人工挖孔嵌岩桩（矩形桩、椭圆桩），在满足规定条件时，单桩竖向极限承载力标准值还可适当提高，其规定详见该规范第5.3.9条规定。

2.3 4根嵌岩桩嵌岩段竖向承载力性能分析

（1）4根嵌岩桩嵌岩段竖向承载力分析

4根嵌岩桩嵌岩段竖向抗压承载力计算参数见表11。

4根嵌岩桩嵌岩段竖向抗压承载力计算参数 表11

试验桩编号	混凝土强度等级	桩径/mm	嵌岩深度/mm	h_r/d	f_{rk}
1-SZ1号	C40	800	3510	4.39	3.32
1-SZ2号	C40	800	2.53	3.16	3.23
1-SZ3号	C40	800	2150	2.69	3.65
1-SZ4号	C40	800	1960	2.45	4.65
备注	场地岩石地基极限承载力（f_{uk}）为7.5MPa				

按《建筑地基基础设计规范》DBJ 50—047—2016中第8.7.8条（该条与《建筑桩基础设计与施工验收规范》DBJ 50—200—2014中嵌岩桩的计算规定相同）估算4根嵌岩桩嵌岩段竖向抗压极限承载力及其特征值的核算结果如表12所示，3种方法计算结果的对比见表13。

4 根嵌岩桩嵌岩段竖向承载力分析　　表 12

试验桩编号	方法 1	方法 2	方法 3
1-SZ1 号	2537.60/1268.80	6606.06/2202.02	13215/6107.5
1-SZ2 号	2232.38/1116.19	6021.06/2007.02	10914/5457.0
1-SZ3 号	2388.78/1194.39	5796.69/1932.23	12669/6334.5
1-SZ4 号	2947.54/1473.77	5683.65/1894.55	6339/3169.5
备注	1. 方法 1 指按 f_{rk} 计算嵌岩段竖向承载力，$Q_{rk}=\zeta_r f_{rk} A_p$；2. 方法 2 指按 f_{uk} 计算嵌岩段竖向承载力［公式（5.3.8-2）］；3. 方法 3 指按静荷载试验确定的嵌岩段竖向承载力［公式（5.2.2）］；4. "/" 前是竖向抗压承载力极限值，后是竖向抗压承载力特征值；5. 承载力单位为 kN		

4 根嵌岩桩嵌岩段竖向承载力特征值对比分析　　表 13

试验桩编号	方法 2 特征值/方法 1 特征值	方法 3 特征值/方法 1 特征值
1-SZ1 号	1.736	4.814
1-SZ2 号	1.798	4.889
1-SZ3 号	1.618	5.304
1-SZ4 号	1.285	2.151

由表 12、表 13 获知：即使嵌岩桩沉渣厚度超过技术标准规定值，其桩基竖向抗压承载力静荷载试验值仍高于技术标准计算值的 2 倍。沉渣厚度超过技术标准规定值嵌岩桩的实际承载力低于沉渣厚度不超过技术标准规定值嵌岩桩的实际承载力（1-SZ4 号与 1-SZ3 号相比，降低约 2 倍）。

（2）4 根嵌岩桩桩顶沉降简析

从 4 根嵌岩桩桩顶荷载-沉降曲线（Q-s 曲线）可见：嵌岩桩在桩顶竖向抗压荷载最大加载值时，桩顶沉降值较大，试验数据见表 14。

4 根试验桩竖向抗压承载力最大试验荷载及极限荷载时的沉降数据　　表 14

试验桩号	最大试验荷载/kN	最大荷载时桩顶沉降量/mm	试验极限荷载/kN	试验极限荷载对应的桩顶沉降量/mm
1-SZ1 号	13215	32.013	13215	32.013
1-SZ2 号	11565	57.335	10914	36.471
1-SZ3 号	13215	57.633	12669	34.136
1-SZ4 号	8437	70.463	6339	40.000

注：1-SZ4 号桩试验极限荷载是按沉降为 40mm 插值获得的。

问题是如此大的桩顶沉降值是如何产生的，其对桩基性能有何影响是工程师需要考虑的问题。为简化分析，假设试验嵌岩桩总桩长 6m，桩径 800mm，混凝土强度等级为 C40，在桩顶施加竖向荷载 12669kN 时，完全按轴心受压构件估算混凝土桩自身压缩变形值为 4.66mm；按轴心受压构件考虑，不计钢筋承载力及稳定性影响，按混凝土抗压强度设计值计算混凝土柱轴心抗压荷载为 9595.84kN，按混凝土抗压强度标准值计算混凝土柱轴心抗压荷载为 13464kN。根据表 14 估算，4 根嵌岩桩在其竖向抗压极限荷载作用下，扣除桩身压缩变形，其桩顶沉降值约 30mm，由于未获得嵌岩桩桩周侧阻力试验数据，无法直接分析桩侧阻力引起的桩身各点的变形值，但从 1-SZ2 号桩的摄像图分析，其沉渣厚度与施工缝厚度之和为 30mm 左右，1-SZ4 号桩的摄像图反映其桩底沉渣厚度为 70mm 左右（检测单位给出的沉渣厚度是 72mm），岩石地基载荷试验表明，岩石地基破坏时，变形值约 20mm，加之检测单位未给出 s-lg$t$ 曲线，由此判断：1-SZ2 号、1-SZ3 号、1-SZ4 号桩的 Q-s 曲线可能发生的是陡变形，桩底可能发生岩石压碎破坏或沉渣压碎破坏。

2.4 小结

（1）由于不同技术资料由不同检测单位提供，且提供技术资料的单位未复核其他单位提供的技术资料，故原始技术资料、检测报告提供的技术参数及检测参数可能存在各种疏漏，各资料需相互验证，方可在工程实践中使用；否则，可能导致工程师错误判读试验成果，造成工程事故或留下安全隐患。

（2）在软岩中嵌岩桩嵌岩段竖向抗压承载力存在开挖潜力的空间，但挖掘尺度受施工质量水平及其他因素限制，设计者应慎重对待，且严格控制软岩中嵌岩桩竖向抗压承载力提高的条件，相对而言，采用岩基静载荷试验数据核算软岩中嵌岩桩竖向抗压承载力的提高值，其可靠性相对较高。

（3）需进一步试验研究软岩中嵌岩桩桩顶沉降值较大的原因，宜确定合理的桩顶沉降值作为软岩中嵌岩桩竖向抗压极限承载力的判定依据（参见《建筑地基基础设计规范》DBJ 50—047—2016 中第 10.3.9 条规定[3]）。

3 结论

嵌岩桩在山区地基基础中应用广泛，如何合

理开发利用嵌岩桩的实际承载力、降低工程造价具有实际工程价值。从本文提供的软岩中嵌岩桩竖向抗压静荷载试验数据分析获知以下结论：

（1）嵌岩桩竖向抗压承载力静载荷试验应收集完整的工程技术资料，且资料间的数据应相互验证。

（2）采用岩基静载荷试验数据获得的软岩中嵌岩桩的竖向抗压承载力特征值具有较高的可靠性。

（3）由竖向抗压承载力静荷载试验获取的桩基竖向抗压极限承载力受到多种因素影响，应仔细分析、区别对待试验数据，严格控制试验成果的前提条件[10]，合理确定桩基竖向抗压承载力特征值。

（4）应进一步研究软岩中嵌岩桩竖向抗压极限承载力变形控制指标。

参考文献：

[1] 住房和城乡建设部．建筑地基基础设计规范：GB 50007—2011［S］．北京：中国建筑工业出版社，2012.

[2] 建设部．建筑桩基技术规范：JGJ 94—2008[S]．北京：中国建筑工业出版社，2008.

[3] 重庆市城乡建设委员会．建筑地基基础设计规范：DBJ 50—047—2016[S]．2016.

[4] 重庆市城乡建设委员会．建筑桩基础设计与施工验收规范：DBJ 50—200—2014[S]．2014.

[5] 刘兴远，陶示德，马中骏．关于嵌岩桩嵌岩段承载力计算公式的讨论[J]．重庆建筑，2007(6)：31-33.

[6] 刘兴远．关于桩基础试验资料完整性的几点看法[J]．岩土工程学报，1996(5)：88-89.

[7] 刘兴远，康景文，林文修．桩基工作特性分析的神经网络模型［M］．北京：中国建筑工业出版社，1999.

[8] 住房和城乡建设部．建筑基桩检测技术规范：JGJ 106—2014[S]．北京．中国建筑工业出版社，2014.

[9] 住房和城乡建设部．建筑与市政地基基础通用规范：GB 55003—2021［S］．北京：中国建筑工业出版社，2021.

[10] 刘兴远，封承九，刘洋．混凝土灌注桩施工质量与性能检测探讨[J]．工程质量，2016(1)：28-32.

吹填珊瑚砂场地高层建筑复合地基工程实践与沉降估算

文　兵[1]，袁内镇[2]，孔令伟[3]，陈　成[3]

（1. 中建三局第一建设工程有限责任公司设计院，湖北 武汉 430000；2. 湖北省建筑科学研究设计院，湖北 武汉 430071；3. 中国科学院武汉岩土力学研究所，湖北 武汉 430071）

摘　要：针对马尔代夫胡鲁马累岛礁灰岩吹填珊瑚砂场地 7000 套 16 栋 25 层高层社会保障性住房项目，基于珊瑚砂（钙质砂）及礁灰岩的工程特性，首次提出采用素混凝土桩复合地基处理方案，探究并改进长螺旋钻孔压灌混凝土成桩工艺，其工程实践成效为单桩静荷载试验与单桩复合地基静荷载试验以及建筑物沉降监测结果所验证。根据建筑物沉降监测结果，对比分析《建筑地基处理技术规范》JGJ 79—2012 和《高层建筑岩土工程勘察标准》JGJ/T 72—2017 中复合地基沉降计算方法，并进行有限元分析验证。分析结果表明：后者计算结果较符合该工程实际，且规避前者在吹填珊瑚砂地基压缩模量较难准确取值的问题；此外，在类似重大工程项目中，可采用基于载荷试验反演计算参数的有限元法对规范法沉降计算结果进行校验，以优化工程设计。

关键词：礁灰岩；珊瑚砂；素混凝土桩复合地基；长螺旋压灌混凝土成桩工艺；沉降

0　引言

珊瑚砂（钙质砂）是由造礁石珊瑚群体死亡后的生物残骸，经过长期的生物化学和物理化学作用形成的一种以碳酸钙、碳酸镁等可溶性的碳酸盐为主要矿物成分的岩土介质[1-2]。珊瑚砂特殊的物质组成与成土机制使得其物理力学性质与常规岩土体介质存在较大差别，是一种特殊的岩土介质。珊瑚砂主要分布在南北回归线之间的热带海岛中，如我国南海诸岛、马尔代夫群岛等。随着经济社会的发展，建设空间延伸至海洋，大量的吹填造陆工程应运而生。为实现吹填工程建设的节能、经济、环保，吹填料的就地取材无疑是首要的选择。现有研究成果表明，珊瑚砂具有表观黏聚力高、内摩擦角大、残余强度高以及固结速率快等工程性质[3-5]，是一种较好的吹填材料。工程实践也验证了珊瑚砂作为吹填料应用于岛礁工程的可行性。然而，珊瑚砂又表现出孔隙率高（大孔隙空间大，小孔隙数量多）、压缩性大、颗粒易破碎（工程应力水平下可能发生破碎）等工程性质[6-10]。未经处理的吹填珊瑚砂天然地基往往表现出地基承载力低、不均匀沉降大、上部结构裂缝等问题[11-12]，不能满足工程建设要求，因此需要采取相应的地基处理措施。

目前，在珊瑚砂及珊瑚礁场地大多采用钻孔灌注桩或打入钢管桩进行处理[13]。Angemeer 等[14]较早基于大量的静载荷试验研究了珊瑚砂地层打入桩承载性能；刘修成等[15]依托马尔代夫中马友谊大桥项目，采用高应变动力检测方法，研究分析了珊瑚礁地质钢管打入桩的桩侧阻力、桩端阻力以及承载力时效性。打入桩因受桩周珊瑚砂的非均质性、成桩中桩周珊瑚砂颗粒破碎和颗粒间胶结作用的破坏等因素影响，常存在承载性能差且变异性大等问题[16]，甚至在打桩过程中出现溜桩现象[17]；钻孔灌注桩虽在成桩过程中可显著减小对桩周珊瑚砂原位性状的影响，桩侧摩阻性能明显优于打入桩[18]，但存在工程造价高及施工周期长等不足。单华刚等[19]对钙质砂中的桩基工程研究进行归纳和评述，类比分析了打入桩与钻孔灌注桩的承载性能，并建议采取桩侧后压浆技术增加打入桩的侧摩阻力。近年来，Spagnoli 等[20-21]基于深层搅拌技术，提出了一种内部带有钢套管的新型灌注桩，并通过现场载荷试验、室内模型试验和数值仿真等手段系统研究了其承载性能。此外，预应力混凝土管桩在马尔代夫也有应用。相较于上述桩基处理方法，素混凝土桩复合地基具有造价低和工期短等诸多优点，但迄今未见素混凝土桩复合地基应用于珊瑚礁场地的先例。

马尔代夫 7000 套社会保障房住宅项目，如图 1

作者简介：文　兵（1967—），女，硕士，正高级工程师。主要从事土木工程建筑结构设计。
袁内镇（1939—），男，学士，正高级工程师。主要从事岩土工程科研、设计与灾害治理。
孔令伟（1967—），男，博士，研究员。主要从事特殊岩土力学特性、灾变机理与防治技术研究。
陈　成（1986—），男，博士，副研究员。主要从事特殊土力学特性与数值计算研究。

所示，位于胡鲁马累岛在钙质砂及珊瑚礁上吹填形成的扩大造岛区域，由16栋25层剪力墙结构建筑物组成，为马尔代夫迄今为止最大规模的建筑工程，鲜有先例可循。本文依托该项目，基于场地工程地质条件，通过大量的单桩静载荷试验和单桩复合地基静载荷试验以及建筑物实测沉降数据，探讨了素混凝土桩复合地基设计方法、施工工艺以及应用效果，讨论了复合地基合理的沉降计算方法。

图1 项目效果图

1 场地特性与复合地基设计及施工

1.1 工程地质与水文地质

马尔代夫跨越赤道，具有热带气候特征，终年炎热、多雨，无飓风、龙卷风。胡鲁马累岛为马尔代夫群岛中东部北马累环礁的链岛，地势低平，项目场地为人工填海造陆区，地面高程为海平面以上1～2m。

场地地层分布如图2所示。现场勘察结果显示，场地吹填珊瑚砂表现出各向异性，颗粒不均且易碎，软硬互层、孔洞、极不均匀。下部礁灰岩是一种具生物复杂特性的地层，具有密度小、空隙多、一定胶结强度、软硬不均、各向异性等特征，岩芯可见多孔、沟槽、孔洞等溶蚀现象。

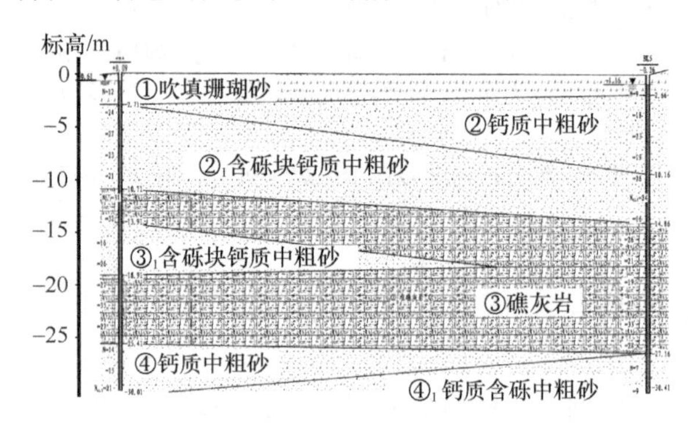

图2 场地典型地质剖面

场地各土层标贯击数和设计参数建议值参见表1和表2。其中，礁灰岩$N_{63.5}$动探平均击数30击，最大击数大于50，最小7击，岩芯单轴抗压强度2.54～4.97MPa，标准值2.86MPa，属极软岩。需要说明的是，后期试验结果表明，表2中提供的设计参数较为保守。

标准贯入试验锤击数统计表 表1

岩土名称	基本值			
	平均值	最大值	最小值	变异系数
① 吹填珊瑚砂	11	14	7	0.20
② 钙质中粗砂	19	32	11	0.28
③$_1$ 含砾块钙质中粗砂	28	38	21	0.18
④ 钙质中粗砂	23	32	14	0.34

各岩土层岩土设计参数建议值表 表2

地层编号及名称	标贯击数	动探击数 $N_{63.5}$	天然重度 γ/(kN/m^3)	压缩模量 E_s/MPa	素混凝土桩		地基承载力特征值［f_{ak}］/kPa
					桩周土侧阻力特征值 Q_{si}/kPa	桩端端阻力特征值 Q_p/kPa	
① 吹填珊瑚砂	11	—	18.0	5.0	5～8	—	—
② 钙质中粗砂	19	—	18.5	8.0	15～25	—	120
③$_1$ 含砾块钙质中粗砂	—	10	19.0	10.0	25～35	—	160
③ 礁灰岩	—	30	19.5	35.0	—	450	300
④ 钙质中粗砂	23		18.5	15.0	—	—	140

地下水质分析评价结果显示，地下水（即海水）对混凝土结构具弱腐蚀性，对钢筋混凝土结构中的钢筋在长期浸水条件下为弱腐蚀性、在干湿交替条件下具强腐蚀性，对钢结构具有强腐蚀性。

根据历年地震活动调查，结合场地条件及邻近马尔代夫跨海大桥资料分析，按《中国地震动参数区划图》GB 18306—2011 的加速度分档标准（按 0.05*g* 考虑），场地地震烈度属 6 度区。

1.2 地基基础选型

（1）钻孔灌注桩

礁灰岩可作为桩端持力层，但该层厚薄不均，且力学性质不均匀，下部为承载力不高的钙质中粗砂，难以提供较高承载力，桩长确定困难；同时钻孔桩施工易产生塌孔、漏浆等问题，不易保证质量、造价高，加之混凝土桩内钢筋抗腐蚀及耐久性等问题，不予采用。

（2）预应力混凝土管桩

方案可行，但桩端进入持力层礁灰岩困难，桩长变化难以预估，施工配桩困难，管桩需从国内运来，现场施工受到制约；管桩施工过程挤土效应将破坏土层结构性，产生不利影响；同时管桩接头及钢筋也存在耐久性问题，不予采用。

（3）素混凝土桩复合地基筏板基础

随着长螺旋钻机的改进和发展，大功率长螺旋钻机应运而生，其穿透能力强，适用于场地岩土工程条件；该工艺采用素混凝土桩身，能保证耐久性，且施工速度快、造价低，施工质量易于保证，同时可利用筏板底部土层的承载力，是一种适宜、可行的基础形式。

1.3 素混凝土桩复合地基设计

鉴于地层中钙质砂及礁灰岩中存在溶蚀的可能性，为保障场地稳定性，进行了临近马累岛（马尔代夫首都）建筑调查，马累岛 17 世纪建成的“星期五回教堂”等大量建筑已有近 400 年的历史，未发生场地岩溶地面塌陷事故。考虑溶蚀属地质年代问题，与建筑物使用年限和寿命非一个数量级，因此无需进行场地溶蚀预处理。

为增强长螺旋钻机穿透能力，设计采用直径 400mm 的 C30 素混凝土桩复合地基。有效桩长不短于 10m，以礁灰岩为桩端持力层，桩距 1.30m，采用矩形均匀布桩（中部大空间桩数减少）的方式，置换率为 7.4%。图 3 给出了 1/4 筏板基础基底压应力分布和素混凝土桩布置。图中数字表示基底压应力值，单位为 kPa；曲线为压力等值线。可以看出，筏板基础中心处基底压应力明显小于四周。

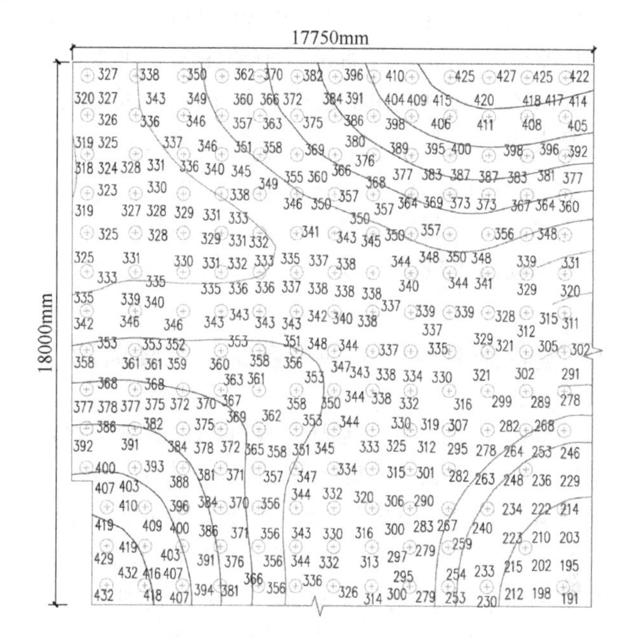

图 3 1/4 筏板素混凝土桩平面布置及基底压力分布图（单位：kPa）

考虑桩端持力层礁灰岩溶隙、溶槽的不利影响，增加了桩端后压浆措施，即在成桩后立即插入注浆管至桩底，注浆填充溶隙，增大单桩承载力。

场地地震区划按 6 度考虑。经计算，地基基础设计由风荷载控制，按当地基本风压 1.2kN/m² 计算，满足滑动、倾覆稳定及偏心要求后，尽量减少基础筏板埋置深度，减小基坑开挖难度，避免钙质砂大孔隙海水渗漏对基坑施工的影响，合理规避了高层建筑基础埋深的规定，也符合欧洲标准的相关要求。

1.4 素混凝土桩施工

根据直径 400mm 的素混凝土桩桩径及地层条件，选用 JZB60 型长螺旋钻机，其具有较强穿透力的 2×55kW 电机动力头，同时配备性能稳定的地泵，可满足施工要求。由于桩端持力层为强度 2.54～4.97MPa 的礁灰岩，根据试桩施工及试桩结果，施工终孔以有效桩长不小于 10m 及钻进速度不大于每 10 分钟 20mm 双控，现场便于掌握，施工进展顺利。本项目共设计了 13984 根工程桩，按上述要求，每台设备每 8 小时可施工 10 根。

为确保素混凝土桩施工质量，除采用上述桩长双控措施外，在提钻时必须先加压再提钻，防止塌孔；严格控制提钻速度和泵送混凝土量，防止断桩。每根桩成桩后立即采用人工配合反铲加装振动头在桩身插入直径49mm（壁厚3mm）桩端注浆管，成桩48h后进行桩端注浆，注浆压力1～2MPa，每根桩注浆量按0.8t控制。现场施工情况表明，注浆未发现异常。振动插入注浆管的过程，一方面振密了桩身混凝土，解决了长螺旋压灌混凝土工艺桩顶混凝土欠密实的弊病，另一方面也提高了桩端阻力。

2 复合地基处理成效与建筑物沉降监测

素混凝土桩复合地基工程桩单桩静载荷试验每栋3根，16栋楼共48根桩，桩长约11.1～16.0m；工程桩单桩复合地基静载荷试验每栋3根，16栋楼共48根，桩长约9.5～16.5m。试验结果参见表3和表4。为简便起见，表中只给出了3、4、13～16栋的测试结果。分析单桩及单桩复合地基承载力静载荷试验结果可知，单桩承载力特征值取为420kN，复合地基承载力特征值370kPa。相较于天然地基（钙质中粗砂和含砾块钙质中粗砂的承载力特征值分别为120kPa和160kPa），处理后的复合地基承载力提高显著。此外，工程桩荷载-沉降曲线在对应于承载力特征值及两倍特征值荷载作用下，变形大致呈线性分布，且变形较小，表明承载力有一定富余，考虑地基的不均匀性及建筑物重要性，在缺少经验的条件下，单桩及复合地基承载力的取值偏于保守，今后尚有进一步优化的余地。

工程桩单桩静载荷试验结果　　表3

栋号	420kN荷载下变形/mm		840kN荷载下变形/mm		回弹率/%	
	范围值	三组平均值	范围值	三组平均值	范围值	三组平均值
3	2.5～8.1	4.51	3.7～24.1	10.41	12.3～43.1	30.80
4	2.0～5.0	3.76	3.2～9.3	6.33	20.9～61.2	35.29
13	2.1～5.1	3.69	3.5～9.7	6.12	17.5～43.5	28.93
14	1.7～3.7	2.28	2.5～7.0	4.15	28.8～65.2	47.80
15	1.4～5.6	2.99	3.0～8.9	5.76	22.1～57.5	43.80
16	1.2～6.4	3.34	4.3～11.8	6.62	10.9～45.3	28.83
48组平均值	2.96		5.83		36.60	

工程桩单桩复合地基静载荷试验结果　　表4

栋号	370kPa荷载下变形/mm		740kPa荷载下变形/mm		回弹率/%	
	范围值	三组平均值	范围值	三组平均值	范围值	三组平均值
3	3.2～5.9	5.39	7.9～11.5	10.56	20.3～40.9	27.83
4	5.0～8.7	6.42	10.7～22.1	14.73	16.6～26.6	21.48
13	4.3～5.8	4.32	9.2～12.9	11.01	14.0～27.4	21.92
14	6.0～13.8	9.43	10.2～13.5	12.76	19.7～27.6	24.79
15	3.6～5.4	3.91	5.5～9.9	7.75	27.2～40.2	35.14
16	7.7～19.7	12.63	17.8～44.6	29.21	19.2～32.0	23.31
48组平均值	7.07		15.15		28.6	

此外，现场还对16栋建筑物的沉降变形进行了监测，监测结果如表5所示。由表5可以看出，16栋建筑物最大沉降16.12mm，最小沉降7.14mm，每栋建筑物沉降监测点差异沉降很小。在不均匀地基条件下，部分桩端持力层礁灰岩厚度约3m的区域在建筑物整体筏板荷载作用下，桩端持力层下部相对较弱的钙质中粗砂层未对建筑物变形产生不利影响。可推断，对标贯击数15～30击中密状态的钙质中粗砂，在类似的高层建筑桩基础工程中此类桩端下卧层的影响微小，同时不排除建筑物以钙质中粗砂作为摩擦型桩端持力层的可行性。

各栋建筑物沉降监测结果　　表5

栋号	结构封顶沉降/mm		工程验收时沉降/mm	
	范围值	平均值	范围值	平均值
1	2.5～5.9	4.3	6.3～9.2	7.1
2	3.5～9.4	7.1	8.5～12.3	10.3
3	3.3～9.2	6.3	9.4～10.2	9.8
4	2.8～6.4	5.2	5.4～9.4	8.7
5	3.9～10.7	7.5	10.7～12.8	12.0
6	8.0～17.1	14.3	14.9～17.4	16.0
7	2.9～6.0	5.0	7.1～9.5	8.4
8	6.9～10.1	8.1	10.8～13.0	11.1
9	1.9～7.7	4.3	2.5～9.8	8.5
10	1.1～6.8	3.2	3.5～9.8	8.8
11	6.3～11.2	9.3	11.0～14.8	13.3
12	8.0～14.3	11.8	12.0～13.9	12.1
13	7.1～10.3	8.3	11.2～14.2	12.3
14	2.5～8.5	5.8	5.5～12.8	9.5
15	6.7～11.2	8.4	8.2～14.5	9.9
16	11.2～15.1	12.4	14.9～18.2	16.1

注：结构封顶日期2018年1月～2019年4月，工程验收日期2020年3月。

3 素混凝土桩复合地基的沉降计算探讨

珊瑚礁及钙质砂各向异性，极不均匀，同时颗粒形状不规则且大小分布不均，现场较难获取原状样，导致无法准确确定珊瑚砂地基的孔隙比和压缩模量。如何计算珊瑚砂地基的沉降，目前仍然是工程设计中的一个难点。本节主要基于现场建筑物沉降监测数据，对比分析《建筑地基处理技术规范》JGJ 79—2012[22]和《高层建筑岩土工程勘察标准》JGJ/T 72—2017[23]（分别简称为规范-1 和规范-2）中推荐方法的计算结果以及有限元计算结果，探讨素混凝土桩复合地基沉降计算方法的适宜性。

规范-1 中将复合土层的压缩模量取为天然地层压缩模量的 $\zeta = f_{spk}/f_{ak}$ 倍，其中，f_{spk} 为复合地基承载力特征值，f_{ak} 为天然地基承载力特征值。针对本次研究场地，如前文所述，当复合地基和天然地基承载力特征值分别取为 370kPa 和 120kPa 时，$\zeta=3.08$。钙质中粗砂的压缩模量按地勘报告取为 8.0MPa 时，此时对应的复合地基压缩模量值为 24.64MPa，沉降经验系数 ϕ_s 按规范法可取为 0.213。不考虑下卧礁灰岩沉降变形时，沉降量计算值为 10.98mm，小于 16 栋建筑物实测最大沉降 16.12mm，与 16 栋建筑物最大沉降量的平均值 10.93mm 接近。考虑到建筑物活载尚未加入、沉降监测点布置在建筑物周边沉降偏小的位置以及长期沉降的发展，规范法计算结果偏小。此外，规范-1 推荐的方法计算结果显著依赖于土层压缩模量的取值，其涉及取样质量，试样应力状态改变以及试验操作方法等诸多不确定因素，很难通过室内试验准确获取。

规范-2 中推荐采用单桩复合地基载荷试验确定的变形模量 E_0 计算复合地基的最终沉降量 s：

$$s = \phi_s pb\eta \sum_{i=1}^{n} \frac{(\delta_i - \delta_{i-1})}{E_{0i}} \tag{1}$$

式中，s 为最终平均沉降量（mm）；ϕ_s 为沉降经验系数，根据地区经验确定；p 为对应于荷载效应准永久组合时的基底平均应力（kPa），地下水位以下扣除水浮力；b 为基础宽度（m）；δ_i 和 δ_{i-1} 为沉降应力系数，与基础长宽比和基底至第 i 层和第 i-1 层（岩）土底面的距离有关，可通过查表确定；E_{0i} 为基底下第 i 层土的变形模量（MPa），可通过载荷试验确定，计算公式为 $E_{0i}=(1-\mu)^2 P/Sd$，其中，μ 为泊松比，文中珊瑚砂取为 0.3，P 为单桩复合地基静载荷试验比例界限对应的荷载（kN），s 为与 P 对应的沉降（mm），d 为承压板直径（方形承压板取 1.128 倍压板边长）（m）；η 为考虑刚性下卧层影响的修正系数，可查表确定。对于本场地，沉降经验系数 ϕ_s 取为 1.0；修正系数 η 通过查表法确定为 1.0；沉降应力系数通过插入法查表取为 0.18；基础宽度为 36.0m；变形模量 E_0 根据现场载荷板试验确定。

16 栋 48 组单桩复合地基静载荷试验中，压板尺寸均为 1.30m×1.30m，对应复合地基承载力特征值时的平均沉降为 7.07mm，对应复合地基两倍承载力特征值时的平均沉降为 15.15mm。如前所述，在两倍特征值荷载作用下荷载-沉降曲线均基本呈线性变化。经计算，对应于素混凝土桩复合地基承载力特征值和两倍承载力特征值的复合变形模量分别为 54.86MPa 和 51.21MPa。考虑 2.0m 水浮力影响，基底平均应力 $p=$ 314kPa，平均桩长取 14m 时，不考虑下卧礁灰岩的压缩变形，当 $E_0=54.86$MPa 时，计算沉降量 $s=37.09$mm。当 $E_0=51.21$MPa 时，计算沉降量 $s=39.73$mm。根据各栋沉降监测结果发现建筑物交付使用时，各栋楼实际发生的沉降较小，均小于计算沉降量。如前所述，由于目前建筑物沉降监测值较最终发生的沉降量要小，因而规范-2 中推荐的计算方法较符合工程实际。

除了采用上述两种规范推荐的计算方法外，采用有限元方法进行素混凝土复合地基沉降计算。计算的整体思路为：利用现场有代表性的素混凝土桩复合地基载荷试验 Q-s 曲线，采用最小二乘法反演场地地层力学参数，作为计算其他楼栋沉降的本构参数，采用有限元法对筏板基础沉降进行计算，并与实测沉降数据和两种规范法计算结果进行对比分析。

选取具有代表性的 13 号楼和 15 号楼处两组载荷试验测试结果，对地层、褥垫层以及素混凝土桩的力学参数进行反演分析。载荷试验处对应的地层分布如图 4 所示，载荷试验 1（15 号楼）处素混凝土桩长 14.5m，载荷试验 2（13 号楼）处素混凝土桩长 14.0m。考虑到复合地基载荷试验 Q-s 曲线在两倍承载力特征值荷载范围内变形量较小，且基本呈线性分布，反演参数取弹性模量和泊松比。此外，考虑桩土间相互作用，反演参数为桩土间摩擦系数。采用有限元方法进行反分析，上部荷载设置为 740kPa，即复合地基两倍

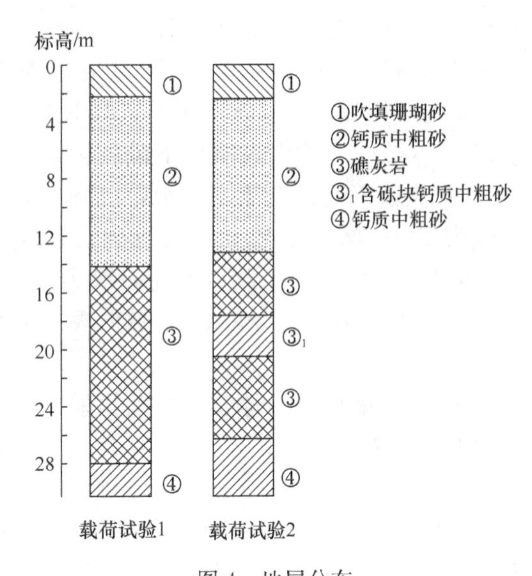

图 4　地层分布

承载力特征值，参数反分析结果如表 6 所示，对应的计算结果与试验结果如图 5 所示。图 6 给出了载荷试验最后一级荷载施加后地基土沉降剖面图，可以看出，载荷试验 1 和载荷试验 2 处沉降主要发生在桩长范围内，下卧礁灰岩和钙质中粗砂的沉降量较小。

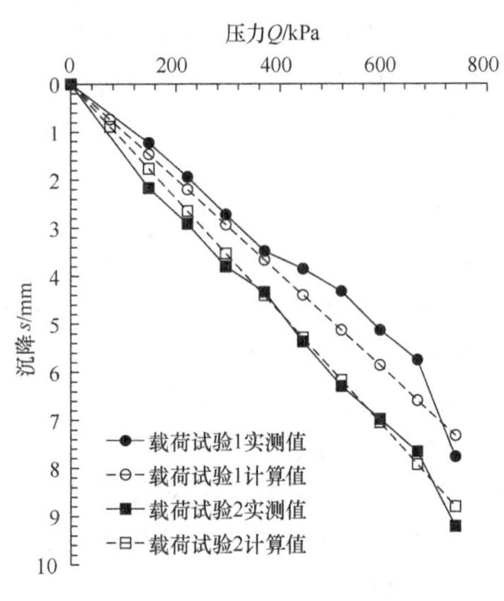

图 5　单桩复合地基载荷试验

与参数反分析类似，将地基土和桩身材料模型设为弹性模型，同时考虑桩土间摩擦接触作用。利用上述确定的计算参数，如表 6 所示，选取 16 栋建筑物下代表性地层，采用有限元法对其筏板地基基础沉降进行计算。场地素混凝土桩长为 14.0m，筏板基础下海砂褥垫层厚度为 0.2m。为了消除边界条件的影响，地基土计算范围取筏板基础尺寸的 5 倍。有限元法计算出的筏板沉降分布如图 7 所示。可以看出，筏板基础最大沉降 41.64mm，位于筏板基础中心处，筏板基础边缘

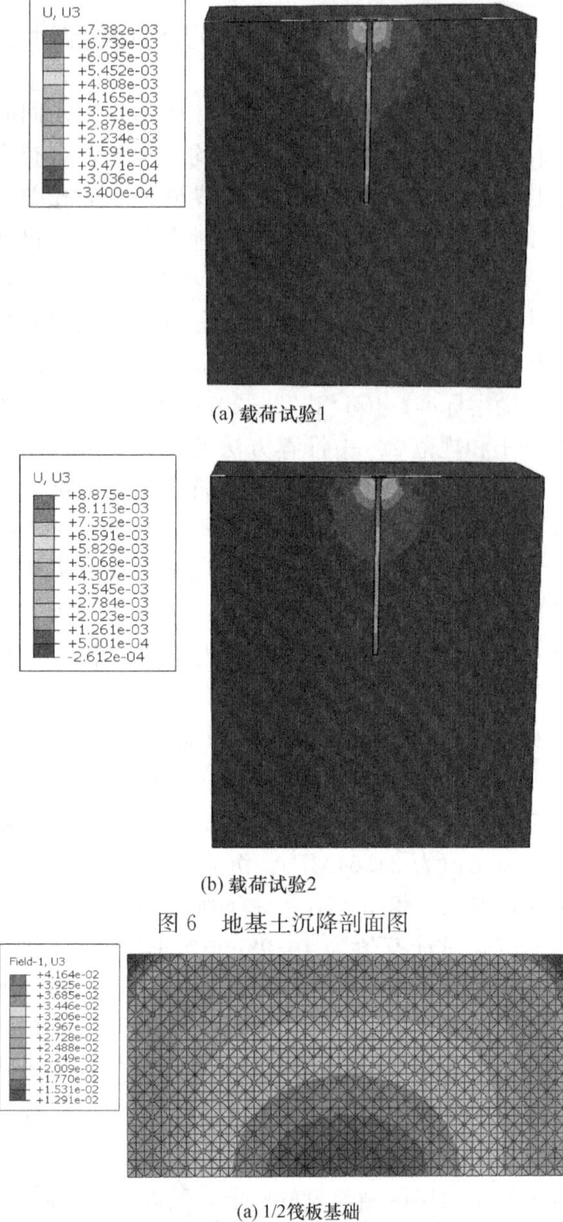

(a) 载荷试验1

(b) 载荷试验2

图 6　地基土沉降剖面图

(a) 1/2筏板基础

(b) 1/2筏板基础与素混凝土桩基

图 7　筏板基础沉降云图

沉降在 12.91～21.78mm 范围内，其中最小值位于筏板基础边角处。筏板基础边缘沉降计算值与 16 栋楼沉降监测结果较吻合。图 8 分别给出了地基土沉降云图，可以看出，复合地基下卧礁灰岩地基的沉降量较小。

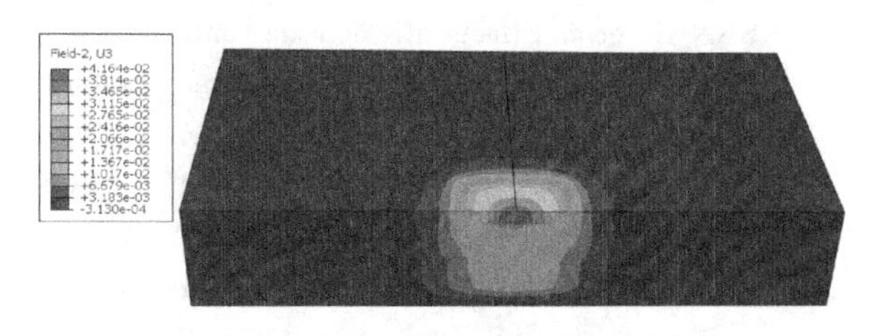

图 8　地基土沉降云图

载荷试验反演参数　表 6

地层名称	弹性模量/MPa	泊松比	桩土间摩擦系数
① 吹填珊瑚砂	15.0	0.30	0.35
② 钙质中粗砂	30.0	0.30	0.35
③ 礁灰岩	2.4×10^3	0.20	0.35
$③_1$ 含砾块钙质中粗砂	60.0	0.30	—
④ 钙质中粗砂	60.0	0.30	—
海砂（褥垫层）	15.0	0.30	—
素混凝土桩	1.50×10^4	0.20	—

综上所述，对于本场地素混凝土桩复合地基而言，在建筑物活载与装修荷载未加入时，建筑物周边沉降较小区域的沉降值已达到 7.1～16.1mm，超过规范-1 计算的最终沉降值 10.98mm，规范-1 计算结果明显偏小；采用规范-2进行计算时，避免了规范 1 在天然地基压缩模量取值方面带来的计算误差，参数取值符合实际且易于操作，计算出的最终沉降值为37.09～39.73mm；有限元计算最大沉降量为 41.64mm（筏板中心点），板基础边缘沉降为 12.91～21.78mm，筏板中心沉降与边缘沉降平均值相差1 倍多，据此可推算建筑物实际筏板中心点最终沉降量，与规范-2 计算值以及有限元计算结果接近，说明了规范-2 沉降计算方法的合理性和可行性。

事实上，规范-1 采用分层总和法辅以变化幅度较大的沉降计算经验系数（0.2～1.0）对复合地基最终沉降量进行简化计算，提供的沉降经验系数源于《建筑地基基础设计规范》GB 50007—2011[24]对 31 项工程实测数据分析所得，不一定适用于礁灰岩珊瑚砂地基，本工程复合地基沉降计算经验系数按规范-1 提供的数据取 0.213，大大减小了计算沉降量，是最终沉降计算偏小的主要原因。规范-1 最终沉降量为基础中心点沉降，采用单向压缩指标（压缩模量）按弹性半无限体的模式进行计算，与岩土体实际受力情况不符，依靠变化幅度很大的经验系数进行调整。规范-2 采用变形模量 E_0 计算复合地基的最终沉降量，由于变形模量由单桩复合地基载荷试验确定，试验工况本质上属于现场三维空间问题，且计算结果为基础的平均沉降量，计算模式一定程度上反映了刚性基础下地基土层在三向应力状态下沉降变形性状，这与实际工程比较吻合，且其沉降计算修正系数变化幅度也小（0.75～1.0），计算结果较为合理，比较接近本工程实际，这也是其与考虑了地基土三维应力状态和桩土接触等因素的有限元计算结果吻合的主要原因。

值得说明的是，复合地基沉降计算是一个复杂问题，难以求得精确解，采用的沉降计算模式不同，计算结果存在差异在所难免，需要在积累大量工程实际经验与检测及监测数据基础上，修订完善其沉降计算方法。在礁灰岩珊瑚砂场地复合地基推广应用中，通过测试数据分析，调整沉降计算经验系数，规范-1 仍有应用价值。

4　结论

（1）针对礁灰岩吹填珊瑚砂场地，首次采用了素混凝土桩复合地基处理方案。现场 48 组单桩复合地基静载荷试验表明，相较于天然地基，素混凝土桩复合地基承载力特征值达到了 370kPa，提高显著。在两倍承载力特征值范围内荷载-沉降曲线基本呈线性。工程验收时 16 栋建筑物沉降监测值均较小，验证了该地基处理方案的可靠性和合理性，同时提高了桩身耐久性。

（2）本项目的工程实践表明，大功率长螺旋钻机成孔成桩的素混凝土桩适宜于环礁链岛礁灰岩、钙质砂等场地，具有高效、可靠、环保和节省造价等优势。素混凝土桩振动插入注浆管的新工艺可提高桩身混凝土密实性和桩头质量，有利于提高桩基承载力，可供借鉴。注浆对桩基承载力的贡献大小尚待进一步研究。

（3）《高层建筑岩土工程勘察标准》JGJ/T 72—2017 推荐的基于静载荷试验确定复合地基变形模量的沉降计算方法，起初应用于天然地基，修编中推广至复合地基沉降计算，但静载荷试验压板面积不定，静载荷试验的影响深度可变，适用性存疑。本次工程实践及计算表明，采用单桩复合地基静载荷试验结果可作为复合地基沉降计算的依据。同时，规避了《建筑地基处理技术规范》JGJ 79—2012 复合地基沉降计算方法中较难准确确定压缩模量的问题，计算结果较接近本工程实际。对于重大工程，也可采用基于单桩复合地基载荷试验反演计算参数的有限元法进行沉降计算校验，以优化工程设计。

（4）礁灰岩中存在溶蚀现象，根据马尔代夫建筑历史的调查结果，并考虑礁灰岩溶蚀发展与建筑物寿命非一个数量级等因素，地基处理或桩基设计可不对溶蚀进行专项处理，但宜根据勘察结果经计算确定合理的桩长，并进行桩端后压浆。

参考文献：

[1] 汪稔，吴文娟．珊瑚礁岩土工程地质的探索与研究——从事珊瑚礁研究 30 年[J]．工程地质学报，2019，27(1)：202-207.

[2] 许宁．浅谈珊瑚礁岩土的工程地质特性[J]．岩土工程学报，1989，11(4)：81-88.

[3] 王丽，鲁晓兵，王淑云，等．钙质砂的胶结性及对力学性质影响的实验研究[J]．实验力学，2009，24(2)：133-143.

[4] 钱琨，王新志，陈剑文，等．南海岛礁吹填钙质砂渗透特性试验研究[J]．岩土力学，2017，38(6)：1557-1564，1572.

[5] 王新志，王星，刘海峰，等．珊瑚礁地基工程特性现场试验研究[J]．岩土力学，2017，38(7)：2065-2070，2079.

[6] 朱长歧，陈海洋，孟庆山．钙质砂颗粒内孔隙的结构特征分析[J]．岩土力学，2014，35(7)：1831-1836.

[7] 吴杨，崔杰，李能，等．岛礁吹填珊瑚砂力学行为与颗粒破碎特性试验研究[J]．岩土力学，2020，41(10)：3181-3190.

[8] 谭风雷，闫振国，曾志军，等．珊瑚砂填料压缩特性试验研究[J]．公路交通科技：应用技术版，2018(1)：137-139.

[9] 张晋勋，李道松，张雷，等．印度洋吹填珊瑚砂岩土工程特性试验研究[J]．施工技术，2019，48(4)：23-27.

[10] 肖向阳，张荣，彭登峰．马尔代夫珊瑚礁岩土工程特性研究[J]．铁道勘察，2018，44(2)：69-73.

[11] WANG X Z，WANG X，JIN Z C，et al. Investigation of engineering characteristics of calcareous soils from fringing reef[J]. Ocean Engineering，2017，134：77-86.

[12] RITTIRONG A，SHANG J Q，OHAMEDELHASSAN E，et al. Effects of electrode configuration on electrokinetic stabilization for caisson anchors in calcareous sand [J]. Journal of Geotechnical and Geoenvironmental Engineering，2008，134 (3)：352-365.

[13] RANDOLPH M，GOURVENEC S. Offshore geotechnical engineering[M]. Oxon：Spon Press，2011.

[14] ANGEMEER J，CARLSON E，KLICK J H. Techniques and results of offshore pile load testing in calcareous soil [C]//Proceedings of Fifth Annual Offshore Technology Conference. Houston：Offshore Technology Conference，1973.

[15] 刘修成，徐杰，游新鹏，等．珊瑚礁地质大直径钢管打入桩承载特性研究[J]．海洋工程，2019，37(6)：157-163.

[16] 刘崇权，单华刚，汪稔．钙质土工程特性及其桩基工程[J]．岩石力学与工程学报，1999，18(3)：331-335.

[17] POULOS H G. The mechanics of calcareous sediments [C] //Proceedings of the 5th Australian-New Zealand Geomechanics Conference. Sydney：Institution of Engineers，1988.

[18] LEE C Y，POULOS H G. Tests on model instrumented grouted piles in offshore calcareous soil[J]. Journal of Geotechnical Engineering，1991，117(11)：1738-1753.

[19] 单华刚，汪稔．钙质砂中的桩基工程研究进展述评[J]．岩土力学，2000，21(3)：299-304，308.

[20] SPAGNOLI G，DOHERTY P，MURPHY G，et al. Estimation of the compression and tension loads for a novel mixed-in-place offshore pile for oil and gas platforms in silica and calcareous sands[J]. Journal of Petroleum Science and Engineering，2015，136：1-11.

[21] IGOE D，SPAGNOLI G，DOHERTY P，et al. Design of a novel drilled-and-grouted pile in sand for offshore oil & gas structures[J]. Marine Structures，2014，39：39-49.

[22] 住房和城乡建设部．建筑地基处理技术规范：JGJ 79—2012[S]．北京：中国建筑工业出版社，2013.

[23] 住房和城乡建设部．高层建筑岩土工程勘察标准：JGJ/T 72—2017[S]．北京：中国建筑工业出版社，2018.

[24] 住房和城乡建设部．建筑地基基础设计规范：GB 50007—2011[S]．北京：中国计划出版社，2012.

多层互剪搅拌桩新技术及现场足尺试验研究

刘　钟[1,2]，文　磊[1]，薛子洲[2]，兰　伟[1]，葛春巍[1]，陈天雄[1]
（1. 浙江坤德创新岩土工程有限公司，浙江 宁波 315000；2. 中冶建筑研究总院有限公司，北京 100088）

摘　要：针对深层搅拌桩应用技术现存的诸多问题，研发出以 5 项关键技术为核心的 CS-DSM 桩成套新技术体系。通过现场足尺试验，探讨了 CS-DSM 桩与 DDM 桩的搅拌钻具、施工工艺、水泥掺量等因素对搅拌桩的均匀性和力学性能影响，并给出了新型搅拌桩的单位桩长搅拌次数 T 值的计算公式。为对搅拌桩施工质量做出定量评价，提出了搅拌桩的桩身完整性和均匀性评价方法、对应指标$\overline{\text{PID}}$和$\overline{\text{PSUD}}$及其指标计算公式。试验数据分析结果表明，应用本文提出的$\overline{\text{PID}}$和$\overline{\text{PSUD}}$指标可深入揭示搅拌桩在完整性、均匀性以及桩身强度的分布特征。与常规搅拌桩比较，CS-DSM 桩拥有技术、成本、环保三方面优势，特别是具有更高的完整性、桩身强度、单桩承载力和单方水泥土承载力，以及较强的市场竞争力。本文试验研究成果能够为推广应用 CS-DSM 桩新技术提供充分的试验依据。
关键词：搅拌桩；CS-DSM 桩；多层互剪搅拌桩工法；搅拌次数；桩身均匀性和抗压强度；现场足尺试验

0　引言

自美国 Intrusion Prepakt 公司研发出创新型的软基处理方法[1]，水泥搅拌桩技术已历经 70 多年的应用与持续发展。近年来，深层搅拌桩技术在施工工艺、新型材料、工程装备、测控技术等方面得到了快速发展[2]。期间，在搅拌桩技术及钻具发展方面出现多种变化，主要为 DSM 桩（Deep Soil Mixing 桩）、DDM 桩（Double Deep Mixing 桩）和 CS-DSM 桩（Contra-rotational Shear Deep Soil Mixing 桩）三大类搅拌桩。单向搅拌桩（DSM 桩）技术[3,4]采用粉体或流态固化材料对软弱地基进行加固处理，已在工程中大量应用。DDM 桩施工钻具及技术以日本 Raito，Inc. 的 RAS 装备与工法[5]和我国东南大学开发[6-8]的装备为代表，其钻具［图 1（b）］可在内外钻杆相邻的上下搅拌叶片区域实现单层剪切搅拌，与传统 DSM 桩［图 1（a）］相比能够改善搅拌桩的施工质量。为了应对更难处理的软弱地基，多层互剪搅拌桩（CS-DSM 桩）技术[3,9]于 21 世纪初出现，该技术实现了内外钻杆上的搅拌叶片对土体的多层复合搅拌，以日本青山机工的 DCS 装备与工法[10]、小野田的 Epocolumn 装备与工法[11]、KSS 装备与工法[12]以及德国 Bauer 的 SCM-DH 装备与工法[3]为主要代表。

基于我国的工程实践，DSM 桩仍存在着许多技术缺陷[13]；如钻具结构设计不合理，对土体剪切搅拌能力不足，致使桩身强度不连续，长桩深部桩段的均匀性与抗压强度无法达到设计要求[15]；在高塑性黏土中施工易产生糊钻抱钻现象，土体与水泥难以搅拌均匀；水泥浆冒浆易造成场地污染和材料浪费[14]；施工钻机动力不足难以满足硬土层、大直径及大深度搅拌桩的施工需求。

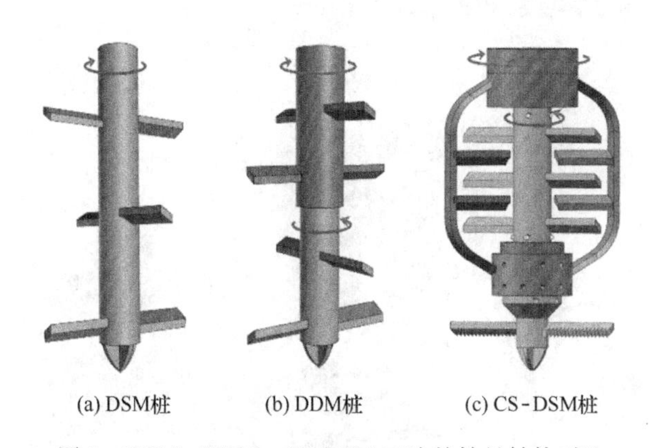

图 1　DSM、DDM、CS-DSM 工法的钻具结构对比

为克服以上问题，浙江坤德创新岩土工程有限公司于 2022 年开发出、多层互剪搅拌桩（简称 CS-DSM 搅拌桩或 CS-DSM 桩）技术以及新型钻机设计方案，并已获得相关技术、工法、钻机与钻具专利授权[16,17]。2023 年初与福建厦兴重工机械有限公司合作生产出 110kW 的 SXJ-110-D1/D2 电动型（图 2）及 250kW 的 SXJ-250-Y 液压型钻机装备。不同型号的工程装备均采用了大扭矩与同轴双层钻杆技术，利用框架式钻具上多层交错设置的搅拌翼板和钻掘翼板［图 1（c）］，可实现对桩身固化土体的多层互剪混合搅拌。2023 年

作者简介：刘钟（1950—），男，博士，教授级高级工程师，主要从事地基处理及桩基工程方面的研究。E-mail：zzliu8@163. com。

CS-DSM 桩成套新技术及施工装备已投入多项建筑工程与交通工程应用，在增大桩身长度与桩径基础上，极大提高了搅拌桩的桩身完整性、均匀性与抗压强度，其施工质量、施工效率及工程经济性也获得大幅度提升。

图 2　SXJ-110-D2 型多层互剪搅拌桩钻机装备

由于多层互剪搅拌桩新技术体系投入工程应用时间较短，国内工程界对这种搅拌桩的产品可靠性、品控方法和基本性能尚缺乏了解。本文详细阐述了新技术五大关键技术，并通过现场足尺试验研究，针对 CS-DSM 桩与 DDM 桩的力学性能差异，特别是施工工艺、水泥掺量等因素对搅拌桩均匀性与桩身强度的贡献进行了重点探索，为搞清 CS-DSM 桩的基本力学性能及施工工艺因素优化方法提供足尺试验依据。

1　CS-DSM 桩关键技术及优势

作为新型搅拌桩技术，我国 CS-DSM 桩在钻机钻具、工艺工法、测控技术等方面，突破了常规搅拌桩技术的束缚，提出了由五项关键技术构成的成套新技术体系。这套新技术能够较好地解决现有搅拌桩施工中的诸多难题，并为大深度、大直径搅拌桩施工提供了可能性。目前，从工程应用效果来看，新型搅拌桩具有全桩完整性和强度连续性稳定、桩身整体均匀性良好、施工效率高、工程成本低的特点。

1.1　五项关键技术

（1）框架式互剪搅拌核心钻具

新钻具采用的 5～7 层框架式多层互剪搅拌结构［图 1（c）］是强力均匀搅拌、控制成桩质量的核心技术。钻具结构采用同轴双层管设计，由内外管、外框架、搅拌翼板、钻掘翼板和输浆管组成。外框架和搅拌翼板可根据地层条件、桩长及桩径调整尺寸、角度、间距和几何形式。钻具结构通过内外管上设置的多层交错分布的搅拌翼板可实现正反向旋转剪切对搅的功能。

（2）大扭矩搅拌桩施工关键装备

针对常用搅拌桩施工钻机的有效施工深度不足、施工桩径较小的弊病。开发出多种型号的 CS-DSM 桩施工钻机，其输出扭矩提高到 100～300kN·m，一序施工深度可超过 30m，接杆施工深度可达到 60m，最大施工桩径大于 2m。新装备采用电动或液压动力头及同轴双层钻杆结构，钻杆和钻具中设置了多通道输浆管路，并拥有多个喷浆口。

（3）两搅一喷快捷施工关键工艺

传统搅拌桩施工通常采用四搅两喷工艺，成桩时间较长。基于多个 CS-DSM 桩工程的应用数据分析，笔者将常规搅拌桩工艺简化为两搅一喷、下钻喷浆的快捷施工工艺，并引入了细分桩段的恒量或变量可控喷浆量工艺，为缩短工艺流程、减少施工工期提供了可能性。

（4）单位桩长搅拌次数 T 计算方法

工程实践证明，搅拌桩的搅拌均匀性是控制成桩质量的核心因素，而单位桩长搅拌次数 T 是评价搅拌桩均匀性的关键指标；日本与美国搅拌桩施工的常用 T 值为 350～450[18]。依据笔者的室内模型试验数据[19]，发现在水泥掺量恒定条件下，CS-DSM 桩的桩身均匀性和平均强度与搅拌次数 T 正相关。为此，笔者提出了基于两搅一喷、下钻喷浆工艺的 T 值计算公式。

$$T = M_1\left(\frac{N_1}{v_1}+\frac{N_2}{v_2}\right)+M_2\left(\frac{N_3}{v_1}+\frac{N_4}{v_2}\right) \tag{1}$$

式中，M_1 为内钻杆搅拌翼板个数；M_2 为外钻杆搅拌翼板个数；v_1为钻具下沉速度（m/min）；v_2为钻具提升速度（m/min）；N_1为下沉阶段内钻杆转速（rpm）；N_2为提升阶段内钻杆转速（rpm）；N_3为下沉阶段外钻杆转速（rpm）；N_4为提升阶段外钻杆转速（rpm）。

（5）可视化智能测控关键系统

坤德可视化智能测控系统是确保CS-DSM桩施工过程规范、用材精准、品控可靠的关键系统，其由智能监测子系统与智能变频供浆控制子系统构成。智能监测子系统功能通过各类传感器对施工过程中的工艺参数进行实时感知、采集、显示、存储、报警及云平台信息传输。智能变频供浆控制子系统利用喷浆优化算法及反馈控制技术来实现注浆泵在细分桩段的恒量或变量喷浆。该测控系统是施工方、设计方、监理方和业主方从云平台获取实时、真实施工信息的可靠工具。

1.2 成套新技术的优势

CS-DSM桩成套新技术的主要优势表现在技术优势、成本优势和环保优势三个方面（图3）。具体阐述如下。

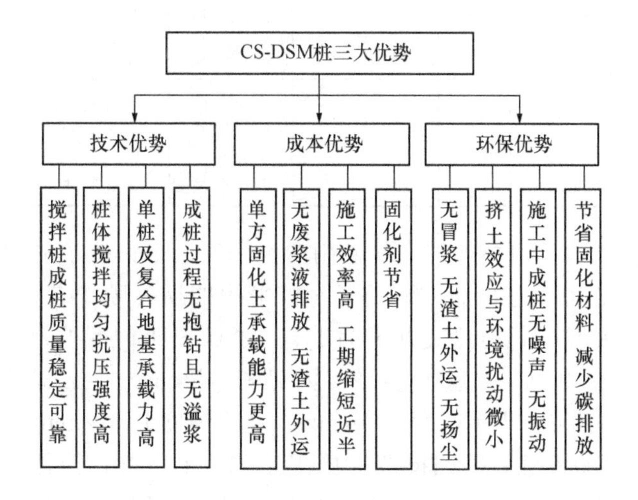

图3 CS-DSM桩新技术的主要优势

（1）技术优势

采用大扭矩施工钻机拓宽了CS-DSM桩的适用土层范围，包括淤泥及淤泥质土、黏性土、粉土、砂土及黄土，其技术使用场景也更为宽泛。具体的，利用框架式多层互剪搅拌钻具的正反向旋转剪切搅拌功能，可阻断水泥浆上溢通道，也规避了抱钻糊钻现象。水泥浆与土体充分互剪搅拌混合，从微观上提高了水泥土中水泥水化产物分布的均匀性，防止因水泥浆分布不均匀在水泥土中形成低强度区；从宏观上则促进了桩体抗压强度的整体性和连续性提升。在智能测控系统管理下，不但成桩质量可控可靠，而且CS-DSM桩能够获得更高的单桩及复合地基承载力，同时，单方水泥土贡献的承载力值也高于常规搅拌桩。另外，对于复合地基、重力式挡墙及隔水帷幕等分项工程可通过加固功能起效时间提前，缩短总工期并降低工程成本。

（2）成本优势

在同等施工质量与承载能力前提下，与常规搅拌桩工程相比，CS-DSM桩工程通过下述措施可减少工程成本5%～10%。首先，通过测控系统精准控制水泥用量、阻断水泥浆外溢可减少固化材料费用。其次，采用两搅一喷快捷施工工艺可使工期缩短40%以上，降低了机械使用费和管理费。基于新型桩在桩身均匀性和强度连续性方面优于常规搅拌桩的工程数据，其单方水泥土提供的承载力更高、造价更低。此外，CS-DSM桩在地层条件、桩长和桩径方面提供了更多的优化设计空间，可进一步为总工程成本消减作出贡献。

（3）环保优势

CS-DSM桩的环保优势突出，首先表现在采用新工艺和设有外框架的钻具成桩使桩周土体挤土效应降低及周边环境扰动减小。通过固化材料节省可减少碳排放，地表冒浆阻隔技术也改善了施工场地的环境。采用多层互剪搅拌工艺和同轴双层管钻具的正反向旋转剪切搅拌技术，可使内管及外框架上的搅拌翼板在土层中相对旋转搅拌产生的阻力矩部分抵消，减小了钻具结构的晃动与变形；同时，多喷浆口的压力喷浆时间缩短也降低了对桩周土体的扰动。此外，采用多层互剪搅拌工艺，搅拌桩施工时无噪声无振动。

2 现场足尺试验

2.1 工程地质条件

现场足尺试验场地位于浙江省三门县某在建工厂内，地貌单元属海积、冲积平原。图4为试验场地地质剖面，场地表层有约2m厚素填土，搅拌桩主要处理土层为②淤泥层，其厚度为12～16m，外观为灰色，流塑态，含水率高，压缩性大，且含少量贝壳碎屑，土质不均匀，局部夹淤泥质黏土。各层土体的物理力学指标见表1。

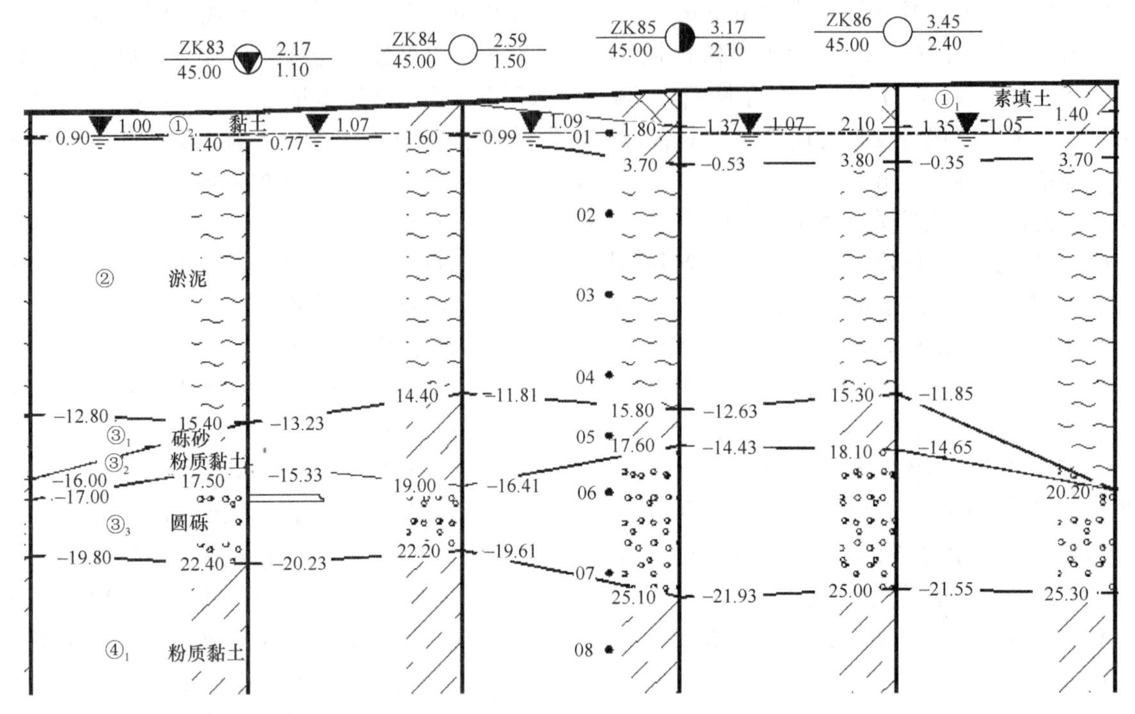

图4 试验场地的地质剖面

土层及主要物理力学参数　　表1

层序	土层名称	w	e	c	φ	f_{ak}	E_{s1-2}
		%	%	kPa	°	kPa	MPa
①2	黏土	39.2	1.120	18.0	11.3	70	3.4
②	淤泥	55.8	1.581	9.6	8.0	50	2.0
③1	砾砂	—	—	—	—	210	$E_0=21$
③2	粉质黏土	27.4	0.770	35.2	16.2	160	6.8
③3	圆砾	8.1	—	—	—	250	$E_0=25$
④1	粉质黏土	34.3	0.977	21.8	13.5	120	4.1

注：c 和 φ 分别为基于CU试验获得的土体黏聚力和内摩擦角。

2.2 足尺试验方案

本次现场试验研究针对CS-DSM桩与DDM桩的施工装备、施工工艺和水泥掺量等对搅拌桩的桩身均匀性与桩身强度的影响，以及两类桩的力学性能差异。试验方案包括5根CS-DSM桩和2根DDM桩，具体试验工艺参数见表2。固化材料采用P·O 42.5水泥，水灰比均为0.55。

现场足尺试验方案　　表2

桩号	桩径/mm	桩长/m	掺量/%	施工工艺	检测方式
CS-DSM-1	700	18	12	两搅一喷	7d抽芯、UCS试验
CS-DSM-2	700	18	15	两搅一喷	7d抽芯、UCS试验
CS-DSM-3	700	18	18	两搅一喷	7d抽芯、UCS试验
CS-DSM-4	700	18	15	两搅一喷	28d静载
CS-DSM-5	700	18	15	四搅一喷	28d静载
DDM-1	700	18	15	四搅两喷	7d抽芯、UCS试验
DDM-2	700	18	15	四搅两喷	28d静载

CS-DSM桩主要采用两搅一喷、下钻喷浆的施工工艺，而CS-DSM-5桩采用四搅一喷工艺；单位桩长搅拌次数 T 为1125次（CS-DSM-5桩为2250次），施工参数：内钻杆45rpm，外钻杆30rpm；下沉速度1.0m/min，提升速度1.5m/min。DDM桩采用四搅两喷施工工艺，单位桩长搅拌次数 T 为941次，施工参数为：内外钻杆转速均为45rpm；第一次下沉速度1.10m/min，提升速度为1.76m/min，第二次下沉与提升速度均为1.76m/min。

2.3 主要装备与工艺流程

1）施工钻机装备

DDM桩试验采用传统“走管式”双向搅拌桩机，单电机驱动动力头，电机功率为55kW。内外钻杆转速均为45rpm。钻具升降速度有4个固定挡位，1～4挡对应的升降速度分别约为：

0.36m/min、0.62m/min、1.10m/min 和 1.76m/min；钻机采用同轴双层钻杆结构，钻杆之间采用焊接连接，钻杆底端设有 4 层共 8 个搅拌叶片，其中 2 层 4 个搅拌叶片随外钻杆转动，另外 2 层 4 个搅拌叶片随内钻杆转动；施工输浆设备为单缸活塞泵，流量大小不可调节。

CS-DSM 桩试验采用多层互剪搅拌桩钻机，双电机驱动动力头，每个电机功率为 55kW。外钻杆转速 0～36.4rpm，内钻杆转速 0～52.0rpm，可无级变速调节；钻具升降速度采用液压手柄控制，可无级变速调节。钻杆采用同轴双层钻杆结构，钻杆连接采用六方接头。钻具采用框架式结构设计，搅拌翼板/钻掘翼板共 6 层，上下相邻的搅拌翼板均为相对旋转，可形成 5 层剪切搅拌效果。施工输浆设备采用流量可调节的变频喷浆泵。

2）施工工艺流程

DDM 桩施工采用四搅两喷工艺，具体工艺流程为：(1) 以钻机③挡速度下沉并喷浆至设计桩底标高，完成一搅一喷；(2) 停止喷浆，并以④挡速度提升至桩顶标高，完成两搅一喷；(3) 以④挡速度下沉并喷浆至桩底标高；(4) 以④挡速度提升搅拌翼板至桩顶标高，完成四搅两喷施工。

CS-DSM 桩施工主要采用两搅一喷、下钻喷浆工艺，具体工艺流程为：(1) 钻具按设定下沉速度下行搅拌并喷浆至设计桩底标高，桩底部复搅 30～60s，完成一搅一喷；(2) 停止喷浆，采用设定速度提升钻具至桩顶标高，完成两搅一喷施工。

3）试验桩检测

每根试验搅拌桩施工结束后，压入高 40cm、直径 750mm 的钢护筒进行桩头保护，同时保证桩顶面水平。养护 7d 后，进行桩体全长钻孔取芯，记录取芯率，对芯样照相后，立即对芯样进行单轴无侧限抗压强度检测，测试得到各桩段的抗压强度值。搅拌桩养护 28d 后进行单桩静载荷试验，检测搅拌桩的变形及单桩极限承载力。

2.4 施工质量保证体系

应用智能监测子系统，对施工全过程中的各种传感器数据信息进行感知、采集、呈现、存储、报警及传输是施工质量保证的必要手段。既能对施工过程规范监督与施工质量预判，又能为控制系统提供实时基础数据。施工监测数据包括垂直度、下沉与提升速度、内外钻杆转速、供浆流量与压力、水泥浆密度等。钻机操作员可通过驾驶舱内大屏观察到施工参数变化并可随时做出相应调整，工程管理人员则可通过手机端 APP 随时浏览当前施工参数以及施工历史参数，对施工质量进行有效监督控制。

在搅拌桩施工过程中，水泥浆制备和搅拌桩喷浆存在不确定性。为此，CS-DSM 桩施工管理引入了自动化水泥浆制备控制和智能变频供浆控制子系统，以保障水泥浆密度的精准恒定，以及每半延米桩段的设计喷浆量精准实施。应用所述系统可在搅拌桩施工过程中实时控制变频喷浆泵的输送流量，在细分桩段上避免因喷浆过多造成材料浪费以及喷浆过少导致质量缺陷，从而使精细化高质量施工管理成为可能。

3 试验结果与分析

3.1 水泥掺量对 CS-DSM 桩质量影响

1）水泥掺量对桩身完整性的影响

CS-DSM-1～3 号桩成桩 7d 后，进行钻孔抽芯检验并判断桩身完整性。钻孔芯样如图 5 所示，当水泥掺量为 12%时，水泥分布均匀，但水泥土固化效果较差，芯样大多处于可塑—硬塑状态，桩身完整性稍差，尤其在 3～7m 芯样出现缺失。随着水泥掺量增加，水泥土固化效果及桩身完整性显著提升。当水泥掺量为 18%时，除桩底部位外，芯样整体呈较坚硬状态，固化效果和完整性良好。

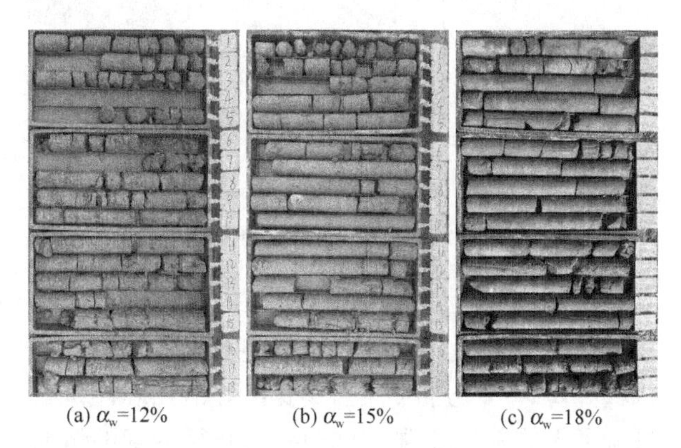

(a) α_w=12%　(b) α_w=15%　(c) α_w=18%

图 5　不同水泥掺量下的钻孔抽芯照片

为能定量分析水泥掺量对桩身完整性影响，笔者提出搅拌桩的桩身完整性评价指标$\overline{\text{PID}}$ (Pile Integrity Designation)，按以下公式计算。

$$\text{PID}_i = \frac{\sum l_{ij}}{L_i} \times 100\% \tag{2}$$

$$\overline{\mathrm{PID}} = \frac{\sum l_i \times \mathrm{PID}_i}{H} \times 100\% \quad (3)$$

式中：PID_i为第i回次钻孔进尺段搅拌桩的桩身完整性指标（%）；L_i为第i回次钻孔进尺长度（cm）；l_{ij}为第i回次钻孔进尺中，长度大于或等于7cm的第j个芯样段的长度（cm）[20]。$\overline{\mathrm{PID}}$为搅拌桩的桩身完整性指标（%），其为各回次PID的加权平均值；H为桩长（cm）。

依据式（2）和式（3）计算CS-DSM-1～3号桩的每回次钻孔进尺段PID及桩的$\overline{\mathrm{PID}}$值，并绘制图6，图中纵坐标表示各进尺段深度。不难看出，随水泥掺量增加，桩身完整性也逐渐提高。CS-DSM-1～3号桩的$\overline{\mathrm{PID}}$分别为49%、73%、78%，与12%水泥掺量桩结果相比，15%、18%水泥掺量桩的桩身完整性指标$\overline{\mathrm{PID}}$的增幅分别为49.0%、59.2%。这表明，水泥掺量与水泥土固化效果之间存在着固有关联，在搅拌桩工程设计中，为保障桩身完整性，应提出最低水泥掺量要求。对于淤泥土层，水泥掺量宜大于15%。

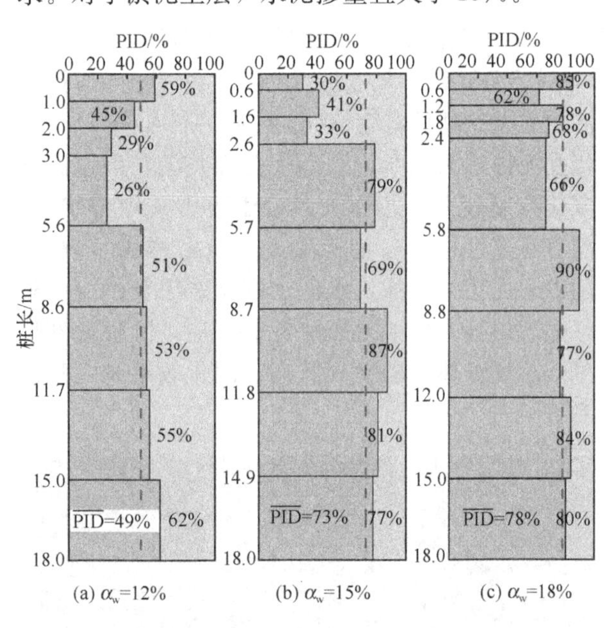

图6　不同水泥掺量下桩的PID值随桩长变化图

2）水泥掺量对桩身强度的影响

进一步研究水泥掺量对桩身强度影响，在CS-DSM-1～3号桩成桩7d后，对钻孔芯样试件进行了无侧限抗压强度试验。为获得准确的试验结果，采用7d钻芯取样，现场制样与现场压样的方法。水泥土芯样按1∶1高径比（试件平均直径和平均高度为90mm）制成圆柱形试件进行抗压强度检测。

CS-DSM-1～3号桩检测结果见图7，由图可见，在0～2m深度处桩身强度较高，这是为提高

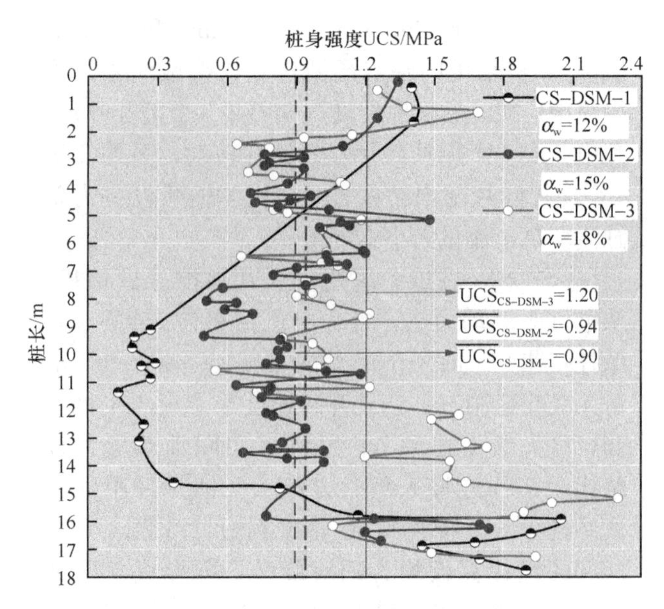

图7　不同水泥掺量下桩身强度随桩长变化图

桩的承载力，对CS-DSM-1～3号桩采用了水泥变掺量设计，即在桩顶0～3m深度内增加了20%水泥浆喷注量，但各桩的总喷浆量保持不变。

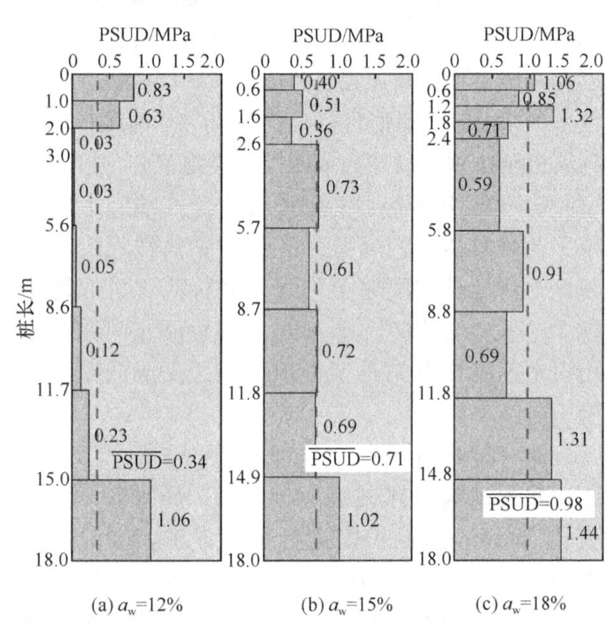

图8　不同水泥掺量下的PSUD随桩长变化规律图

若按工程常用算术平均值方法计算桩身平均强度$\overline{\mathrm{UCS}}$，CS-DSM-1～3号桩的桩身平均强度分别为0.90MPa、0.94MPa、1.20MPa，与CS-DSM-1桩（$\alpha_w=12\%$）相比，CS-DSM-2桩（$\alpha_w=15\%$）和CS-DSM-3桩（$\alpha_w=18\%$）桩身平均强度增幅分别为4.4%和33%。CS-DSM-1桩与CS-DSM-2桩的桩身平均强度十分接近，这与抽芯验样实际情况并不相符。其原因可能是由于当桩$\overline{\mathrm{PID}}$值较低时，试件样本数较少，难以准确反映出真实的桩身平均强度。目前在搅拌桩工程中，常忽略$\overline{\mathrm{PID}}$

值的影响，仅以桩身平均强度来表征搅拌桩施工质量，这可能会导致工程数据分析错判，故笔者认为不宜采用桩身平均强度指标来判断搅拌桩的施工质量。

3）水泥掺量对桩身均匀性的影响

搅拌桩的基本性能评价应包括桩身完整性、桩身强度与桩身均匀性三个方面，其中桩身均匀性是桩身完整性和桩身强度的综合体现。基于此，本文提出搅拌桩的桩身均匀性指标$\overline{\text{PSUD}}$（Pile Strength Uniformity Designation）以及按PID指标折减桩身强度UCS的计算方法。该方法可以从不同侧面描述桩身完整性和桩身强度对桩身均匀性的贡献。因此认为，$\overline{\text{PSUD}}$可作为桩身均匀性指标来客观表征搅拌桩的施工质量。该指标计算公式如下：

$$\text{PSUD}_i = \frac{\sum \text{UCS}_{ij}}{n_i} \times \text{PID}_i \tag{4}$$

$$\overline{\text{PSUD}} = \frac{\sum \text{PSUD}_i \times L_i}{H} \tag{5}$$

式中，PSUD_i为第i回次钻孔进尺段按PID_i折减桩身强度后的均匀性指标（MPa）；UCS_{ij}为第i回次钻孔进尺段内第j个试件的无侧限抗压强度（MPa）；n_i为第i回次钻孔进尺段无侧限抗压试验的试件个数；$\overline{\text{PSUD}}$为搅拌桩的桩身均匀性指标（MPa）。

利用式（4）和式（5）可计算CS-DSM-1～3号桩每回次钻孔进尺段按PID折减桩身强度后的均匀性指标PSUD以及搅拌桩的均匀性指标$\overline{\text{PSUD}}$，计算结果见图8及表3；从中可见，随水泥掺量增加，表征搅拌桩均匀性的$\overline{\text{PSUD}}$值大幅度增加。CS-DSM-1～3号桩的$\overline{\text{PSUD}}$值分别为0.34MPa、0.71MPa、0.98MPa，与CS-DSM-1桩（α_w=12%）结果相比，CS-DSM-2桩（α_w=15%）、CS-DSM-3桩（α_w=18%）的$\overline{\text{PSUD}}$值增幅分别为108.8%、188.2%。从试验定量分析结果来看，为保障桩身均匀性（包括桩身完整性与桩身强度连续性），在淤泥土层中，搅拌桩的设计水泥掺量不宜小于15%。

不同水泥掺量下桩的$\overline{\text{PSUD}}$计算结果对比　表3

桩号	CS-DSM-1	CS-DSM-2	CS-DSM-3
掺量	12%	15%	18%
$\overline{\text{PID}}$	49%	73%	78%
指标增幅		49.0%	59.2%
$\overline{\text{UCS}}$	0.90MPa	0.94MPa	1.20MPa
指标增幅		4.4%	33.3%
$\overline{\text{PSUD}}$	0.34MPa	0.71MPa	0.98MPa
指标增幅		108.8%	188.2%

注：不同桩的指标增幅均以CS-DSM-1桩的指标为比较对象。

3.2 DDM桩与CS-DSM桩的施工质量比较

1）两类桩的桩身完整性比较

在15%水泥掺量下，对比DDM-1桩与CS-DSM-2桩的7d后$\overline{\text{PID}}$值。由图9（a）和图9（c）可见，DDM-1桩完整性很差，其在桩身上部、中部及底部均存在PID值小于25%的水泥土体，且芯样大多处于软塑状态。原因可能是由于DDM-1桩的搅拌钻具结构所致，虽然其单位桩长搅拌次数T高达941次，但该钻具只能在内外钻杆相邻

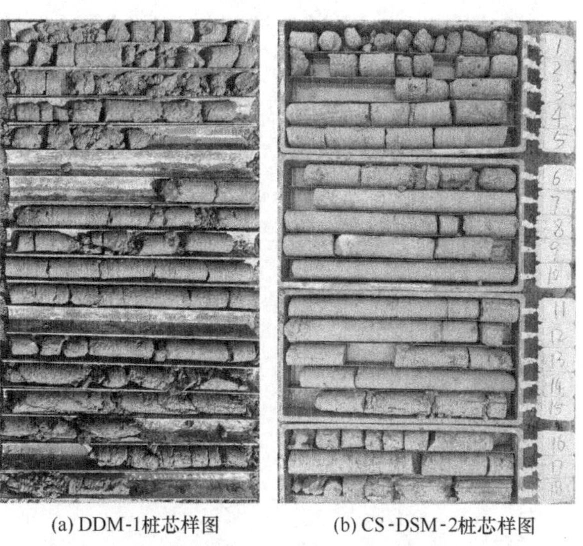

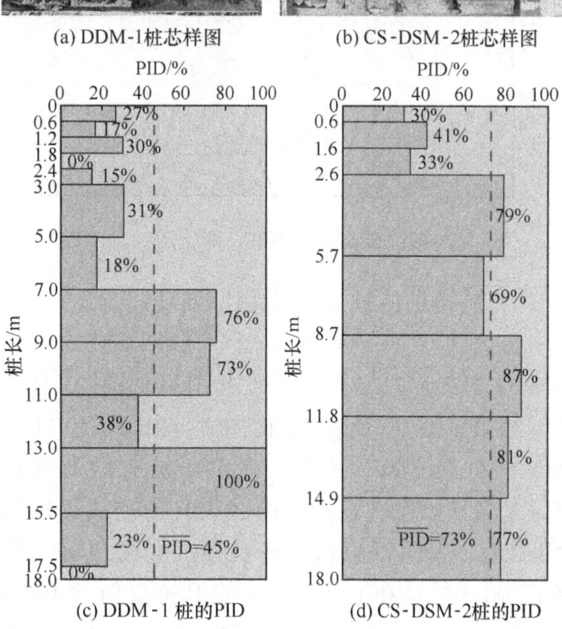

图9　两类桩的芯样图及PID随桩长变化图

的上下区域实现搅拌叶片的单层互剪搅拌。反观CS-DSM-2桩的搅拌钻具是通过内外管上的多层交错设置的搅拌翼板，可对土体进行正反向5层剪切搅拌，同时钻具外框架的限溢作用也隔绝了水泥上溢、外溢路径，水泥浆与土体进行充分剪切搅拌混合后，促使桩身完整性大幅度提升。

如图9（c）、图9（d）两类搅拌桩每回次钻孔进尺段PID所示，DDM-1桩的$\overline{\text{PID}}$值为45%，CS-DSM-2桩的$\overline{\text{PID}}$值为73%，两者相比，CS-DSM-2桩的$\overline{\text{PID}}$值增幅达到62.2%，定量分析结果再次显示出新型搅拌桩在桩身完整性方面具有较强优势。

2）两类桩的桩身强度比较

图10为15%水泥掺量下，两类桩的桩身强度随桩长变化曲线。图中各深度处，CS-DSM-2桩身强度均大于DDM-1桩。DDM-1桩和CS-DSM-2桩的桩身平均强度$\overline{\text{UCS}}$分别为0.30MPa和0.94MPa，与DDM-1桩相比，CS-DSM-2桩的桩身平均强度增幅达到213.3%，定量分析结果表明新型搅拌桩在桩身强度方面也具有极大优势。

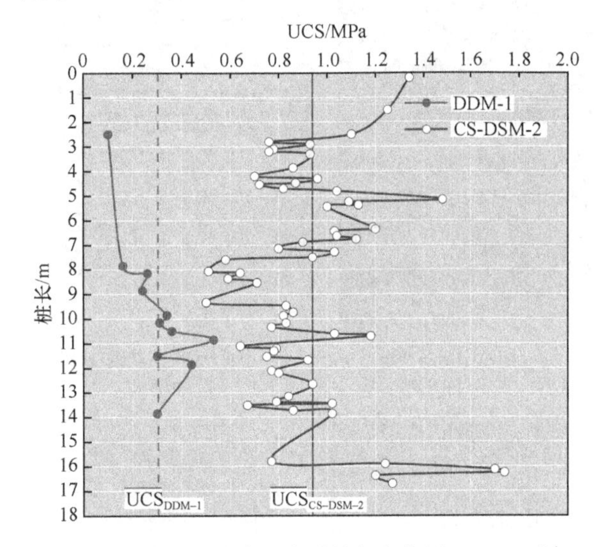

图10 两类桩的桩身强度随桩长变化图（α_w=15%）

3）两类桩的桩身均匀性比较

依据式（4）、式（5）计算CS-DSM-2桩与DDM-1桩各回次钻孔进尺段PSUD及桩的$\overline{\text{PSUD}}$值，结果见图11及表4。由图11清晰可见，CS-DSM-2桩在上部、中部及底部，桩身均匀性良好，且各回次钻孔进尺段的PSUD值均接近桩的$\overline{\text{PSUD}}$值，表明桩身均匀性及强度非常良好。反观DDM-1桩，在上部及底部的PSUD值都很小，桩的$\overline{\text{PSUD}}$值也很小，说明该桩在桩身均匀性及强度方面都很差。由表4可知，DDM-1桩和CS-DSM-2桩的$\overline{\text{PSUD}}$值分别为0.09MPa和0.71MPa，CS-DSM-2桩的桩身均匀性指标远优于DDM-1桩。定量分析结果表明新型搅拌桩在桩身均匀性方面优势明显。原因可能是由于两类桩的施工钻具及搅拌次数T值存在较大不同，这导致了两类桩的基本性能差异巨大。

两类桩$\overline{\text{PSUD}}$值计算结果对比　　表4

指标	DDM-1	CS-DSM-2	指标增幅
$\overline{\text{PID}}$	45%	73%	62.2%
$\overline{\text{UCS}}$	0.30MPa	0.94MPa	213.3%
$\overline{\text{PSUD}}$	0.09MPa	0.71MPa	688.9%

注：指标增幅以DDM-1桩指标为比较对象。

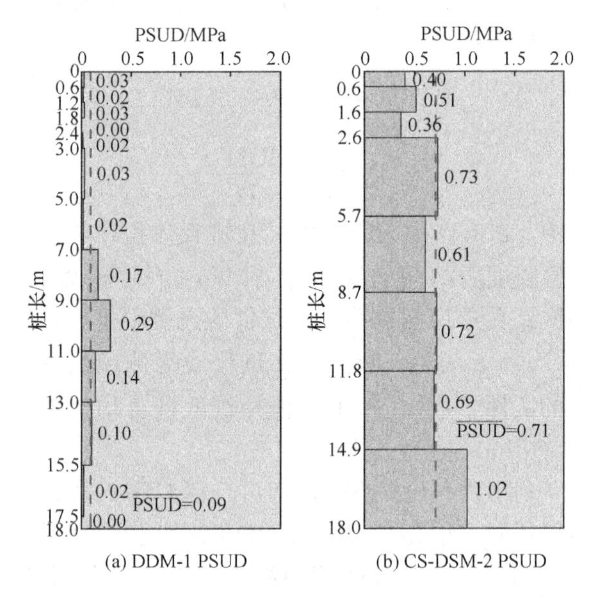

图11 两类桩的PSUD随桩长变化图（α_w=15%）

3.3 静载荷试验结果与分析

1）单桩极限承载力计算结果

依据《深层搅拌法地基处理技术规范》DL/T 5425—2018[22]，搅拌桩的极限承载力应取桩身材料破坏和桩周土体破坏中的较小值，按下式计算：

$$Q_{uk} = K \cdot \min\begin{cases}\eta f_{cu} A_p \\ u \sum l_i q_{si} + \alpha q_p A_p\end{cases} \tag{6}$$

式中，K为安全系数，取2.0；f_{cu}取与桩身配比相同的室内试块（立方体边长70.7mm）在标准养护条件下28d龄期的抗压强度平均值（kPa）；η为桩身强度折减系数，取0.33；A_p为搅拌桩横截面积（m²）；q_{si}为搅拌桩桩侧第i层土的侧摩阻力特征值（kPa）。

根据试验场地地勘报告，取①₂黏土层的水

泥搅拌桩侧阻力特征值 8kPa，②淤泥层的侧阻力特征值 5kPa；q_p 为桩端土未经修正的承载力特征值；α 为桩端天然地基土承载力折减系数，本文取 0.5。

进行载荷试验的搅拌桩长度为 18m，桩径为 0.7m，水泥掺量为 15%。基于土体破坏的单桩极限承载力计算，取地勘报告建议值，可计算得到 505kN 单桩极限承载力；当按规范经验值取平均值计算的单桩极限承载力则为 571kN。根据室内 15%水泥掺量的配比试验结果可知，试块 28d 无侧限抗压强度为 1.96MPa。基于桩身强度破坏的单桩极限承载力计算值为 498kN。因此，最终确定的搅拌桩单桩极限承载力计算值为 498kN（桩身材料破坏）。

2）单桩极限承载力试验实测结果

根据两类桩载荷试验数据绘制图 12，从中可见，DDM 桩的 Q-s 曲线为缓变型，表现出明显的塑性材料特性；而 CS-DSM 桩的 Q-s 曲线为陡降型，表现出明显的脆性破坏。对于缓变型曲线取 40mm 沉降对应荷载作为单桩极限承载力，对于陡降型则取曲线拐点的对应荷载作为单桩极限承载力。DDM-2 桩、CS-DSM-4 桩和 CS-DSM-5 桩的载荷试验所得极限承载力分别为 405kN、500kN 和 560kN。CS-DSM-4 桩相对 DDM-2 桩在相同水泥材料用量下，实测单桩极限承载力提高了 23.5%，说明 CS-DSM 工法相对 DDM 工法更具优势，其搅拌的均匀性及完整性更好，材料的利用率更高。对比搅拌桩承载力的计算值与实测值可见，CS-DSM-4 桩的单桩极限承载力的计算值与实测值接近。

进一步分析了搅拌次数 T 值变化对单桩承载力的影响。CS-DSM-4 桩与 CS-DSM-5 桩的 T 值分别为 1125（两搅）和 2250（四搅），施工工艺改变使得 T 值增加了一倍，而两者的实测单桩极限承载力分别为 500kN 和 560kN，相对提高了 12%，然而，搅拌桩的施工时间增加了 1 倍。对比可知，CS-DSM 桩在两搅一喷的施工工艺条件下可以确保搅拌桩的施工质量，且节约大量施工时间及可观成本。这个试验结果也说明搅拌次数 T 值的增加存在最佳收益上限值，超过该限值后继续增加 T 值时性价比会下降，这与笔者所做的室内模型试验研究结果是一致的[19]。

应当指出的是，CS-DSM-5 桩的试验实测单桩极限承载力大于按式（6）计算出的结果。究其原因，应是式（6）中的桩身强度折减系数 η 选取因素，实质上 η 值应与施工工艺和施工质量密切相关，其并非常值。当采用 CS-DSM 工法和四搅一喷工艺时，根据 CS-DSM-5 桩的实测单桩极限承载力结果反算，η 值达到了 0.37。

3）现场桩头开挖结果

载荷试验结束后，进行了 2.5m 深度的桩头开挖检验。图 13 为 CS-DSM-4 桩头开挖照片，可以看出顶部 2m 多长的桩身完整，成型圆度好，未出现剪切破坏。主要是由于顶部 3m 桩段比桩身水泥平均用量增加了 20%（该桩的总水泥用量不变），使顶部桩段的施工质量优良。

现场试验条件下，DDM 桩和 CS-DSM 桩的

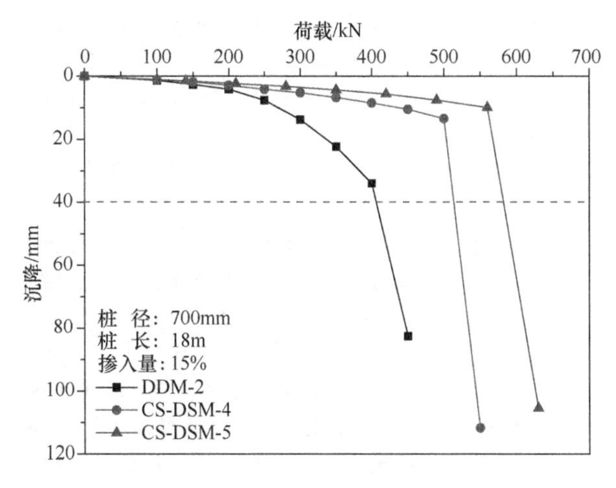

图 12 现场试验桩的荷载-位移曲线

图 13 桩头开挖检验效果照片

桩身体积均约 6.93m³。在 DDM-2 桩采用四搅两喷和 CS-DSM-4 桩采用两搅一喷的施工工艺条件下，CS-DSM-4 桩和 DDM-2 桩的每 m³ 水泥土能够提供的承载力值分别为 72.18kN 和 58.44kN，相比提高了 23.5%。

关于桩身材料破坏分析，参考了《地基处理手册》[23]中的水泥土桩身强度与水泥掺量的下述经验公式：

$$\frac{q_{u1}}{q_{u2}}=\left(\frac{a_{w1}}{a_{w2}}\right)^{1.6} \tag{7}$$

式中，q_{u1} 和 q_{u2} 分别为对应水泥掺量 a_{w1} 和 a_{w2} 下的水泥土抗压强度。据此可估算得到：DDM-2 桩要达到与 CS-DSM-4 桩相同的单桩极限承载力（或水泥土强度），DDM-2 桩需要的水泥掺量是 CS-DSM-4 桩的 1.141 倍。按现场试桩 15%水泥掺量测算，则 CS-DSM-4 桩相对 DDM-2 桩的单方水泥土可节省水泥用量约 38kg，即单桩可节省水泥用量约 264kg。

4 结论

通过 CS-DSM 桩现场足尺试验研究可获得下述结论：

（1）CS-DSM 桩新技术突破了原有搅拌桩技术的束缚，形成的成套新技术体系拥有显著的技术、成本和环保优势，在智能测控系统管理下，其施工质量可控、可靠，并可形成较强的市场竞争力。

（2）同轴双层管技术及框架式多层互剪搅拌钻具结构是应用新型搅拌桩的核心技术，配备大扭矩钻机装备后能够在不同土层中施工 30m 桩深，2.0m 桩径的搅拌桩；并可保证桩体搅拌均匀性良好、桩身强度连续性稳定、施工效率高、工程质量稳定可靠的效果。

（3）采用两搅一喷、下钻喷浆快捷施工工艺替代四搅两喷传统工艺，能够在确保 CS-DSM 桩施工质量前提下，通过减少工艺流程，达到缩短工期 40%和降低工程成本的目的。

（4）桩体固化土搅拌均匀性是控制搅拌桩施工质量的核心因素，而单位桩长搅拌次数 T 是控制搅拌桩均匀性和强度的关键指标，本文给出了 T 值计算公式。在工程实践中，CS-DSM 桩施工可通过该公式选取合理的 T 值来平衡技术的硬指标和工程的经济性。

（5）本文提出的搅拌桩基本性能定量评价指标 PID（描述桩身完整性）和 PSUD（判断桩身均匀性）以及评价方法为合理表征搅拌桩的完整性与抗压强度的分布特征，以及固化土的材料和强度均匀特性评价提供了新的途径。

（6）现场足尺试验实测数据表明，与常规搅拌桩相比，CS-DSM 桩拥有更高的单桩承载力和单方固化土承载力，考虑各项增效降本措施后，这项成套新技术应用可以降低 5%～10%的工程造价。

参考文献：

[1] COLLE E R. Mixed in place pile：US3270511[P]. 1966-09-06.

[2] PORBAHA A. State of the art in deep mixing technology. Part I：Basic concepts and overview[J]. Proceedings of the Institution of Civil Engineers-Ground Improvement，1998，2(2)：81-92.

[3] DENICES N，HUYBRECHTS N. Deep Mixing Method[M]. Ground Improvement Case Histories. Elsevier，2015：311-350.

[4] FILZ G，BRUCE D. Innovation and Collaboration in Deep Mixing[C]//Grouting 2017. Honolulu，Hawaii：American Society of Civil Engineers，2017.

[5] MORI K，UKAJI N，MIYAKAWA M. Invited Lecture：Recent trends in the development of deep mixing methods in Japan [M//Lecture Notes in Civil Engineering]. Geotechnics for Sustainable Infrastructure Development. Singapore：Springer Singapore，2020：541-554.

[6] 刘松玉，易耀林，朱志铎．双向搅拌桩加固高速公路软土地基现场对比试验研究[J]．岩石力学与工程学报，2008(11)：2272-2280.

[7] 刘松玉，宫能和，冯锦林，等．双向水泥土搅拌桩机：CN200410065861.4[P]. 2006-09-13.

[8] 刘松玉．新型搅拌桩复合地基理论与技术[M]．南京：东南大学出版社，2014.

[9] SEIJI M，SHUBUYA S，Tetsuji M. Soil improvement device：特開平 08-199556[P]. 1996-08-06.

[10] 木付拓磨，澤口宏，今井 正，など．大口径大深度深層混合処理工法の適用におけるリアルタイム管理システムの導入[J]．日本材料科学学会雑誌，2018，67(1)：93-98.

[11] 鈴木孝，齋藤邦夫，原満生，など．複合相対攪拌翼を用いた深層混合処理工法の改良原理と適用事例[J]．日本材料科学学会雑誌，2010，59(1)：32-37.

[12] 島野嵐．大口径相対攪拌工法の概要と施工事例：KS-S・MIX 工法（特集 基礎工，地盤改良）[J]．建設機械施工一般社団法人日本建設機械施工協会誌，2017，69(7)：59-63.

[13] PORBAHA A, SHIBUYA S, KISHIDA T. State of the art in deep mixing technology. Part Ⅲ: geomaterial characterization[J]. Proceedings of the Institution of Civil Engineers-Ground Improvement, 2000, 4(3): 91-110.
[14] KITAZUME M. Quality Control and Assurance of the Deep Mixing Method[M]. London: CRC Press, 2021.
[15] O'ROURKE T D, MCGINN A J. Case History of Deep Mixing Soil Stabilization for Boston Central Artery[C]//Geotechnical Engineering for Transportation Projects. Los Angeles, California, United States: American Society of Civil Engineers, 2004.
[16] 刘钟，陈天雄，杨宁晔，等．一种具有双向旋搅机构的智能钻机装备：CN202220282740.9[P]. 2023-01-31.
[17] 刘钟，李国民，王占丑，等．一种搅拌桩机用同心三管三通道钻杆结构和组合注浆钻具：CN202220278659.3[P]. 2022-09-06.
[18] European Committee for Standardization. Execution of special geotechnical works-Deep mixing (DIN EN 14679)[S]. Brussels, Belgium: European Standard, 2005.
[19] 葛春巍，刘钟，佘桃喜，等．双向互剪搅拌桩工法的工艺因素模型试验研究[J]. 岩土力学.(录用待刊).
[20] 江苏省交通工程建设局．公路工程水泥搅拌桩成桩质量检测规程：DB32/T 2283—2012[S]. 江苏省质量技术监督局，2012.
[21] 住房和城乡建设部．复合地基技术规范：GB/T 50783—2012[S]. 北京：中国计划出版社，2012.
[22] 国家能源局．深层搅拌法地基处理技术规范：DL/T 5425—2018[S]. 北京：中国电力出版社，2018.
[23] 龚晓南．地基处理手册[M]. 3版. 北京：中国建筑工业出版社，2008.

第二部分

风　险　控　制

深厚海相软土智能监控钉形搅拌桩适应性研究

王 耀，谢品翰，吴维国，郑 兴，陆传波，张 峰
（中建海峡建设发展有限公司，福建 福州 350015）

摘 要：深厚海相软土地质淤泥质土呈饱和、流塑状，具有天然含水率高、孔隙比大、压缩性高和抗剪强度低等特点。常规水泥土搅拌桩软基处理造价较低，应用较为广泛，但由于常规水泥土搅拌桩施工过程管控难、施工工艺成桩完整性差和桩土作用协调性弱等问题，进而影响其在软基处理中的应用。基于试验段不同掺量、桩径、桩形和桩距的水泥土搅拌桩试桩比选，改进钉形双向水泥土搅拌桩施工技术，通过信息化、智能化的施工在线自动监控系统和自动化制浆系统的应用，提高了施工成桩质量和复合地基承载力。研究表明，软土路基填筑及预压期路基沉降、分层沉降、土体水平位移、孔隙水压力和桩土压力等指标都有显著改善。

关键词：自动监控；钉形双向；水泥土搅拌桩；软土路基；淤泥质土

0 引言

软土地基在我国沿海沿江的冲淤积平原地区广泛分布，该类地区是沿海沿江城市集中开发拓展的主要区域。福州新区位于福建省闽江下游入海口，主要以冲海、冲洪积平原为主，软土地质沿水平方向及垂直方向分布变化较大、均匀性较差，属不均匀软土地基。淤泥和淤泥质土呈饱和、流塑，含腐殖质，摇振反应慢，具有天然含水率高、孔隙比大、压缩性高和抗剪强度低的特点。因此，不均匀软土地基处理使城市基础设施建设面临的重大工程技术难题。

由于常规水泥土搅拌桩施工过程管控难、施工工艺成桩完整性差和桩土作用协调性弱等问题，进而影响其在软基处理中的应用。针对软土地质常规水泥土搅拌桩软基处理技术存在抬土、糊钻、冒浆、成桩不均匀、竖向承载力低等难题，提出了自动监控下钉形双向水泥土搅拌桩施工技术，其结合变截面搅拌桩和双向搅拌桩的优点，其结构如图 1 所示[1]。

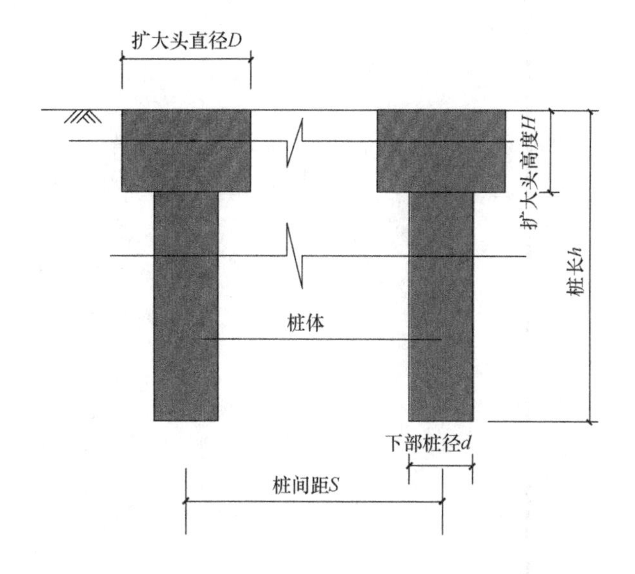

图 1 钉形双向水泥土搅拌桩构造图

在钉形双向水泥土搅拌桩成桩过程中，由动力系统分别带动安装在同心钻杆上的内、外两组搅拌叶片同时正、反向旋转搅拌，通过搅拌叶片的伸缩使桩身截面形成的类似钉子形状的水泥土搅拌桩。同心双轴钻杆在内钻杆上设置正向旋转叶片并设置喷浆口，在外钻杆上安装反向旋转叶片，通过外杆上叶片反向旋转过程中的压浆作用和正反向旋转叶片同时双向搅拌水泥土的作用，阻断水泥浆上冒途径，把水泥浆控制在两组叶片之间，保证水泥浆在桩体中均匀分布和搅拌均匀，确保施工成桩质量[2]。

基于福州市琅岐雁行江主干道工程试验段不同掺量、桩径和桩形（单直径单向、单直径双向和钉形双向）的水泥土搅拌桩试桩比选，通过信息化、智能化的施工在线自动监控系统和自动化制浆系统的应用，显著提高了水泥土搅拌桩施工成桩质量、竖向变形模量和复合地基承载力。通过科研试验项目参数的综合分析，为类似工程设计、施工和检测提供了“互联网＋”施工质量管理模式的参考。

作者简介：谢品翰，中建海峡基础设施总承包公司部门经理，高级工程师，E-mail：11084272@qq.com。

1 工程概况

1.1 工程简介

琅岐岛位于福州新区，地处东海之滨闽江入海口，三面环江，东面临海，全岛总面积92km²，是福建省第五大岛。福州市琅岐雁行江主干道工程位于琅岐岛雁行江北岸，线路全长7624.63m，线路高程（罗零标高）约在5.90～8.20m，道路标准宽度为58m，设计速度50km/h，为城市主干道，工程内容包括道路、桥涵、给排水、电气照明、交通和景观绿化等。

道路软基处理采用常规（单向）、双向和钉形双向水泥土搅拌桩三种桩形，水泥搅拌桩平均桩长15.5m，桩端进入泥质粉砂层≥1m，桩间距1.8～2.2m。水泥搅拌桩软基处理总面积约40万m²，总桩数12.1万根，总桩长188.3万m。

1.2 工程地质概况

道路沿线现状主要为闽江口岸边养殖池塘、田地、河道及水沟等。陆地地面高程约4.0～7.5m，池塘及河沟底标高约1.0～4.5m。典型地质纵断面，如图2所示。

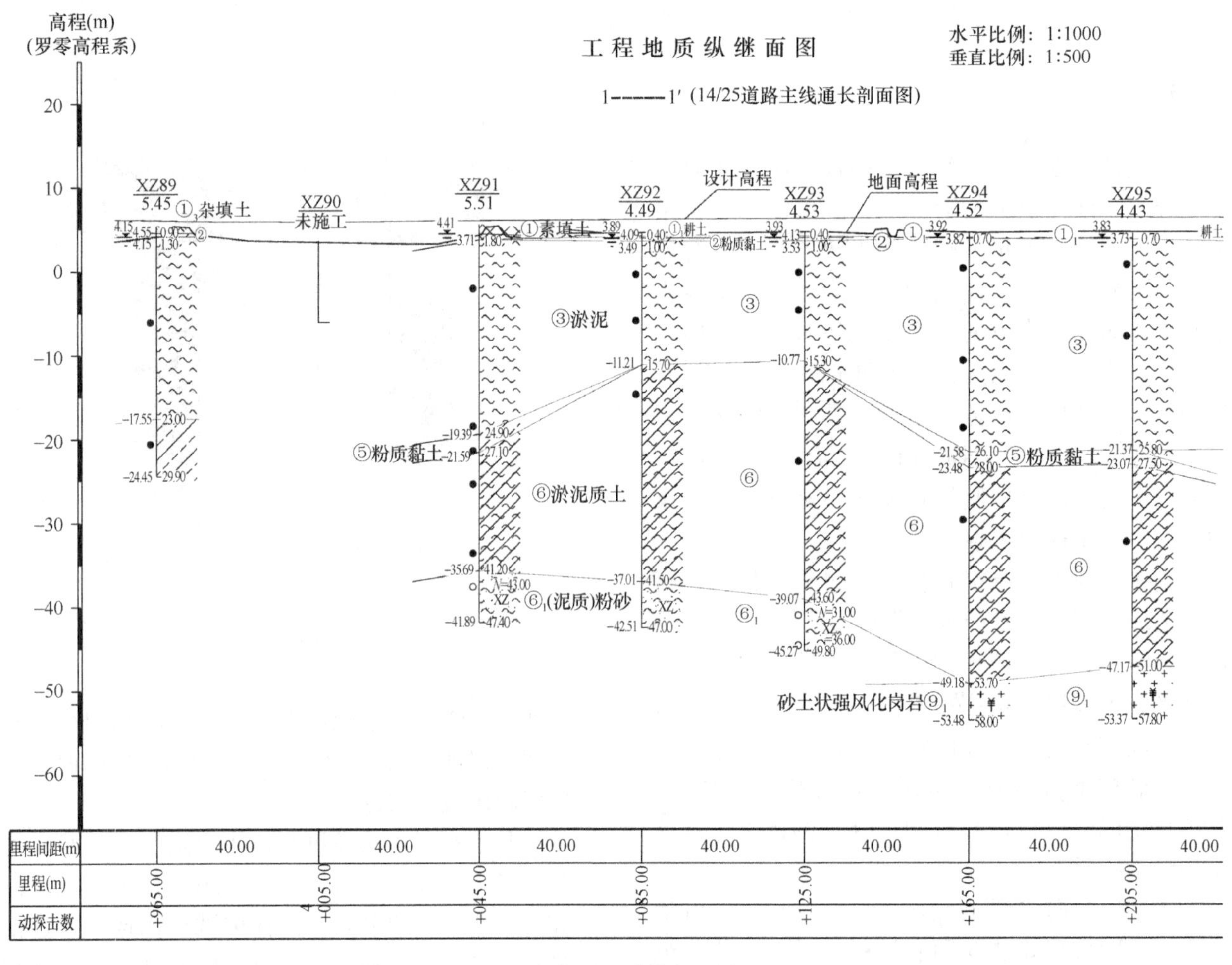

图2 典型地质纵断面图

根据地勘揭露场地土层自上而下：①素填土、①₁耕植土、①₂池泥、①₃杂填土、②粉质黏土、③淤泥、③₁泥质粉砂、④泥质中砂、⑤粉质黏土、⑥淤泥质土、⑥₁泥质粉砂、⑦粉质黏土、⑧含泥卵石、⑧₁中砂、⑨₁砂土状强风化花岗岩（母岩地质年代为γ53（1）b）等。

拟建场地土主要为冲淤积、海积成因，各土层在水平方向及垂直方向分布变化较大，均匀性较差。其中，本场地广泛分布厚层为③淤泥，层厚度变化较大，在2.50～31.00m，层顶标高−24.69～5.34m。深灰色，饱和，流塑状态，含水率高达53%，含腐殖质，有臭味，摇振反应慢，捻面较光滑，有光泽，干强度及韧性中等，局部夹少量细砂，属高压缩性软弱土层。场地沿线③淤泥和⑥淤泥质土层分布情况，如表1所示，软弱土层总厚度最小值5.3m，最大达53.1m。

场地土层分布情况（m） 表1

分区	起点桩号	终点桩号	③层厚度/m	⑥层厚度/m	总厚度/m
1	K0+000	K0+400	10.9	18.0	28.9
2	K0+400	K1+000	5.9	1.6	7.5
3	K1+000	K1+500	21.4	0.0	21.4
4	K1+500	K1+900	5.3	0.0	5.3
5	K1+900	K2+500	21.6	0.0	21.6
6	K2+500	K3+000	6.4	0.0	6.4
7	K3+000	K4+400	20.4	10.1	30.5
8	K4+400	K5+000	7.6	0.0	7.6
9	K5+000	K5+400	17.8	13.2	31.0
10	K5+400	K6+500	11.4	6.5	17.9
11	K6+500	K7+500	21.6	31.4	53.0

工程③淤泥、⑥淤泥质土岩土体物理学性质指标，如表2所示。

地基土层物理力学性质指标推荐值表 表2

土层编号	天然重度 γ/（kN/m³）	天然含水率 w/%	天然孔隙比 e_0	塑性指数 I_P	液性指数 I_L	压缩系数 a_{1-2}/MPa⁻¹	压缩模量 E^s_{1-2}/MPa	固结系数 C_v（$\times10^{-3}$ m²/s）
③	16.3	52.8	1.51	17.9	1.42	0.98	2.75	2.15
③$_1$	18						30	
⑥	16.7	47.4	1.31	16.1	1.25	0.77	3.22	2.12
⑥$_1$	18						30	

2 试验段设计方案

2.1 试验段（试桩）目的

水泥土搅拌桩试验段（试桩）目的为工程提供设计参数、工艺流程、机械设备及相应施工参数，为后续类似地质段落软基处理提供依据。同时，试验段（试桩）采用设计参数和工艺性试验对比：单直径单向、单直径双向和钉形双向水泥土搅拌桩不同桩形桩径之间的施工质量、经济性和适用性等对比；不同施工钻头的搅拌方式的对比；不同水泥掺入量成桩效果的对比[3]。

1）设计参数验证

（1）验证桩身的无侧限抗压强度、单桩承载力、复合地基承载力是否能够达到设计要求；

（2）验证室内完成的配合比在室外实施时是否能满足设计、施工要求。

2）施工工艺试验

（1）获取施工工艺参数及确定具体的施工机具及配套设施，确定施工设备的适用性和施工过程控制方法；

（2）在确定每米水泥用量和水灰比的前提下，通过不同的下钻速度、提升速度形成不同的工况，验证每种工况下成桩的质量；

（3）通过钻进时的电流变化验证地质情况是否与设计相符；

（4）提出过程质量控制办法，用来指导水泥土搅拌桩的施工。

2.2 试验段（试桩）设计

（1）试验段平面参数

工程选取120m具有代表性的淤泥地质段落作为试验段（试桩）进行软基处理方案设计。设计方案采用单直径单向、单直径双向和钉形双向水泥土搅拌桩进行软基加固试验。设计桩长为15m，采用P·O 42.5级普通硅酸盐，水灰比为1∶(0.55～0.60)，水泥土搅拌桩桩身28d无侧限抗压强度不小于1.0MPa，复合地基承载力不小于100kPa。桩间距为1.4～2.2m，按正三角形布置，试验桩总数为2743根；其中试桩数量为54根，每种桩型各试打3根；水泥掺入量分别为16%、18%、20%，试验段类型和数量如表3所示，试验段平面设计图如图3所示。

试验段类型和数量表 表3

水泥掺量	单向		双向		钉形双向	
	ϕ500	ϕ600	ϕ500	ϕ600	ϕ500～900	ϕ600～1000
16%	197	167	177	167	109	101
18%	177	168	189	168	126	93
20%	178	167	176	167	114	102
合计	552	502	542	502	349	296
	试验段2743（试桩54）					

（2）试验段检测内容

试验段检测项目包含观感质量、单桩复合地基荷载试验、单桩竖向极限抗压静载荷试验、沉降观测、土体水平位移观测、孔隙水压力观测和桩土压力观测等[4]。试验段监测内容与布置如图4和图5所示。

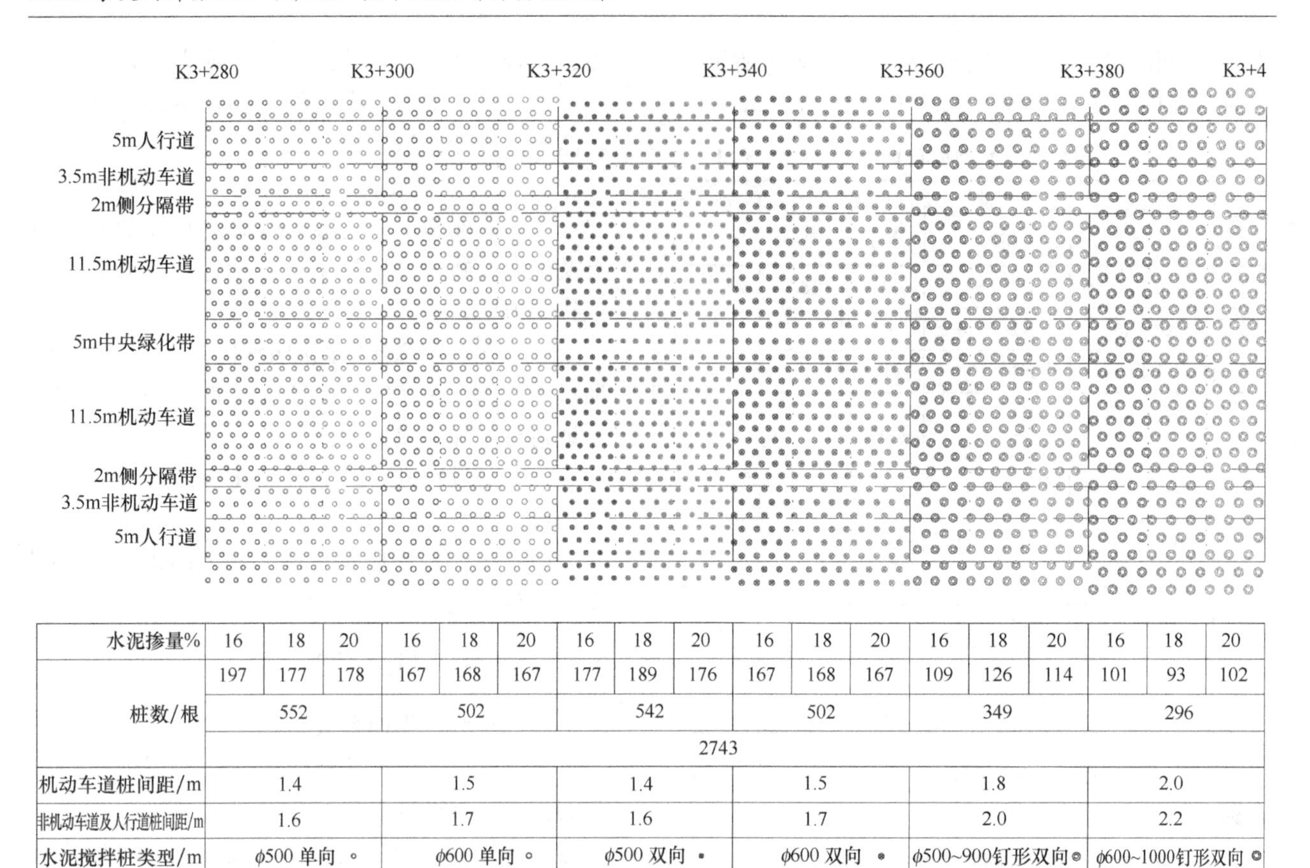

水泥掺量%	16	18	20	16	18	20	16	18	20	16	18	20	16	18	20	16	18	20
桩数/根	197	177	178	167	168	167	177	189	176	167	168	167	109	126	114	101	93	102
	552			502			542			502			349			296		
	2743																	
机动车道桩间距/m	1.4			1.5			1.4			1.5			1.8			2.0		
非机动车道及人行道桩间距/m	1.6			1.7			1.6			1.7			2.0			2.2		
水泥搅拌桩类型/m	φ500 单向 ◦			φ600 单向 ◦			φ500 双向 ▪			φ600 双向 •			φ500~900钉形双向◎			φ600~1000钉形双向◎		

图3　试验段平面设计图

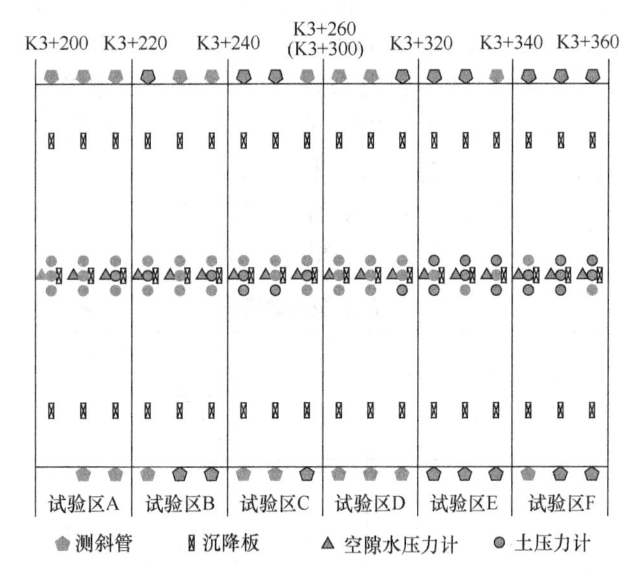

图4　试验检测点平面布置图

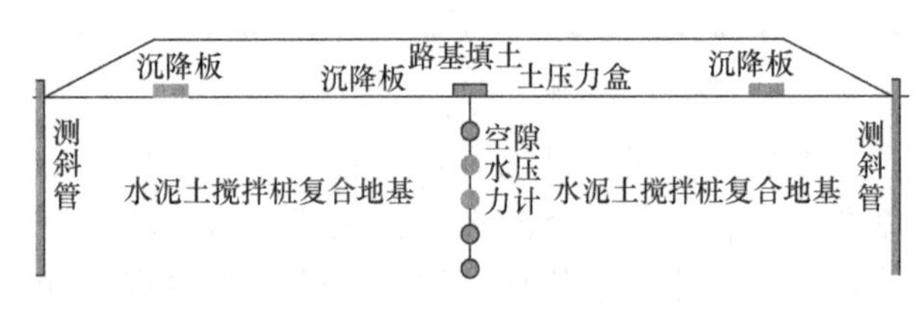

图5　试验检测点剖面布置图

3　智能监控搅拌桩施工

3.1　工艺流程

智能监控钉形双向水泥土搅拌桩施工工艺流程，如图6所示。

3.2　操作要点

1）施工准备

根据工程水文地质条件、桩径、桩长及施工条件等选择合适的桩机，将桩机主要部件运抵现场，用起重机悬吊搅拌机到指定位置附近组装。对水泥土搅拌桩设备、自动化制浆系统和自动监控系统进行调试。

自动化制浆系统包括高速搅拌机、拌浆筒、储浆筒、水箱、水泵、空压机、螺旋输送机、碟形气动阀门、电控柜和电子配料微机等。施工在线自动监控系统包括：称重传感器、密度测试仪、电容式压力传感器、电流传感器、雷诺流量传感器、转速传感器和桩深传感器等。自动化在线制浆站及全触屏操作界面如图7和图8所示。

2）在线自动制浆

一般情况下，水泥浆水灰比为0.58；天气炎

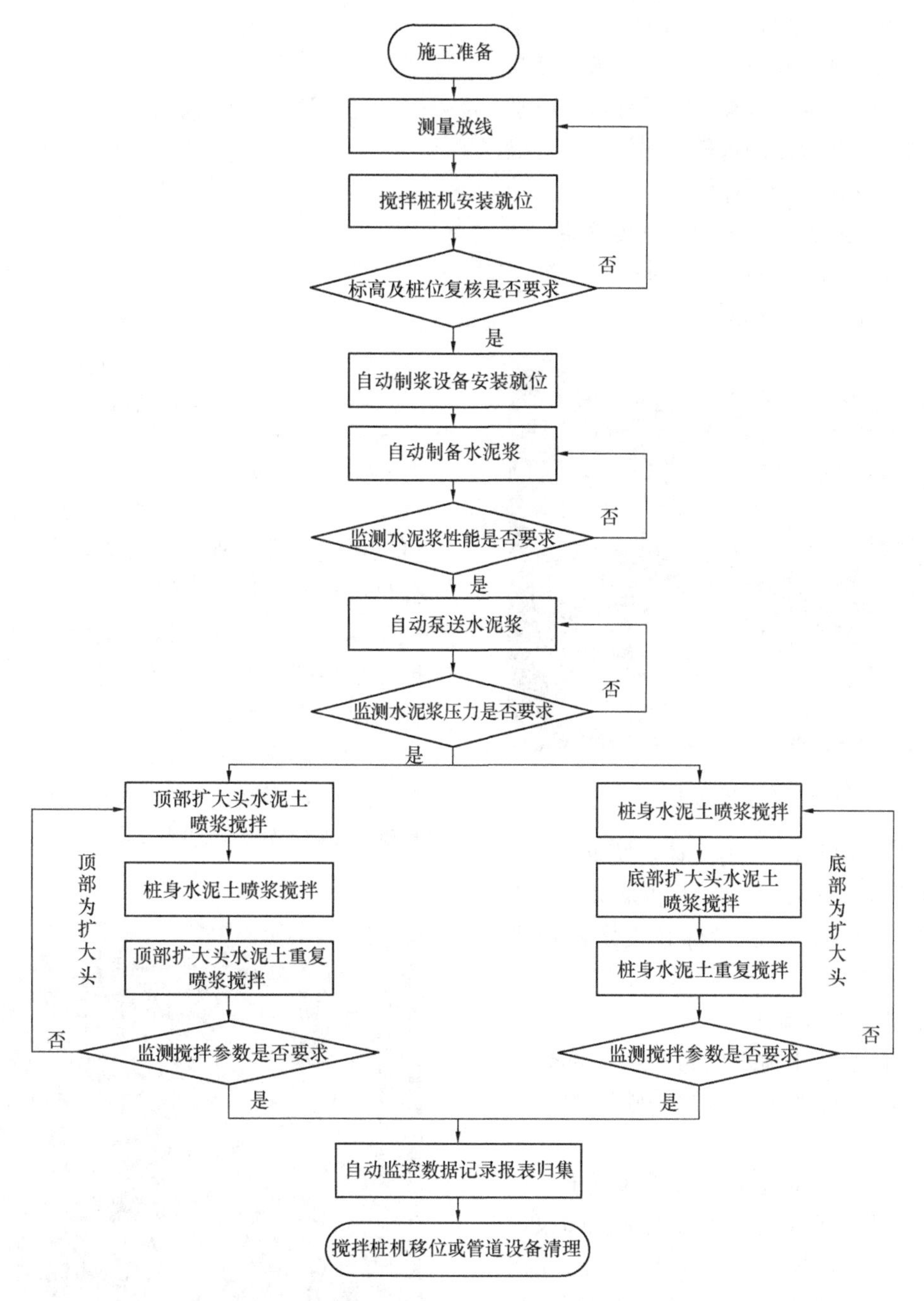

图 6　智能监控下钉形双向水泥土搅拌桩施工工艺流程

图 7　自动化在线制浆站

图 8　全触屏操作界面

热情况下，水泥浆水灰比为 0.60；遇到淤泥较厚情况下，水泥浆水灰比为 0.55[3]；水泥浆液密度为 (1.71±0.02) g/cm³。通过水泵和电子称量感应系统向搅拌筒内加入事先设定的水量；螺旋输料机根据设定的灰量，输送水泥至搅拌筒；开启蝶式气动阀门放料至储浆桶完成制浆；采用称重传感器、密度测试仪对制备好的水泥浆进行实时在线监测反馈。在线自动制浆监控平台如图 9 所示。

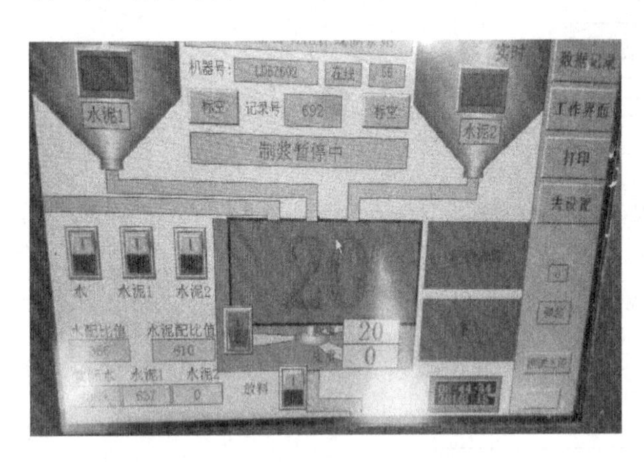

图 9　在线自动制浆监控平台

泵送水泥浆采用称电容式液体压力传感器、雷诺流量传感器对水泥浆泵送压力和泵送流量进行实时在线监测反馈，监测指标超设定阈值即报警。

3）搅拌桩智能监控施工

（1）钉形双向水泥土搅拌的桩扩大头部分采用“四搅三喷”，桩身采用“两搅一喷”的施工工艺。

（2）钉形双向（顶部为扩大头）水泥土搅拌桩施工。首先，顶部扩大头采用 2 次下沉喷浆搅拌合 1 次提升搅拌（空搅）；其次，桩身采用 1 次下沉喷浆搅拌合 1 次提升搅拌（空搅）；最后，顶部扩大头采用 1 次提升搅拌（空搅）。

（3）钉形双向（底部为扩大头）水泥土搅拌桩施工。首先，桩身采用 1 次下沉喷浆搅拌；其次，底部扩大头采用 2 次下沉喷浆搅拌合 2 次提升搅拌（空搅）；最后，桩身采用 1 次提升搅拌（空搅）。

（4）钉形双向水泥土搅拌桩自动监控系统现场主要采集桩深、泥浆流量、喷浆压力、水泥浆密度、转速、倾角、钻杆状态等数据。实时在线自动监测数据反馈至参建相关方。若自动监测指标超设定阈值即报警，经报警参数及时与设计单位协商处理措施。水泥搅拌桩智能监控系统结构原理如图 10 所示。

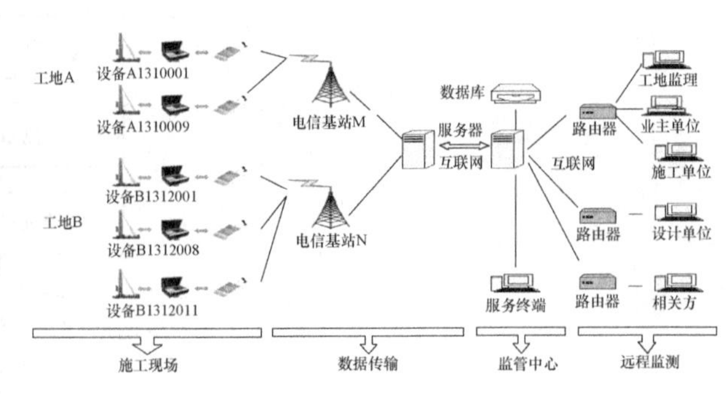

图 10　水泥搅拌桩智能监控系统结构原理

4）检测与验收

（1）施工完成后，将自动监控资料表格化，可以形成完成监管中心报表，主要记录每一根搅拌桩成桩的桩长、水泥用量、垂直度、下钻速度、提钻速度、成桩时间以及电流值变化等参数。智能监控终端如图 11 所示，水泥搅拌桩成桩在线监控记录如表 4 所示。

（2）钉形双向水泥土桩施工结束后，龄期达到 28d 后，报请监理验收及进行复合地基承载力检测，待桩分项验收合格后方可进入下一工序施工[6]。

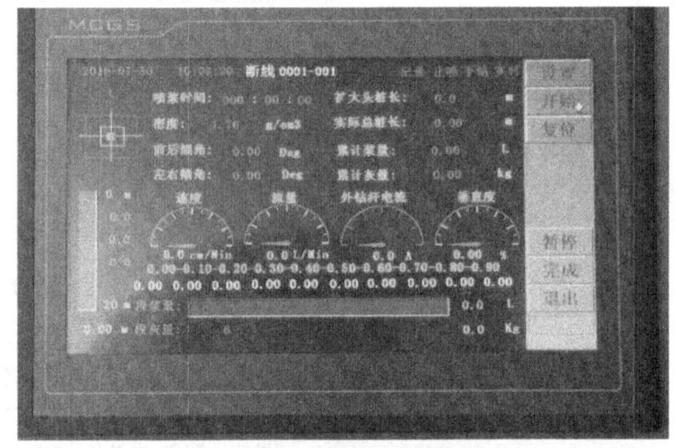

(a) 在线监控现场终端

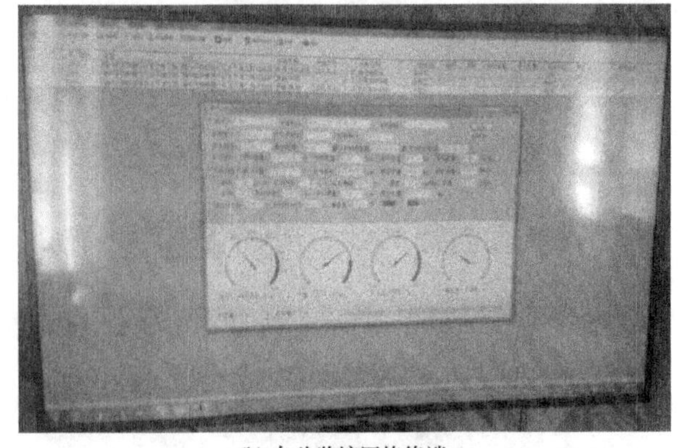

(b) 自动监控网络终端

图 11　智能监控终端

搅拌桩在线监控记录　　表 4

ID	桩编号	开始时间	结束时间	实际桩长/m	喷浆时间/s	总浆量/L	总灰量/kg	最大提钻速度/(cm/min)	最大下钻速度/(cm/min)	最大内电流/A
2693	32-4-122	2016/9/24 23:27	2016/9/25 0:11	16.97	1595	1111.30	1265.90	494.29	5.71	44.00
2694	32-4-137	2016/9/25 0:17	2016/9/25 1:01	16.93	1573	1094.46	1246.73	488.57	0.00	108.50
2695	32-4-165	2016/9/25 1:03	2016/9/25 1:49	17.40	1588	1108.67	1262.92	494.29	8.57	53.80
2696	32-4-193	2016/9/25 1:51	2016/9/25 2:37	17.42	1597	1108.68	1262.92	497.14	0.00	120.30
2697	32-4-221	2016/9/25 2:40	2016/9/25 3:31	17.60	1659	1154.35	1314.95	328.57	5.71	103.50
2698	32-4-249	2016/9/25 3:34	2016/9/25 4:22	17.44	1512	1038.24	1182.69	328.57	0.00	122.25
2699	32-4-235	2016/9/25 4:27	2016/9/25 5:12	16.52	1591	1097.50	1250.20	497.14	2.86	104.65
2700	32-4-207	2016/9/25 5:15	2016/9/25 6:01	16.66	1509	1040.01	1184.71	328.57	0.00	113.05
2701	32-4-179	2016/9/25 6:06	2016/9/25 6:52	16.40	1509	1044.57	1189.89	494.29	2.85	46.70
2702	32-4-151	2016/9/25 7:43	2016/9/25 8:34	16.20	1530	1065.93	1214.22	494.29	0.00	44.50
2703	32-4-138	2016/9/25 8:35	2016/9/25 9:20	16.79	1507	1050.93	1197.14	497.14	0.00	42.10
2704	32-4-166	2016/9/25 9:21	2016/9/25 10:07	16.50	1553	1072.48	1221.68	491.43	2.86	46.00
2705	32-4-194	2016/9/25 10:09	2016/9/25 10:52	16.81	1534	1062.50	1210.30	494.29	0.00	50.30
2706	32-4-222	2016/9/25 10:54	2016/9/25 11:43	16.80	1525	1056.00	1203.00	328.57	8.57	114.10

4　试验段试验分析

4.1　水泥土搅拌桩观感质量分析

（1）抬土及糊钻

三种类型水泥土搅拌桩在施工过程中，没有出现明显桩头隆土的现象，桩头隆土高度一般在25～35cm，均在正常的范围内。单直径双向桩和钉形双向桩没有出现糊钻现象，在单直径单向桩的施工过程中糊钻现象明显，糊钻不仅会影响成桩速度，而且会影响成桩质量，如图 12 所示。

（2）冒浆情况

3 种类型水泥土搅拌桩在施工过程中，发现单直径单向桩会出现冒浆现象，单直径双向桩和钉形双向桩没有出现明显冒浆现象，如图 13 所示。

4.2　水泥土搅拌桩检测结果对比分析

（1）钻芯检测试验

试验段钻芯检测试验选取 3 种类型（单直径单向桩、单直径双向桩和钉形双向桩）、3 种掺量（16％、18％和 20％）、2 种直径（ϕ500mm 和 ϕ600mm）的类型桩各取 4 点，共计 72 个点。试验采用 XY-1 型百米工程勘察钻机、金刚石钻头和泥浆护壁正循环单管钻进工艺，每次进尺≤1.5m，钻头直径为 91mm，芯样直径为 72mm。根据钻芯检测结果：单直径单向桩竖向完整性较差，芯样部分呈离散状；单直径双向桩和钉形双向桩桩身 0～15m 范围的近中心位置，桩身质量较好，芯样完整，呈柱状、短柱状、坚硬状态，如图 14 所示。

单直径单向桩芯样无侧限抗压强度部分小于设计要求 1.0MPa，单直径双向桩和钉形双向桩无侧限抗压强度约 2.2～3.3MPa，如图 15 所示。

（2）单桩复合地基荷载试验

单桩复合地基荷载试验选取 3 种类型、3 种掺量、2 种直径、2 种桩间距共计 36 个点进行单桩复合地基载荷试验。不同桩径、桩形和桩距的单桩复合地基承载力静载荷试验设计特征值，如表 5所示。

单桩复合地基荷载试验设计特征值　　表 5

桩形	桩径/mm	设计特征值	
		小桩距	大桩距
单向	500	78kPa	71kPa
	600	85kPa	77kPa
双向	500	78kPa	71kPa
	600	85kPa	77kPa
钉形双向	500～900	94kPa	82kPa
	600～1000	96kPa	86kPa

(a) 单直径单向桩水泥搅拌桩钻头

(b) 单直径双向桩水泥搅拌桩钻头

(c) 钉形双向搅拌桩钻头

图 12　水泥土搅拌桩钻头糊钻情况

根据单桩复合地基荷载试验，除单直径单向桩不满足设计要求，单直径双向桩和钉形双向桩均满足设计要求。

（3）单桩竖向极限抗压静载荷试验

单桩竖向极限抗压静载荷试验选取3种类型、3种掺量、2种直径共计18个点进行单桩竖向极限抗压静载荷试验。钉形双向桩试验代表值远大于设计值，大部分单直径双向桩试验代表值满足设计要求，单直径单向桩试验代表值小于设计要求，如图16所示。

(a) 单直径单向桩水泥搅拌桩

(b) 钉形双向桩水泥搅拌桩

图 13　水泥土搅拌桩冒浆和抬土情况

(a) 单直径单向桩水泥搅拌桩芯样

(b) 单直径双向桩水泥搅拌桩芯样

图 14　水泥土搅拌桩芯样情况

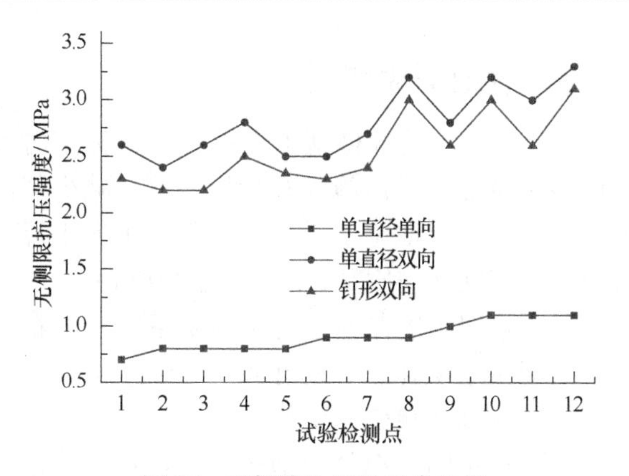

图 15 无侧限抗压强度代表值

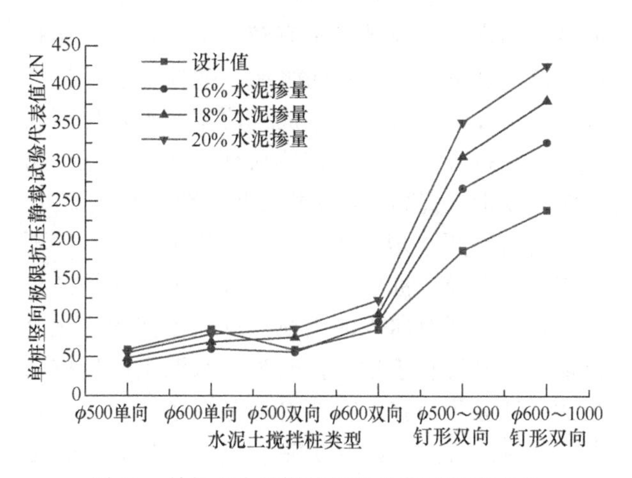

图 16 单桩竖向极限抗压静载荷试验代表值

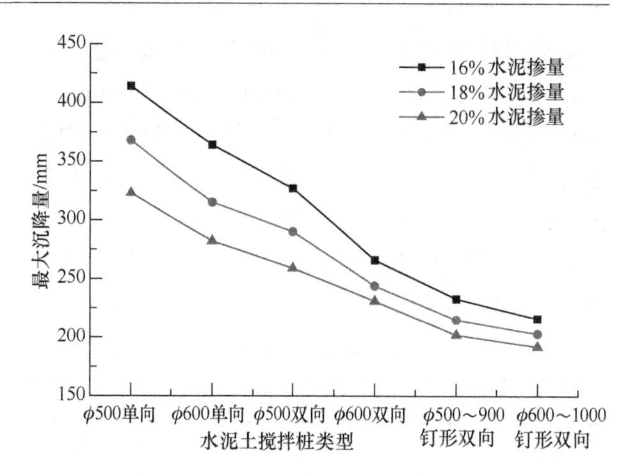

图 17 最大路基沉降量

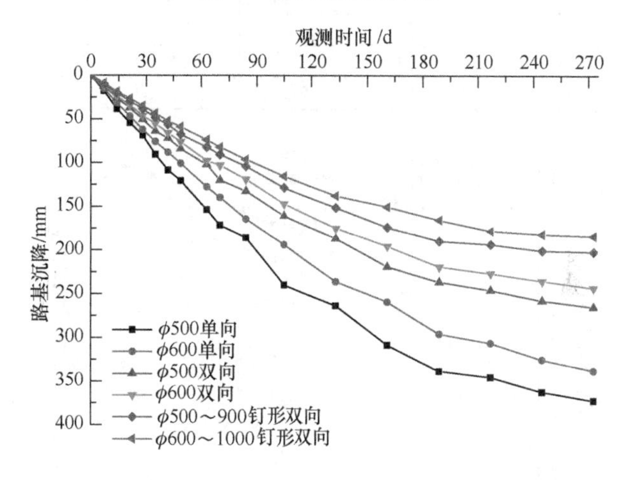

图 18 路基沉降曲线图（掺量 18%）

4.3 水泥搅拌桩路基加固效果测试分析

为测试试验段水泥土搅拌桩加固软土地基的效果，对水泥土搅拌桩软基处理进行了路基沉降、分层沉降、土体侧向变形、孔隙水压力和桩土应力比观测对比分析[7]。

（1）路基沉降

路基填筑预压期末，在填土高度基本相同的情况下，最大地表沉降 414mm，位于试验区 A 中的 ϕ500mm 掺量 16%的单向水泥土搅拌桩复合地基；最小地表沉降 192mm，位于试验区 F 中的 ϕ600～1000mm 掺量 20%的钉形双向水泥土搅拌桩复合地基，水泥搅拌桩路基最大沉降量，如图 17 所示。根据相同水泥掺量情况下路基沉降速率和沉降量对比，试验区 E 和 F 钉形双向桩软基处理效果要明显好于其他区单直径单向桩和单直径双向桩，水泥搅拌桩路基沉降曲线图（水泥掺量 18%），如图 18 所示。

（2）土体水平位移

土体水平位移观测结果表明：测斜管均表现为向路堤外的侧向位移，试验区 A 中的 16%水泥掺量 ϕ500mm 单向桩水平位移达 65.6 mm，试验区 D 中的 ϕ600mm 双向桩水平平均位移 32.7mm，试验区 F 中的 ϕ600～1000mm 钉形双向桩水平位移 24.5 mm。土体最大水平位移如表 6 所示，土体水平位移曲线如图 19 所示。

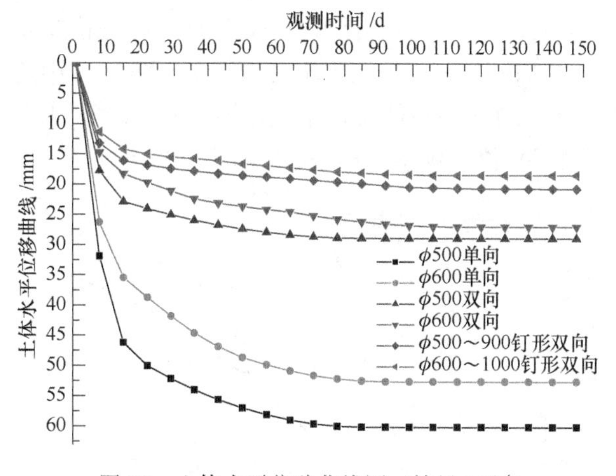

图 19 土体水平位移曲线图（掺量 18%）

（3）孔隙水压力

孔隙水压力观测结果表明：在相同路基荷载作用下，试验区 F 中的 ϕ500～900mm 钉形双向桩荷载对桩顶下 7～8m 左右的孔隙水压力影响最大，峰值约 11.5kPa；试验区 D 中的 ϕ500mm 双向桩荷载对桩顶下 9～12m 左右的孔隙水压力影响最大，峰值约 19.6kPa；试验区 B 中的 ϕ500mm 单向桩荷载对桩顶下 10～14m 左右的孔隙水压力影响最大，峰值约 25kPa。孔隙水压力峰值，如图 20 所示。

土体最大水平位移　　表 6

桩形	桩径/mm	掺量 16%	掺量 18%	掺量 20%
单向	500	65.6	60.1	53.4
	600	57.8	52.6	46.5
双向	500	32.7	28.9	23.5
	600	28.2	27.0	20.3
钉形双向	500～900	24.5	20.8	18.7
	600～1000	21.0	18.5	15.9

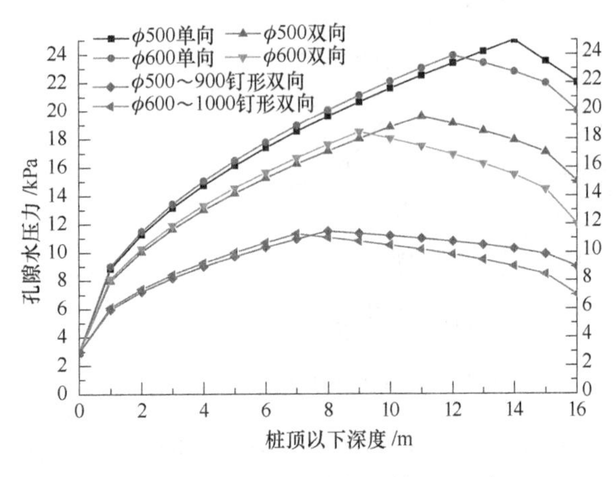

图 20　孔隙水压力峰值（掺量 18%）

（4）桩体荷载分担比

观测结果表明：在相同路基荷载下，试验区 F 中的 ϕ600～1000mm 钉形双向桩桩体荷载分担比均值为 52.2 %；试验区 D 中的 ϕ600mm 双向桩桩体荷载分担比均值为 42.5 %；试验区 B 中的 ϕ600mm 单向桩桩体荷载分担比均值为 28.8%。水泥搅拌桩桩体荷载分担比如图 21 所示。

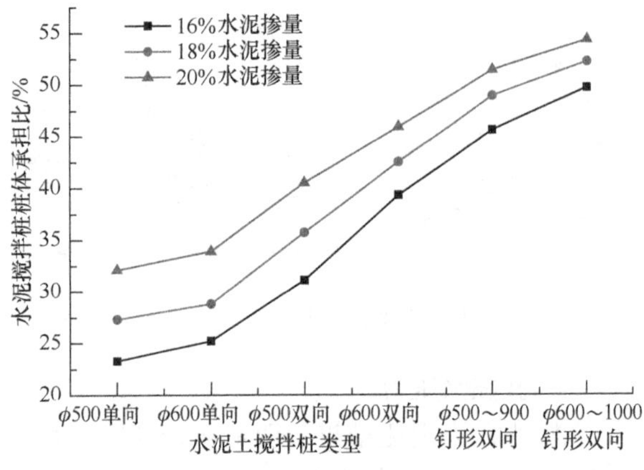

图 21　水泥搅拌桩桩体荷载分担比

5　适应性研究成果

（1）水泥土搅拌桩施工在线自动监控实时参数可验证设计、反馈施工和指导检测，减少资源浪费，同时也保证施工质量，实现了水泥土搅拌桩施工“互联网＋质量管理”的创新管理模式。

（2）水泥土搅拌桩自动化制浆系统能够精确控制水泥浆水灰比、流动性和工程量，提高水泥浆质量的可靠性和稳定性。

（3）在相同沿海软土地质下，钉形双向水泥土搅拌桩抗压强度和复合地基承载力较单直径单向及双向水泥土搅拌桩都有较大幅度提高。在相同路基荷载下，钉形双向水泥土搅拌桩顶部扩大头部分更能确保桩体的桩周土协调变形，提高软土路基土拱效应，提高桩体荷载分担比，减少路基沉降变形，提高水泥土搅拌桩复合地基效果。

通过福州市琅岐雁行江主干道工程试验段不同掺量、桩径、桩形和桩距的水泥土搅拌桩试桩比选，对钉形双向水泥土搅拌桩施工技术优化改进适用于沿海软土地质。通过了水泥土搅拌桩信息化、智能化的施工在线自动监控系统和自动化制浆系统的应用，提高了施工成桩质量和复合地基承载力。研究表明，钉形双向水泥土搅拌桩复合地基的软土路基填筑及预压期路基沉降、分层沉降、土体水平位移、孔隙水压力和桩土压力等指标较单直径单向及双向水泥土搅拌桩复合地基处理效果都有显著改善，同时，自动监控下钉形双向水泥土搅拌桩技术的应用，缩短软基处理施工工期，产生了明显的经济效益和社会效益。

参考文献：

[1] 江苏省建设厅．钉形水泥土双向搅拌桩复合地基技术规程：苏 JG/T 024—2007[S]. 南京，2007.

[2] 叶文勇，刘松玉，朱志铎，等．钉形水泥土双向搅拌桩施工工法：GJYJGF003—2010[Z]. 北京，2010

[3] 陈富，李海涛．黄骅港地区深层水泥土搅拌桩施工工艺研究[J]. 岩土工程学报，2015，37(S1)：156-160.

[4] 刘松玉，朱志铎，席培胜，等．钉形搅拌桩与常规搅拌桩加固软土地基的对比研究[J]. 岩土工程学报，2009，31(7)：1059-1068.

[5] 韦应彬．水泥土搅拌桩复合地基在软基处理中的应用[J]. 施工技术，2017(S1)：40-43.

[6] 住房和城乡建设部．建筑地基处理技术规范：JGJ 79—2012 [S]. 北京：中国建筑工业出版社，2013.

[7] 朱志铎，刘松玉，席培胜，等. 钉形水泥土双向搅拌桩加固软土地基的效果分析[J]. 岩土力学，2009(7)：2063-2067 .

复杂地层桩基施工关键技术研究

杨　光， 韩宗烨， 宋永威， 白纯钢， 杨思远
（北京城建集团有限责任公司，北京 100088）

摘　要：依托北京城市副中心站综合交通枢纽工程，综合考虑扩底直径、预应力筋及纵向钢筋等多因素，得到了不同类型扩底桩的承载力，优化适合该工程的桩型。对桩基成孔质量、钢筋笼焊接质量及泥浆配比严格控制，保证了桩基的整体垂直度和承载力，得到了提高承载力及工效的关键因素，为今后大面积工程桩的施工或类似工程提供参考。
关键词：承载力；后注浆；扩底；超长钢筋笼

0　工程概况

（1）水文地质条件

基坑埋深大，底板最深处达 39.192m，地下水位高，潜水层位于地表下 11.49m，最浅承压水位于地表以下 14.98m，基坑邻近既有京哈铁路线（距离约 36m），且项目基坑属于超大基坑。车站埋深范围主要为⑥层细砂、中砂，⑥$_1$ 层重粉质黏土、粉质黏土，⑥$_2$ 层砂质粉土、黏质粉土，有机质黏土等，基底以下基础影响深度范围内岩性和空间分布较稳定的深部砂土层有 2 个大层，自上而下依次为⑪层细砂、中砂及⑫层细砂、中砂及粉质黏土层，主体围护结构在细砂层，详见图 1。

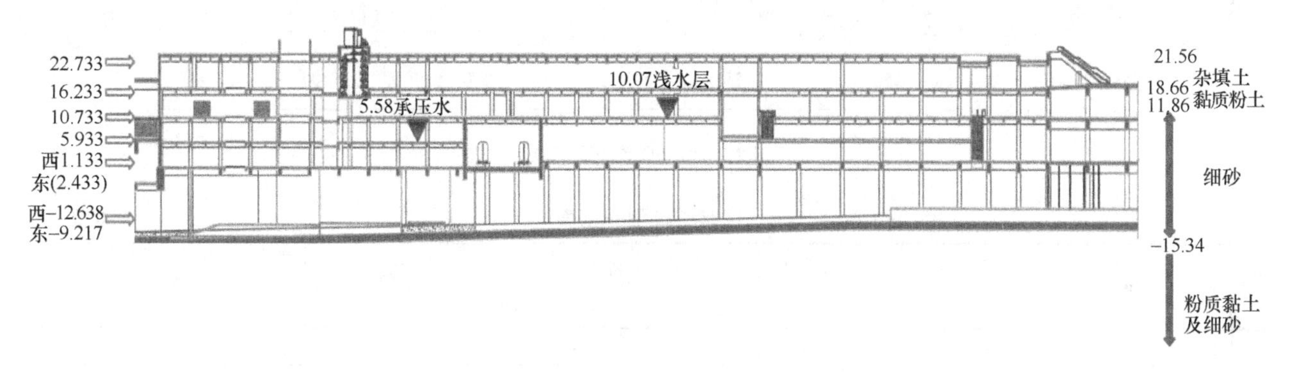

图 1　主体结构与地层、水位绝对标高图

针对措施：①水位以上采用土钉墙，水位以下采用 T 形地下连续墙的基坑止水方式；②两道锚索＋地下连续墙，首道位于潜水层以下，二道位于最浅承压水以下；③逆作法施工，以主体结构代替部分临时内支撑。

（2）工程总体概况

北京城市副中心站综合交通枢纽工程为地下交通设施，设置了城际铁路、地铁、公交等，共地下三层。建筑 B3 层为国铁轨行层，一体化桩柱结构桩径大、施工难度大，垂直度控制要求高，同时为满足国铁列车限界要求，逆作柱垂直度设计允许偏差不大于 1/1000，为保证本工程逆作柱垂直度设计允许偏差不大于 1/1000，施工中不仅要保证混凝土桩的承载力，同时也要保证混凝土基础桩的垂直度[1-6]。因此本文针对工程特点提出了相应的控制方法，为相似工程施工提供参考。

（3）工程特点难点

试验桩桩径较大，最大直径可达到 2.4m，且底部扩底直径达到 3.5m。施工过程中如何保证成孔质量、不塌孔是重点之一。试验桩桩长较长，最长可达到 71m，需采用起重吊装设备分节吊运至孔口进行钢筋连接。连接过程是施工中的难点之一。一体化桩柱成孔垂直度设计允许偏差为 1/600，成孔垂直是能否保证钢管柱植入垂直度的前提条件。

（4）试验桩概况

为保证桩基承载力及垂直度达到工程需求，

作者简介：杨光（1993—），女，本科，北京城建集团有限责任公司建筑工程总承包部，北京城市副中心站综合交通枢纽项目技术部部长，北京市通州区潞城镇通运西路与辛安屯街交叉口北京城建项目部，553216863@qq.com。

对部分桩基进行试验，详见图2、表1及表2。

(5) 试验方案

本工程试验桩进行了桩身成孔质量、桩身完整性、单桩竖向抗拔承载力和单桩竖向抗压承载力试验。试验方案详见图2、表2及图3，试验结果详见表3及图4。

试验桩概况 表1

分类	概况
地质条件	第四系全新统人工堆积层（Q_4^{ml}）杂填土、素填土，第四系全新统冲洪积层（Q_4^{al+pl}）黏土、粉质黏土、粉土、粉砂、细砂、中砂、粗砂、砾砂
试验桩	场地现状地表绝对高程为20.95m，桩顶标高为16m，空钻深度为4.95m。混凝土强度等级，地面以上部分为C60，地面以下为C40水下浇筑，桩身混凝土保护层厚度为50mm
试验目的	①钻机设备选择、成孔工艺、桩位的控制、桩身垂直度的控制、护壁泥浆的浓度、钢筋笼的放置、混凝土的浇筑、后注浆参数等。②为正式工程基础桩施工流程和工艺参数提供依据

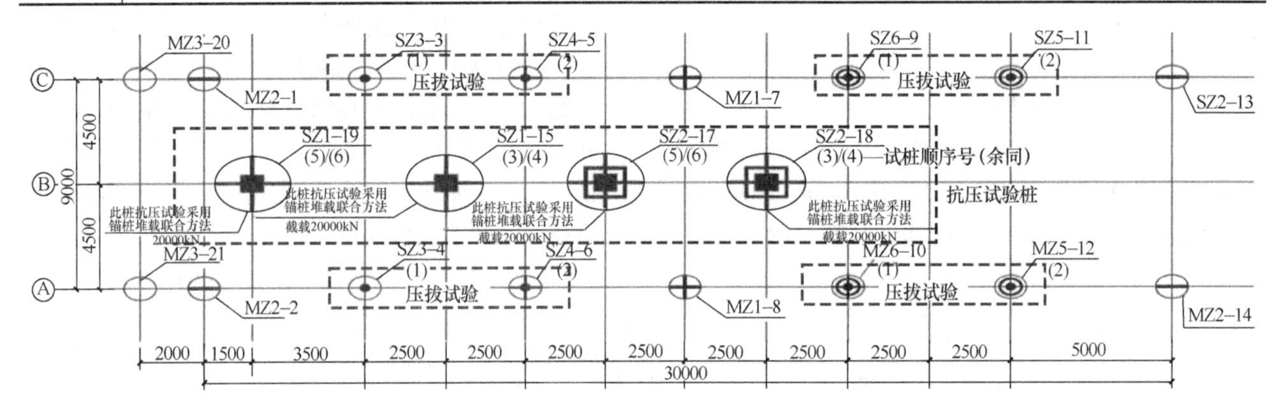

图2 试验桩平面布置图

试验桩桩型一览表 表2

桩型号	桩类型	桩直径/mm	扩底直径/mm	桩长/m	纵向钢筋	预应力纵向钢筋	备注
SZ1	抗拔、抗压试桩	2400	—	71	48Φ50	—	桩底及以上45m后注浆
SZ2	抗拔、抗压试桩	2400	3500	71	48Φ50	—	桩底及以上45m后注浆
SZ3	抗拔试桩兼抗拔锚桩	1000	—	71	20Φ50	—	—
SZ4	抗拔试桩兼抗拔、抗压锚桩	1000	—	71	24Φ50	3-3Φ^s17.8	桩底及以上45m后注浆
SZ5	抗拔试桩兼抗拔、抗压锚桩	1000	1600	71	20Φ50	—	—
SZ6	抗拔试桩兼抗拔、抗压锚桩	1000	1600	71	24Φ50	3-3Φ^s17.8	桩底及以上45m后注浆
MZ1	抗拔、抗压锚桩	1000	—	61.5	24Φ50	—	桩端、桩侧全长后注浆
MZ2	抗压锚桩	1000	—	28.5	12Φ32	—	桩端、桩侧全长后注浆
MZ3	抗拔、抗压锚桩	1000	—	40	32Φ40	—	桩端、桩侧全长后注浆

图3 单桩承载力检测

单桩竖向压拔承载力结果 表 3

桩型及桩号	桩径/mm	扩底/mm	竖向抗压承载力试验值/kN	桩顶总沉降量/mm	注浆情况	终止加载原因
SZ1-19	2400	—	57000	67.68	桩底及以上45m后注浆	千斤顶超过最大允许值
SZ1-15	2400	—	60000	99.59		已达设计要求承载力
SZ2-17	2400	3500	66500	82.84		—
SZ2-18	2400	3500	70000	81.28		已达设计要求承载力
SZ4-6	1000	—	16020		桩底及以上45m后注浆	桩身变形不均导致反力架倾斜
SZ4-5	1000	—	14240			桩周土开裂明显
SZ5-12	1000	1600	12900		—	桩身变形不均导致反力架倾斜
SZ5-11	1000	1600	11610			桩周土开裂明显
SZ3-4	1000	—	12800		—	累计上拔量>100mm
SZ3-3	1000	—	11200			累计上拔量>100mm
SZ6-10	1000	1600	17600		桩底及以上45m后注浆	已达设计要求承载力
SZ6-9	1000	1600	17600			桩周土开裂明显

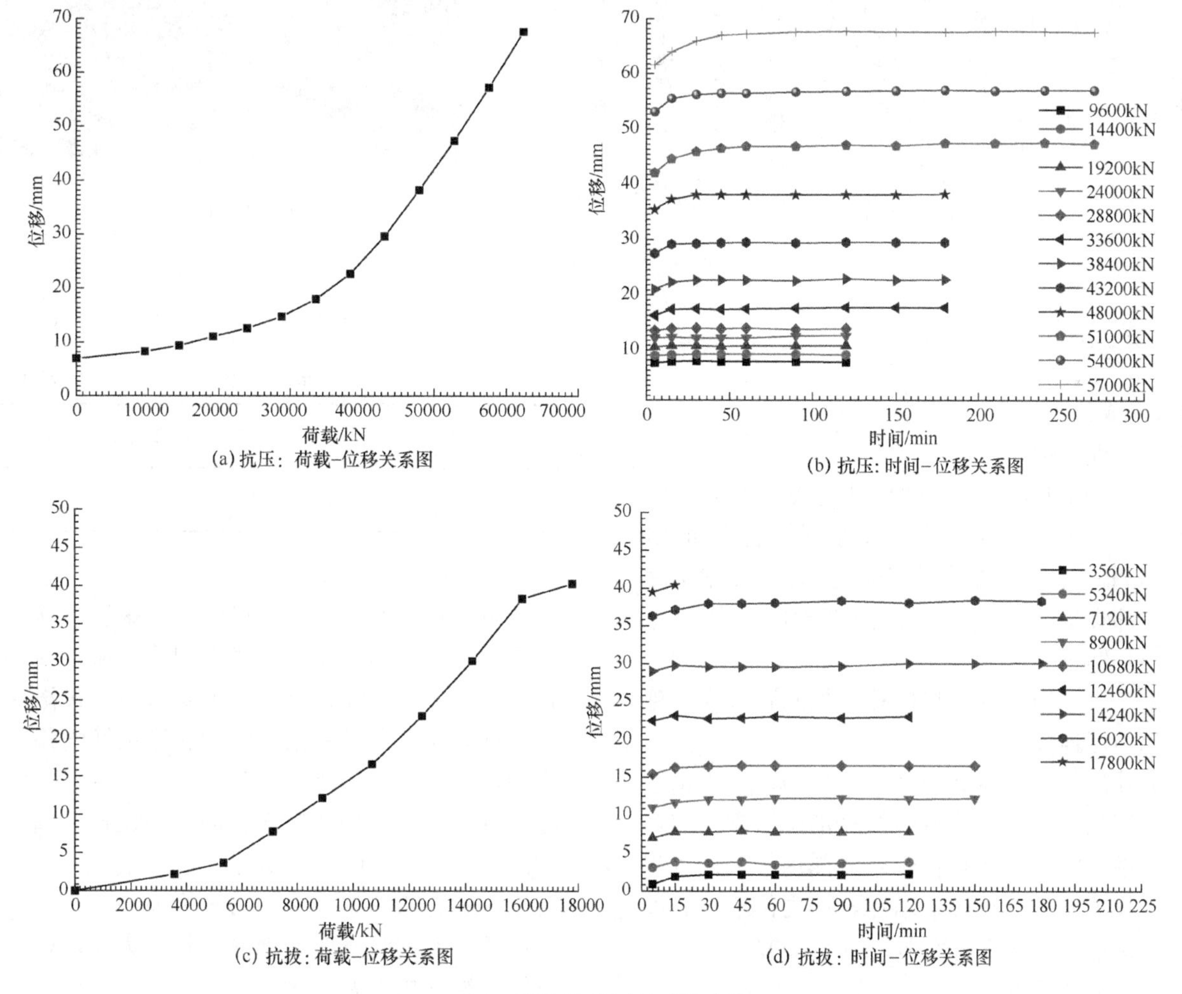

图 4 典型单桩压拔试验曲线

由图 4（a）及图 4（b）试桩桩身抗压内力结果显示，各测试断面轴力随荷载增加而增大，各断面处轴力在同级荷载作用下自上而下逐渐减小，桩侧土摩阻力发挥随荷载增大而增加。桩侧注浆部分土摩阻力有较大提高。SZ2 型桩桩端承载力比 SZ1 型桩桩端承载力有明显提高。

由图 4（c）及图 4（d）试桩桩身抗拔内力结果显示，各测试断面轴力随荷载增加而增大，各断面处轴力在同级荷载作用下自上而下逐渐减小，桩侧土摩阻力发挥随荷载增大而增加。扩底及桩侧注浆部分作用明显。

2 施工方法及工艺

2.1 施工工艺

施工工艺流程详见图5。全液压扩底旋挖钻机更换扩底魔力铲斗进行扩底成孔作业，本工程扩底钻孔灌注桩为 ϕ1000mm 扩至 1600mm 及 ϕ2400 扩至 3500mm，回转扩底铲斗在进行旋转中，铲斗的倒排镶嵌钛合金，被平均分成四份进行砂土的切削挖掘，实施水平液压扩孔推进作业，扩孔作业产生的原始土被铲斗所容纳，收回铲斗将原始土带出地面。扩底成孔结束后，随机打印扩孔作业资料，并进行验收确认。

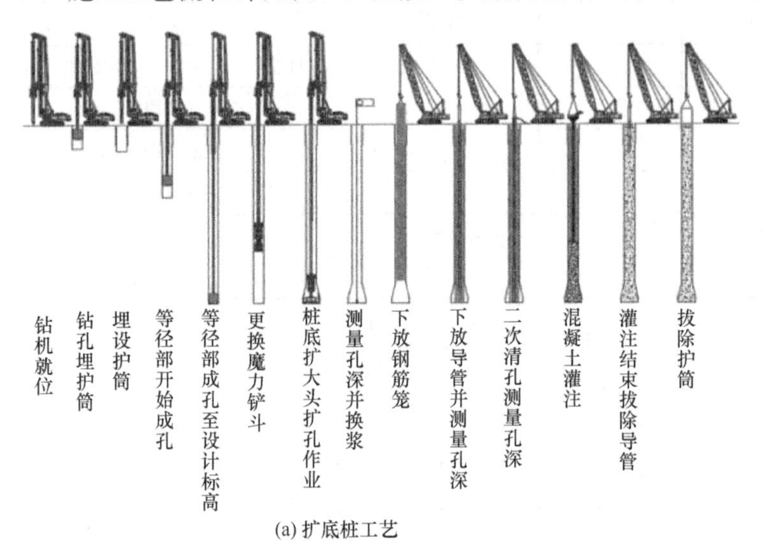

(a) 扩底桩工艺

(b) 影像追踪显示装置

图5 全液压可视扩底桩

2.2 主要施工方法

1）成孔

（1）埋设护筒

1000mm 护筒用 8mm 厚钢板卷制而成，长度 2.0m，2400mm 护筒用 14mm 厚钢板卷制而成，长度 3.0m，护筒比桩径大 10cm，保证孔壁不塌孔。顶部焊接两个吊环，供提拔护筒时使用。

（2）钻进

本工程采用旋挖钻机成孔，桩间距较大，施工过程中可连续施工。

成孔设备就位时必须平正、稳固，防止钻进过程中沉陷。钻进前应调整桅杆的垂直度，使钻机上的垂直仪的显示点位于中心圈内。钻进过程中应始终关注垂直仪的显示点，使之位于中心圈内，以保证钻孔的垂直度不大于1/300。

（3）成孔验收

钻进过程中应详细记录地层变化、钻进过程中出现的有关问题、处理措施及效果等。成孔完成后由监理工程师进行验收，验收合格后进入下一道工序施工。验收项目为：钻孔偏差、孔径、孔斜、孔深、垂直度、沉渣厚度和泥浆指标，成孔验收标准详见表4。

验收标准　　表4

钻孔偏差/mm	孔径/mm	孔深/mm	垂直度	沉渣厚度/mm
≤100	≥设计桩径	符合设计要求	<1/300	≤100

2）双螺套连接施工

本工程钢筋笼孔口连接采用双螺套连接，如图6所示。双螺套筒连接属于钢筋机械连接的一种，钢筋下料、滚轧丝头施工要求与直接滚轧直螺纹钢筋连接要求一致。受钢筋笼主筋间距较小影响，钢筋笼双螺套无法正常采用专用扳手连接，施工过程通过多种连接工具的试验比选，确定采用链条扳手为双螺套连接的最优方案。

双螺套两端被连接钢筋丝头为一个正丝、一个反丝，上钢筋笼底端钢筋丝扣均为反丝，下钢筋笼顶端丝扣均为正丝。

（1）钢筋笼加工完毕后，将对应的双螺套套筒分别装配到钢筋笼上。

① 上笼套筒的装配：现将锁母套入钢筋，内螺套（较长的）按规定的力矩值与钢筋连接（反扣），将外螺套旋入并与内螺套端面平齐。

图6　双螺套施工

② 下笼套筒的装配：将内螺套（短的）与下部钢筋笼丝头连接，剩余1～2扣。

（2）将上部钢筋笼起吊至垂直位置，下落钢筋笼将套筒对齐并接触，上下套筒连接尺寸不得大于20mm。将外螺套旋入下部内螺套根部，锁紧锁母。双螺套连接完毕后，上部内螺套外露丝扣不得大于3扣，直径50mm钢筋拧紧力矩值不小于460N·m，直径40mm钢筋拧紧力矩值不小于360N·m。

（3）质量检查：在钢筋连接生产中，操作工人应认真逐个进行检查接头的外观质量，外漏丝扣不得超过一个完整丝扣，如发现外漏丝扣超过一个完整扣，应重拧或查找原因及时消除。

3）混凝土灌注

本工程桩身混凝土强度等级水下C40，抗压试桩地面以上部位为C60，其他桩地面以上部位为C50，坍落度要求为180～220mm，具有良好的和易性，1h的坍落度损失不大于3cm，初凝时间不小于3h。

混凝土灌注时，导管埋深控制在2～6m，并控制提拔管速度，应有专人测量导管埋设深度及管内外混凝土面的高度。灌注过程中不得长时间停顿，防止混凝土出现初凝。为保证桩顶混凝土质量，应在桩顶设计标高的基础上超灌一定量的混凝土。在灌注过程中由专人现场制作混凝土试块，制作完毕进行标准养护，以检验混凝土强度。

2.3　工效及质量分析

1）钢筋笼安装工效分析

桩长72.5m情况下，直径1m（SZ3、SZ5），钢筋笼分3节吊装，主筋个数20根，且采用双螺套进行连接；桩长72.5m情况下，直径1m（SZ1、SZ2），钢筋笼分3节吊装，主筋个数48根，同样采用双螺套进行连接。1m直径钢筋笼有效吊装时长最长为8.83h，最短为5.17h，平均为6.925h。在桩直径增大后，主筋根数也随之增多，2.4m直径钢筋笼有效吊装时长最长为13.42h，最短为8.92h，平均为11.705h。两者相比，2.4m直径桩有效吊装时长为1m桩的169.0%，由此可见钢筋笼直径的增大对钢筋笼安装影响较大。

通过对比分析，钢筋笼节数的增大、预应力桩的加入大大增加了钢筋笼吊装时长，增大了施工难度，钢筋笼吊装时间的延长，也会导致沉渣厚度的增加，降低泥浆的工效，对成孔效果不利。另外由于钢筋笼对接使用双螺套技术、预应力筋使用的孔口连接工艺，目前暂不成熟，孔口连接施工难度大，质量难以保证，对后续预应力张拉会带来很大的质量问题。建议后续施工中可以减少钢筋笼主筋根数，另外采用其他的设计替代预应力，减少预应力对成桩速度的影响。

2）沉渣厚度计泥浆质量控制分析

通过超声成孔检测仪检测，本试验段工程桩20根桩沉渣厚度均小于100mm，满足设计要求。为保证成桩质量，避免沉渣过厚，试验桩施工过程，经过两次清孔。第一次为成孔后，特别是扩底桩扩底完成后，通过泥浆泵置换孔内泥浆，泥浆经过除砂机，将泥浆内砂砾清除，将膨化24h的泥浆置换到孔内，保证泥浆含砂率小于8%，有效解决沉渣过厚的问题。第二次为钢筋笼吊装完成后，混凝土浇筑前。钢筋笼吊装最长达到了15.77h，长时间的施工作业，导致泥浆性能降低，泥浆中的浮砂由于长时间的静置，会逐渐沉入孔底，形成沉渣。因此，须进行二次清孔，确保沉渣厚度满足设计要求。

根据本试验段工程桩的施工，对沉渣过厚进

行原因分析：

(1) 地层土质原因。本试验段为中砂层较厚。沉渣主要为砂砾，砂层是形成沉渣的客观因素。

(2) 成孔过程泥浆中砂砾的富集。成孔过程中，地层中的砂层在机械的扰动下融入泥浆中。特别在旋挖钻机提钻的过程中，泥浆会带走钻头内大量的泥砂，导致泥浆中含砂率过大，从而形成沉渣。

(3) 施工时间长。包含成孔时间、钢筋笼吊装时间。泥浆的性能随着时间的增加逐渐降低，泥浆中的砂砾随着泥浆性能的降低而注浆下沉，最终形成沉渣。

2.4 施工综合分析

根据功效统计分析，综合结论如下：

(1) 直径1m，桩长72.5m钢筋笼加工有效时长最长为13h，最短为12h，平均时长12.5h；直径1m，桩长72.5m，预应力钢筋笼加工有效时长最长为13+7=20h，最短为12+5=17h，平均时长12.25+6.125=18.375h；增加预应力后，钢筋笼加工有效时长增加47%左右。

(2) 直径1m桩扩底1.6m平均增加时长2.91h，直径2.4m桩扩底3.5m平均时长6.48h。扩底施工对进度影响较大。

(3) 在桩长度及主筋数量不变的情况下，与不加预应力桩相比，增加预应力桩的吊装时间为非预应力桩的169.3%，由此可见预应力的增加对钢筋笼安装影响很大。

(4) 钢筋笼吊装最长达到了15.77h，长时间的施工作业，导致泥浆性能降低，泥浆中的浮砂由于长时间的静置，会逐渐沉入孔底，形成沉渣。因此需进行二次清孔，确保沉渣厚度满足设计要求。

(5) 个别试验桩因机械维修和造浆产生的静置时长较长，后期大规模施工期间，应在条件允许情况下提前多制备泥浆，保证循环清孔所用。并应加强对设备的进场检验，督促做好常规保养，同时应增加一定数量的备用设备。

2.5 承载力综合分析

(1) 根据检测结果分析，后注浆桩与无后注浆直桩相比，平均单桩竖向抗拔承载力试验值提升了26%左右。

(2) 根据检测结果分析，扩底桩与直桩相比，平均单桩竖向抗拔承载力试验值提升了2.1%左右。

(3) 扩底后注浆桩与直桩相比，平均单桩竖向抗拔承载力试验值提升了46.7%。

(4) 扩底后注浆桩（SZ2）与后注浆桩（SZ1）相比，平均单桩竖向抗拔承载力试验值提升了8.11%，平均单桩竖向抗压承载力试验值提升了16.67%。

由上述分析可以得知：后注浆对于单桩竖向抗拔承载力提高更加有效。试验桩的试验过程与检测结果为后续正式工程桩施工提供了参考依据。

3 结论

本文综合考虑扩底直径、预应力筋及纵向钢筋等多因素下的扩底桩的承载力，优化得到了适合该工程的桩型，并通过对桩基成孔质量、钢筋笼焊接质量及泥浆配比等成桩过程中的关键点严格控制，保证了桩基的整体垂直度和承载力，得到了提高承载力及工效的关键因素，为今后大面积工程桩的施工或类似工程提供参考。

参考文献：

[1] 丁剑桥．基于静力触探的桩基承载力及数值模拟分析[J]．安徽建筑，2023，30(3)：135-136，173.

[2] 刘雪峰，杨和贤．岩溶陡坡地区公路桥梁桩基极限承载力研究[J]．城市道桥与防洪，2023(3)：222-225，29.

[3] 陈京．桥梁桩基承载力提升对策[J]．交通世界，2023(8)：125-127，131.

[4] 邹洁文．植根桩桩身承载力和桩基承载力验算及检测分析[J]．城市建设理论研究(电子版)，2023(5)：108-110.

[5] 赵诗杨．软弱地层大直径超长灌注桩的钻孔垂直度控制研究[J]．建筑技术开发，2022，49(18)：166-168.

[6] 成建阳，周峰．桩筏连接形式及垂直度对桩身应力的影响分析[J]．江苏建筑，2015(5)：74-77.

新填海区 AZ 型钢板桩打桩阻力计算及设备应用

向 勇
（北京城建道桥建设集团有限公司，北京 100124）

摘 要：文章介绍了 AZ 型钢板桩作为基坑支护的特点；结合香港国际机场第三跑道东部行车隧道工程新填海区的明挖内支撑深基坑支护时 AZ 型钢板桩的应用实例，基于水文地质情况、钢板桩设计参数、振动锤技术参数，通过计算分析钢板桩的打桩阻力和工程实际应用判定液压振动锤的适用性，保证不同长度 AZ 型钢板桩顺利施工，为今后类似工程提供参考。

关键词：新填海区；AZ 型钢板桩；打桩阻力计算；打桩设备应用

0 前言

香港国际机场第三跑道东部行车隧道工程位于新填海区地下，采用明挖现浇施工，深基坑支护从经济性、施工效率等方面通过灌注桩、钢管桩、钢板桩等多种方案必选，最终采用 AZ 型钢板桩作为基坑支护结构。AZ 型钢板桩是一种 Z 形带有锁口的热轧钢板桩，它具有宽度大、强度高、整体性好、设计灵活、施工工艺简单快捷、相对成本较低等优点。

在深基坑支护钢板桩施工中，设备的适用性非常重要，打桩设备的选择直接影响了施工效率。因此，本文结合工程实例，对 AZ 型钢板桩进行了打桩阻力计算和打桩设备适用性分析，确定设备选型，并通过工程实例应用验证，为今后类似工程提供参考。

1 工程概况

1.1 总体情况

香港国际机场第三跑道东部行车隧道工程，位于香港赤鱲角岛新近填海 650 万 km^2 的填海区域上，隧道总长度约 1200m，基坑面积 51480m^2，基坑最大深度 14.8m，基坑宽度 28.3～96m，地面标高＋3mPD，设计钢板桩顶标高＋1.7mPD，设计钢板桩底标高－10.3～－26.3mPD，设计钢板桩共 2610 根/51797m，钢板桩单板设计长度分别有 14m、18m、20m、21m、22m、28m 等多种长度，设计钢板桩型号共有 AZ36-700N、AZ46-700N、SP-Ⅲ、SPU-VL 四种类型，又以 AZ36-700N、AZ46-700N 两种型号钢板桩为主。AZ 型钢板桩在卢森堡定制加工，再采用集装箱海运方式运输至施工现场，受集装箱海运方式影响，结合钢板桩总长度，将单块板加工长度定为 9m、10m、11m 三种长度，单板超过 11m 长的钢板桩在现场进行二次焊接接长形成 14m、18m、20m、21m、22m、28m 等长度的钢板桩。

1.2 水文地质情况

地面标高＋3mPD，地下水位平均标高＋1.5mPD，地下水位受施工区域周边海域潮汐影响成正比的变化。

施工区域主要地质情况为回填砂层、砂垫层、海洋沉积层（黏土/淤泥）、冲击层（硬黏土）四种地层。具体地质断面图如图 1、图 2 所示。

1.3 钢板桩的设计参数（表 1）

AZ 型钢板桩单板宽度达到了 700mm，是普通 400mm 宽度 U 形钢板桩的 1.75 倍，AZ 型钢板桩具有单板宽度更宽，承载能力更大等特点，应用 AZ 型钢板桩比普通 U 形钢板桩能有效地减少 42.9%用桩数量，且能达到更深的基坑支护深度，本项目应用的 AZ 型钢板桩基坑最大深度达到了 14.8m。

作者简介：向勇（1985—），男，本科，工程师，北京城建道桥建设集团有限公司项目副经理，287983904@qq.com。

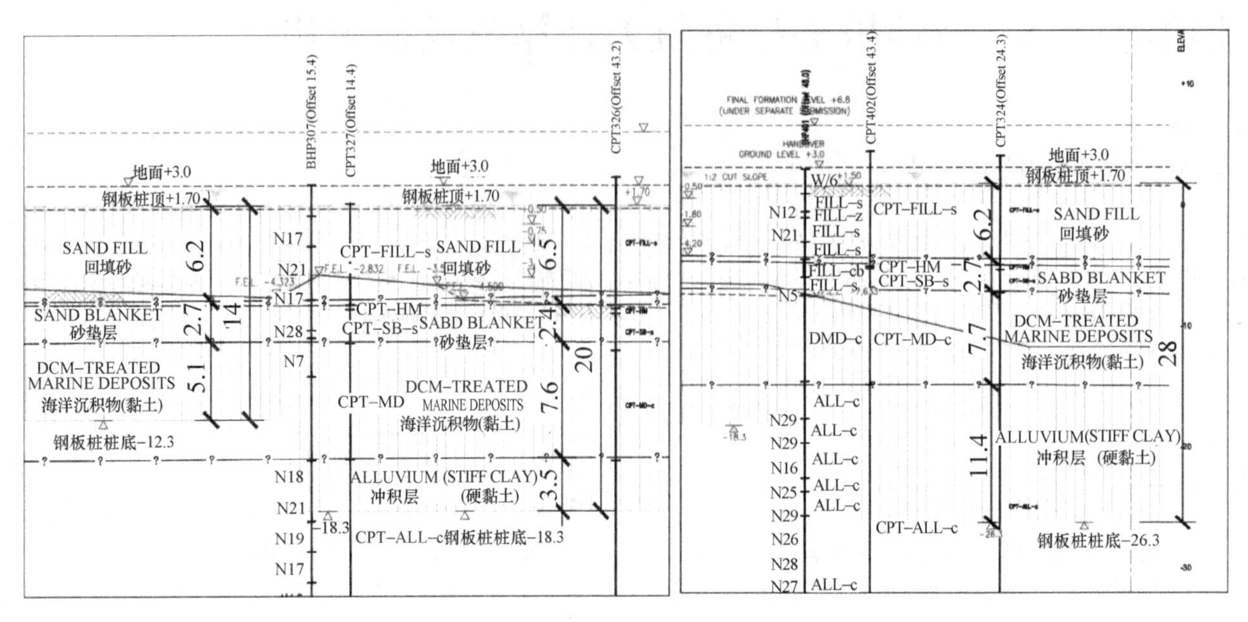

图 1　EU 区 14m 长、20m 长、28m 长钢板桩位置地质断面图

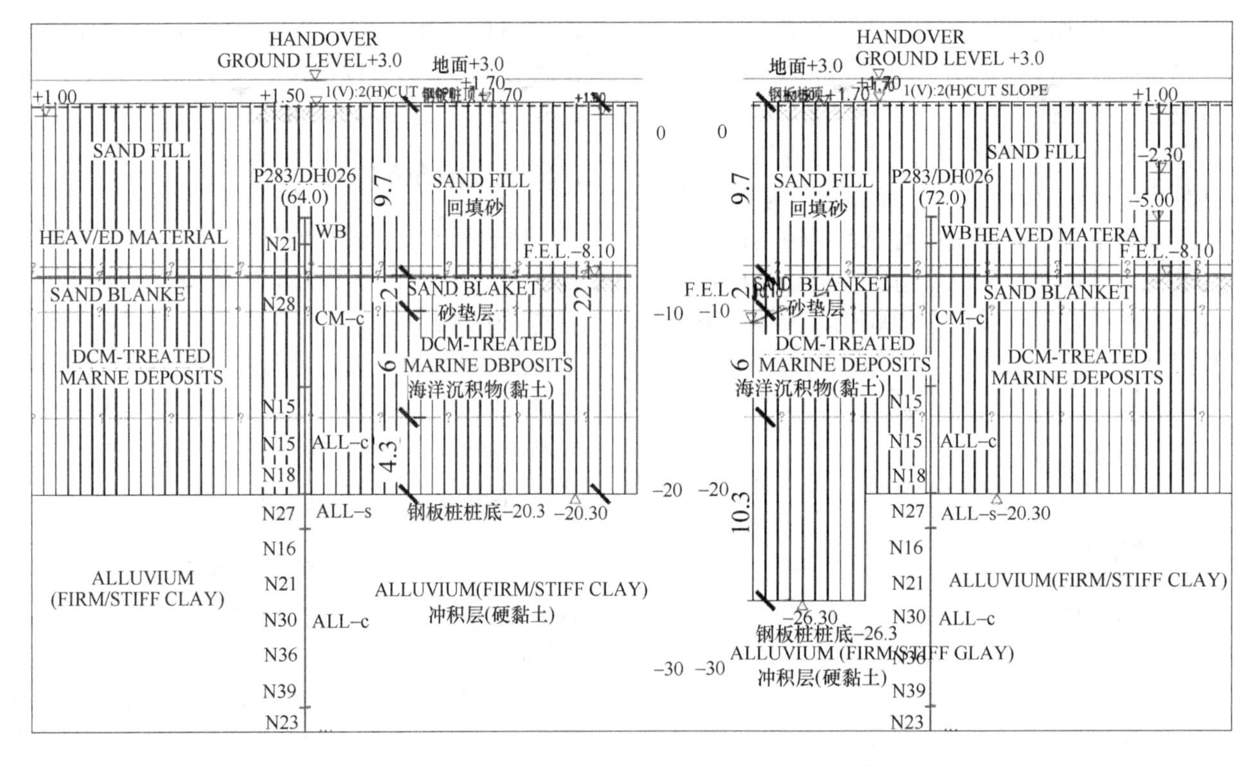

图 2　EA 区 22m 和 28m 长钢板桩位置地质断面图

钢板桩设计参数表　　　　**表 1**

钢板桩型号	钢板桩尺寸				截面积/m^2	桩身周长/m	惯性矩		弹性模量		单位重量/(kg/m)
	B/mm	h/mm	t/mm	s/mm			每桩/cm^4	桩墙宽/(cm^4/m)	每桩/cm^3	桩墙宽/(cm^4/m)	
AZ36-700N	700	499	15	11.2	0.015	2.2736	62730	89610	2510	3590	118.6
AZ46-700N	700	501	20	16	0.020	2.2577	80760	115370	3220	4600	157.7

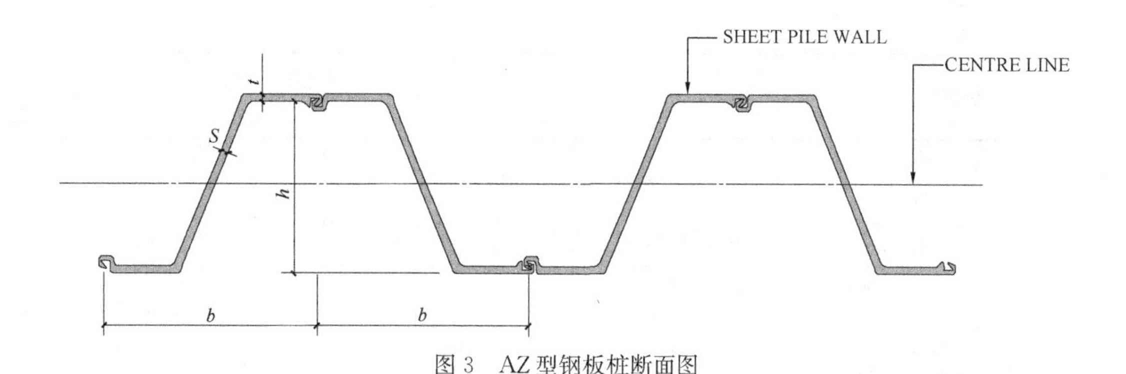

图 3 AZ 型钢板桩断面图

2 钢板桩打桩阻力计算

基于香港国际机场第三跑道东部行车隧道工程新填海区的地质土层类型和参数，基坑设计的钢板桩长度等，分别选择较有代表性的 AZ36-700N 型 20m、28m 长钢板桩和 AZ46-700N 型 22m 长钢板桩，结合本项目中应用的 YIMER-emv955、YIMER-emv1270 挖掘机用液压振动锤和 ICE416L、ICE815D、ICE1412C、APE200-6 悬吊式液压振动锤的不同参数（表 2），分别进行打桩阻力计算（表 3），并判定各振动锤的适用性。

2.1 钢板桩总极限动端阻力计算

参考广东省《深基坑钢板桩支护技术规程》DBJ/T 15—214—2021。

钢板桩总极限端阻力选择下式计算：

$$R_v = \sigma_V s \tag{1}$$

式中 σ_v——钢板桩的极限端阻力（kPa）；

s——桩的截面面积（m^2）。

其中钢板桩的极限端阻力选择下列公式计算：

$$\sigma_v = 80gNe - 0.065\sqrt{I/g} \tag{2}$$

式中 N——桩端所在土层的标准贯入击数；

e——自然对数的底，取 2.7183；

I——振动锤的动量（N・s）；

g——重力加速度（m/s^2）。

其中振动锤的动量根据下式计算：

$$I = \frac{M_0 \omega}{g} \tag{3}$$

式中 M_0——振动锤的偏心力矩（N・m）；

ω——振动锤负荷轴角速度，即振动锤的频率（s^{-1}）。

$$\omega = \sqrt{\frac{1000 P_0 g}{M_0}} \tag{4}$$

振动锤参数及转角速度、动量计算表　　表 2

计算参数名称	单位	振动锤型号					
		emv955	emv1270	ICE416L	ICE815D	ICE1412C	APE200-6
振动锤的频率	rpm	2500	2300	—	—	—	1650
振动锤的偏心力矩	kg・m	9	12	23	45	110	76
振动锤的静偏心力矩（M_0）	N・m	88.2	117.6	225.4	441	1078	744.8
最大振幅（带夹具）	mm	17	13.5	16.2	23.7	34.9	—
总重量	kg	1560	2600	3550	5700	10750	8198
激振力（P_0）	kN	550	750	645	1250	2300	2273.6
重力加速度（g）	m/s^2	9.8	9.8	9.8	9.8	9.8	9.8
振动锤负荷转角速度计算（ω）	s^{-1}	247	250	167	167	145	173
振动锤的动量计算（I）	N・s	2225	3000	3852	7500	15906	13145

钢板桩总极限动端阻力计算表　　表 3

计算参数名称	钢板桩型号、长度	单位	振动锤型号					
			emv955	emv1270	ICE416L	ICE815D	ICE1412C	APE200-6
桩端所在土层的标准贯入击数	AZ36-700N 型 20m，AZ46-700N 型 22m	N	28	28	28	28	28	28
	AZ36-700N 型 28m	N	29	29	29	29	29	29

续表

计算参数名称	钢板桩型号、长度	单位	振动锤型号					
			emv955	emv1270	ICE416L	ICE815D	ICE1412C	APE200-6
钢板桩的极限端阻力计算 (σ_v)	AZ36-700N 型 20m，AZ46-700N 型 22m	kPa	8244	7040	6051	3635	1600	2030
	AZ36-700N 型 28m	kPa	8538	7291	6267	3765	1657	2103
钢板桩总极限动端阻力计算 (R_v)	AZ36-700N 型 20m，AZ46-700N 型 22m	kN	124.5	106.3	91.4	54.9	24.2	30.7
	AZ36-700N 型 28m	kN	128.9	110.1	94.6	56.9	25.0	31.8

注：1. 根据地勘报告 AZ36-700N 型 20m 长和 AZ46-700N 型 22m 长钢板桩位置的最大标准贯入击数 N 均为 28，故取 28 作为桩端所在土层的标准贯入击数。

2. AZ36-700N 型 28m 长钢板桩位置的最大标准贯入击数 N 均为 29，故取 29 作为桩端所在土层的标准贯入击数。

采用振动沉桩法时，为使桩沉入土中，振动锤的重量应符合下列规定（表 4）：

$$(Q_0 + Q_p) > R_v \tag{5}$$

式中 Q_0——振动锤的重量（kN）；

R_v——钢板桩的总极限动端阻力（kN）。

2.2 钢板桩的总极限动侧阻力计算

参考广东省《深基坑钢板桩支护技术规程》DBJ/T 15—214—2021。

钢板桩的总极限动侧阻力选择下式计算：

$$T_V = \sum \mu_i T_i \tag{6}$$

式中 μ_i——钢板桩侧第 i 层土的静侧阻力减低率；

T_i——钢板桩侧第 i 层土的总极限静侧阻力（kN）。

其中钢板桩第 i 层土的静侧阻力减低率选择下式计算：

$$\mu_i = \mu_{min} + (1 - \mu_{min}) e^{-0.52\eta} \tag{7}$$

式中 μ_{min}——钢板桩静侧摩阻力减低率最小值。对砂质土，$\mu_{min}=0.05$；对淤泥及淤泥质土，$\mu_{min}=0.06$；对黏性土，$\mu_{min}=0.13$。

e——自然对数的底；

η——振动锤振动加速度（$\times 9.8\text{m/s}^2$）。

$$\eta = \frac{P_0}{Q_0 + Q_p} \tag{8}$$

式中 P_0——振动锤的激振力（kN）；

Q_0——振动锤的重量（kN）；

Q_p——钢板桩的重量（kN）。

其中钢板桩侧第 i 层土的总极限静侧阻力参考现行行业标准《建筑桩基技术规范》JGJ 94 中钢管桩的经验参数法选择下式进行计算：

$$T_i = u q_{sik} l_i \tag{9}$$

式中 u——桩身周长（m）；

振动锤重量是否满足钢板桩总极限动端阻力要求判定表 表 4

钢板桩型号、长度	计算参数名称	单位	振动锤型号					
			emv955	emv1270	ICE416L	ICE815D	ICE1412C	APE200-6
	振动锤重量 Q_0	kN	15.3	25.5	34.8	55.9	105.4	80.3
AZ36-700N 型 20m	钢板桩重量 Q_p	kN	23.2	23.2	23.2	23.2	23.2	23.2
	Q_0+Q_p	kN	38.5	48.7	58.0	79.1	128.6	103.6
	判定结果		不满足	不满足	不满足	满足	满足	满足
AZ46-700N 型 22m	钢板桩重量 Q_p	kN	34.0	34.0	34.0	34.0	34.0	34.0
	Q_0+Q_p	kN	49.3	59.5	68.8	89.9	139.4	114.3
	判定结果		不满足	不满足	不满足	满足	满足	满足
AZ36-700N 型 28m	钢板桩重量 Q_p	kN	32.5	32.5	32.5	32.5	32.5	32.5
	Q_0+Q_p	kN	47.8	58.0	67.3	88.4	137.9	112.9
	判定结果		不满足	不满足	不满足	满足	满足	满足

l_i——第 i 层桩身长度（m）；

q_{sik}——桩侧第 i 层土的极限侧阻力标准值，参考现行行业标准《建筑桩基技术规范》JGJ 94—2008 表5取混凝土预制桩相同值（kPa）。

采用振动沉桩法时，为使桩沉入土中，振动锤的激振力应符合下列规定：

$$P_0 > T_v \quad (10)$$

式中 P_0——振动锤激振力（kN）；

T_v——钢板桩的总极限动侧阻力（kN）。

AZ36-700N型20m钢板桩极限静侧阻力标准值计算表 **表5**

土层名称	回填砂土层	砂垫层	海洋沉积层（黏土）	冲击层（硬黏土）
N 标准贯入度	21.0	28.0	7.0	21.0
l_i 钢板桩在土层中长度（m）	6.1	2.8	7.6	3.5
q_{sik} 单桩第 i 层土极限侧阻力标准值（kPa）	30.0	92.2	86.0	98.0
T_i 单桩第 i 层土极限静侧阻力标准值（kN）	416.1	587.0	1486.0	779.8

AZ36-700N型28m钢板桩极限静侧阻力标准值计算表 **表6**

土层名称	回填砂土层	砂垫层	海洋沉积层（黏土）	冲击层（硬黏土）
N 标准贯入度	21.0	28.0	5.0	29.0
l_i 钢板桩在土层中长度（m）	6.2	2.7	7.7	11.4
q_{sik} 单桩第 i 层土极限侧阻力标准值（kPa）	30.0	92.2	86.0	98.0
T_i 单桩第 i 层土极限静侧阻力标准值（kN）	422.9	566.0	1505.6	2540.1

AZ46-700N型22m钢板桩极限静侧阻力标准值计算表 **表7**

土层名称	回填砂土层	砂垫层	海洋沉积层（黏土）	冲击层（硬黏土）
N 标准贯入度	21.0	28.0	16.0	18.0
l_i 钢板桩在土层中长度（m）	9.7	2.0	6.0	4.3
q_{sik} 单桩第 i 层土极限侧阻力标准值（kPa）	30.0	92.2	86.0	98.0
T_i 单桩第 i 层土极限静侧阻力标准值（kN）	657.0	416.3	1165.0	951.4

钢板桩总极限动侧阻力计算表 **表8**

振动锤型号	emv955	emv1270	ICE416L	ICE815D	ICE1412C	APE200-6
AZ36-700N型20m钢板桩 η 振动锤的振动加速度/(×9.8m/s²)	14.27	15.39	12.63	15.80	17.89	21.95
AZ36-700N型28m钢板桩 η 振动锤的振动加速度/(×9.8m/s²)	11.50	12.93	10.68	14.14	16.68	20.14
AZ46-700N型22m钢板桩 η 振动锤的振动加速度/(×9.8m/s²)	11.16	12.61	10.43	13.91	16.51	19.88
AZ36-700N型20m钢板桩总极限动侧阻力 T_v/kN	346	346	349	346	345	345
AZ36-700N型28m钢板桩总极限动侧阻力 T_v/kN	587	581	593	578	576	576
AZ46-700N型22m钢板桩总极限动侧阻力 T_v/kN	337	333	341	331	329	329

振动锤激振力是否满足钢板桩总极限动侧阻力要求判定表 **表9**

钢板桩型号/长度	振动锤型号					
	emv955	emv1270	ICE416L	ICE815D	ICE1412C	APE200-6
AZ36-700N型20m钢板桩	550>346	750>346	645>349	1250>346	2300>345	2274>345
	满足	满足	满足	满足	满足	满足

续表

钢板桩型号/长度	振动锤型号					
	emv955	emv1270	ICE416L	ICE815D	ICE1412C	APE200-6
AZ36-700N 型 28m 钢板桩	550＜587	750＞581	645＞593	1250＞578	2300＞576	2274＞576
	不满足	满足	满足	满足	满足	满足
AZ46-700N 型 22m 钢板桩	550＜337	750＞333	645＞341	1250＞331	2300＞329	2274＞329
	不满足	满足	满足	满足	满足	满足

钢板桩下沉所需最小振幅按下式计算：

$$A=\left(\frac{N}{12.5}+3\right) \tag{11}$$

式中 N——桩端所在土层的标准贯入击数。

钢板桩下沉所需最小振幅计算表 **表 10**

钢板桩型号/长度	计算参数	土层名称				
		回填砂土层	砂垫层	海洋沉积层（黏土）	冲击层（硬黏土）	A_{max}
AZ36-700N 型 20m 钢板桩	N	21.0	28.0	7.0	21.0	
	A	4.68	5.24	3.56	4.68	5.24
AZ36-700N 型 28m 钢板桩	N	21.0	28.0	5.0	29.0	
	A	4.68	5.24	3.4	5.32	5.32
AZ46-700N 型 22m 钢板桩	N	21.0	28.0	16.0	18.0	
	A	4.68	5.24	4.28	4.44	5.24

采用振动沉桩法时，为使桩沉入土中，振动锤的振幅应符合下列规定：

$$A_0>A \tag{12}$$

式中 A_0——振动锤的振幅（mm）；

A——钢板桩下沉所需最小振幅（mm）。

振动锤振幅是否满足钢板桩下沉所需最小振幅判定表 **表 11**

钢板桩型号/长度	计算参数	振动锤型号					
		emv955	emv1270	ICE416L	ICE815D	ICE1412C	APE200-6
AZ36-700N 型 20m 钢板桩	A_0	2.29	2.41	4.41	5.57	8.38	7.19
	判定结果	不满足	不满足	不满足	满足	满足	满足
AZ36-700N 型 28m 钢板桩	A_0	1.84	2.03	3.73	4.99	7.82	6.60
	判定结果	不满足	不满足	不满足	不满足	满足	满足
AZ46-700N 型 22m 钢板桩	A_0	1.79	1.98	3.65	4.91	7.74	6.51
	判定结果	不满足	不满足	不满足	不满足	满足	满足

3 钢板桩动力打桩设备应用

通过本项目各种型号长度钢板桩，采用各型号液压振动锤进行打桩的总极限动端阻力计算和总极限动侧阻力计算，总结分析 YIMER-emv955 和 YIMER-emv1270 挖掘机用液压振动锤因振动锤的重量较轻、振动锤的振幅较小，均不能满足 AZ36-700N 型 20m、28m 长和 AZ46-700N 型 22m 长钢板桩的打桩需求，在本项目实际打桩过程中 YIMER-emv955 和 YIMER-emv1270 挖掘机用液压振动锤基本用于 12m 及以下的钢板桩和超过 12m 长的第二节、第三节钢板桩现场排桩使用。

ICE416L 悬吊式液压振动锤的重量较轻、振动锤的振幅较小，均不能满足 AZ36-700N 型 20m、28m 长钢板桩和 AZ46-700N 型 22m 长钢板桩的打桩需求，在本项目实际打桩过程中应用也较少。

ICE815D 悬吊式液压振动锤的质量中等、振动锤的振幅较大，能满足 AZ36-700N 型 20m 长钢板桩的打桩需求，不能满足 AZ36-700N 型 28m

图 4　YIMER-emv955 挖掘机用液压振动锤

图 5　YIMER-emv1270 挖掘机用液压振动锤

长和 AZ46-700N 型 22m 长钢板桩的打桩需求，在本项目实际打桩过程中应用也较多。

图 6　YIMER-emv1270 振动锤打 12m 长桩

ICE1412C 和 APE200-6 悬吊式液压振动锤均能满足 AZ36-700N 型 20m、28m 长和 AZ46-700N 型 22m 长钢板桩的打桩需求，在本项目实际打桩过程中较多地应用于长度超过 20m 的钢板桩打桩。

图 7　ICE815D 振动锤打 20m 长桩

图 8　ICE1412C 振动锤打 20/28m 长桩

图 9　APE200-6 振动锤打 20m 长桩

4　结语

（1）通过地质勘察资料中各土层的标准贯入击数，各型号振动锤的偏心力矩、激振力，钢板桩的截面积等参数计算钢板桩总极限动端阻力，再通过钢板桩重量和振动锤重量之和与总极限动端阻力对比，可判断振动锤是否能够满足钢板桩在不同土层中的打桩动端阻力需求。

（2）通过地质勘察资料中各土层的标准贯入击数、钢板桩在各土层中的长度等计算单桩在各土层中的极限静侧阻力标准值。再通过各振动锤激振力、重量和钢板桩静侧摩阻力减低率最小值，计算钢板桩在各土层的静侧阻力减低率，再计算钢板桩总极限动侧阻力。通过振动锤激振力与总极限动侧阻力对比，可判断各振动锤激振力是否满足打桩需求。通过振动锤的偏心力矩、重量，钢板桩重量计算出振动锤的振幅，和钢板桩下沉所需最小振幅对比，可判断振动锤的振幅是否能满足打桩需求。

（3）振动法打桩是目前常用的一种钢板桩打桩法，通过本文的钢板桩阻力计算实例和多种液压振动锤的适用性判定，可为今后类似工程钢板桩施工设备选型和钢板桩选型提供参考。

参考文献：

[1] 广东省住房和城乡建设厅．深基坑钢板桩支护技术规程：DBJ/T 15—214—2021 [S]．北京：中国建筑工业出版社，2021.

[2] 住房和城乡建设部．建筑桩基技术规范：JGJ 94—2008 [S]．北京：中国建筑工业出版社，2008.

囊袋扩张土体扰动与变形规律试验研究

陈仁朋[1,2,3]，贾　琪[1,2,3]，孟凡衍[1,2,3]，赵　荣*[1,2,3]，陈　曈[1,2,3]

（1. 湖南大学 地下空间先进技术研究中心，湖南 长沙 410082；2. 湖南大学 土木工程学院，湖南 长沙 410082；3. 湖南大学 建筑安全与节能教育部重点实验室，湖南 长沙 410082）

摘　要：下卧地层注浆是常用的盾构隧道抬升方法，注浆挤压地层引起的土体扰动和变形规律决定了隧道抬升效率。然而，目前软黏土地层注浆扰动及变形规律尚不清晰，且运营盾构隧道注浆难以通过现场实测得到相关数据。为分析注浆引起的结构性软黏土地层扰动与变形规律，本文将软黏土地层注浆对地层的影响简化为囊袋扩张，基于自研试验系统开展了一组室内试验。结果表明：囊袋扩张导致地层侧向应力以囊袋为中心呈“竖椭圆状”扩散；囊袋扩张会引起影响范围内的土体不排水抗剪强度、小应变刚度不同程度提高，且扩张高度范围外的土体刚度、强度提高更加明显；地层顶面呈现抬升－沉降两个阶段，最终抬升效率约78%。

关键词：囊袋扩张；土体扰动；变形；软土

0　引言

近年来，地铁隧道的盾构施工工法在国内外都得到了广泛的应用，盾构隧道占据了城市轨道交通的绝大比例。然而，盾构隧道为预制拼装结构，具有“距离长、接缝多、纵向刚度弱”等特点，运营过程中受工后固结、近接施工、地下水开采、列车动荷载等的影响，极易出现横向过大收敛变形、纵向不均匀沉降，导致隧道管片发生结构开裂、渗漏水、轨道不平整等病害，严重影响盾构隧道的安全运营，极大缩短隧道的百年服役寿命。

为更好地解决隧道不均匀沉降问题，上海申通地铁维保中心提出“微扰动”注浆工法，并将其应用于上海地铁2号线多段区间隧道的沉降治理工作。汪小兵[1,2]、王如路[3]等为治理上海软黏土中盾构隧道的不均匀沉降，提出了双液微扰动注浆工法，并应用于实际工程中证明其良好的沉降治理效果。高永[4]、王远[5]开展微扰动注浆现场试验并对结果进行了分析，证明此技术可应用在南京地铁的病害治理中，并对注浆参数的选取提出优化建议。郑刚等[6-9]针对微扰动注浆技术存在的效率低、易跑浆等缺陷，提出了囊体扩张技术，通过注浆使预埋囊体按预定形状膨胀，对比常规注浆方式，囊体扩张技术能更精准控制周围土体应力及目标隧道变形，提高治理手段的靶向性。

目前，注浆技术与囊袋扩张技术治理隧道纵向沉降已经具有较丰富的工程经验与实际成效，但也存在盾构隧道注浆抬升后容易发生沉降与相关理论远远落后于工程实践的问题。在囊袋扩张治理隧道变形过程中，土层应力状态及盾构隧道变形始终处在一个动态演化的过程，由于现场难以开展工程监测与试验，因而其变化规律难以研究且目前鲜有涉及。

本文在软黏土地层隧道沉降注浆治理的工程背景下，搭建一套注浆室内试验系统，基于福州淤泥夹砂结构性重塑土，在150kPa上覆压力下开展一组囊袋扩张试验，揭示囊袋扩张后的土体应力变化和扰动规律，探明了顶板抬升-沉降的发展规律和内在机理。

1　囊袋扩张室内试验

1.1　试验系统

试验系统由模型桶、注浆系统、控制系统、数采系统以及附加系统（包括传感器标定设备、重塑样制备设备、弯曲元测试设备、CPTU与贯入设备等）四部分组成。系统示意图及实物图如图1所示。

作者简介：陈仁朋（1972— ），男，博士，教授，主要从事城市地下空间和交通岩土工程方面的研究。E-mail：chenrp@hnu.edu.cn。

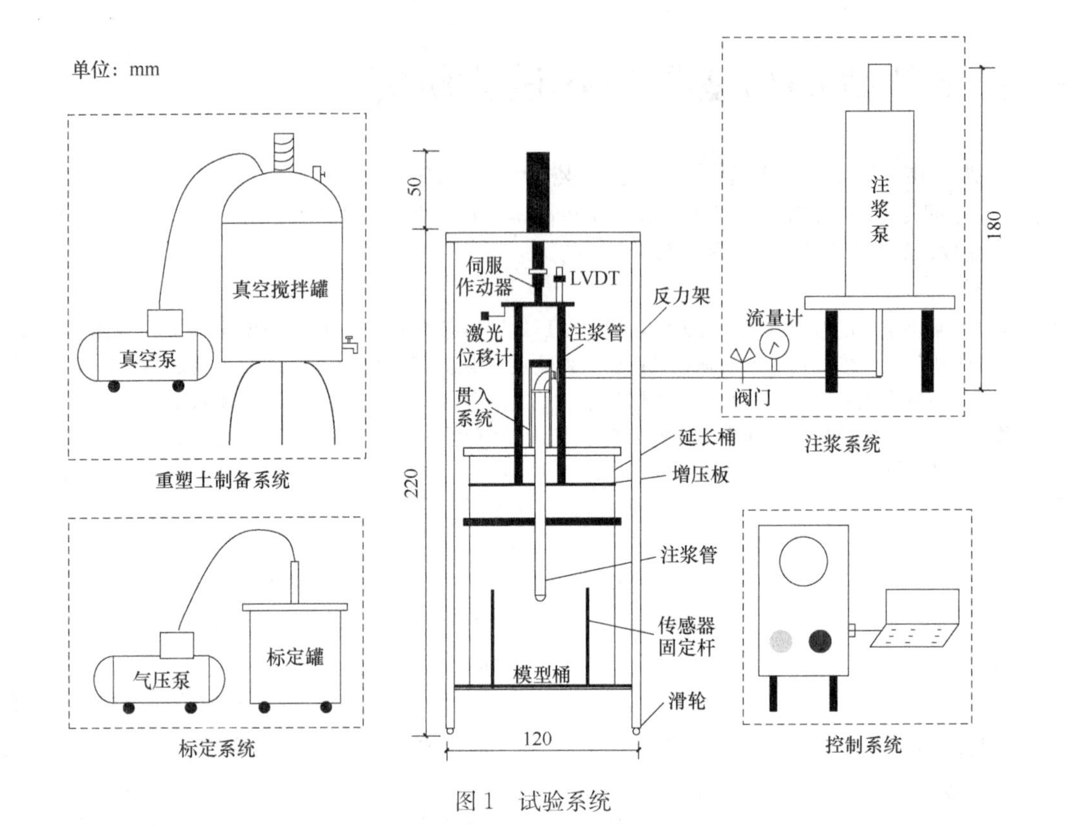

图1　试验系统

模型桶的主桶高600mm、内径600mm，内置试验土体，另有两段高150mm、内径600mm的延长桶，以便于重塑样固结。顶板通过伺服作动器可施加稳压、等刚度两种模式的压力：稳压模式维持恒定压力，应用于重塑样固结阶段；等刚度模式假定顶板为弹簧，根据土体基床系数与顶板位移伺服调整压力［式（1）］，应用于囊袋扩张及工后固结阶段。顶板上的差动式位移传感器可以量测其竖向位移。顶板中心处开有注浆孔，四周布设排水孔及CPTU探孔，顶、底板设置排水阀可实时控制排水条件。桶内置固定杆嵌入传感器，实现土体应力定位量测。

$$\Delta p = k\Delta x \tag{1}$$

式中：Δp——顶板压力增量（kPa）；

Δx——顶板竖向位移增量（m）；

k——隧道上覆土体基床系数（kPa/m）。

注浆系统主要由注浆泵和注浆管组成。注浆泵为流速流量控制器，通过调整活塞的移动速度可实现0.1～10L/min范围内的浆液注射，通过手动关闭阀门、设置上限注浆量或注浆压力终止注浆。注浆管由内外双管组成，管外套有橡皮囊袋，利用铁丝将囊袋固定于外壁的凹槽处，通过内外双管实现上下两区域分时分段扩张。同时，外管嵌有2个压力传感器，可实时量测两区域的扩张压力（图2）。

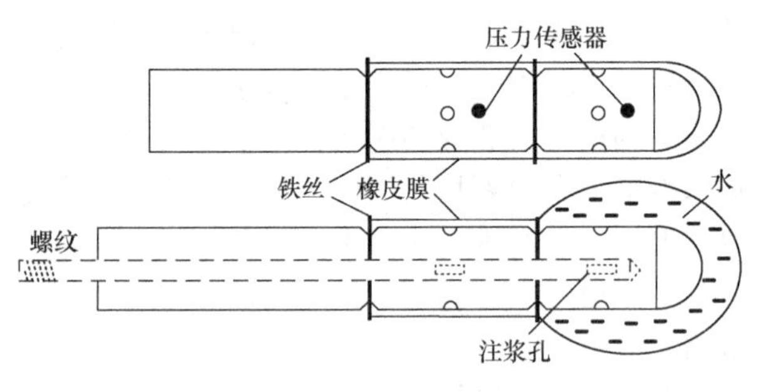

图2　囊袋扩张

1.2　监测方案

本试验采用的传感器有微型土压力计、微型孔隙水压力计、压电陶瓷弯曲元、位移传感器。传感器具体情况见表1。传感器由预先开槽的杆件固定，并连接于模型桶底板，传感器线路在杆件内部穿过并沿着桶底由出线口引出。

传感器明细　　表1

序号	传感器类型	数量	量程	监测量值
1	土压力计	9	0～500kPa	地层土压力
2	孔隙水压力计	9	0～500kPa	地层孔隙水压力
3	压电陶瓷弯曲元	6	—	土体小应变剪切波速
4	差动式位移传感器	1	—	顶板竖向位移

本试验共设置5个监测断面，分别为断面1-1～断面5-5，距离模型桶底板分别为60cm、45cm、

30cm、15cm以及0cm。其中，断面1-1布置有差动式位移传感器，断面2-2、断面3-3以及断面4-4各布设微型水平土压力计3个、微型孔隙水压力计3个、弯曲元1对，断面5-5设置微型竖向土压力计3个，断面示意详见图3。

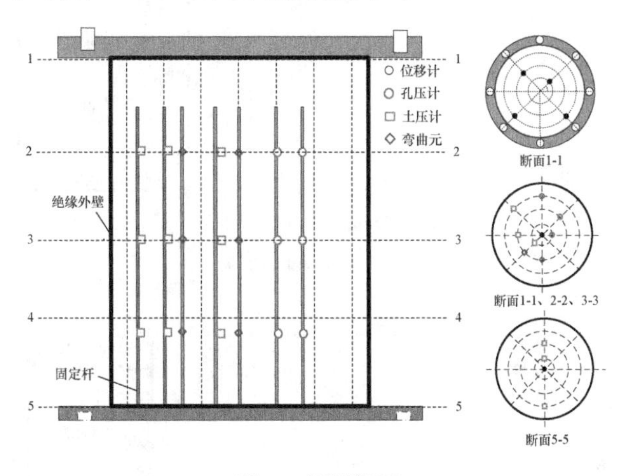

图3　监测断面

1.3　试验土体

试验土体为福州②$_{4\text{-}4}$淤泥夹砂重塑样。将制备好的重塑泥浆倒入模型桶中，上覆施加150kPa的固结压力。对固结后的土体通过环刀法取样并分别开展基本物性试验、一维固结试验以及直接剪切试验，可以得到试验所用重塑试样的基本物理力学性质，如表2所示。

土体基本物理力学参数　　表2

w /%	γ /(kN/m^3)	e_0	w_p /%	w_L /%	$E_{s1\text{-}2}$ /kPa	E_{ref}^{oed} /kPa	c_{cq} /kPa	φ_{cq} /°
28.7	19.5	0.8	32.9	47.9	4750	3775	16.3	18.6

注：w—天然含水率；γ—天然重度；e_0—孔隙比；w_P—塑限；w_L—液限；$E_{s1\text{-}2}$—压缩模量；E_{ref}^{oed}—参考切线模量；c_{cq}—黏聚力（直剪试验）；φ_{cq}—摩擦角（直剪试验）。

1.4　边界条件

为了最大程度还原原位地层实际工况，本试验从应力、排水两个角度出发，采取了如下措施以满足边界条件。

上覆应力状态：固结过程以及囊袋扩张开始前，设置顶板为稳压加载模式，通过顶板对模型桶内土体施加150kPa的恒定原位应力，还原埋深15m的隧道底部土体应力状态；囊袋扩张过程以及试验工后沉降阶段，调整顶板为等刚度加载模式，该模式可以基于顶板位移及实际工况中隧道上覆土体的基床系数伺服调整顶板荷载。

侧方应力状态：模型桶壁采用厚度为20mm的不锈钢材，由于桶壁刚度较大，试验过程中可以忽略其变形，因而桶内土体始终处于侧限应力状态。

在土体加压固结过程中，打开模型桶顶部以及底板的排水阀，模拟实际工程中双面排水条件，并加快土体固结。固结结束时，超孔压完全消散。

实际工程中，注浆时间较短（单孔注浆一般控制在4 min以内[2-3]），且黏土地层的渗透系数小，在该类地区注浆的过程中土体可以视作不排水行为。因此，在本试验囊袋扩张的过程中，关闭模型桶顶板及底部的排水阀以模拟不排水边界条件，允许土体产生超孔压。

囊袋扩张结束后，再次打开模型桶顶板及底部排水阀，实现双面排水条件，模拟工后超孔压自由消散、土体排水固结的过程，并观察其长期效应。当土体沉降稳定时，超孔压完全消散。

2　试验结果分析

2.1　地层应力演化规律

根据囊袋扩张后的侧向土压力测量值，可以绘制地层应力分布云图，如图4所示。对比两图，可以发现：下囊袋扩张后地层侧向应力呈“竖椭圆状”扩散，且由囊袋中心向四周呈现递减趋势，递减速度逐渐减缓。顶板区域应力水平明显高于底板区域，且应力向上衰减速度更缓慢。相比于下囊袋单独扩张，上囊袋扩张后土体应力水平明显提高且影响范围增大。

2.2　地层超孔压演化规律

本文定义归一化超孔压U为某一应力状态下的超孔压增量，计算公式见式（2）。

$$U=\frac{\Delta u}{P_V} \tag{2}$$

式中：Δu——超孔压增量（kPa）；

P_V——计算点深度处竖向土压力（kPa）。

图5为两次囊袋扩张前后归一化孔隙水压沿径向的发展规律，其中，图5（a）、图5（b）分别对应下部分囊袋扩张与上部分囊袋扩张两种试验工况。由图可以发现，不同断面处归一化超孔压变化规律基本相似，沿径向呈现逐渐减小的趋势，且距离扩张点越近的断面归一化孔隙水压力越大。

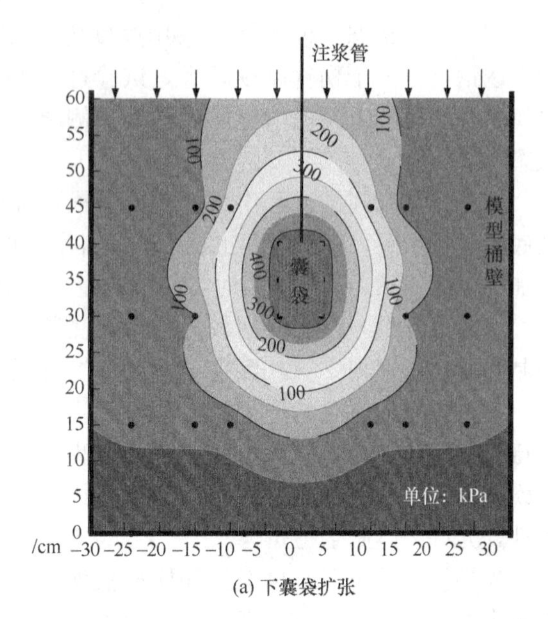

(a) 下囊袋扩张

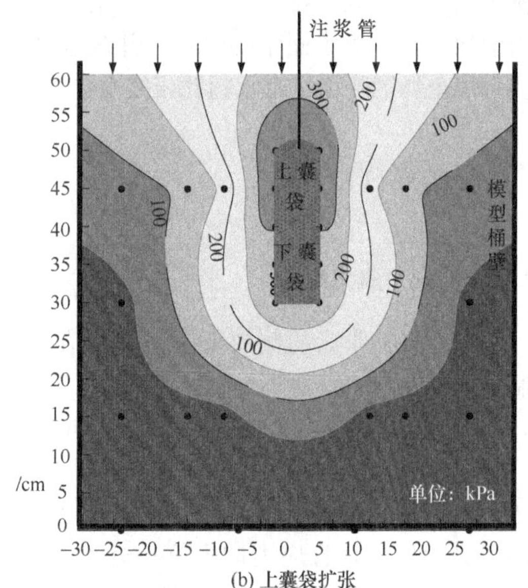

(b) 上囊袋扩张

图4　地层应力云图

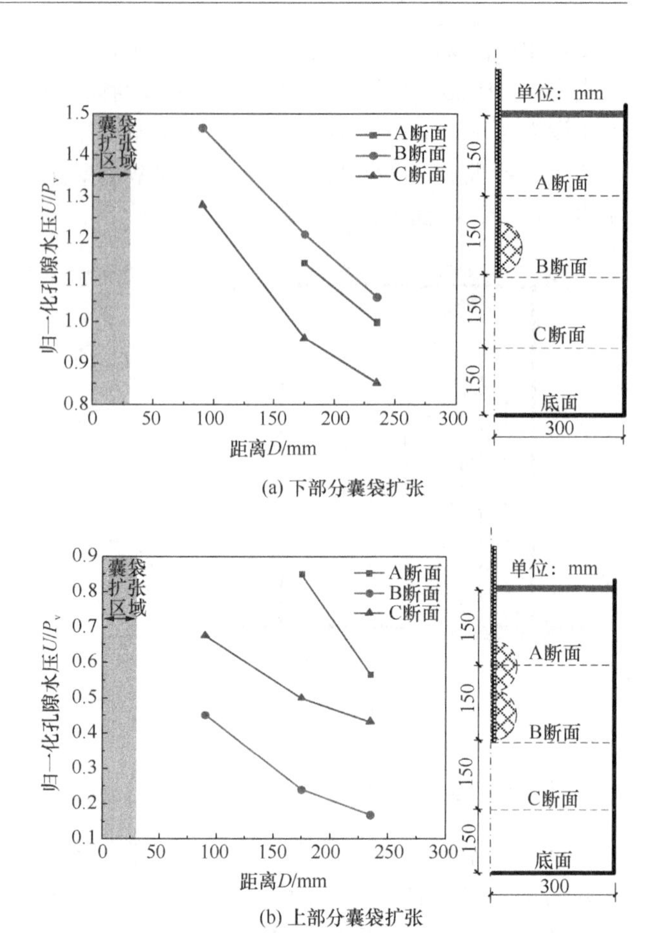

(a) 下部分囊袋扩张

(b) 上部分囊袋扩张

图5　归一化超孔压径向分布曲线

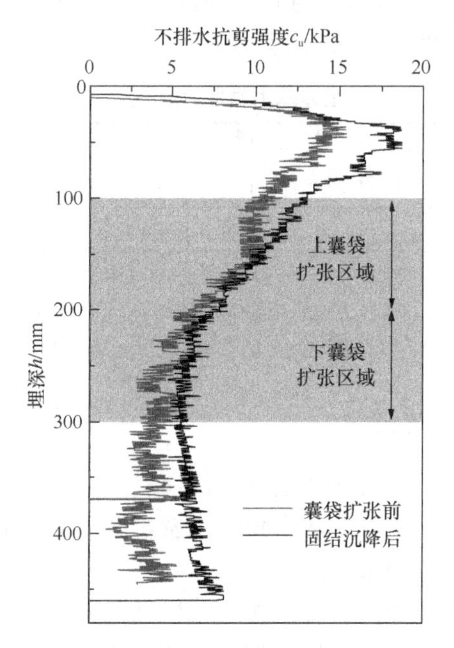

图6　地层不排水抗剪强度分布曲线

2.3　地层不排水抗剪强度变化特征

基于CPTU测试得到的锥尖摩阻力以及超孔压结果，根据经验公式（3）、（4）[10]，可计算土体的不排水抗剪强度 c_u。图6绘制了与扩张点径向距离为240mm处土体的不排水抗剪强度沿深度的分布可以发现：扩张后土体不排水抗剪强度不同程度提高，囊袋扩张高度范围内（即深度100～300mm）土体的抗剪强度略微提高，而囊袋扩张高度范围外的区域变化更为显著。

$$c_u = \frac{q_t - \sigma_{v0}}{N_h} \tag{3}$$

$$q_t = q_c + u\left(1 - \frac{A_a}{A_c}\right) \tag{4}$$

式中：q_t——锥尖阻力修正值（kPa）；

σ——竖向总应力（kPa）；

q_c——锥尖阻力实测值（kPa）；

u——孔隙水压实测值（kPa）；

N_h——经验圆锥系数，常见取值范围为11～19，本文中取15；

A_a——CPTU探头锥端截面积(mm^2)，本次试验所用探头锥端截面积为11.95mm^2；

A_c——CPTU探头空心柱截面积（mm^2），本次试验所用探头设计值为15.9mm^2。

2.4 地层小应变刚度变化特征

图7为试验过程中通过弯曲元测量的土体小应变刚度平均值变化曲线，可以发现：扩张高度范围内的土体刚度先减小后增大，扩张高度范围外的土体刚度持续提高，且固结稳定后的土体刚度大于囊袋扩张前。根据Hardin公式[11]的简化式［式（5）］可知：土体小应变刚度与土体结构性指标A、有效主应力σ_m'成正相关，与土体孔隙比e成反相关。囊袋扩张结束时，扩张高度范围内（BEA、BEB）的土体受强烈扰动发生剪切变形（与盾构掘进引起的周围地层扰动规律类似[12]），导致土体结构性发生破坏，引起土体刚度略微减小；扩张高度范围外（BEC）的土体受剪切扰动较微弱，主要因应力水平提高及其引起的压缩变形（孔隙比下降）而导致土体刚度增大。固结压缩后，土体内部的超孔压消散并增大土体有效应力，且土体固结压缩导致其孔隙比下降，引起所有范围内的土体刚度提高。

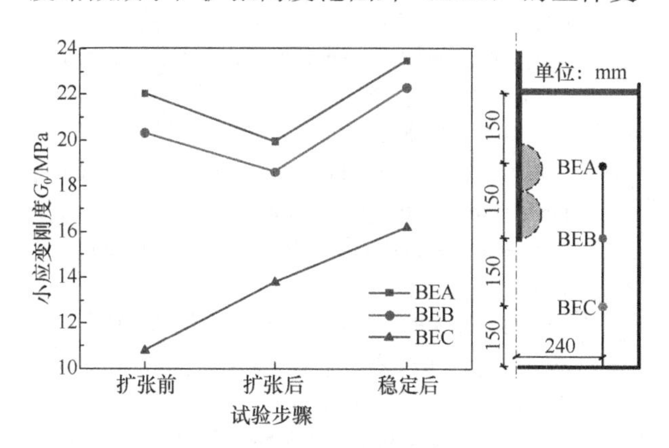

图7　地层小应变刚度变化曲线

$$G_{max}=\frac{A\ (\sigma_m')^2}{F(e)} \tag{5}$$

式中：A——反映土体矿物成分、应力应变历史的结构性参数；

σ_m'——有效主应力（kPa）；

$F(e)$——孔隙比函数，一般为$F(e)=e^{-x}$。x为拟合参数，为正值。

2.5 顶板抬升-沉降规律

图8为试验过程中顶板位移变化曲线，可以发现：在扩张作用下顶板出现一定程度抬升，且相比于下段扩张，上段扩张导致的顶板抬升更明显，说明扩张体与顶板间距越小，顶板抬升越明显。扩张结束后，由于土体的固结排水，顶板出现沉降现象。

另外，本文定义注浆效率为顶板的最终抬升量$\delta_{终}$与初始抬升量$\delta_{始}$之比，见式（6）。计算可得本次试验实际抬升效率约78%。

$$\eta=\frac{\delta_{终}}{\delta_{始}}=\frac{|h_3-h_1|}{|h_2-h_1|} \tag{6}$$

式中：$\delta_{终}$——最终抬升量，即固结完成后顶板位置h_3与扩张前顶板位置h_1之差（mm）；

$\delta_{始}$——初始抬升量，即扩张后顶板位置h_2与扩张前顶板位置h_1之差（mm）。

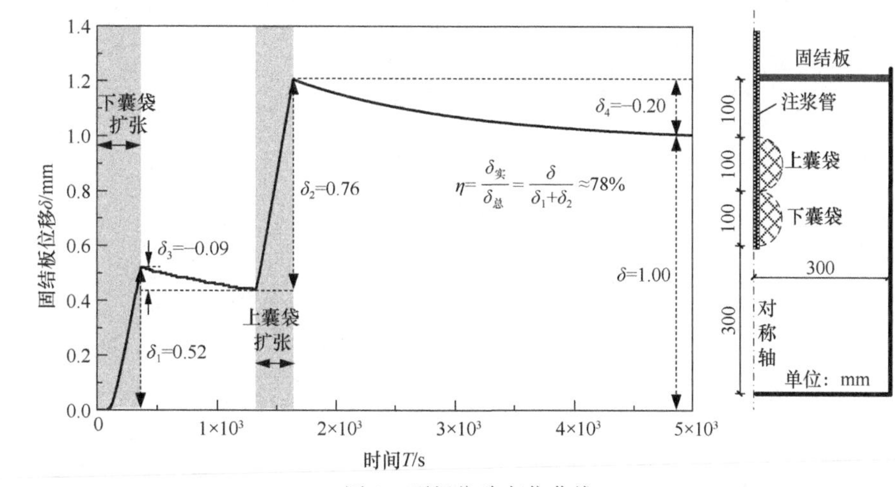

图8　顶板位移变化曲线

3 结论与建议

通过开展一组囊袋扩张试验，探究了囊袋扩张后的土体应力变化和扰动规律，揭示了顶板抬升—沉降的发展规律和内在机理，得到的主要结论如下：

（1）囊袋扩张导致地层侧向应力呈“竖椭圆状”扩散，由囊袋中心向四周呈递减趋势，且递减速度逐渐减缓。顶板区域应力水平明显高于底板区域，且应力向上衰减速度更慢。相比下囊袋单独扩张，上囊袋扩张后土体应力水平明显提高且影响范围增大。

（2）囊袋扩张引起的土体强度和刚度变化由应力水平和剪切扰动两个因素共同决定。囊袋扩张后，扩张高度范围外的土体，土体被挤密致孔隙比下降，土体小应变刚度持续提高，而扩张高度范围内的土体受到强烈扰动致结构性破坏，土体小应变刚度先减小，然后随着土体固结压缩，其结构性恢复导致小应变刚度增大。

（3）随着囊袋扩张，囊袋周围的地层总应力与超孔压均增大，且距离扩张点越近增量越大；顶板在囊袋扩张产生的附加应力下出现一定抬升。扩张结束后，囊袋周围的地层总应力减小，超孔压逐渐消散，土体开始固结导致顶板出现沉降。最终，本组试验顶板最终抬升效率约为78%。

参考文献：

[1] 汪小兵．盾构穿越引起运营隧道沉降的注浆控制研究[J]. 地下空间与工程学报，2011，7(5)：1035-1039.

[2] 汪小兵，王如路，刘建航．上海软土地层中运营地铁隧道不均匀沉降的治理方法[J]. 上海交通大学学报，2012，46(1)：26-31.

[3] 王如路，陈颖，任洁，等．微扰动注浆技术在运营隧道病害治理及控制中的应用[C]//中国土木工程学会隧道及地下工程分会防水排水专业委员会．中国土木工程学会隧道及地下工程分会防水排水专业委员会第十六届学术交流会论文集，2013.

[4] 高永．微扰动双液注浆纠偏技术在南京地铁盾构隧道病害治理中的应用[J]. 城市轨道交通研究，2015，18(6)：109-112，129.

[5] 王远．微扰动注浆工法在治理隧道不均匀沉降方面的应用[J]. 隧道与轨道交通，2019，125(S1)：156-159.

[6] 刁钰，李光帅，郑刚．一种控制土体变形的单点囊式注浆装置：CN208235526U[P]. 2018-12-14.

[7] ZHENG G，HUANG J，DIAO Y，et al. Formulation and performance of slow-setting cement-based grouting paste (SCGP) for capsule grouting technology using orthogonal test[J]. Construction and Building Materials，2021，302：124204.

[8] ZHENG G，SU Y，DIAO Y，et al. Field measurements and analysis of real-time capsule grouting to protect existing tunnel adjacent to excavation[J]. Tunnelling and Underground Space Technology，2022，122：104350.

[9] 刁钰，杨超，郑刚．一种控制土体变形的多点囊式注浆装置及其方法：CN108411920A[P]. 2018-08-17.

[10] CAI G J，LIU S Y，TONG L Y，et al. Field evaluation of undrained shear strength from piezocone penetration tests in soft marine clay[J]. Marine Georesources and Geotechnology，2010，28(2)：143-153.

[11] 姬美秀，陈云敏．不排水循环荷载作用过程中累积孔压对细砂弹性剪切模量 G_{max} 的影响[J]. 岩土力学，2005(6)：884-888.

[12] 孟凡衍．软黏土地层施工扰动对盾构隧道和地基工后沉降影响[D]. 杭州：浙江大学，2019.

软土地层超深圆形基坑计算分析方法与应用

王卫东[1,2]， 徐中华[2,3]， 宗露丹[2,3]， 朱雁飞[4]， 李耀良[5]

(1. 华东建筑集团股份有限公司，上海 200011；2. 上海基坑工程环境安全控制工程技术研究中心，上海 200002；3. 华东建筑设计研究院有限公司上海地下空间与工程设计研究院，上海 200002；4. 上海隧道工程有限公司，上海 200032；5. 上海市基础工程集团有限公司，上海 200433)

摘　要： 圆筒形结构由于其良好的受力特性，已成为超深地下空间开发中一种有效的基坑围护形式。结合工程实践，总结了圆形基坑的四种建造方式。由于圆形基坑存在明显的空间效应，常规平面弹性抗力法无法合理分析其受力和变形，因而提出了采用三维 m 法或考虑土与结构共同作用的三维分析方法进行圆形基坑的分析，并研究了地下连续墙刚度的折减系数和土体小应变本构模型参数确定方法等关键问题。采用这两种方法对上海软土地区已成功实施的两个 50m 级超深圆形基坑进行计算分析，并与实测结果进行对比，验证了分析方法的可靠性，为软土地层超深圆形基坑分析提供了合理的方法。

关键词： 圆形基坑；空间效应；三维 m 法；考虑土与结构共同作用的三维分析方法

0　引言

随着我国近几十年来的城镇化进程迅速推进，以上海为典型代表的密集城市中心土地资源开发利用程度亦愈发饱和。超大城市深层地下空间开发为高效利用城市资源开拓了新的途径。目前城市基坑挖深从 30m 以浅的深度逐步拓展到 50～60m 甚至更深[1]。圆筒形支护结构因其良好的受力特性，已成为超深基坑工程的一种有效支护形式，并越来越多地应用[2-5]于城市变电站、泵站、工作井等超深基坑工程中。不同于传统的非圆形基坑围护结构，圆形基坑中的圆筒形围护体同时存在水平拱和竖向梁两个承力体系，即其受力和变形具有明显的空间效应。而规范[6-7]推荐的常规平面弹性抗力法基于平面应变假定的前提条件，计算结果不能反映圆形基坑的受力性状，因而需采用能反映圆形基坑空间效应的三维分析方法。

本文首先结合工程实践，简要介绍圆形基坑不同类型建造方法以及上海软土地层圆形基坑最新工程进展。继而探讨不同的圆形基坑分析方法，并针对能反映基坑空间效应的三维 m 法、考虑土与结构共同作用的三维分析方法的关键计算参数取值开展研究。结合目前上海软土地层挖深最深的圆形基坑工程案例模拟分析并与实测结果进行对比，验证方法的合理性，为超深圆形基坑分析提供借鉴。

1　圆形基坑工程实践

1.1　圆形基坑建造方法

从目前工程实践来看，圆筒形结构由于具有良好的受力优点，已成功应用于诸多大深度基坑工程。圆形基坑主要有如下几种建造方法：

（1）采用设置临时环梁方式，逐步开挖并施工环梁，直至开挖至基底。这种方法的优点是仅需设置少量圆环支撑，开挖工序较少，施工较方便。典型工程如上海中心大厦主楼基坑[8]，直径 120m，挖深 31.1m，采用 1.2m 厚地下连续墙围护，竖向设 6 道圆环支撑，如图 1 所示。

图 1　上海中心大厦圆形基坑实景

（2）采用逆作内衬墙方式，逐步开挖并逐步施工内衬墙，直至开挖至坑底。这种方法的优点

作者简介：王卫东（1969—），男，博士，全国工程勘察设计大师，教授级高级工程师，主要从事地基基础与地下工程研究，Email：weidong _ wang@arcplus. com. cn。

基金项目：上海市科学技术委员会科研计划项目子课题（21DZ1204203）。

是安全度高，但由于需逐层开挖并逆作施工内衬墙，施工工序多，持续时间长，施工组织难度较大。典型工程如武汉阳逻长江大桥南锚碇基础基坑[9]，直径73m、挖深42m，采用1.5m厚地下连续墙围护，沿深度分别设置1.5m/2.0m/2.5m厚内衬墙，分13次开挖和浇筑内衬墙，如图2所示。

图2 武汉阳逻长江大桥南锚碇基础基坑实景

(3) 采用设置内部水平梁板结构的逆作法，逐层开挖并浇筑结构梁板作为围护结构的水平支撑，直至开挖到坑底。这种方法的优点同样是安全度高，但由于需逆作结构梁板，施工难度大，技术要求高，比较适合于具有内部水平结构且直径较大的地下工程。典型工程如上海世博500kV地下变电站[10]，直径130m、挖深34m，采用1.2m厚地下连续墙围护，竖向4层水平结构梁板结合3道临时环梁系统作为支撑，采用逆作法施工，如图3所示。

图3 上海世博500kV地下变电站圆形基坑实景

(4) 不设环梁或内衬墙，直接采用圆形地下连续墙支护开挖到坑底，然后自下而上施工内衬墙的方式。这种方法大大加快了竖井的开挖速度，但对地下连续墙的施工质量要求也较高。典型工程如伦敦泰晤士河Lee隧道Tideway竖井[11]，直径38m、挖深86.5m，采用1.8m厚地下连续墙围护直接顺作开挖到坑底，然后顺作内衬墙，如图4所示。

图4 伦敦泰晤士河Lee隧道竖井基坑实景

圆形基坑采用何种建造方式，需根据具体工程的土层条件、直径、挖深、内部结构分布情况、施工进度要求等具体分析。

1.2 上海软土地区50m级超深圆形基坑最新进展

上海软土地区近期正在实施苏州河段深层调蓄管道系统工程中的苗圃—云岭先行试验段，其调蓄管道总长约1.67km，配套2座圆形竖井（分别为云岭西和苗圃），竖井开挖深度接近60m，已成功完成开挖，是上海地区挖深首次突破50m的圆形基坑，为软土地层超深圆形基坑实施提供了新范例。

云岭西圆形竖井基坑直径34m、挖深约57.8m，地下连续墙厚度1.5m，深度约105m，采用铣接头；竖井基坑采用逆作法施工，水平向设一道压顶梁、两道环梁，以及十二节内衬墙（厚度1.0～1.5m），分15层开挖至基底，并依次跟进施工各道环梁和内衬墙，基坑围护平面和剖面分别如图5和图6所示。

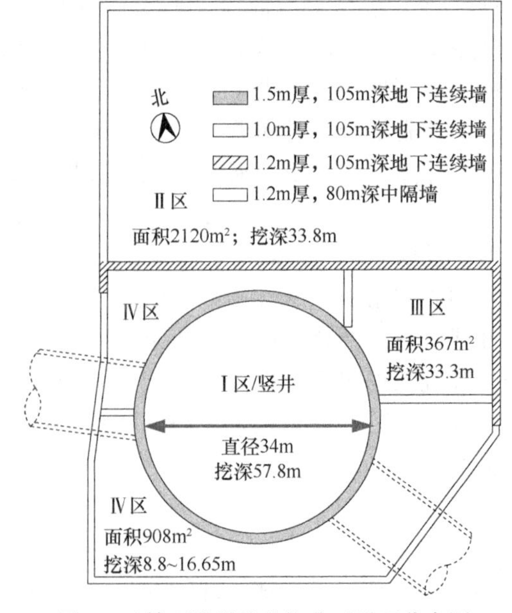

图5 云岭西段设施基坑分区平面分布图

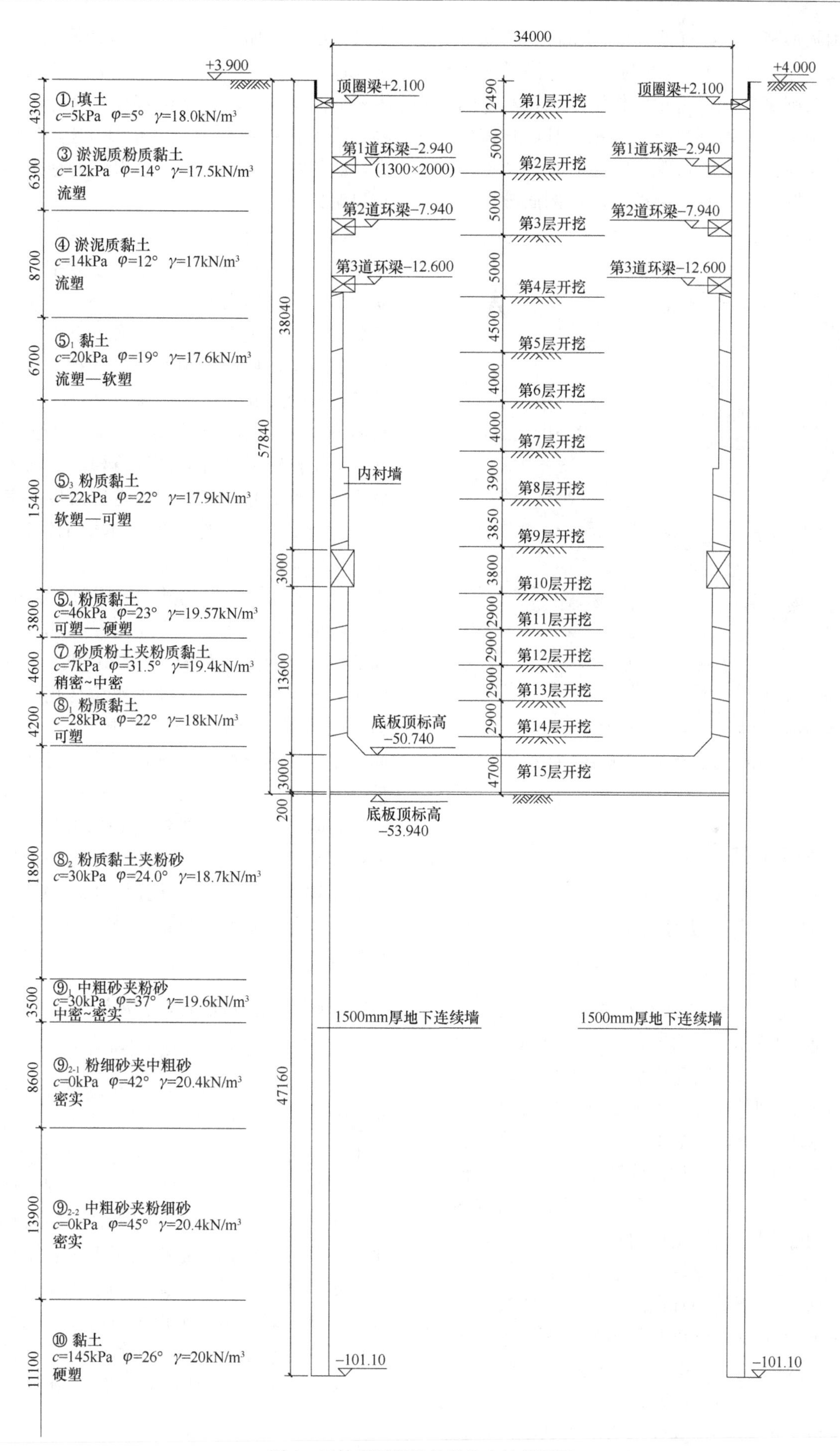

图 6 云岭西圆形竖井基坑支护剖面图

苗圃圆形竖井基坑直径 30m，挖深约 56.3m，地下连续墙厚度 1.5m，深度约 103m，同样采用铣接头。苗圃竖井基坑采用顺作法施工，水平向设一道压顶梁、五道环梁支撑体系，基坑整体分 7 层开挖至基底，浇筑底板后再自下而上施工内衬墙。苗圃圆形竖井基坑围护平面和剖面分别如图 7 和图 8 所示。

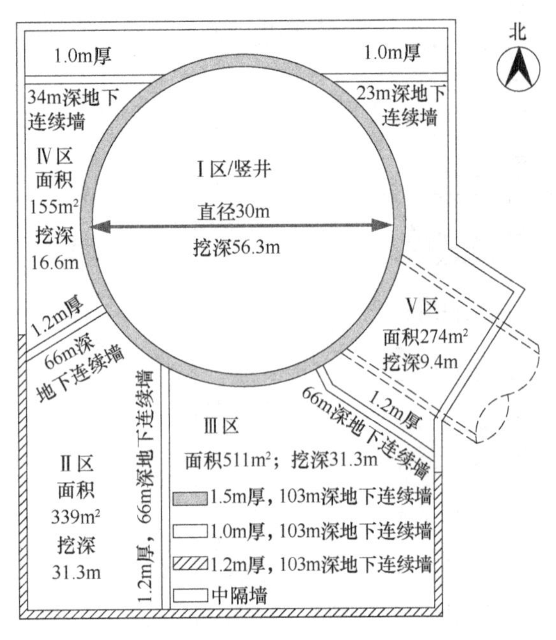

图 7 苗圃段设施基坑分区平面分布图

2 圆形基坑计算分析方法

2.1 圆形基坑计算方法对比分析

（1）平面弹性抗力法

现行《建筑基坑支护技术规程》[6] 和上海市《基坑工程技术标准》[7] 均推荐采用平面弹性抗力法（图 9）来计算基坑围护结构受力变形，但该方法无法反映圆筒形围护结构的空间受力特性，对支护结构设计会产生如下后果：①连续墙主要表现为沿竖向的受弯构件，计算得到的弯矩值较大，在这种受力状态下势必采用大厚度或高配筋率；②由于忽视了连续墙环向抵抗外侧土压力的能力，计算得到的支撑轴力、连续墙剪力等必然偏大；③不考虑连续墙环向压力，也就忽视了连续墙结构的环向受力强度与稳定性问题，不利于对连续墙受力的全面认识与设计安全。

（2）等效平面弹性抗力法

这种方法仍以平面弹性抗力法为基础，只是考虑了地下连续下连续墙、环梁、内衬墙等效侧向支撑刚度，如图 10 所示。等效侧向支撑刚度 K 可通过 $K=EA/R^2$（EA 为地下连续墙、环梁或内衬墙的刚度，R 为基坑直径）来计算。虽然这种方法可在一定程度上考虑地下连续墙、环梁、内衬墙的刚度贡献，但计算得到的地下连续墙弯矩仍明显偏大。

（3）三维 m 法

这种方法实质上是一种“荷载结构法”，即建立圆形支护结构空间模型，坑外水土压力作为已知荷载作用在围护墙上，坑底以下土体的作用采用弹簧模拟，依次模拟基坑的开挖过程，得到围护结构的受力和变形。三维 m 法既继承了规范中平面弹性抗力法的分析思路，计算原理简单明确，又克服了传统弹性抗力法计算模型无法考虑空间效应的缺点，并且其参数的选取可以参考已经积累了相当工程经验的弹性抗力法的计算参数，易于为工程设计人员所接受。

（4）考虑土与结构共同作用的三维分析方法

圆形基坑工程是一个土与结构相互作用、空间效应显著的复杂系统，其受力和变形受到施工顺序、支撑系统布置、地下水位变化以及土的应力-应变关系等诸多因素的影响。考虑土与结构共同作用的三维分析方法既可以模拟复杂的土层条件，又能考虑边界条件、施工工序等，能够给出施工各阶段土体和支护结构的内力和变形，成为分析复杂基坑工程的重要手段。这种分析方法能考虑土体本身的刚度，更适合圆形基坑的分析，但其关键是要采取合理的土体本构模型并确定合理的计算参数。

2.2 圆形基坑三维 m 法分析方法

（1）三维 m 法分析模型建立

三维 m 法按实际支护结构的设计方案建立三维有限元模型，模型包括围护结构、临时环梁系统和土弹簧单元，三维 m 法分析模型示意图（取 1/4 模型表示）如图 11 所示。圆形地下连续墙围护结构可采用板单元来模拟；临时环梁系统采用梁单元来模拟。根据施工工况和工程地质条件确定坑外土体对围护结构的水土压力荷载。在计算土压力时，由于圆形基坑的变形很小，可以近似采用静止土压力进行计算。基坑开挖面以下的土体用土弹簧模拟，其水平向刚度可按下式计算：

$$K_{\mathrm{H}}=k_{\mathrm{h}}\cdot b\cdot h=m\cdot z\cdot b\cdot h \tag{1}$$

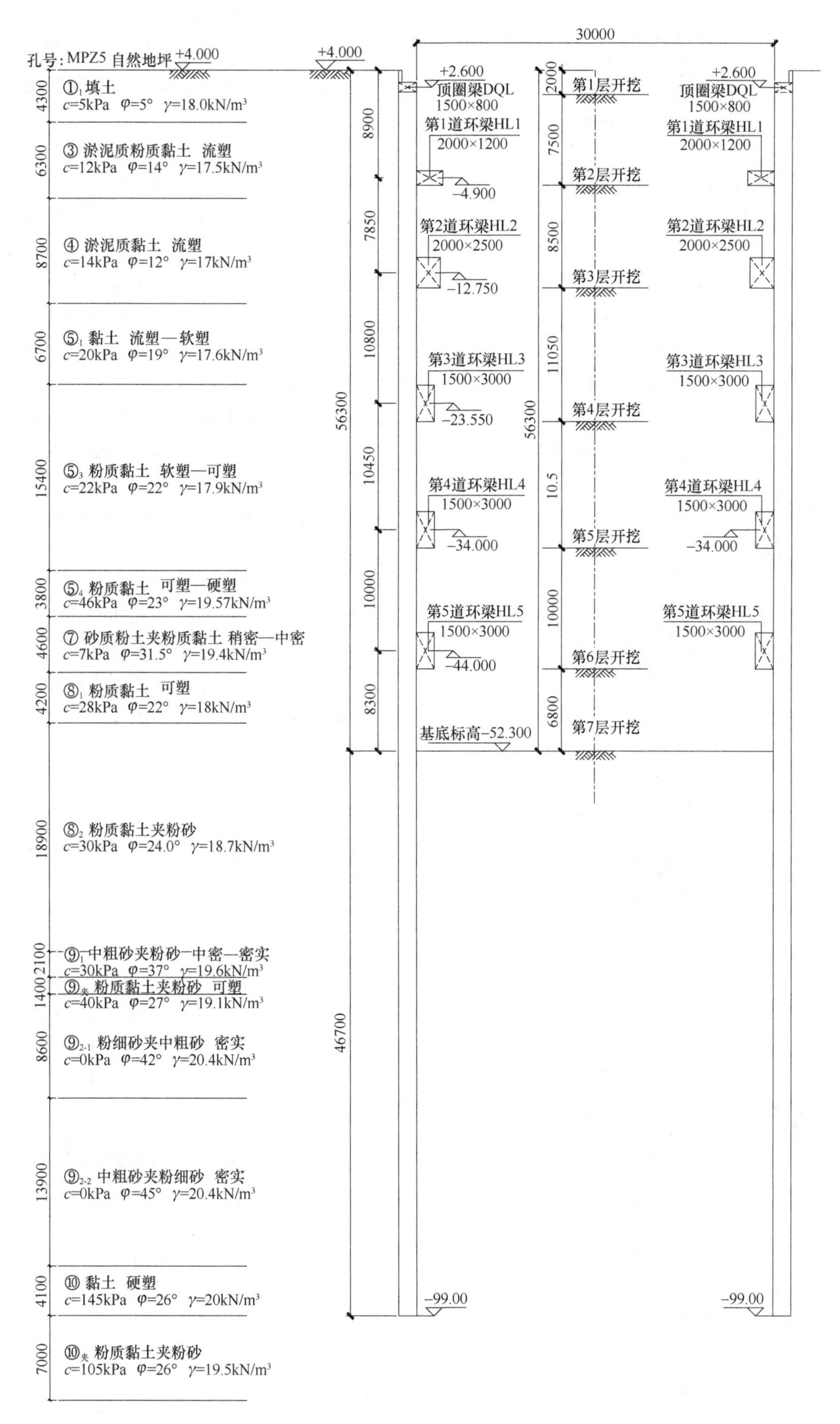

图 8 苗圃圆形竖井基坑支护剖面图

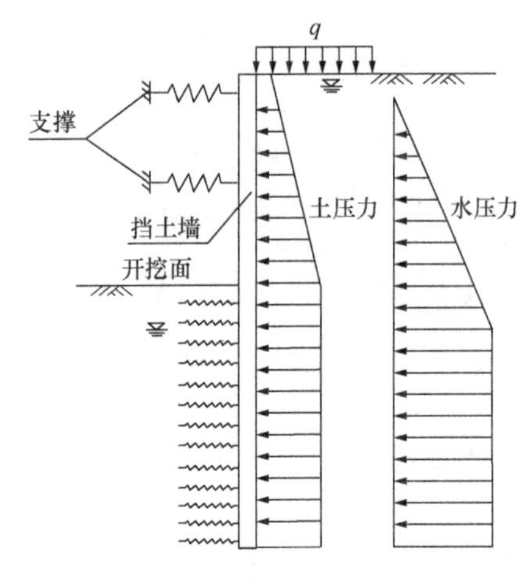

图9　平面弹性抗力法计算简图

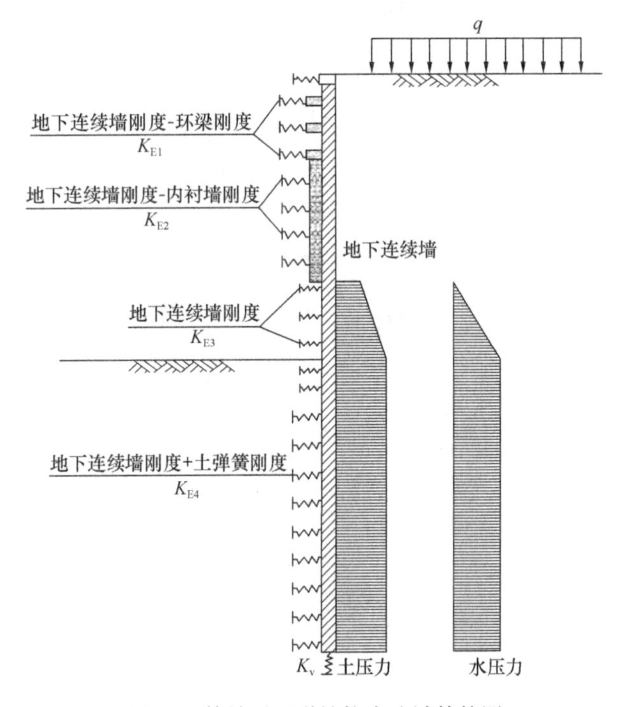

图10　等效平面弹性抗力法计算简图

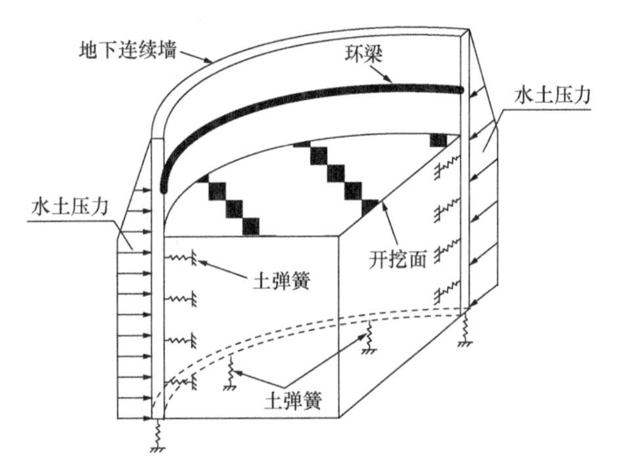

图11　基坑支护结构的三维 m 法分析模型

式中，K_H为弹簧单元的刚度系数；k_h为土体水平向基床系数；m 为比例系数，可按相关规范的推荐或地方经验取值确定；z 为土弹簧与基坑开挖面的距离；b 与 h 则分别为三维模型中与土弹簧相连接的挡土结构的水平向和竖向的单元划分密度。

由于三维分析模型一般较复杂，通常可采用大型通用有限元软件如 ANSYS、ABAQUS 等进行建模分析。计算过程中，通过有限元软件中的“单元生死”功能模拟土体开挖以及支护结构施工，以实现不同建造方法的模拟。由于每个开挖步的开挖深度不同，因此开挖面以下土弹簧距离开挖面的距离 z 随开挖步不断发生变化，所以在不同开挖步之间应改变开挖面以下土弹簧单元的刚度系数。可在通用有限元程序上编制用户子程序，实现各工况下水土压力加载，由此分析得到支护结构的内力与变形。

（2）圆形地下连续墙刚度折减系数确定

圆形基坑的地下连续墙由一幅幅槽段连接而成，其接头处是地下连续墙的薄弱环节，考虑地下连续墙实际分幅施工的接头削弱作用、垂直度误差、水下浇筑混凝土的质量问题（如夹泥夹砂、不密实、漏筋等）、圆形基坑真圆度影响等不利因素，地下连续墙真实的刚度小于理想的混凝土材料刚度，因此在三维分析中，应对地下连续墙刚度进行适当折减。

基于上海地区3个已经完成的圆形基坑案例，即白玉兰广场塔楼圆形基坑、上海中心塔楼圆形基坑[8]、宝钢1788号旋流池圆形基坑[2]，采用三维 m 法进行分析，在地下连续墙刚度不折减的情况下，3个基坑的围护墙变形计算分析结果如表1所示，可以看出，采用三维 m 法计算得到的地下连续墙侧移均远小于实测值，计算值仅为实测值的1/4～1/3，这说明地下连续墙的刚度取值明显偏大，要使得计算值与实测值相吻合，应对地下连续墙的刚度作适当的折减。

三维 m 法计算分析结果汇总表　　表1

项目名称	基坑直径/m	基坑挖深/m	地墙厚度/m	围护墙最大变形/mm	
				计算值	实测值
上海中心塔楼圆形基坑	120	31.1	1.2	35.7	89
白玉兰广场塔楼圆形基坑	94	24.3	1.0	23.8	70
宝钢1780号旋流池圆形基坑	30	33.0	1.0	4.5	16.7

由于地下连续墙在竖向是完全连续的，而环向存在接头的明显削弱作用，因此考虑对地下连续墙竖向和环向采用不同的刚度折减系数。根据 Kung 等[12]的研究，地下连续墙在受弯工作状态下可能带裂缝工作且考虑施工质量影响，可将竖向刚度作 0.8 倍折减。因此将地下连续墙的竖向刚度折减系数取为 80%，然后仅反分析环向刚度折减系数。通过针对 3 个圆形基坑工程的多组实测数据的反演对比分析，可知当环向刚度折减系数为 25%时，计算得到的地下连续墙侧移与实测值吻合得较好，具体对比情况如图 12 所示。

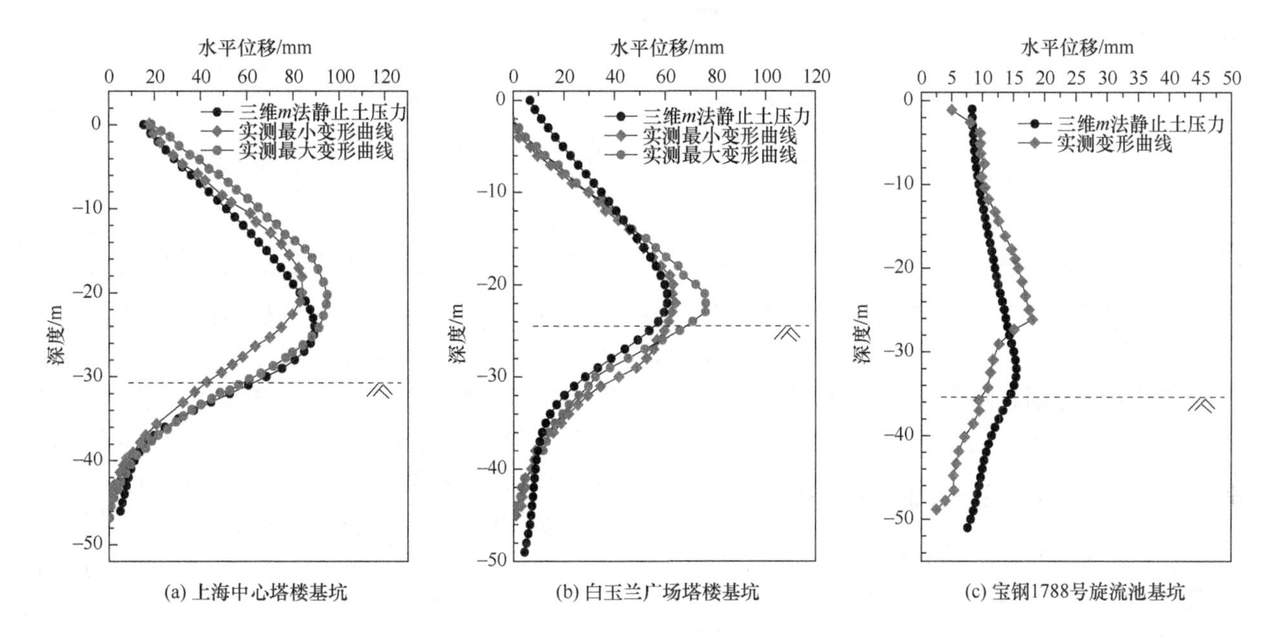

图 12 地墙刚度折减后变形计算结果与实测数据对比

2.3 考虑土与结构共同作用的三维分析方法

(1) 三维分析模型建立

三维分析模型可采用通用有限元软件如 Plaxis 3D、ABAQUS 等建立，其中圆形基坑支护结构体系以及邻近土体模型可按真实情况设置。且在建模时还需综合考虑土层的分层情况、周边存在的建（构）筑物、开挖及支护结构的施工工况等。以 Plaxis 3D 为例，土体可采用 10 节点楔形体实体单元模拟，圆形地下连续墙体系可采用 6 节点三角形 Plate 壳单元模拟，环梁可采用 3 节点 beam 梁单元模拟。模型底边界延伸的深度主要根据地层条件决定，当下部有坚硬的土层时，则可将该土层作为模型的底边界。底边界采用约束竖向位移或同时约束水平和竖向位移的边界条件均可。软土地层条件下基坑侧向边界应至少为围护墙后 4 倍的开挖深度之外，侧向边界一般可采用约束水平位移的边界条件。通过采用单元的“生死”功能来模拟具体施工过程中土体的挖除以及有关结构构件的施工，并采用分步计算功能来模拟不同建造方法的具体施工工况。

(2) 土体本构模型及计算参数选取

采用常规土体本构模型的有限元方法分析在参数合理的情况下可较好地预测围护结构的变形，但难以同时较好地预测地表沉降及对周边环境的影响[13, 14]。诸多研究[15-18]发现，采用考虑土体小应变特性的本构模型能够更好地分析基坑开挖引起的支护结构和周边土体变形。

为考虑土体的小应变特性影响，Benz[19]对 HS 模型进行修正得到了 HS-Small 模型。HS-Small 模型包含了 11 个 HS 模型参数和 2 个小应变参数，具体参数及其物理意义详见文献[20]。为较精确地分析圆形基坑土体与支护结构的变形，可采用 HS-Small 等能考虑土体小应变特性的本构模型。

王卫东和徐中华课题组[21-23]对上海典型黏土层进行了系统的试验研究，首次得到了上海典型土层的 HS-Small 模型的全套参数确定方法，如表 2所示，并已经纳入上海市《基坑工程技术标准》[7]，为基坑工程数值分析时确定 HS-Small 模型计算参数提供了方法和依据。

上海地区典型土层 HS-Small 模型主要参数取值方法　　表 2

土层	②黏土	③淤泥质粉质黏土	④淤泥质黏土	⑤粉质黏土	⑥黏土
E_{oed}^{ref} /kPa	$0.9E_{s1\text{-}2}$				
E_{50}^{ref} /kPa	$1.2E_{oed}^{ref}$				
E_{ur}^{ref} /kPa	$6E_{oed}^{ref}$		$8E_{oed}^{ref}$		$6E_{oed}^{ref}$
G_0^{ref} /kPa	$(2.5\sim4.9)E_{ur}^{ref}$				
$\gamma_{0.7}/\times10^{-4}$	1.5～9.0				
v_{ur}	0.2				
m	0.8				
p^{ref}/kPa	100				
R_f	0.9		0.6		0.9

3　三维分析在超深圆形基坑中应用

3.1　云岭西超深圆形竖井三维 *m* 法分析实例

结合 ABAQUS 有限元分析软件，采用三维 *m* 法模拟云岭西竖井基坑工程的实施过程。其中地下连续墙和内衬墙均采用 shell 单元模拟，被动区土弹簧采用 SpringA 单元模拟，压顶梁及环梁材料采用 beam 单元模拟，三维模型如图 13 所示。坑外的土压力采用静止土压力，水压力考虑为静水压力。各土层的具体计算参数如表 3 所示。

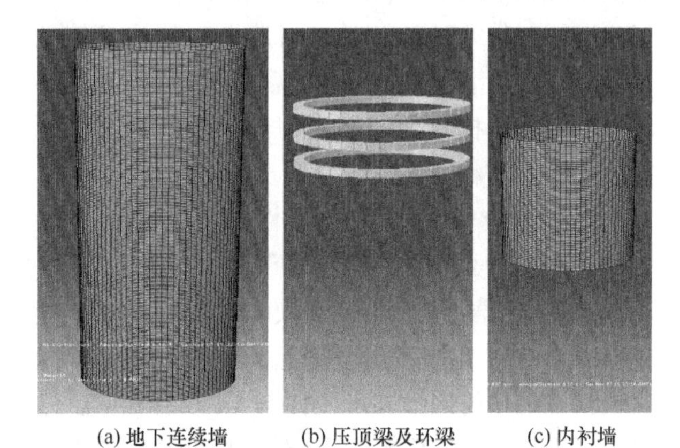

(a) 地下连续墙　(b) 压顶梁及环梁　(c) 内衬墙

图 13　云岭西圆形竖井三维 *m* 法计算模型

土层计算参数　　表 3

层号	土层名称	重度 /(kN/m³)	黏聚力 c/kN	内摩擦角 φ/°	m 值 /(MPa/m²)
①	填土	18	5	5	2
③	淤泥质粉质黏土	17.5	12	14	1.5
④	淤泥质黏土	17	14	12	1.5
⑤1	黏土	17.6	20	19	4
⑤3	粉质黏土	17.9	22	22	5
⑤4	粉质黏土	19.5	46	23	6
⑦	砂质粉土	19.4	7	31.5	6
⑧1	粉质黏土	18	28	22	6
⑧2	粉质黏土夹粉砂	18.7	30	24	8
⑨1	中粗砂夹粉砂	19.6	0	37	8
⑨2-1	粉细砂夹中粗砂	20.4	0	42	10
⑨2-2	中粗砂夹粉细砂	20.4	0	45	10
⑩	黏土	20	145	26	15

根据前述研究，计算分析中对地下连续墙刚度进行折减，即竖向刚度折减系数取 80%，环向刚度折减系数取 25%。地下连续墙按实施地下连续墙分幅进行建模，云岭西为 46 边形。根据图 6 所示的开挖分层，云岭西竖井基坑设置 15 个工况，分别模拟每层土方开挖及环梁和内衬墙施工。

计算所得开挖至基底工况，地下连续墙水平位移以及环向轴力、竖向弯矩计算结果分别如图 14、图 15所示。地下连续墙最大侧移为 18.4mm，最大环向轴力为 12340kN，最大竖向弯矩为 1250kN · m，其最大值均出现在基坑开挖面附近。地下连续墙的环向轴力较大，而竖向弯矩很小，计算结果验证了圆形地下连续墙以环向受压为主、竖向受弯为辅的工程认知。此外，圆形基坑的环向抗压能力强，因此地下连续墙的侧向变形很小，远小于常规方形或长方形基坑的变形。

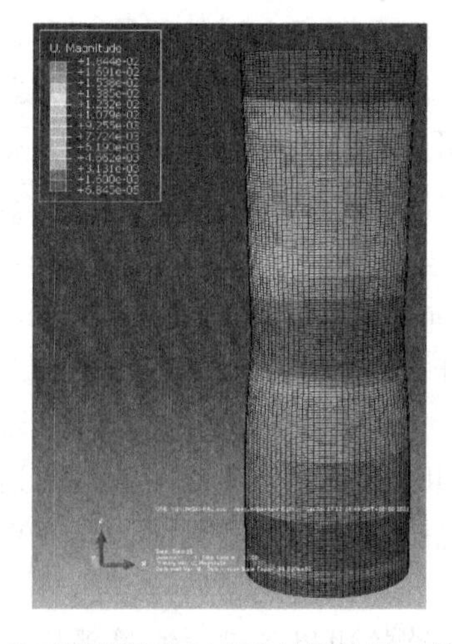

图 14　地下连续墙水平位移计算结果（单位：m）

开挖至基底工况，地下连续墙侧移计算结果与实测数据对比如图 16 所示，其中 P01～P05 为

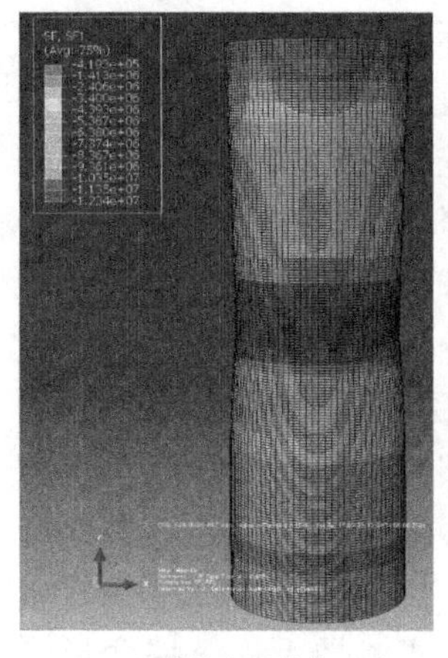
(a) 环向轴力（单位：N）

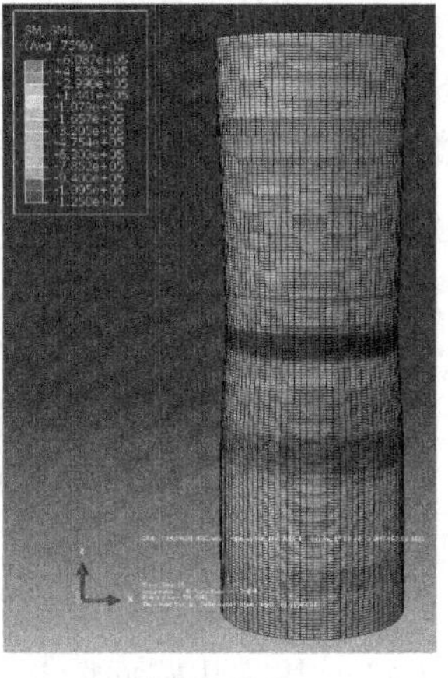
(b) 竖向弯矩（单位：N·m）

图 15 地下连续墙内力计算结果

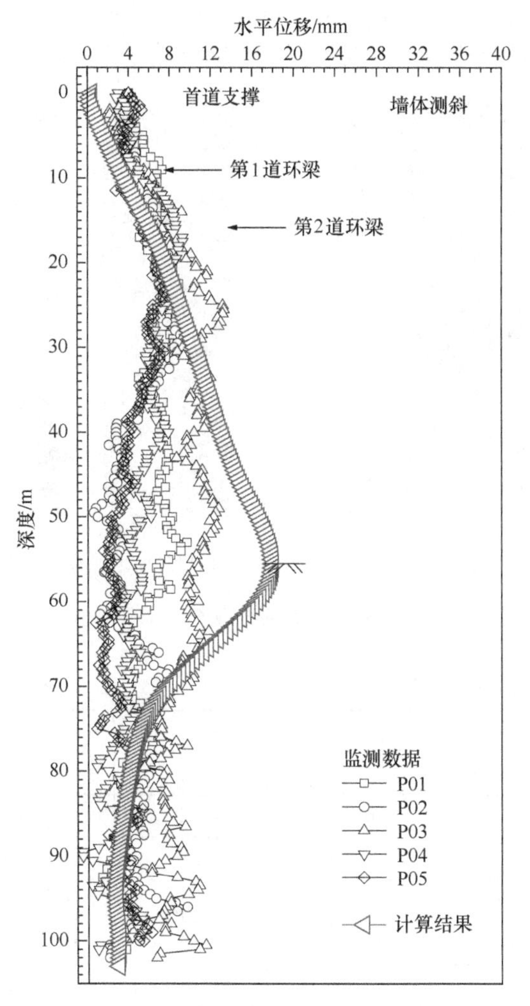

图 16 云岭西竖井基坑地墙水平位移计算结果与实测对比

地下连续墙侧移监测点。可以看出，计算的地下连续墙侧移曲线与实测的侧移曲线形态基本吻合，最大变形基本位于基底附近。实测最大侧移为 13.7mm，与计算值 18.4mm 较接近。

图 17 为开挖到基底工况下，根据地下连续墙环向钢筋应力监测点 QL1～QL6 测得的钢筋应力，通过应变协调换算得到的地下连续墙环向轴力情况。由于竖井周边附属设施地下连续墙的影响，竖井基坑地下连续墙各测点的轴力并不相同。各测点的轴力值范围为 8385～11968kN，平均值约为 10144kN，而三维 m 法计算得到的环向轴力值为 12340kN。三维 m 法计算得到的地下连续墙侧移和环向轴力均较实测值略大，可能是由于计算中无法考虑土体本身拱效应的有利作用的缘故。总体而言，三维 m 法计算较好地反映了地下连续墙受力和变形状况。

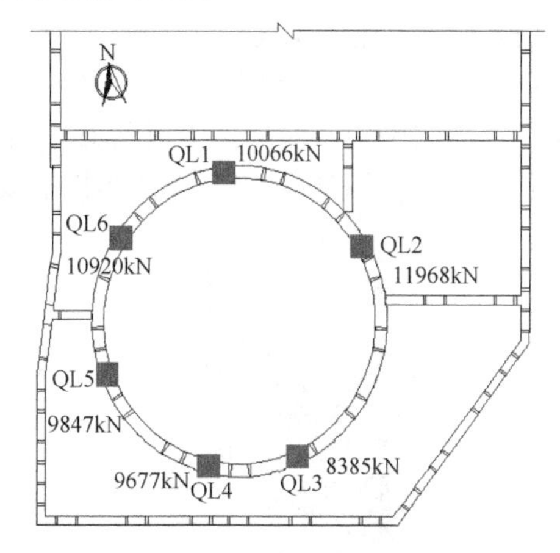

图 17 云岭西竖井基坑地墙环向轴力实测结果

3.2 苗圃超深圆形竖井考虑土与结构共同作用的三维分析实例

采用 Plaxis3D 软件建立考虑土与结构共同作用的苗圃竖井基坑三维有限元模型，计算模型包括了土体、基坑周边地下连续墙体系、环梁体系。基坑的三维计算模型如图 18 所示。土体采用 10 节点楔形体实体单元模拟，基坑地下连续墙体系采用 6 节点三角形 Plate 壳单元模拟，临时环梁采用 3 节点 beam 梁单元模拟。整个模型共划分 689127 个单元、990328 个节点。

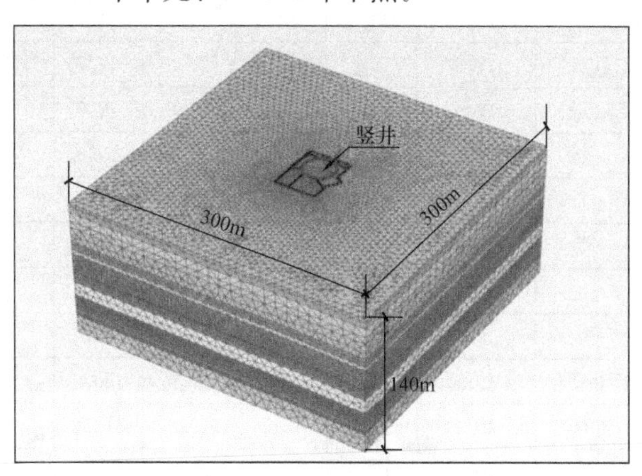

图 18 苗圃竖井三维有限元计算模型

地下连续墙刚度同样作相应折减，环向弹性模量取值 0.79×10^7kPa，竖向弹性模量取值 2.52×10^7kPa。计算模型中环梁采用弹性模型模拟，弹性模量均取 3.25×10^7kPa，环梁尺寸信息如图8所示，所有结构单元的泊松比均取0.2。土体采用HS-Small小应变本构模型，各土层参数如表4所示。

为模拟开挖降水的工况，每皮土方开挖，均将坑内地下水位降至开挖面，并进行渗流分析。计算中黏土采用不排水分析，砂土采用排水分析。坑内各开挖工况下的承压水水头通过“按需减压”的原则，计算设置为安全水头。具体开挖过程的模拟与图8所示的施工工况一致。

计算所得基坑开挖至基底工况下的地下连续墙侧移以及环向轴力、竖向弯矩计算结果分别如图19、图20所示。可以看出，墙体侧移量最大的位置主要发生在开挖面标高附近，位移的最大值为12.2mm。受环向空间效应作用，墙体的整体变形量均较小，仅为开挖深度的0.03%。地下连续墙的环向轴力较大而竖向弯矩很小，计算所得的最大环向轴力值为8398kN/m，最大竖向弯矩值为753kN·m。

将基坑开挖至基底工况下的各监测点位置的地下连续墙实际监测侧移与有限元分析结果对比如图21所示。各测斜孔实测的地下连续墙整体变形形态基本呈“纺锤形”，最大变形量发生位置基本接近基坑开挖面附近，实测地下连续墙变形形态与有限元分析计算结果基本吻合。测点P01～P05最大侧移量值分别为7.4mm、8.5mm、5.2mm、2.6mm、6.7mm，最大变形值8.5mm较计算所得最大变形值12.2mm略小。

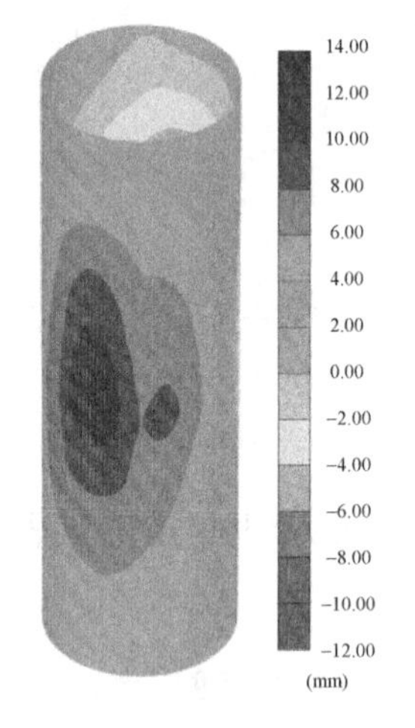

图19 地下连续墙水平位移计算结果（单位：mm）

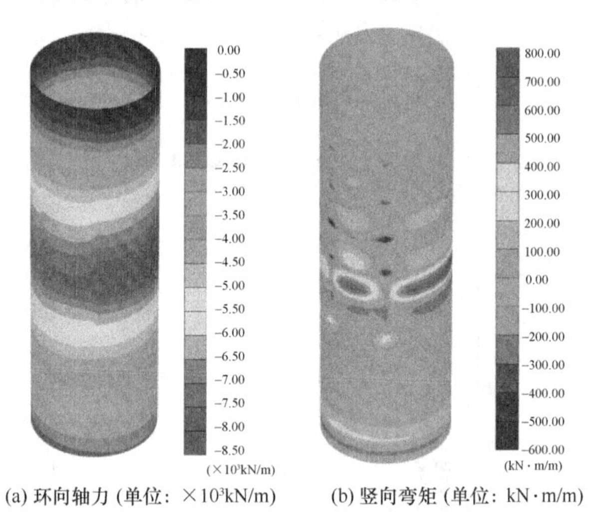

(a) 环向轴力 (单位：×10³kN/m)　(b) 竖向弯矩 (单位：kN·m/m)

图20 地下连续墙内力计算结果

各土层HS-Small模型计算参数信息表　表4

层号	重度 γ /(kN/m³)	E_{oed}^{ref} /MPa	E_{50}^{ref} /MPa	E_{ur}^{ref} /MPa	G_0^{ref} /MPa	c' /kPa	φ' /°	ψ /°	$\gamma_{0.7}$	v_{ur}	p^{ref} /kPa	m	K_0	R_f
③	17.5	3.0	3.6	24.1	79.4	2	29.6	0.0	2.7×10^{-4}	0.2	100	0.8	0.51	0.6
④	17.0	2.4	2.9	19.3	54.0	3	27.9	0.0	2.7×10^{-4}	0.2	100	0.8	0.53	0.6
⑤$_1$	17.6	3.4	4.1	20.3	52.7	4	30.5	0.5	2.7×10^{-4}	0.2	100	0.8	0.49	0.9
⑤$_3$	17.9	4.6	5.6	27.8	72.2	5	31.6	1.6	2.7×10^{-4}	0.2	100	0.8	0.48	0.9
⑤$_4$	19.5	5.7	6.9	34.5	89.6	16	32.4	2.4	2.7×10^{-4}	0.2	100	0.8	0.46	0.9
⑦	19.4	11.6	11.6	46.3	231.6	0	34.5	4.5	2.7×10^{-4}	0.2	100	0.5	0.43	0.9
⑧$_1$	18.0	4.8	5.7	28.5	74.1	8	32.4	2.4	2.7×10^{-4}	0.2	100	0.8	0.46	0.9
⑧$_2$	18.7	5.6	6.8	33.8	118.1	8	33.1	3.1	2.7×10^{-4}	0.2	100	0.8	0.45	0.9
⑨$_1$	19.6	14.7	14.7	58.6	293.2	0	37.5	7.5	2.7×10^{-4}	0.2	100	0.5	0.39	0.9
⑨$_夹$	19.1	7.5	7.5	30.0	150.0	8	33.0	3.0	2.7×10^{-4}	0.2	100	0.5	0.46	0.9
⑨$_{2-1}$	20.4	15.7	15.7	62.8	313.8	0	37.5	7.5	2.7×10^{-4}	0.2	100	0.5	0.39	0.9
⑨$_{2-2}$	20.4	17.2	17.2	68.8	344.2	0	36.5	6.5	2.7×10^{-4}	0.2	100	0.5	0.41	0.9

续表

层号	重度 γ /(kN/m³)	E_{oed}^{ref} /MPa	E_{50}^{ref} /MPa	E_{ur}^{ref} /MPa	G_0^{ref} /MPa	c' /kPa	φ' /°	ψ /°	$\gamma_{0.7}$	v_{ur}	p^{ref} /kPa	m	K_0	R_f
⑩	20	10.4	12.5	62.5	162.6	19	31.6	1.6	2.7×10^{-4}	0.2	100	0.8	0.48	0.9
⑩夹	19.5	7.7	9.2	46.2	120.2	16	32.0	2.0	2.7×10^{-4}	0.2	100	0.8	0.47	0.9
⑩A	19.5	12.4	12.4	49.5	247.4	0	37.0	7.0	2.7×10^{-4}	0.2	100	0.5	0.40	0.9
⑪	19.5	15.4	15.4	61.6	308.0	0	36.0	6.0	2.7×10^{-4}	0.2	100	0.5	0.41	0.9

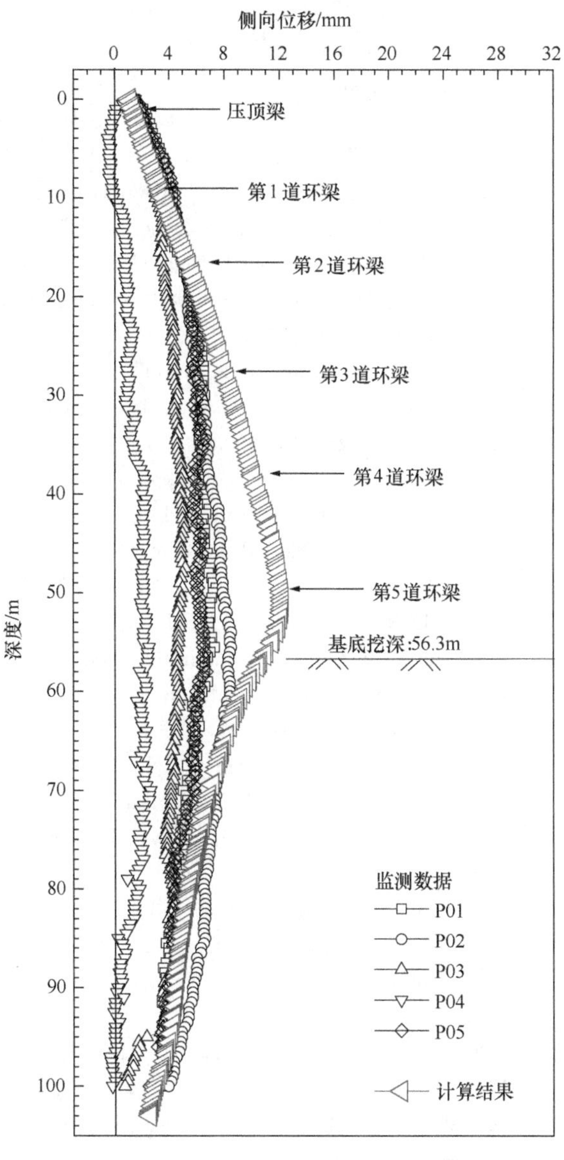

图 21　苗圃竖井基坑地墙水平位移计算结果与实测对比

基坑开挖过程中对地下连续墙环向钢筋应力进行了监测，同样基于钢筋应变与混凝土应变相协调的假定，换算所得各测点（QL1～QL6）的地下连续墙环向轴力值如图 22 所示，换算所得的环向轴力均值为 7120kN，与计算所得的最大环向轴力值 8398kN 较接近，说明计算结果与实测值较吻合。

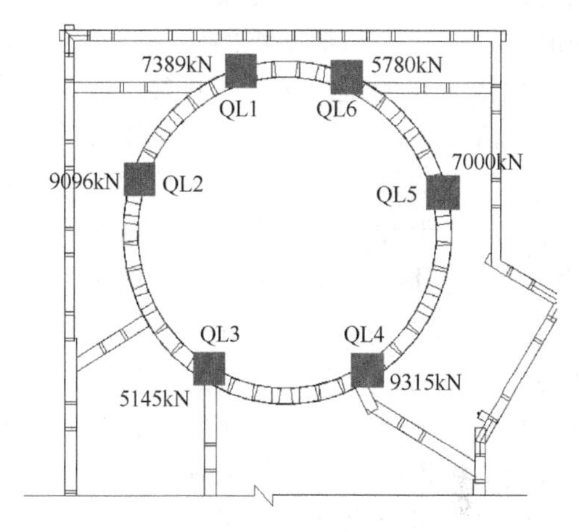

图 22　苗圃竖井基坑地墙环向轴力实测结果

此外，为进一步分析周边附属基坑地下连续墙对苗圃圆形竖井地下连续墙的受力影响，针对仅设置圆形竖井地下连续墙的情况进行模拟分析，计算所得的圆形竖井地下连续墙的环向轴力受力分布于环向方向呈均匀分布状态，环向轴力计算值为 8752kN，增加 4.2%，可见竖井基坑周边的附属基坑地下连续墙可为竖井提供一定的侧向约束作用。

根据上述苗圃竖井、云岭西竖井的典型超深圆形基坑工程案例计算分析对比可知，采用三维 m 法、考虑土与结构共同作用的三维分析方法均能很好地模拟圆形基坑工程的空间变形及受力特性，为类似超深圆形基坑工程提供了可靠的分析手段。就分析手段的适用性而言，由于三维 m 法采用静止土压力近似模拟坑外水土压力分布，且不能考虑邻近中隔墙、外围地下连续墙的加固作用，其计算分析得到支护结构的受力与变形一般较考虑土与结构共同作用的三维分析方法略微偏大，且该方法操作简便、计算原理明确、参数经验积累丰富，可用于圆形基坑的设计包络分析。土与结构共同作用的三维分析方法能考虑土体渗流状态、土与结构界面作用、邻近建（构）筑物存在的影响，更符合基坑工程实际情况，计算结果的精确度更高，且能评价圆形基坑开挖对周边环境的影响。由于选取合理的土体本构模型及土体参数是分析结果可靠程度的关键，要求分析师对土体本构模型有深刻的认识并对土层参数选取有丰富经验。

4 结语

圆筒形结构由于其良好的受力特性，近年来已成为超大深度地下空间开发中的一种有效基坑支护形式。总结了圆形基坑的四种建造方式，可需根据具体工程的土层条件、直径、挖深、内部结构分布情况、施工进度要求等采用合适的建造方式。圆形基坑设计的关键是要采取合理的计算方法分析其受力和变形。由于圆形基坑存在明显的环箍效应，其受力和变形特性不同于一般的方形或长条形基坑，提出了采用三维 m 法或考虑土与结构共同作用的三维分析方法进行圆形基坑的分析，并研究了地下连续墙刚度的折减系数和土体小应变本构模型参数确定方法等关键问题。采用这两种方法对上海软土地区已成功实施的两个50m级超深圆形基坑进行了计算分析，并与实测结果进行了对比，验证了分析方法的可靠性，为软土地层超深圆形基坑分析提供了合理的方法。

参考文献：

[1] 雷升祥，申艳军，肖清华，等．城市地下空间开发利用现状及未来发展理念[J]．地下空间与工程学报，2019，15(4)：965-979.

[2] 边亦海，黄宏伟，张冬梅．宝钢轧机旋流池深基坑的监测分析[J]．岩土力学，2004，25(S2)：491-495.

[3] 李培国，章风仙．人民广场地下变电站深基坑施工简介[J]．岩土工程师，1992，4(1)：41-46.

[4] 刘建航，候学渊．基坑工程手册[M]．北京：中国建筑工业出版社，1997.

[5] 吴晓风，石志祥．31.3m深旋流池土建结构的施工技术[J]．建筑施工，2004，26(2)：107-108.

[6] 住房和城乡建设部．建筑基坑支护技术规程：JGJ 120—2012 [S]．北京：中国建筑工业出版社，2012.

[7] 上海市住房和城乡建设管理委员会．基坑工程技术标准：DG/TJ 08—61—2018 [S]．2018.

[8] 翟杰群，谢小林，贾坚．"上海中心"深大圆形基坑的设计计算方法研究[J]．岩土工程学报，2010，32(S1)：392-296.

[9] 刘明虎，徐国平，刘化图．武汉阳逻长江大桥锚碇设计[J]．公路，2004(12)：39-47.

[10] 宋青君，王卫东．上海世博500kV地下变电站圆形深基坑逆作法变形与受力特性实测分析[J]．建筑结构学报，2010，31(5)：181-187.

[11] STANLEY M, GATWARD J, PULLER D, et al. Design and construction of the Thames Water Lee Tunnel shafts, London Part 1. Construction of the shaft diaphragm walls[J]. Tunnels & tunnelling international, 2012(Apr.): 103-106.

[12] KUNG G T C, HSIAO E C L, JUANG C H. Evaluation of a simplified small-strain soil model for analysis of excavation-induced movements [J]. Canadian Geotechnical Journal, 2007, 44(6): 726-736.

[13] 徐中华，王卫东．敏感环境下基坑数值分析中土体本构模型的选择[J]．岩土力学，2010，31(1)：258.

[14] KUNG G T, JUAND C H, HSIAO E C, et al. Simplified Model for Wall Deflection and Ground-Surface Settlement Caused by Braced Excavation in Clays[J]. Journal of Geotechnical & Geoenvironmental Engineering, 2007, 133(6): 731.

[15] BURLAND J B. "Small is beautiful" - the stiffness of soils at small strains[J]. Canadian Geotechnical Journal, 1989, 26(4): 499.

[16] SIMPSON B. Development and application of a new soil model for prediction of ground movements[C]//In Predictive soil Mechanics: Proceedings of the Worth Memorial Symposium [C]. Oxford, 1993.

[17] STALLEBRASS S E, TAYLOR R N. The development and evaluation of a constitutive model for the prediction ground movements in overconsolidated clay[J]. Geotechnique, 1997, 47(2): 235.

[18] KUNG T C. Surface settlement induced by excavation with consideration of small strain behavior of Taipei silty clay[D]. Taipei: Taiwan University of Science and Technology, 2007.

[19] BENZ, T. Small-strain stiffness of soils and its numerical consequence [D]. Germany: Institute of Geotechnical Engineering, University of Stuttgart, 2007.

[20] Plaxis Material Models Manual [M]. Holland: PLAXIS B. V, 2013.

[21] 王浩然．上海软土地区深基坑变形与环境影响预测方法研究[D]．上海：同济大学，2012.

[22] 王卫东，王浩然，徐中华．基坑开挖数值分析中土体硬化模型参数的试验研究[J]．岩土力学，2012，33(8)：2283.

[23] 张娇．上海软土小应变特性及其在基坑变形分析中的应用[D]．上海：同济大学，2017.

双排吊脚桩结合竖向锚索支护结构在深基坑中的应用

赵春亭[1]，张启军[1,2]，李义焕[1]，王勇强[1]，董良哲[1]，程建东[1]，徐梁超[1]
（1. 青岛业高建设工程有限公司，山东 青岛 266000；2. 青岛市智慧城市绿色岩土工程研究中心，山东 青岛 266001）

摘　要：在邻近有地下室的建筑物条件下，开挖深基坑，常采用双排桩支护结构。当基岩埋深较浅时，灌注桩入岩深度大，效率低、造价高，需要探索一种经济高效的支护方法。依托青岛市某深大土岩双元基坑，在灌注桩端进行至坚硬岩面后，采取了桩内微型桩向下接长，来弥补支护桩嵌岩深度不足，后排桩设置竖向锚索锚拉至基底标高以下，提高抗倾覆性能。通过这一复合支护结构，达到基坑安全稳定和变形控制的目的。工程完工后经过变形监测数据分析，支护效果良好。对于因周边环境条件限制，不能采用长锚杆拉锚的土岩双元深基坑支护，具有进一步研究与推广应用的价值。

关键词：双排桩；微型桩接长；竖向锚索；土岩双元；变形监测

0　引言

在建设开挖基坑的过程中，经常遇到上部土层，下部基岩，基坑开挖深度范围为土岩双元的地层条件，设计的支护灌注桩端往往要深入坚硬岩石内保证嵌固深度。在邻近周边建筑物的情况下，锚杆长度受限，往往采用目前双排灌注桩支护形式[1]。

目前进入坚硬岩石的支护灌注桩成孔工艺通常有如下几种：（1）冲击锤成孔工艺；采用卷扬吊重锤，在桩孔内上下冲击，将硬岩破碎，孔内注入泥浆循环出渣成孔；（2）大型旋挖钻机成孔工艺：大型旋挖钻机截齿钻具或牙轮钻具，将孔内岩体破碎或取岩芯成孔；（3）大直径潜孔锤成孔工艺：采用大型桩机配以大直径潜孔锤，通过大型空压机供风，将孔内硬岩冲击成粉末，吹出孔内成孔。前两种工艺效率较低，冲击锤成孔泥浆污染严重、振动影响范围大；大型旋挖破碎硬岩噪声很大；大直径潜孔锤粉尘量很大、噪声也非常大；同时，3 种工艺的成本均很高。

经过多个项目的探索，支护灌注桩上部土层和软岩部分，采用常规工艺成孔，下部入硬岩后，设置多根小直径微型钢管桩向坚硬基岩内钻孔灌注接长，来保证支护结构入岩的嵌固深度。考虑到土岩双元基坑，其双排灌注桩为吊脚桩[2]，入岩深度有限，微型钢管桩接长锚固入岩后，仍然达不到双排桩的最小嵌固深度 $0.6H$，经计算分析后排桩有锚固不足的问题，因此在后排桩设置竖向预应力锚索锚拉，优化双排桩支护结构的受力状态，更好地控制基坑变形。下部硬岩部分采用错台后微型桩结合锚杆进行支护[3]。

现就某一项目为例介绍其应用过程及效果情况。

1　工程概况

该项目位于青岛市某核心地段，拟开挖基坑周长为 1520m，基坑深度为 12.6～36.5m。拟开挖场区西侧邻近城市支路，道路边线与地下室相距 18.6m，以外有一座酒店楼房、一个砖房、一个小区及其他构筑物。拟开挖场区南侧与某酒店相隔一条车行道，以外为某酒店，两层地下室。拟开挖场区东侧邻近一主要城市道路，局部邻近某商务酒店。场区北部暂不开挖。邻近的道路均埋设有各类管线。周边环境条件比较复杂，见图 1。

1.1　工程地质条件

场区第四系主要由人工填土层、粉质黏土层、含黏性土粗砂、花岗岩强风化带、花岗岩中风化带、花岗岩微风化带组成。其中基岩节理及裂隙较发育，多为高角度节理。

1.2　水文地质条件

拟开挖场区地下水主要为岩石裂隙水，第四系孔隙潜水主要含水层为粗砂土层，地质钻孔观测的地下水稳定水位埋深为 1.1～10.0m。

2　双排桩复合支护形式

场区西南侧开挖深度为 26.3～29.1m，划分为支护 3a 单元和 3b 单元，在场区内的位置详见图 1。该单元邻近某星级酒店地下室，不能做长锚杆，采用了上部双排灌注桩，后排桩设竖向预应力锚索，下部微型钢管桩＋预应力锚杆的复合

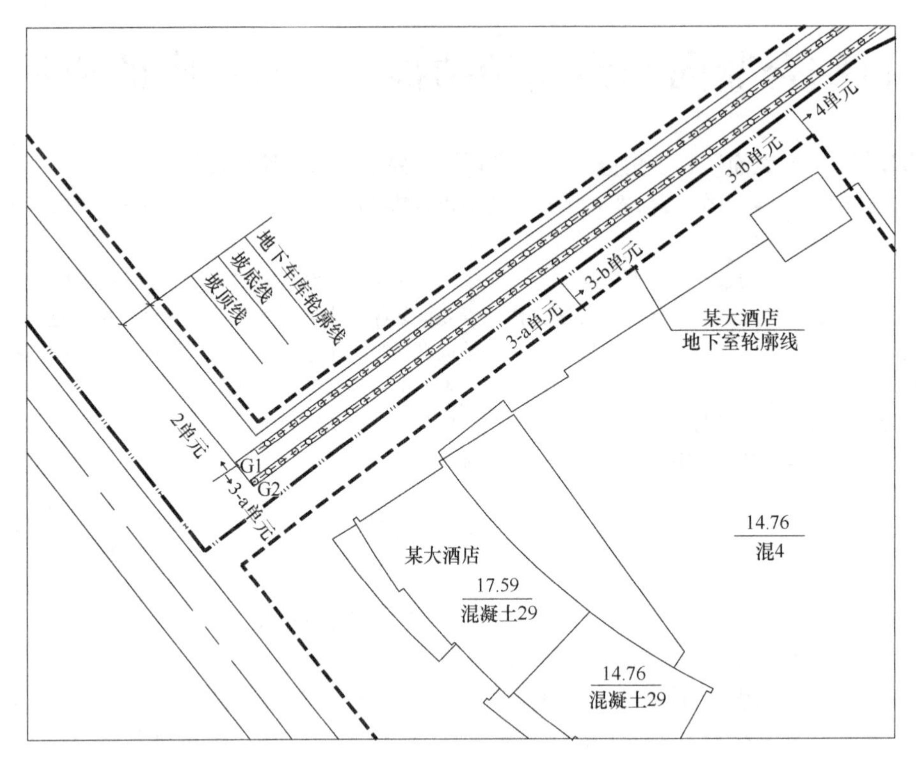

图1　基坑平面图

支护形式，以3a单元为例，其复合支护形式剖面图见图2。

3a单元原设计支护参数如下。

（1）灌注桩。①双排支护灌注桩，桩径为1000mm，排桩的中心距均为2.5m，前后排桩的中心距为3.5m；②桩顶设置钢筋混凝土冠梁与连梁，冠梁截面尺寸均为1100mm×800mm，连梁截面尺寸均为800mm×800mm。

（2）锚杆。①设置多层预应力锚索、全粘结锚杆，矩形排列，钻孔注浆锚固工艺，灌注42.5级纯水泥浆；②预应力锚索端部预留长度应满足张拉锁定要求；③后排桩设置大吨位竖向预应力锚索。

（3）面层。①灌注桩侧标高9.5m以上位置设置钢筋网喷射混凝土面层2,采用绑扎双层钢筋网ϕ8@200mm×200mm，面层厚度为200mm，其余坡面设置钢筋网喷射混凝土面层1，采用绑扎钢筋网 ϕ6.5@200mm×200mm，面层厚度为100mm；②灌注桩顶标高以上坡面设置纵横肋梁，其余预应力锚索端部设置腰梁1、2、5，全粘结锚杆除MG0外端部均设置腰梁；③以锚杆为节点纵横设置2根14mm加强筋，纵向加强筋延伸至各梁内锚固。

（4）微型钢管桩。桩芯的钢管直径为146mm，壁厚为5mm，钻孔直径为200mm，桩中心距为1000mm，孔内用水灰比为0.5的纯水泥浆灌注密实。

（5）防排水。①坡顶设挡水台阶，坡底设排水沟与集水井；②坡面设置泄水孔，采用ϕ50的PVC排水管，按2m×2m间距设置，并可以根据坡面渗水情况适当调整。

支护剖面见图2，锚杆参数见表1。

3a单元锚杆参数　　　　**表1**

编号	杆体型号	水平间距/mm	倾角/°	锚杆长度/mm	自由段长度/mm	锚固段长度/mm	预应力锁定值/kN	承载力设计值/kN
MG0	1ϕ25	2500	15	6500	—	6500	—	—
MG1	4ϕ^s15.2	5000	90	30000	24000	6000	270	540
MG2	6ϕ^s15.2	2500	45	24000	24000	—	360	720
MG3	4ϕ^s15.2	2500	45	18000	10000	8000	270	540
MG4	4ϕ^s15.2	2000	40	16000	8000	8000	270	540

续表

编号	杆体型号	水平间距/mm	倾角/°	锚杆长度/mm	自由段长度/mm	锚固段长度/mm	预应力锁定值/kN	承载力设计值/kN
MG5	2ϕ25	2000	35	1000	—	10000	—	—
MG6	3ϕ^s15.2	2000	30	12000	6000	6000	480	480
MG7	2ϕ22	2000	25	7000	—	7000	—	—
MG8	2ϕ22	2000	25	6000	—	6000	—	—

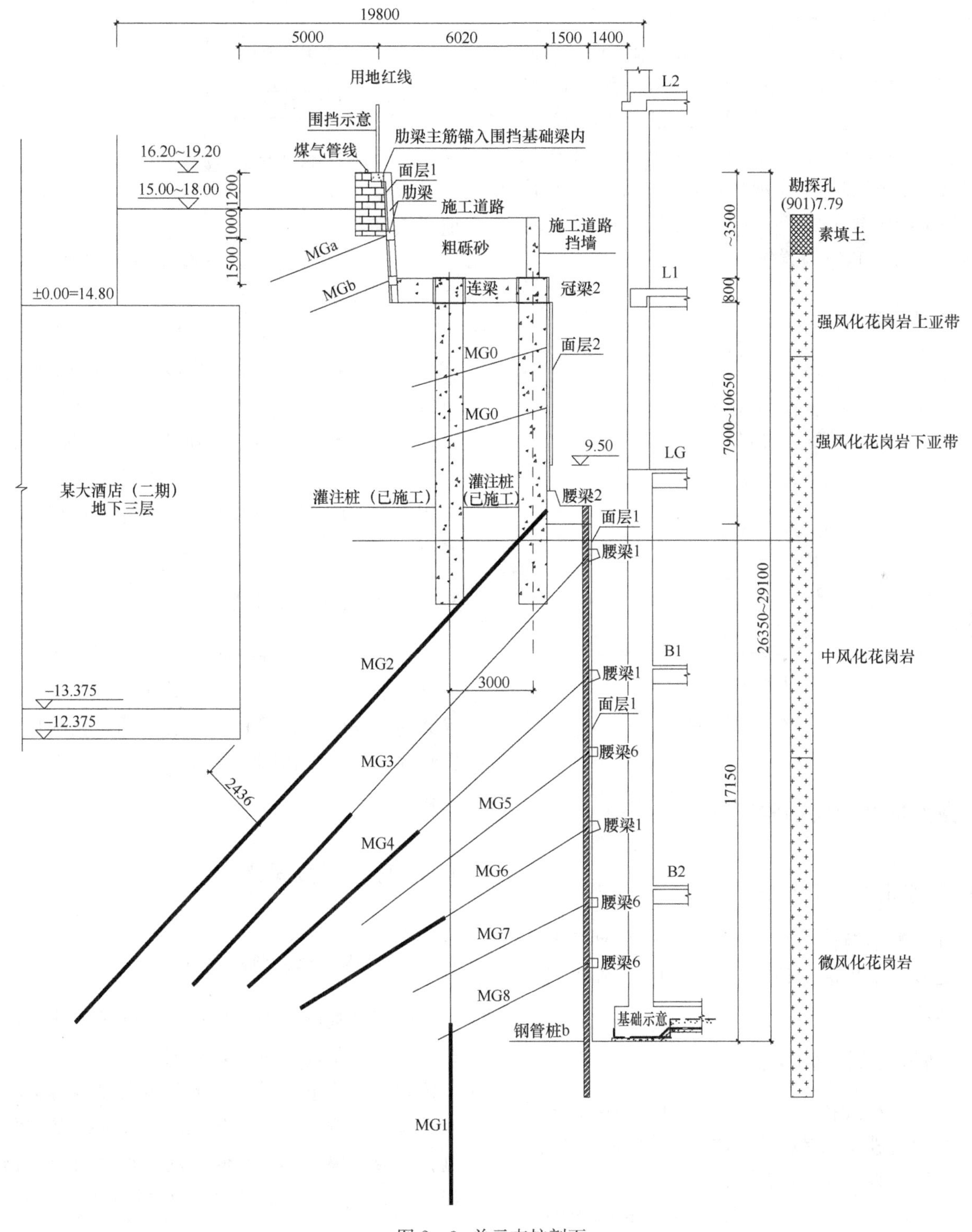

图2　3a单元支护剖面

现场采用旋挖宝峨18型桩机成孔，至硬岩时进尺缓慢，对施工桩底标高未达到设计标高则采用钢管桩进行接长[4]，前排设置4根钢管桩，后排设置2根钢管桩，钢管选用Q235钢，ϕ146mm，壁厚为10mm，钢管桩锚入灌注桩内长度不小于2m。钢管桩进入灌注桩内的长度控制按以下原则：前排桩实际桩长与设计桩长相差0.3～1m嵌固1.5m，相差1～2m嵌固2.5m，相差2～3m嵌固3.5m；外排桩实际桩长与设计桩长相差0.5～1.5m嵌固1.5m；相差1.5～2m嵌固2m，相差2～2.5m嵌固2.5m；相差2.5～3m嵌固3m。灌注桩灌注前预先留置钢套管，钢套管选用Q235钢，ϕ180mm，壁厚为3.5mm，长度同灌注桩桩体长度，钢管桩施工完成后，套管内采用水灰比0.5纯水泥浆灌注密实，水泥采用P·O42.5普通硅酸盐水泥。接桩布置见图3。

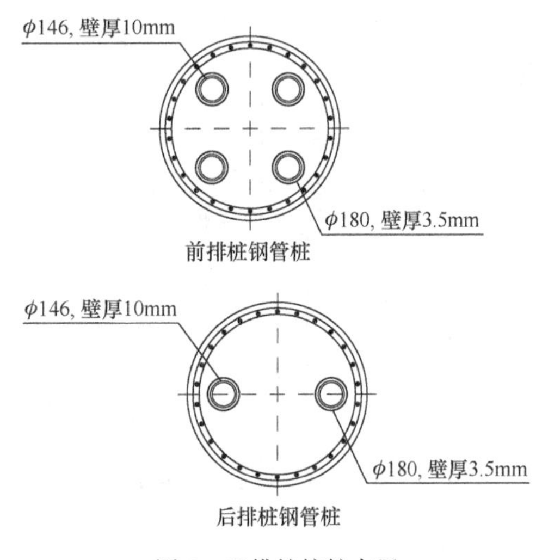

图3　双排桩接桩布置

3　微型桩及竖向锚索工艺流程

3.1　微型钢管桩接桩流程

孔口微型钢管桩施工方法适用于各种桩型的接长处理，采用潜孔钻成孔锚固即可，施工工艺流程见图4。

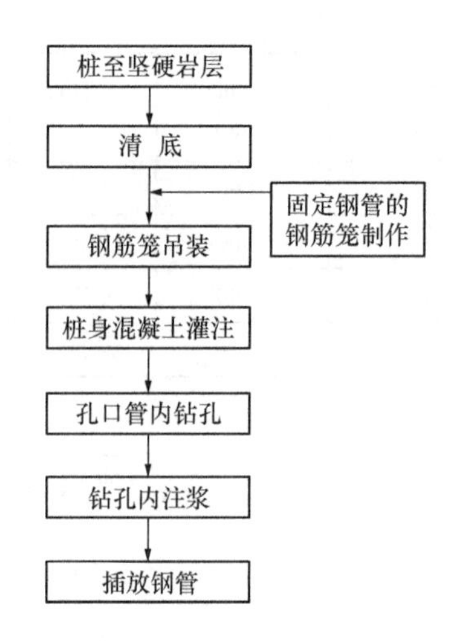

图4　微型钢管桩接长施工工艺流程

3.2　微型钢管桩施工要点

（1）旋挖成孔，地下水较多时，采用泥浆护壁，至硬岩进尺缓慢后停止钻进，清底同冲击钻；干燥地层可直接成孔，至硬岩后停钻。

（2）制作钢筋笼内侧焊接固定预留孔道的钢管，钢管底部采用密目网包裹，避免浇筑混凝土时进入管内。

（3）钢筋笼安装后要在孔口对其进行固定，避免浇筑过程中上浮。

（4）混凝土浇筑后2～3d，可以采用潜孔钻成孔，潜孔钻钻杆钻具直接放入固定在钢筋笼的钢管内钻进即可，钻头直径150～165mm，比设计深度一般超深50cm，到底后高压风吹出沉渣。

（5）注浆采用水灰比0.5的纯水泥浆，水泥采用42.5级，孔内注浆后可吊放钢管配以振动机械直接下入孔内即可。

3.3　竖向锚索施工要点

竖向锚索可两种办法：（1）采用地质钻机取芯钻孔至设计深度；（2）浇筑桩混凝土前，在钢筋笼内预先焊接钢管作为钻孔通道。钻孔后，下钢绞线束，注浆锚固，强度达到张拉条件后进行张拉锁定。

4　变形监测数据分析

4.1　监测内容及监测点布置

根据本基坑支护结构形式、施工方法、地质条件、环境条件的特点，依据基坑工程设计图纸及监测规范要求，设置以下基坑监测内容：坡顶水平位移观测；坡顶沉降观测；深层水平位移观测；预应力锚索轴力观测；周边地表及建筑物沉降观测；地表裂缝观测。监测点平面布置见图5。

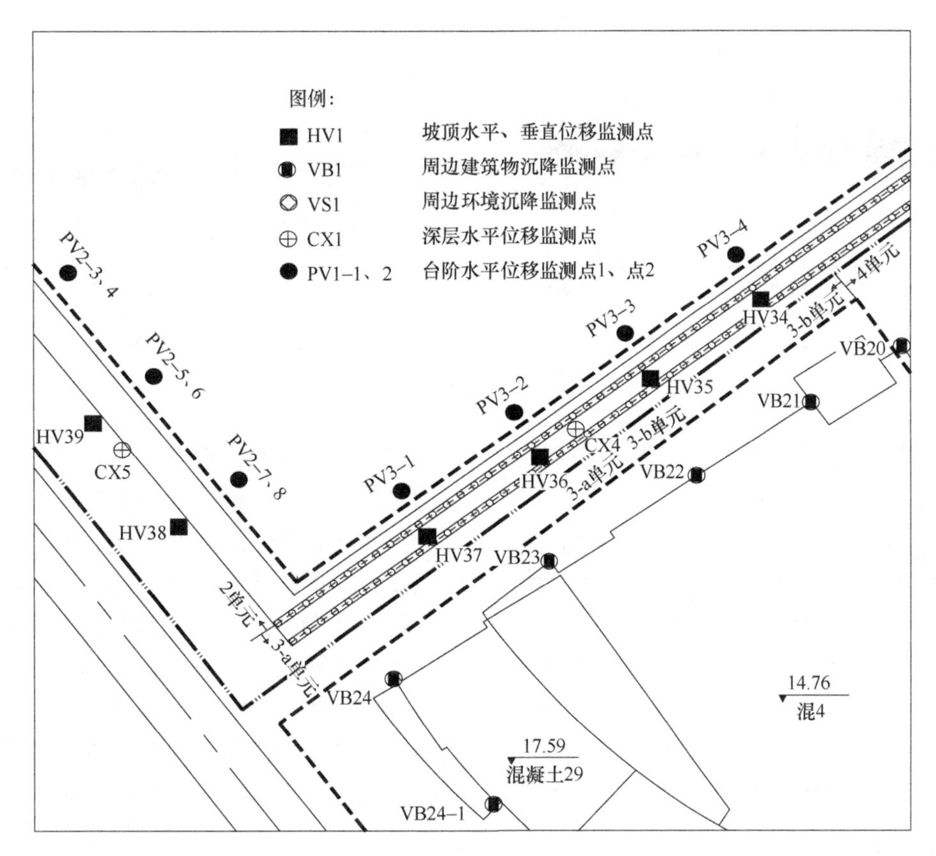

图 5 变形监测点平面布置

4.2 坡顶水平位移数据分析

各监测点最终水平位移为 17.6～37.7mm，位移最大值与基坑深度的比值约为 1.4‰，详见表 2。

坡顶水平位移观测成果表 表 2

监测点号	最终位移量/mm
HV34	36.1
HV35	37.7
HV36	31.7
HV37	17.6

4.3 坡顶竖向位移数据分析

各监测点最终竖向位移为 4.1～15.5mm，位移最大值与基坑深度的比值约为 0.6‰，见表 3。

坡顶竖向位移观测成果表 表 3

监测点号	最终位移量/mm
HV34	−6.7
HV35	−15.5
HV36	−12.5
HV37	−4.1

4.4 预应力锚索轴力数据分析

各测量点最大变化值为 134.87～177.87kN，变化值较大，主要是因为锚索初次张拉时，超张拉荷载不够，锁定时损失量较大，没有锁定到设计荷载，后又加大超张拉锁定荷载，重新进行了张拉锁定，后续锚索轴力观测情况趋于稳定，见表 4。

预应力锚索轴力观测成果表 表 4

位 置	轴力初始值/kN	最终测试值 /kN	累计变化值/kN
3 竖向	147.73	282.60	134.87
3-1	170.40	347.97	177.57
3-2	188.88	340.26	151.38

4.5 桩身钢筋内力数据分析

桩身内力的变化主要出现在基坑开挖初期和中期，其中有桩身内力出现突变情况，最大为 7 kN 左右，但总体变化不大，未达到报警值，基坑开挖后期及使用过程中，桩身钢筋内力的观测值趋于平缓，见图 6。

4.6 邻近建（构）筑物沉降数据分析

各沉降监测点最大位移为 0.8～12.8mm，

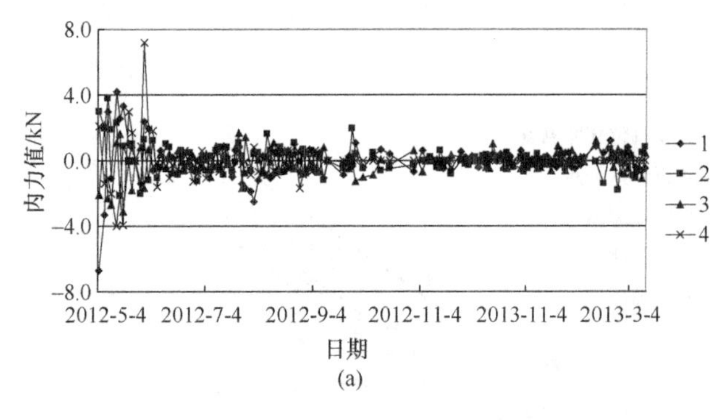

(a)

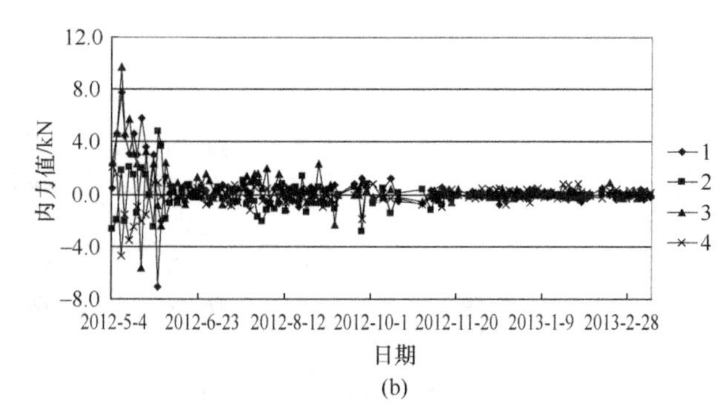

(b)

图 6　3a 单元桩身内力累计变化量曲线

VS24 号点沉降稍微超了一点，其他各点控制良好。最终变化量见表 5。

邻近建（构）筑物沉降监测点成果　　表 5

监测点号	最终位移量/mm
VS21	−5.0
VS22	−0.8
VS23	−0.9
VS24	−12.8

4.7　变形监测总体分析

（1）根据基坑变形监测数据，坡顶水平位移变形主要出现在基坑开挖初期和中期，初期预应力施加不足，造成位移变化较大，重新施加到位后效果明显。在开挖过程后期垫层施工后至基坑回填曲线趋于平缓，基坑变形趋于稳定。

（2）坡顶水平位移和竖向位移最终均控制在基坑深度的 1.5‰ 以内，变形控制总体上比较理想。

5　总结与体会

该土岩双元超深基坑，采用上部双排灌注桩、后排桩预应力锚索竖向锚拉、遇硬岩微型桩接长嵌固，下部微型桩结合锚杆支护，经对施工过程及运行期间的变形监测表明，该工程是成功的。对于类似的土岩双元地层条件，邻近地下结构无法打设长锚杆的情况下，土层及软岩采用双排吊脚桩，桩内微型桩接长避免双排桩整体入岩过短，后排竖向长锚索的设置加大了后排桩的锚固能力，该复合支护形式对于邻近地下障碍物的土岩双元深基坑具有推广的应用价值。目前，许多岩土工作者也开展了一些土元双元深基坑支护及吊脚桩支护的一些课题，包括刘红军教授团队研究的加锚双排桩与吊脚桩基坑支护结构数值分析[2]，张明义教授团队研究的基于 Plaxis 2D 的吊脚桩刚度对支护的影响分析[5]等，但尚未形成成熟理论及指导性标准，对于其支护机理有待进一步深入研究，通过不断实践探索，形成指导性规范标准。

参考文献：

[1]　张富军．双排桩支护结构研究[D]．成都：西南交通大学，2004.

[2]　刘红军，李东，张永达，等．加锚双排桩与“吊脚桩”基坑支护结构数值分析[J]．岩土工程学报，2008(S1)：225-230.

[3]　张芳茹，张启军．紧邻地下管线条件下深基坑支护设计与施工[J]．现代矿业，2009(5)：134-137.

[4]　张启军，乔凤阳，李钢．灌注桩底锚固嵌岩创新工法应用实践[C]//中国土木工程学会；中国工程建设标准化协会，桩基工程技术进展，2017.

[5]　袁海洋，张明义，寇海磊．基于 Plaxis 2D 的“吊脚桩”刚度对支护的影响分析[J]．青岛理工大学学报，2013，34(2)：31-35.

土岩双元基坑多阶微型桩支护技术应用实践

张启军[1,2,4]，赵春亭[1,3]，白晓宇[2,4]，王永洪[2,4]，王春红[1]，王佳[1]，李朱莲[1]，乔 佳[1]

（1. 青岛业高建设工程有限公司，山东 青岛 266100；2. 青岛理工大学土木工程学院，山东 青岛 266520；3. 青岛慧睿科技有限公司，山东 青岛 266042；4. 青岛市智慧城市绿色岩土工程研究中心，山东 青岛 266520）

摘　要：我国北方土岩深基坑常规采用放坡结合土钉墙或桩锚支护，该两种支护都有一定的局限和问题，为探索直立开挖土岩基坑更加经济快速的支护方法，在青岛市某超深土岩基坑项目中，设计使用了多阶微型桩、经多次错台形成竖向分阶式锚喷支护墙。它针对土体厚度较薄（一般小于5m）采用微型桩＋锚杆支护；下部岩体稳定（厚度超过10m）直立开挖通过微型桩锚喷防护，充分利用了岩体结构自稳能力，同时对岩体侧壁表层裂隙通过锚喷处理，支护完成效果良好，安全可靠。探索出了一种土岩深基坑更加经济快速的支护方法。

关键词：土岩双元；多阶微型桩；锚喷支护墙

0　引言

城市地下空间开发建设中，经常遇到土岩双元基坑。所谓土岩双元基坑是指支护体系影响深度范围内上部是土体、下部为岩体的基坑。

目前我国北方同类基坑常规支护方法为放坡结合土钉墙或桩（大直径灌注桩）锚支护，放坡结合土钉墙方法要占用外部大量空间，要付出大量土石方挖运机械台班，现场要有较大空间存放渣土，或直接外运弃置；回填土的质量要求较高，设计要求的压实度问题往往达不到要求，造成后期运行方面存在安全隐患。桩锚支护方法的围护桩遇岩层施工困难，速度慢，成本很高，噪声、振动及泥浆或粉尘污染严重。

城区深基坑往往由于场地受限，无法放坡，一般都采用直立开挖的方案：一是基坑深度12m以内时，可采用微型桩结合锚杆支护，或大直径灌注桩的桩锚支护；二是上部土体侧壁桩锚、下部岩体微型桩的吊脚桩支护方法。锚杆一般1.5～2.5m一层，设置混凝土腰梁或双拼型钢腰梁。

锚杆腰梁现有技术都是采用现浇钢筋混凝土或双拼型钢腰梁，采用现浇钢筋混凝土结构及工艺存在如下问题：

（1）由于一般为异形梁、截面小、要穿锚杆等原因，支设模板难度大，易松动模板整体不稳造成质量问题，生产效率低；

（2）支模使用木材量较大，浪费自然资源；

（3）每层锚杆要预应力张拉后才能开挖下一层，每层现浇钢筋混凝土梁板施工及强度上升的时间均较长，工期长；

（4）钢筋制作安装、支设模板需要大量工人，成本较高。

双拼型钢腰梁主要为双拼槽钢或工字钢结构的腰梁，存在如下问题：

（1）使用钢材量大，浪费矿产资源；

（2）焊接量大，需要专业焊工现场操作；

（3）重量大，需要吊装机械及大量人工配合；

（4）成本高。

在深基坑工程实践中，钢管桩已在深基坑工程中广泛应用[1]，技术人员经过反复应用摸索，在青岛市某超深基坑中，创造了多阶微型桩岩石锚喷施工技术。包括青岛国际贸易中心的二阶微型桩支护应用实践[2]，青岛金帝配套中学的二阶微型桩支护结合永久边坡防护的方法探究[3]，多阶微型桩岩石锚喷支护是指一种利用微型桩、经多次错台形成的用于支护土岩双元基坑的竖向分阶式锚喷支护墙。它针对土体厚度较薄（一般小于5m）采用微型桩锚杆支护；下部岩体稳定（厚度超过10m）直立开挖通过微型桩锚喷防护，充分利用了岩体结构自稳能力，同时对岩体侧壁表面常有裂隙通过锚喷安全处理，显示了安全可靠、技术合理、经济快捷优势。

1　工程概况

本工程位于山东省青岛市市北区，地下规划为3层，地下建筑面积134200m^2，其中包括两个共计65100m^{2}的独立立体停车库，基坑周长约800m，基坑深度15～50m。

工程地质条件：

场区第四系主要由全新统人工填土、上更新统粉质黏土组成。基岩以燕山晚期粗粒花岗岩为主，场区揭露有后期侵入的煌斑岩及细粒花岗岩岩脉。按地层自上而下、地质年代由新到老的层序分述如下：

①层素填土 较广泛揭露于场区，北侧局部钻孔该层缺失。揭露厚度0.40～15.40m，黄褐—灰褐色，松散—稍密，稍湿，以回填黏性土为主成份差异性较大，均匀性差。

⑪层粉质黏土 该层主要揭露于场区3号剖线以南区域。厚度0.60～5.50m。黄褐色，可塑，具中等压缩性，见有铁锰氧化物及结核，无摇振反应，切面有光泽，干强度中等，韧性较好，该层含少量粗砂。地基承载力特征值 f_{ak}=240kPa。

⑯层强风化中亚带 较广泛揭露于场区。揭露厚度1.0～7.50m。黄褐色，粗粒结构，块状构造，长石、石英为主要矿物成分；岩石风化强烈，岩芯呈粗砂、小碎块状，小碎块手搓易碎，呈粗砂状。地基承载力特征值 f_{ak}=800kPa，变形模量 E_0=35MPa。岩石坚硬程度为软岩，岩体极破碎，岩体基本质量等阶为Ⅴ阶，为散体状结构岩体。

⑯$_1$层强风化下亚带 较广泛揭露于场区。揭露厚度0.30～15.50m。黄褐色，粗粒结构，块状构造，长石、石英为主要矿物成分；岩石风化强烈，岩芯呈小碎块—块状，手能掰碎呈砾砂—角砾状。地基承载力特征值 f_{ak}=1200kPa，变形模量 E_0=45MPa。岩石坚硬程度为软岩，岩体极破碎，岩体基本质量等阶为Ⅴ阶，为散体状结构岩体。

⑰层中等风化带 较广泛揭露于场区。揭露厚度0.50～5.00m。肉红色，结构、构造同上。长石部分蚀变、褪色，岩样表面较粗糙，岩芯呈碎块状，裂隙较发育，节理面见挤压痕迹，锤击易沿节理面裂开。地基承载力特征值 f_{ak}=1800kPa，弹性模量 E=8×103MPa。岩石坚硬程度为软岩，岩体较破碎，岩体基本质量等阶为Ⅴ阶，属碎裂状块状结构岩体。

⑱层微风化带 较广泛揭露于场区。揭露厚度0.80～8.20m。浅肉红色—肉红色，结构、构造、矿物成分同上。矿物蚀变较轻，节理稍发育，多为高角度节理，节理面微张，岩芯多呈短柱状，柱面光滑，锤击声较脆，不易碎，强度较高。地基承载力特征值 f_{ak}=6000kPa，弹性模量 E=35×103MPa。岩石坚硬程度为坚硬岩，岩体较完整，岩体基本质量等阶为Ⅱ阶，为整体块状结构岩体。

水文地质条件：

地下水类型主要为基岩裂隙水，基岩裂隙水主要以层状、带状赋存于基岩风化带、岩脉旁侧裂隙密集发育带中。测得钻孔内水位埋深12.8～18.0m，标高32.9～51.23m。场区地下水主要接受大气降水补给。调查资料显示场区内历史最高地下水位出现在场区北侧，约为54.5m，近3～5年最高地下水位53.2m。

周边环境条件：

拟建二期地下室外墙东侧紧邻一期消防车道，道路下埋设有雨污水、废水管线；基坑北侧为现状山体无管线埋置；南侧合肥路存在电力雨污水等管线，距基坑最近约16m；基坑西侧边缘紧靠在建劲松四路人行道，道路已埋设消防、电力及雨污水管线。

2 支护设计情况

支护设计方案根据总平面布置、基坑周边环境、工程地质条件以及开挖深度，将支护结构划分为四个支护单元。

其中5单元位于基坑北侧，开挖深度约50m，设三阶微型桩，第一阶微型桩深度19.3m，第二阶微型桩深度18.4m，第三阶微型桩深度16.8m，嵌固深度均为2.0m，间距均为1.0m。钻孔直径均为200mm，微型桩桩芯为钢管 ϕ146mm×5mm，两阶岩肩宽度均为1.3m。

锚杆设计第一阶微型桩与第二阶微型桩范围内均为预应力锚索，第三阶微型桩范围内上部五层为预应力锚索，下部四层为全粘结锚杆。锚杆水平间距均为2.0m，锚杆竖向间距第一阶微型桩范围内为2.0m，第二阶和第三阶微型桩范围内为1.5m。

锚杆腰梁设计为单拼25号槽钢梁。

5单元支护剖面见图1。

多阶微型桩岩石锚喷结构设计参数：

(1) 微型桩孔径200mm，桩芯采用钢管146mm×5mm，管身下端设出浆孔，管内外均灌注水泥浆或砂浆。第一阶微型桩顶设冠梁，高度300mm、宽度400mm、岩肩宽度1.0m，微型桩嵌固深度不宜小于2.0m。

(2) 锚杆（索）水平间距2.0m，竖向间距1.5～2.0m。

(3) 喷射混凝土面层强度等级C20，厚度80mm，配置钢筋网片直径6mm，网格尺寸200mm，腰梁部位喷平、刮平。面板按一定间距布设泄水孔，可以自上而下预留，也可以后续自

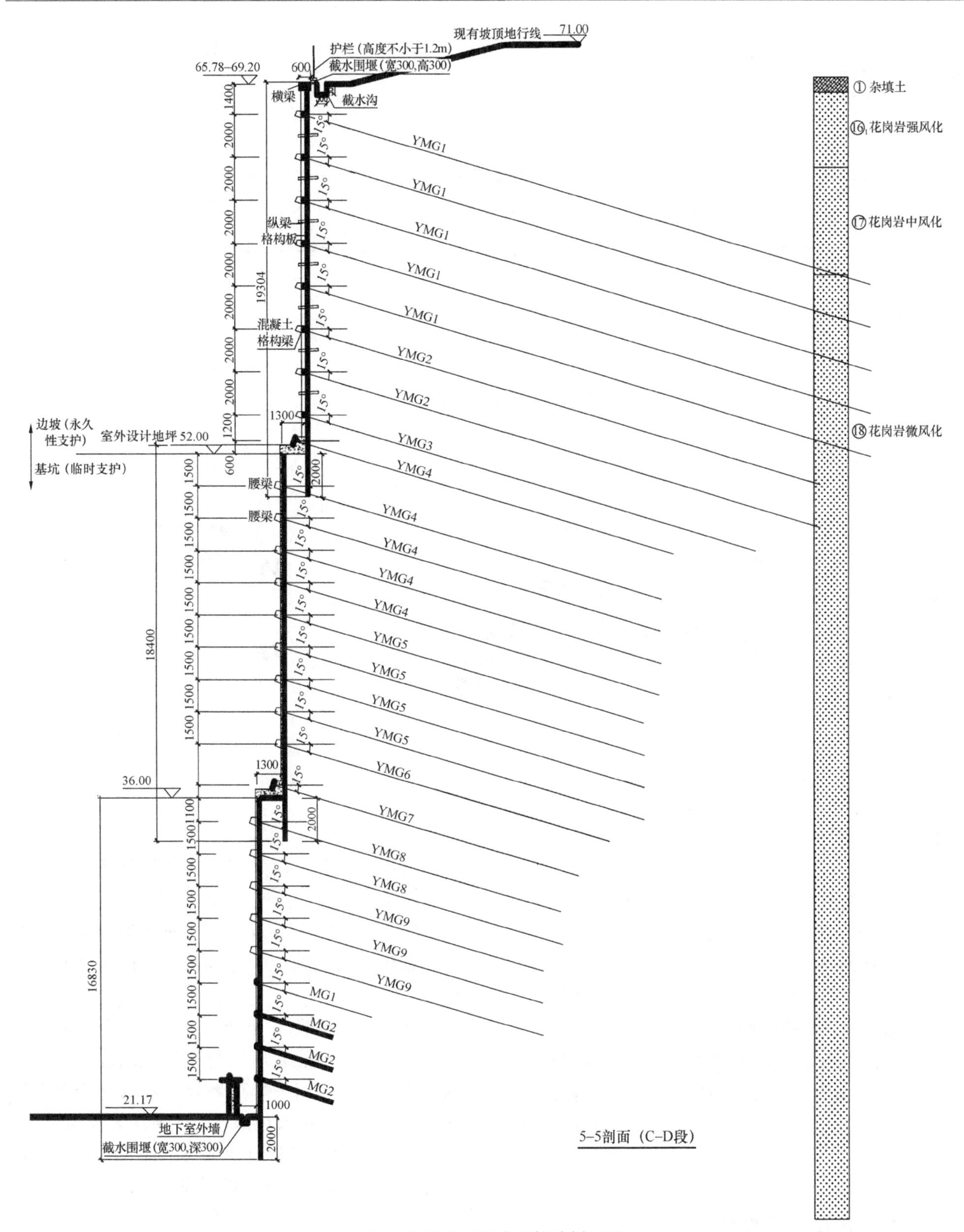

图 1　多阶微型桩岩石锚喷剖面图

下而上水钻打设，直径 100mm。

(4) 单拼槽钢腰梁采用腰高 250mmQ235 热轧槽钢。调整角度及传力的无缝钢管采用 45 号钢，直径 146mm，壁厚 5mm，一端切口垂直于钢管轴线，另一端为斜切口，倾角与锚杆与水平面的倾角一致，无缝钢管长度以保证上部承压钢板在槽钢腿以外为准。单拼槽钢腰梁示意见图 2、图 3。

(5) 底部承压钢板（承压钢板 1）和上部承压钢板（承压钢板 2）采用热轧钢板，强度等级 Q235，底部承压钢板的边长为 200mm，钢板厚

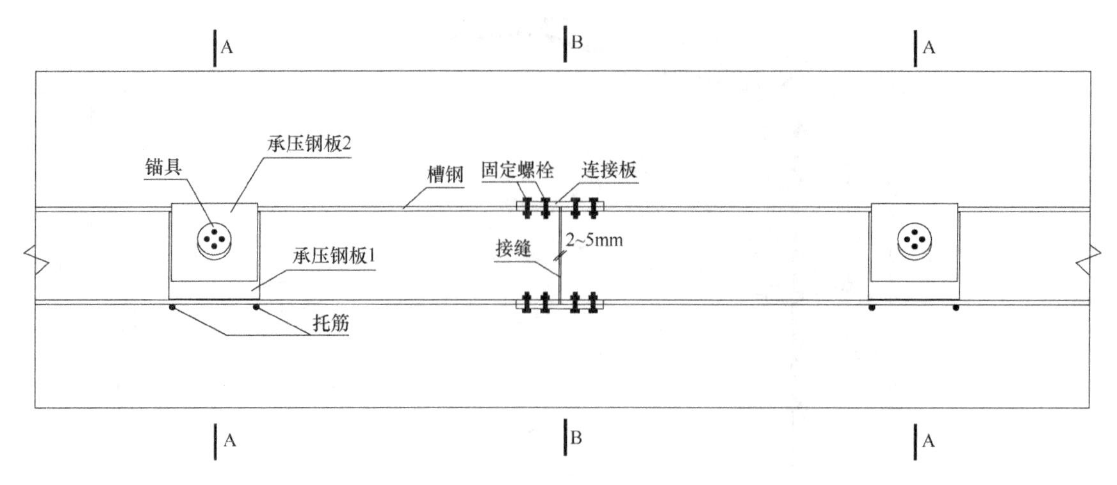

图2 单拼槽钢腰梁正面图

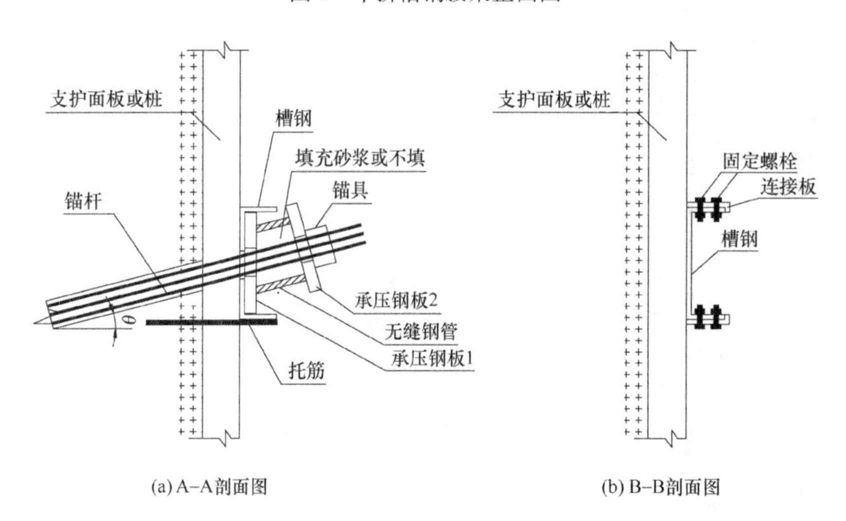

图3 单拼槽钢腰梁剖面图

度20mm。

(6) 槽钢腰梁之间的连接钢板采用热轧钢板，强度等级Q235，长度300mm，宽度与槽钢腿宽相同，板厚15mm。腰梁托筋直径28mm，钻孔深度不少于10d，孔内采用快用水泥或植筋胶锚固，外露以超过预计的槽钢腿为准。

(7) 预应力锚杆采用可拆卸锚具，锚杆杆体3～4束（常用）时，设3块钢构件通过螺栓螺母固定组合；锚杆杆体2束时，设2块钢构件组合。

3 施工工艺及技术要点

3.1 施工工艺流程

多阶微型桩岩石锚喷施工工艺流程见图4。

3.2 工艺技术要点

(1) 微型桩施工

微型桩成孔土层采用工程地质钻机，岩层采用水井潜孔钻机。微型桩施工工艺流程见图5。

① 微型桩岩层钻孔采用一种改造型喷雾降尘潜孔钻机，钻孔施工中有效降尘，达到城镇环保要求。

② 微型钢管桩下端4m每隔50cm打孔ϕ15mm，以保证注浆后钢管内外充满浆液，钢管前端头切口后采用气焊烘烤收口，以利于钢管下入孔内，钢管上部及顶部打眼以备吊装及固定。

③ 微型桩注浆材料通常为水泥浆，水泥采用复合硅酸盐32.5级或42.5级，水灰比0.45～0.55。

④ 下一阶微型桩与上一阶微型桩之间设岩肩，宽度一般不少于1.0m，上一阶微型桩嵌入岩肩以下1.5m。

⑤ 第一阶微型桩顶设钢筋混凝土冠梁，将所有钢管桩顶浇筑联系成一个整体。岩肩处设L形锁脚连系梁，该处设一层预应力锚杆对上一阶钢管桩脚进行锚拉锁定，并将下一阶钢管桩顶浇筑

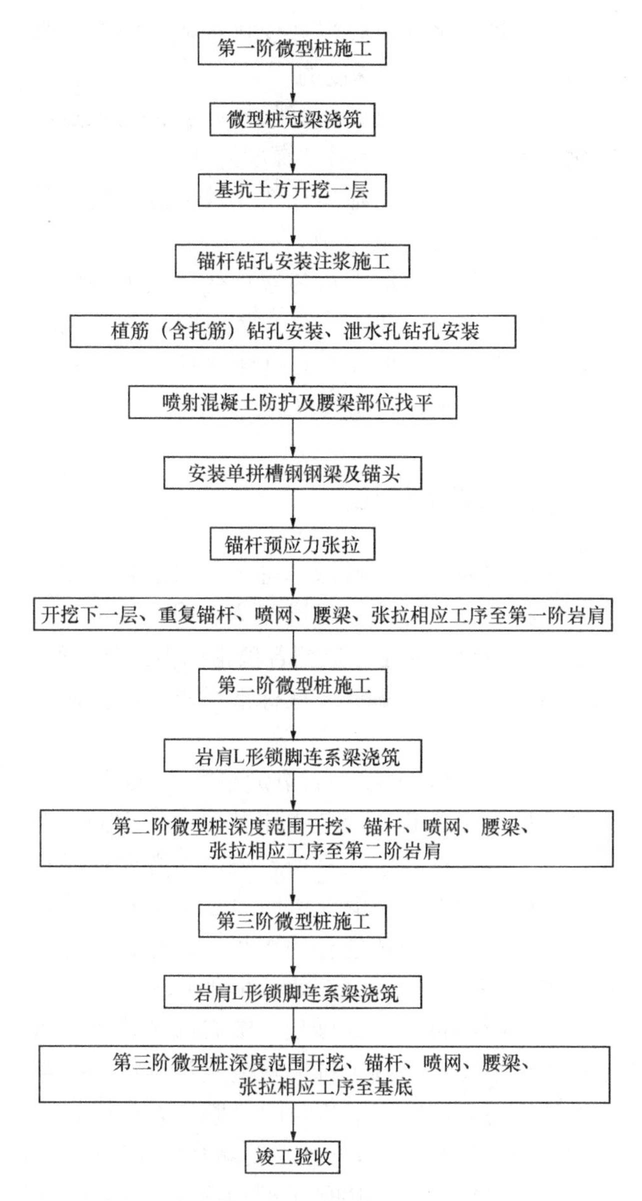

图 4　多阶微型桩岩石锚喷施工工艺流程图

连系成一个整体。

（2）锚杆及腰梁喷网施工

顺微型桩开挖基坑，开挖标高一般至设计锚杆位置以下 30～50cm，以锚杆钻机操作方便为宜。边坡开挖坡面尽量平整。锚杆一般采用预应力锚杆，侧壁岩体完整性好时也可采用全粘结锚杆。当采用预应力锚杆时，杆体一般使用钢绞线，孔径一般 100～180mm，当锚固段地层粘结强度较低时，可采用扩大头处理，注浆锚固，预应力锚杆的自由段设套管与浆体隔离，锚杆外露长度满足后续张拉的要求。

锚杆岩层钻孔采用一种改造型喷雾降尘潜孔钻机，钻孔施工中有效降尘，达到城镇环保要求。

① 腰梁托筋一般采用螺纹钢或角钢，设置于锚杆处紧贴腰梁的下方，外露超过腰梁腿高。泄

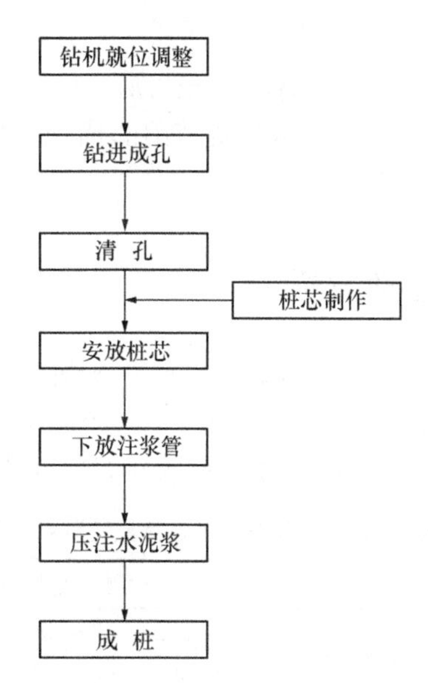

图 5　微型桩施工工艺流程图

水孔间距一般 2～2.5m，孔深 500mm 左右，管径 75～100mm，横平竖直，岩土体内的端头设过滤装置。

② 面层采用喷射混凝土临时防护，厚度一般平均 60～150mm，配置钢筋网片直径 4～8mm，网格尺寸 150～300mm，为保证腰梁部位的平整，要挂线按一定间距设置灰饼后进行喷射作业，喷射完毕要进行压平或刮平处理。

③ 槽钢每段长度一般 6m 或 9m，根据锚杆现场位置，对槽钢腰梁进行打孔，一般用气割切割打孔，安装时采取现场多人抬起穿插锚杆外露段进入槽钢孔位，放置于托筋之上即可。

④ 底部承压钢板、上部承压钢板、无缝钢管均事先切割好，打孔准备好，锚具及夹片自厂家采购到位后依次在锚杆孔位的槽钢外侧安装底部承压钢板、无缝钢管、注意无缝钢管斜边朝向槽钢，短边朝上，然后安装上部承压钢板，将上部承压钢板以外的锚杆体套管割除，安装锚具及夹片固定。

⑤ 安装下一段槽钢腰梁，槽钢水平向连接时，对焊后，采用连接钢板焊接连接，也可采用螺栓拼接钢板连接。

⑥ 槽钢腰梁安装完毕，待混凝土达到一定强度可先张拉小吨位预应力锁定，依次套入限位板、千斤顶、工具锚及夹片，使用油压千斤顶进行锚杆的预应力张拉并锁定。

⑦ 开挖下一层，进行下一层锚杆、腰梁施工的同时，上一层腰梁下混凝土强度上升到设计强度的 75％以上时，对锚杆按 100％预应力张拉

锁定。

⑧ 重复以上工序，直至岩肩。

⑨ 进行下一阶微型桩范围的锚杆及腰梁喷网施工，直至基底。

4 主要验收方法

土岩多阶微型桩岩石锚喷深基坑工程施工过程中，设置工序验收控制点，未经验收合格不得转入下道工序施工，主要验收检测项目见表1。

多阶微型桩岩石锚喷主要验收检测项目表　表1

名称	检测项目	检测方法及数量
微型桩	桩完整性及桩长	抽取总桩数的20%，且不少于10根进行弹性波无损检测
	成孔的垂直度	采用测斜仪测量，其数量为总桩数的20%，且不少于10根
	孔径	采用钢尺测量，其数量为总桩数的20%，且不少于10根
预应力锚杆	抗拔力	验收试验：不应少于锚杆总数的5%，且不得少于3根
	预应力	轴力监测：不应少于锚杆总数的3%，且不得少于3根
粘结锚杆	抗拔力	采用抗拉试验检测承载力。在同一条件下，试验数量不少于土钉总数的1%，且不应少于3根
喷射混凝土	强度	留置试块，每班留置1组，养护28d后检测强度
	厚度	钻孔检测，钻孔数宜500m²墙一组，每组不少于3点

本项目经对主要验收项目进行检测，均验收合格。

5 监测情况

监测内容主要包括支护结构水平位移监测、沉降观测、周边建筑物沉降监测、锚杆轴力监测等，监测数据情况如下，监测数据统计最大值部位情况：

（1）坡顶水平位移累计变化最大点的变化量为15.7mm，为基坑深度的0.3‰；

（2）坡顶竖向位移累计变化最大点的变化量为15.3mm，为基坑深度的0.3‰；

（3）周边道路及管线沉降累计变化最大点的变化量为10.9mm，为基坑深度的0.2‰；

（4）周边建筑沉降累计变化最大点的变化量为2.0mm，远低于控制值；

（5）锚杆拉力最大点为累计变化最大点的变化量为21.92kN，低于5%。监测期间各监测项目累计变形量、变形速率均处于设计要求及相关规定规范预警值及控制值以内。

6 工程效果与结论

本基坑为青岛市最深基坑，采用三阶微型桩支护结构，施工完毕，经过监测表明，施工全过程支护体系整体稳定，监测各项指标均控制良好，满足国家规范及青岛地方性标准要求。该技术特点总结如下：

（1）多阶微型桩岩石锚喷使得深—超深基坑直立开挖得以实现，避免占用外部大量空间，避免动用大量土石方挖运机械台班，不需要现场存放大量回填渣土，减少基槽回填工作量及后续产生的沉降问题。与传统桩锚围护结构相比，造价可节省70%～80%，经济效益非常明显。

（2）微型桩施工速度快，节省施工成本；微型桩避免了大直径围护桩大量泥浆污染或大量粉尘的环境污染，避免了长时间研磨岩石的噪声和振动污染，与城市施工要求的尽量环保相适应。

（3）锚杆腰梁采用单拼槽钢梁，重量轻、易于安装，采用可拆卸锚具，使卸锚简单方便，方便钢腰梁的拆卸周转，节约资源，成本低，速度快，节能环保。

参考文献：

[1] 孟善宝. 钢管桩在深基坑支护中的应用[J]. 城市建设理论研究，2014(25)：3207-3208.

[2] 何小勇，张芳如. 钢管桩结合预应力锚杆在超深基坑支护工程中的应用[J]. 现代矿业，2009(10)：123-126.

[3] 赵春亭，张启军，等. 开挖型边坡永久防护方法探究[J]. 建筑工程技术与设计，2021(10)：375-378.

基于大型三轴试验的砂卵石 HS 模型参数研究

亓 轶

（北京城建集团有限责任公司，北京 100088）

摘 要：原状砂卵石地层单个石块颗粒大、强度高，很难通过常规的室内试验来测得其土体参数，这在一定程度上增加了砂卵石地层工程数值分析的难度。本文以北京地区典型砂卵石地层为研究对象，基于硬化土（HS）模型的框架，采用室内大型三轴试验的方法，得到了 HS 模型的三个关键刚度参数及其比例关系。

关键词：HS 模型；砂卵石地层；大型三轴试验；数值分析

0 引言

北京地区广泛分布了厚砂土及砂卵石土层，在现阶段隧道、基坑等地下工程的施工过程中砂卵石地层都是主体结构所占据的主要土层。砂卵石土含有大量的粗颗粒，单个石块粒径大强度高，土体参数很难通过室内试验进行获得，这在一定程度上加大了使用数值模拟软件对这类工程进行合理分析的难度。数值模拟能够分析计算各种类型复杂的工程问题，但其分析结果的准确性在很大程度上取决于土体模型参数与实际状态的真实参数之间的差异性。因此，在数值模拟计算中，如何获取合理有效的参数显得十分重要。

在砂卵石的试验研究方面，仪器的发展尚未完全满足工程参数的要求，砂卵石中存在的超粒径颗粒，目前尚无合理尺寸的仪器对其直接进行试验。一些学者指出采用原位试验直接测量砂卵石的强度参数等，但由于原位试验所涉及的试验仪器尺寸较大，其精度难以把控。另外由于原位试验所需工作量大，试验的排水条件、应力路径等较难控制，甚至有学者指出室内试验才是测试砂卵石力学性质的可能途径。

室内三轴试验具有操作方便、应变测量简单、应力路径明确、孔隙水压力便于测量、破坏状态观测明显等优点。本文中将采用 30cm 的试样直径通过大型三轴仪对砂卵石进行相应室内三轴试验与标准固结试验，将得到的力学参数进行数值模拟验证其是否能代表原状砂卵石土的力学性质。同时找出该级配下砂卵石三个刚度参数之间的比例关系，为在相应地层下岩土工程的模拟提供参考。

1 硬化土模型

硬化土（HS）模型为二阶高级本构模型，属于双曲线弹塑性模型，构建于塑性剪切硬化理论框架，即考虑了剪切硬化，可模拟主偏量加载引起的不可逆应变。同时，该模型还考虑了压缩硬化，可模拟土体在主压缩条件下的不可逆压缩变形。HS 模型的一个基本特征是考虑了土体刚度的应力相关性，这是该模型比 MC 模型先进的地方之一。

HS 模型的一个优点是采用 3 个输入刚度可以将土体刚度描述得非常准确，分别是三轴加载刚度、三轴卸载刚度、固结仪加载刚度。这 3 个参数的物理意义明确，可以通过试验确定。专家学者已经对黏性土、砂土的模型参数进行了研究，如表 1 所示，而对于北京典型砂卵石地层的相关研究较少。因此，对于北京地区典型砂卵石地层，通过试验计算得到 HS 模型典型参数及其比例关系，对于本地区地下工程的模拟分析工作非常重要。

不同土层 HS 模型关键参数比例关系　　表 1

序号	土体种类	固结仪刚度：三轴加载刚度：三轴加卸载刚度
1	黏土（上海）	1：1.3：5.7
2	粉质黏土（上海）	1：1.1：3.9
3	淤泥质土（宁波）	1：0.28：2.1
4	粉质黏土（宁波）	1：1：5
5	花岗岩残积土（深圳）	1：2.1：7.6
6	粉质黏土（台北）	1：2.8：8.3
7	湖积黏土	1：1：4

作者简介：亓轶（1989—），男，博士，北京城建集团有限责任公司土木工程总承包部，高级工程师。

续表

序号	土体种类	固结仪刚度：三轴加载刚度：三轴加卸载刚度
8	黏土（芝加哥）	1：1.5：6.25
9	粉土（长江流域）	1：1.2：5
10	花岗岩残积土（广州）	1：2.7：8.3

2 砂卵石土体级配分析

本次研究采用了北京地铁19号线北太平桥车站地下30m处所采集土体样本进行试验。该车站采用PBA暗挖法施工，主要施工地层为砂卵石地层。车站总长246.3m，车站底板埋深为37.83m，车站中心里程处轨面埋深为35.5m。图1为取样现场情况。

根据勘察报告可确定原状土样的密度为2.449g/cm³，干密度为2.436g/cm³，松散系数约为1.22。根据土工试验规程对砂卵石土样进行级配试验研究。选用不同孔径的标准砂石筛网，粗筛孔径分别为100mm、80mm、60mm、40mm、20mm、10mm、5mm；细筛孔径分别为2mm、1mm、0.5mm、0.25mm、0.1mm、0.075mm，对已晒干的砂石料进行筛分试验，按照>100mm、80～100mm、60～80mm、40～60mm、20～40mm、10～20mm、5～10mm、<5mm分组并称出各组质量。计算出各粒组所含量百分数。

按照规范要求每次取样数量不得低于4000g，精确到1g。考虑到实际工程问题，本文对小于5mm粒径的颗粒也进行了筛分试验，最后整理试验数据并绘制砂卵石的级配曲线，并计算不均匀系数。共进行三组砂卵石筛分试验，取平均值为砂卵石实际级配，具体数据如表2所示。

图1 地铁车站砂卵石取样

砂卵石级配分析 表2

粒径占比	60mm	40mm	20mm	10mm	5mm	2mm	1mm	0.5mm	0.25mm	0.075mm
1	100	85.21	59.74	32.55	24.56	20.21	16.95	13.95	3.49	0.55
2	100	79.32	58.45	40.17	31.64	18.77	19.31	14.33	4.12	0.84
3	100	80.66	60.58	46.35	29.51	20.84	16.78	9.73	2.71	0.89
平均值	100	81.73	59.59	39.69	28.57	19.94	17.68	12.67	3.44	0.76

将表2数据以坐标形式显示，可得砂卵石级配曲线（图2）

根据试验数据计算土体参数。C_u为不均匀系数，其值大小决定了土体颗粒分布的均匀性，本次试验所得$C_u=48.06>10$，说明颗粒粒径分布不集中，均匀性较差。C_c为曲率系数，其值决定了土体级配的连续性好坏，本次试验所得$C_c=3.278$，说明土体连续性较差，粗颗粒含量高，而细颗粒含量较少，平均粒径约为21.7mm。

3 大型三轴试验

本文采用30cm（直径）×60cm（高）的GDS大型三轴剪切仪，根据三轴试验所采用的径径比（试样包含颗粒最大粒径不得超过试样直径的1/5），即试样所包含颗粒最大粒径不超过60mm。通过

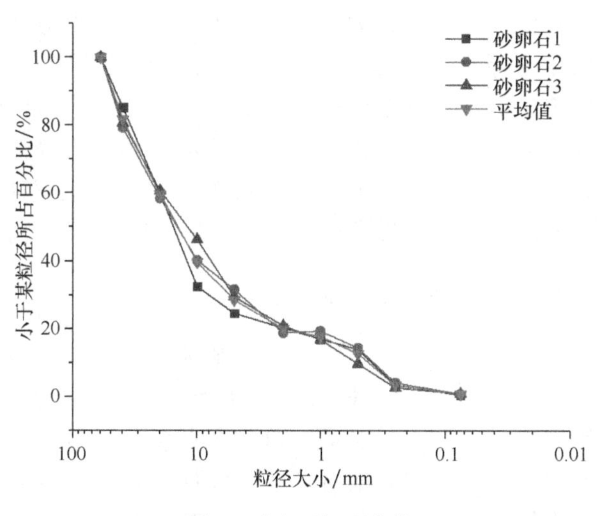

图2　砂卵石级配曲线

试验数据进而分析砂卵石土的应力-应变关系。本次研究取三组试样的平均值。

3.1　固结排水剪切试验

砂卵石渗透系数大，透水性强，同时由于地铁施工周期较长，一般来说其在施工期间即能完成排水固结过程，对于此种土体在三轴剪切试验时应选择固结排水剪切试验。因此，本次试验选用固结排水剪切试验。

（1）试验土样制备

砂卵石土样不同于粉土或黏性土，由于砂卵石土样具有粒径较大、土体松散、棱角尖锐、土体颗粒间没有黏聚力等特征，在正常状态下试样无法直立，因此无法采用常规三轴制样方法进行制备试样。同时试验试样的装填、击实等过程都选择在仪器底座上进行，具体制样步骤如下：

① 试样控制密度为勘察报告所提供土体天然密度。根据勘察报告所提供的土体干密度、含水率以及试样的尺寸计算各尺寸土样的质量并进行称取。

② 将制备好的土样混合均匀，按装填层数5层平均等分，每份土样需经过单独搅拌，防止颗粒分离，保证试样粗细均匀性。

③ 将透水板放于试样底座，透水板上放一张透水纸。由于砂卵石颗粒径较大，为避免土样击实过程中透水板劈裂，此处采用定制的铁质透水板。用橡皮筋在底座上扎好橡皮膜，安装成型筒，将高出成型筒部分的橡皮膜外翻于成型筒上，并使其与成型筒内部紧密贴合。由于砂卵石粒径较大，棱角尖锐，很容易刺穿橡皮膜。因此此处应采用定制的橡皮膜，厚度为1.5mm（图3）。

④ 依次装填土样，每层土样采用击实器捣实至预定高度，抚平土样表面。装填完成后整平试样表面，加透水板和试样帽并扎进橡皮膜。为了防止在击实过程中土样发生粗细颗粒分离，每装完一层土样都要在顶面撒少量细土。

⑤ 打开真空泵从试样顶部抽气，使试样内部呈接近真空状态，此时试样在内外压差作用下保持直立，去掉成型筒。

⑥ 检查橡皮膜，如发现有破裂处应进行粘补，破裂情况严重时应再加一层。

图3　大型三轴试验试件制备

（2）试验的饱和

安装压力室，将连接螺栓旋紧。打开压力室排气孔，向压力室内注满水后关闭排气孔。对试样采取水头饱和法。先打开压力阀向围压室内施加30kPa的围压，同时打开试样上部排水阀释放负压，使得橡皮膜与试样紧贴，测记进水管水位读数。同时缓缓打开进水阀，并逐渐抬高进水管水头至2m左右，使试样在水头差的作用下逐渐饱和。待试样上出水后，测记进出水管水位读数，当读数一致时认为试样已达到饱和状态。一般砂卵石透水性较强，上部试样出水后约30min即可达到饱和状态。当孔隙水压力系数$B \geqslant 0.95$时，亦认为试样达到饱和状态。

（3）试验的固结

试样饱和后，使量水管水面位于试样中部，测定读数。关闭排水阀，测记孔隙水压力的起始读数。对试样施加围压至100kPa，并保持恒定。测记孔隙水压力稳定后的读数。打开排水阀，每隔20～30s测量水管水位和孔隙水压力各一次，在此过程中随时绘制排水量与时间的曲线，待排水量趋于稳定后可认为试样固结完成。

（4）试验结果与参数分析

固结完成后，试样继续保持排水状态，为保证孔隙水充分排出，试样受力均匀，剪切速率不宜过大，本试验中设置最大轴向位移为90mm，加载时间900min，加载速率为0.1mm/min。试验所得应力-应变曲线结果见图4。

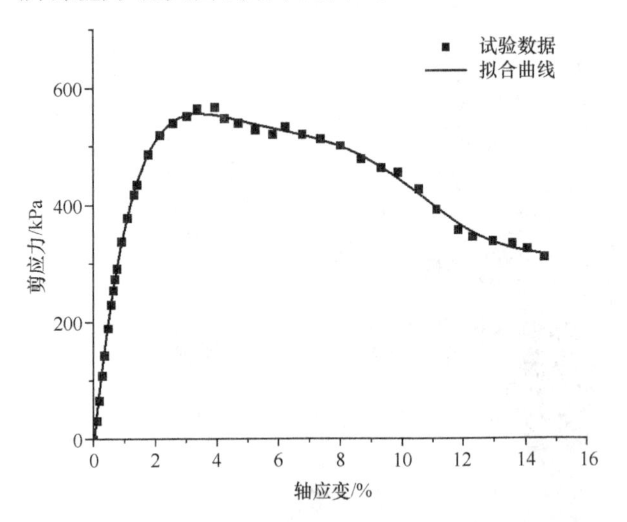

图4　砂卵石试件大型三轴固结排水试验应力-应变曲线

由图4可以看出，偏应力随着轴应变的增大先增大后减小，呈现出明显的双曲线关系。曲线在轴应变为4%左右时有明显的峰值，表明试样此时已经发生脆性剪切破坏。峰值后随着轴应变不断变大的同时，剪应力开始下降，呈现出应变软化的特性。由三轴压缩试验的参考割线模量E_{50}^{ref}的定义可知，原点与峰值强度50%值所对应点的连线的斜率。本次试验峰值强度为588kPa，峰值强度50%所对应的曲线X坐标为0.72，因此三轴压缩试验的参考割线模量E_{50}^{ref}的值为409kPa。

3.2　固结排水加载—卸载试验

为了获得硬化土模型的卸载再加载参考割线模量E_{ur}^{ref}，需要对土样进行围压为100kPa时的三轴固结排水加载—卸载—再加载试验。通过加载卸载时应力应变关系所形成的滞回圈，来获取卸载再加载参考割线模量E_{ur}^{ref}。三轴固结排水加载—卸载—再加载试验亦可分为4个主要步骤，前3个步骤与上述的三轴固结排水剪切试验相同。完成前3个步骤后，对试样进行轴向加载—卸载—再加载。初次所加荷载为试样预计破坏偏应力的25%，当荷载加至目标值时，马上进行轴向卸载，至荷载为0左右，然后再进行轴向加载，所加荷载为试样预计破坏偏应力的50%。接着重复上述卸载加载过程，最后直到试样破坏。为方便地控制所加荷载的数值，此步骤的所有过程均采用应力控制。

当土样卸载时应力-应变曲线走势由陡至缓，说明此时土样已经发生了一定程度的塑性变形（图5）。当再次对土样加载时，曲线走势和卸载时相同，当达到一定程度的应力值时曲线变缓。而卸载加载过程中应力应变关系所形成的滞回圈的斜率即是卸载再加载参考割线模量E_{ur}^{ref}，一般取滞回圈两点连线的斜率作为刚度模量值。本次试验中两个滞回圈斜率的平均值为1851kPa。

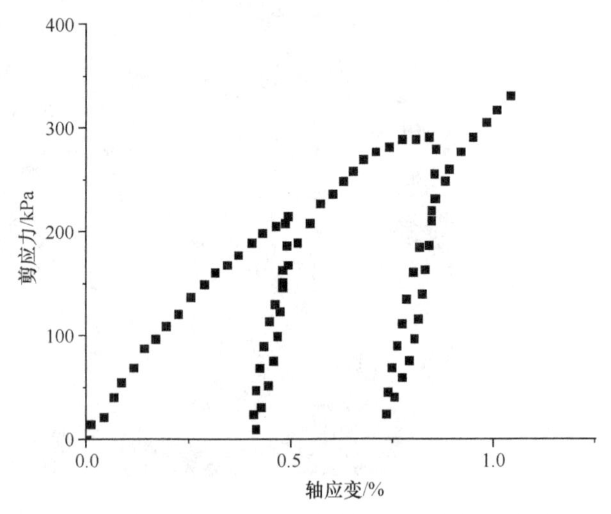

图5　砂卵石试件大型三轴加卸载试验应力-应变曲线

3.3 标准固结试验

目前国内对粗粒土的标准固结试验研究较少，大部分学者对粗粒土固结的研究均集中在等压固结方向。但标准固结试验是研究硬化土模型不可或缺的试验之一。因此本文中采用前述固结仪，利用标准固结试验测定粗粒土变形与压力之间的关系，测得其侧限条件下的应力应变曲线，得到硬化土模型的三个刚度模量之一固结试验参考切线模量。

（1）试样制备与安装

将制备好的土样搅拌均匀，平均分成2～3份。在带套环的固结容器内壁涂一层润滑脂。安装放在装有透水板的底盘上，在容器下放垫块。同时在下部透水板上放一层滤纸，按层数均匀装料。采用振动法将试样压实到预定干密度，填安装完最后整平土样表面。除去套环后，在土样上放一层滤水纸，接着放透水板和传压块。

（2）试样饱和与固结

将装有试样的容器吊装到水槽内，至加载荷框架中心。将饱和装置连接供水装置，采用水头饱和法对土样进行饱和。

待试样饱和后给试样施加不同等级的荷载。试验采用5级荷载，分别为50kPa、100kPa、200kPa、400kPa、800kPa。每级荷载固结稳定时间取为24h。每级荷载下当每小时轴向位移变化小于位移测量表精度时即认为变形0.01mm/min，对其施加下一级荷载，至试验完成。试验所得应力-应变曲线如图6所示。

由图6可以看出在侧向条件下，轴应变随着施加应力的增大成指数型增长，这主要是由于在压缩过程中随着土体孔隙率的不断减小，土体越难发生体积的变化。由固结切线的参考模量定义可知，当轴向力为100kPa时所对应曲线上的点的切线斜率即为固结切线参考模量。本次试验所得模量值为424kPa，与三轴压缩试验的比例符合常规经验关系1∶1，因此本次试验数据可靠。

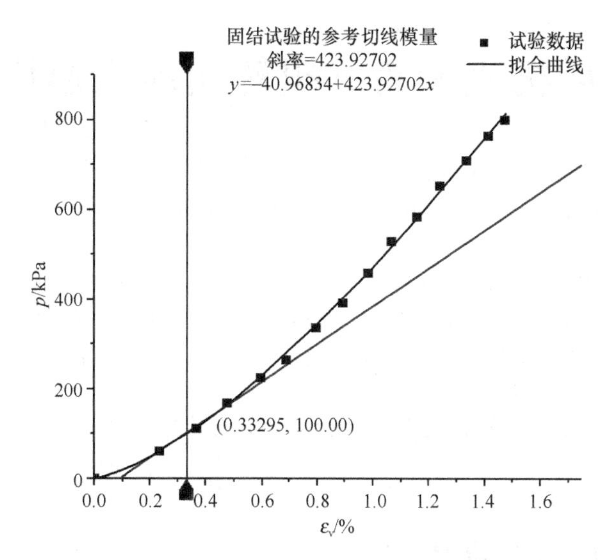

图6 砂卵石试件标准固结试验应力-应变曲线

本次试验所得HS模型关键刚度比例经实际工程验证，与监测数据有较好的一致性[3]。

4 结论

本文主要介绍了基于硬化土体本构模型的砂卵石土室内试验研究，得到不同试验状态下的应力-应变曲线，并通过不同的应力-应变曲线分别测得HS模型的三个刚度模量。本次试验中三轴加卸载模量为1851kPa，由固结排水剪切试验和标准固结试验可知固结试验的参考切线刚度模量值为424kPa、三轴压缩试验的参考割线模量值为409kPa。三个刚度模量之间的比例关系为1∶1∶4。

参考文献：

[1] 史彦文．大粒径砂卵石最大密度的研究[J]．土木工程学报，1981(2)：53-58.

[2] 王海波，徐明，宋二祥．基于硬化土模型的小应变本构模型研究[J]．岩土力学，2011，32(1)：39-43，136.

[3] SHI X，SUN J QI Y，et al. Study on Stiffness Parameters of the Hardening Soil Model in Sandy Gravel Stratum[J]. 2023，13：2710.

盾构机大角度扭转洞内快速恢复技术

刘智磊， 任晓东
（北京城建中南土木工程集团有限公司，北京 100000）

摘　要：盾构机在强度较高的岩层中掘进时，由于周围岩层对盾体摩擦力不足，容易发生盾体扭转情况，当扭转失控、角度过大时，将严重损坏盾构机导致无法继续施工。根据某地铁隧道发生的事故案例，分析了盾构机扭转发生的原因，介绍了快速恢复盾构机正常施工的处理措施和注意事项，总结了防止盾体扭转的预防措施，为类似情况事故的应急处理和预防提供了相关经验。

关键词：盾构；扭转；快速修复；预防措施

0　事故概况

盾构机发生扭转时所处地层为全断面中风化泥岩，隧道埋深 15.4m。扭转发生后，对盾构机刀盘前方地层进行现场取样发现，泥岩天然单轴抗压强度为 7.5MPa。该工程使用北方重工盾构机，采用 4 主梁复合刀盘，刀盘开挖直径 6470mm，盾体为缩形结构，前、中、尾盾直径依次为 6440mm、6430mm、6420mm。

扭转发生时，隧道已掘进至 1246 环，掘进中刀盘扭矩由 2000kN·m 突然上升至 4000kN·m 左右，随后盾体以较高速度扭转，由视频监控可见螺旋输送机尾部旋转，皮带机倾覆。

停机后检查盾构机受损部位，以确定后续修复内容。检查发现：

（1）推进系统：部分推进单缸液压缸偏转，撑靴板脱落。

（2）螺旋输送机：螺旋输送机有轻微偏转，前端套筒法兰面轻微张口，单侧部分螺栓螺纹松脱，未见漏水漏泥，表明密封尚未失效；第 2 道排渣门闸板变形，开闭液压缸弯曲失效。

（3）拼装机：拼装机整体结构受损较小，管线履带变形，人行平台及走道变形。

（4）设备桥：1 号设备桥结构严重变形失效，部分管线不同程度受损、失效，拖拉液压缸失效，蓄能器、泡沫发生器未受损；2 号设备桥小幅度扭转，结构轻微变形。

（5）皮带机：第 1 节皮带架严重变形，从动滚筒轴承座失效。

（6）管片吊机：二次管片吊机行走梁严重变形，已失效，管片吊机损坏；一次管片吊机前端行走梁变形，吊机未受损。

（7）1 号设备桥处轨道、轨枕扭曲倾斜。

（8）盾尾刷易在扭转时损坏，暂无检测条件，待设备恢复后进行耐压测试。

所幸无人员伤亡。

1　盾体扭转产生的原因分析

通过分析地质条件及掘进参数、查看扭转时掘进参数变化及监控录像、前期掘进中出现的情况等多因素判断，扭转产生的原因如下：

（1）扭转产生的主要原因是盾体的抵抗力矩无法克服刀盘旋转产生对盾体的力矩，造成盾体扭转。盾体的抵抗力矩主要由以下几部分组成：周围岩土体对盾体正压力产生的摩阻力对盾体形心的力矩，推进液压缸对管片端面正压力产生的摩阻力对盾体形心的力矩，盾体自身重力产生的力矩，以及盾尾刷对管片外弧面摩阻产生的力矩。

盾构机在中风化泥岩地层中掘进时，由于地层强度较高、开挖直径大于盾体直径，盾体与地层间存在开挖间隙，使围岩无法对盾体形成有效正压力。推进液压缸摩阻力产生的力矩随推力的增大而增加，掘进时推力较低，抵抗力矩较小。早期施工过程中曾出现盾体极小幅度偏转，需通过改变刀盘旋转方向调整，说明盾体抵抗力矩偏小。此时，扭矩突然增大，刀盘扭矩超过外界所能提供的极限抵抗力矩，导致盾体快速扭转。

（2）对扭转前 15 环掘进数据进行统计分析，如表 1 所示。

扭转前盾构掘进参数统计表　　　表 1

环号	掘进速度 /(mm/min)	总推力 /kN	扭矩 /(kN·m)
1231	40	7000	2000
1232	40	6000	2000

续表

环号	掘进速度 /(mm/min)	总推力 /kN	扭矩 /(kN·m)
1233	40	6000	2000
1234	40	6000	2400
1235	50	6300	2200
1236	40	6300	2400
1237	30	6500	1500
1238	40	6500	2900
1239	35	6500	2000
1240	45	6000	1900
1241	40	8000	1500
1242	40	8000	1700
1243	40	6500	1700
1244	40	6700	1700
1245	40	6200	1700

通过对盾体扭转前掘进参数分析可知，盾构机在中风化泥岩地层中掘进，地层自稳定较好，敞开模式掘进下盾构机推力小，均在8000kN以下，刀盘扭矩在2000kN·m左右，掘进速度控制在40～50mm/min，掘进速度正常，无明显的掘进异常征兆出现。

（3）盾构机具有滚动角检测装置，应在滚动角超限时自动跳停刀盘旋转。设备滚动角检测设施失效，未能第一时间停止刀盘旋转，致使扭转角度过大。根据文献记载及其他扭转事故情况，即使检测装置良好，设备跳停后扭转不会立即停止，也会造成盾体大角度扭转。

（4）扭转发生后，为查明扭矩突变原因，进行常压开仓作业，发现刀盘上2把中心双联滚刀掉落，但刀具完好、磨损量正常，未发生偏磨等现象。分析刀具脱落原因为长距离岩层掘进，刀具螺栓在长期振动荷载作用下松动脱落进而导致刀具掉落。刀盘中心位置丧失切削能力，导致岩层侵入刀盘内，凸出的岩体卡住刀盘后扭矩瞬间增大超过极限抵抗力矩，是扭转发生的根本原因。

2 盾构机复位方案及实施过程

由于盾构机已全部位于土体内，不具备盾体外侧处理条件，因此盾体复位需借助刀盘扭矩作为复位扭矩，通过盾体反向扭转实现盾体复位。为此，需恢复设备刀盘旋转功能，并解除设备桥通过拼装机行走梁与盾体的约束，以避免盾体复位过程中设备桥产生二次破坏。基本流程：拆除受损设备桥→管线临时恢复→盾体复位。

2.1 扭转后维稳措施

事故发生后判断盾体复位及设备恢复需要较久时间，虽然岩层强度较高、围岩坍塌风险较低，但是为避免停机期间出现意外情况，应尽快复核掌子面以上管线情况，用安全带隔离地面对应区域，防止人员及车辆进入，必要时进行注浆加固。

盾构机掘进过程中，螺旋输送机后排渣门处于打开状态，停止前管路受损，排渣门紧急关闭系统无法启动，排查安全隐患后，对螺旋输送机排渣门进行封闭，防止渣土泄漏。同时检查盾构机所有与土体接触的密封，如铰接处、盾尾刷处、螺旋输送机承插法兰处，如渗出污水应及时处理。

2.2 设备的初步恢复

在设备桥区域管片设置吊点，使用吊带吊起受损设备桥，逐步割除处理，并清除设备桥区域渣土及杂物，固定盾体内电箱及部件，防止在复位过程中出现二次破坏。然后恢复盾构机刀盘驱动系统、推进系统的各电路、液压管路连接，将管线暂时置于安全部位，检查传感器状态，使设备具备刀盘正常旋转的条件。

2.3 盾体减摩措施

盾体复位时，希望刀盘静止而盾体旋转，应尽可能降低盾体的抵抗扭矩，从盾壳径向孔均匀注入膨润土泥浆约3m^3，缩回推进液压缸。

推进液压缸回缩后盾体存在后退可能，导致刀盘脱出可能存在的卡点，出现盾体抵抗扭矩高于刀盘扭矩的情况。为此，准备了2个备用方案，在管片端面及推进液压缸撑靴板上涂抹黄油润滑，如推进液压缸回缩状态下无法复位盾体，则将刀盘顶到原卡点位置释放液压缸压力，再尝试复位；因刀盘扭转时可能存在卡点，同向操作扭转成功概率更高，可尝试保持扭转时盾体状态，沿原方向继续旋转直至盾体旋转360°，完成复位。

2.4 盾体复位过程控制要点

盾体复位过程以控制刀盘旋转速度为主，扭矩控制为辅。通过盾构机PLC系统及变频器设定刀盘扭矩连锁保护和刀盘扭矩跳停控制值，初步设定最大值为4000kN·m，尝试在液压缸回缩状态下低速转动刀盘，刀盘扭矩逐步上升，达到

3000kN·m时出现盾体复转迹象，根据人员观察及滚动角调整，完成盾体最终复位。

3 盾构机快速修复方案及实施过程

3.1 修复方案选择

盾构机快速修复的关键在于设备桥的修复，目前国内盾构机设备桥结构普遍为整体式，体积大，无法在台车中穿梭运输。如按原状态恢复，需将盾构台车断开连接，依次退回始发井，再将新设备桥、台车依次推入盾构主机后部连接恢复。且需拆除并恢复隧道内部已安装的走道板、支架等，工作量极大，严重影响节点工期的实现。

故新设备桥应结构简单、方便安装，各个部件均可由水平运输编组穿越台车到达盾体后部安装，可减少大量工作，节约修复工期。

基本流程如下：设备桥安装→其他设备复位→管线正式复位→清仓检查刀盘、更换刀具→设备调试、验收→恢复推进。

3.2 恢复及改造

（1）设备桥安装

新设备桥由2根牵引梁（含管线托架）、管片吊机行走双曲梁、一段皮带架及皮带从动滚筒组成。牵引梁前端与拼装机行走梁连接，后端与2号设备桥连接，内设液压缸，可实现台车拖拉及其调节功能。双曲梁用于管片吊机行走及悬挂皮带架，承受管片吊运、皮带机、渣土重力。通过以上部件，实现原设备桥功能。

水平运输编组将设备桥组件运至盾体后部，开始安装，安装的顺序为管片吊机曲梁安装→牵引梁→皮带架及皮带从动滚筒。

（2）安置原设备桥处部件

在2号设备桥两侧前部增设2个小平台，将原设备桥上的蓄能器、液压阀块、泡沫发生器、液体气体流量计及调节装置等部件移位安装，改移相应管线，放置在牵引梁上的管线托架上。

（3）其他设备及管线复位

根据设备受损情况恢复，更换推进液压缸撑靴板；调整螺旋输送机位置，更换前套筒螺栓，更换后排渣门总成；矫正拼装机变形的人行平台、走道、管线履带；管线重新敷设。

（4）清仓并更换刀具

为防止刀盘复位扭矩不足，清仓在盾体复位后进行，安装脱落的双联滚刀，并在滚刀螺栓紧固后焊接三角肋板加固，防止螺栓松动导致刀具再次脱落。

3.3 检验与验收

修复工作完成后对设备桥相关焊缝进行探伤，并进行整机调试。盾体扭转时易对盾尾刷造成损伤，对盾尾刷进行耐压测试，待设备各系统运转正常后验收，恢复掘进。

4 盾体扭转预防措施

盾体大角度扭转处理时间较长，造成的损失较大，为避免后续施工中出现类似问题，通过原因分析制定了相应的预防措施：

（1）设备功能保障。优化设备选型，对于强度较高的岩层等可能出现盾体扭转情况的，选择带有稳定器的盾构机；改进撑靴板材料，提高与管片端面的摩擦系数。保证设备技术状态良好，确保盾体滚动角系统处于正常工作状态，当滚动角超过限值后及时跳停，可降低盾体扭转角度。

（2）采取滚刀固定加强措施，避免刀具掉落，使用焊接三角形肋板的形式增强加固，防止长距离掘进刀具螺栓因振动而松动。

（3）根据扭转原因分析可知，强度较高的岩层下土体对盾体的正压力不足，发生扭转时推力约600kN，极限平衡力矩约3600kN·m。

$$M = \mu NR \tag{1}$$

式中：μ——摩擦系数，取0.1；

N——推力，取600kN；

R——推进液压缸摩阻力抵抗力矩的力臂，管片外径6.2m，取3m。

其中，推力产生的抵抗力矩M=1800kN·m，是此工况下主要的组成部分，因此适当地增加推力并降低刀盘扭矩是参数控制的关键。优化盾构机在该类地层的掘进参数，保持一定推力的同时扭矩也会增加，需要通过良好的渣土改良控制好刀盘扭矩，推进过程中应连续平稳，减小扭矩波动。关注掘进中是否需要通过频繁更换刀盘转向以调整滚动角，而采取更进一步的参数优化措施。

（4）岩层中盾构机掘进，可在盾壳外侧底部90°范围内焊接防扭转钢条带，钢条带高度不超过刀盘开挖直径，提高盾体抗扭转能力。

5 结论

本次事故处理较为顺利，在采取盾壳减摩措施后，利用刀盘反扭盾体一次性成功，在设备桥失效情况下，采用洞内简易拼装的设备桥代替原整体式设备桥。最终得以在 3d 内完成盾体复位，20d 完成设备整体恢复，总结的洞内快速修复思路可供其他类似情况参考。通过对扭转原因的分析，采取了一系列预防措施，该工程在恢复掘进至隧道贯通，未出现扭转情况。对盾构隧道施工而言，更重要的是预防扭转情况的发生，在盾构机适应性设计、施工阶段考虑岩层中掘进的防扭转保障措施，来保证盾构机的掘进安全。

参考文献：

[1] 赵毅昕．盾构机机体严重扭转原因分析及其修正技术[J]．铁道建筑技术，2015，263(10)：9-11，15.

[2] 杜玉强．盾构始发大扭转复位施工技术分析[J]．建筑技术开发，2021，48(3)：48-50.

[3] 肖正茂．盾构大扭转复位一例[J]．建筑机械化，2011，32(5)：56-57.

[4] 竺维彬，鞠世建．复合地层中的盾构施工技术[M]．北京：科学技术出版社，2006.

某地铁深基坑支护结构设计计算软件对比研究

李　博[1]，刘延超[2]，周星宇[2]
（1. 北京城建集团有限责任公司，北京 100088；2. 中国地质大学（北京）工程技术学院，北京 100083）

摘　要：随着地铁建设规模的不断推进，深基坑工程日渐增多，基坑支护结构的设计计算成为决定工程成本与安全的关键问题。以北京地铁 8 号线永定门外站车站深基坑工程为依托项目，采用“同济启明星”“理正深基坑 F-SPW”以及 Midas Gen 有限元软件分别计算基坑支护结构内力及变形，比较了基于三种计算软件下的结构最大位移、最大弯矩、最大剪力结果，总结出三种国内常用基坑计算软件的适用性，为车站基坑等地下工程支护结构的设计计算方法提供优选依据。
关键词：深基坑；支护结构；有限元软件；内力及变形

0　引言

随着现代城市建设规模的不断提高以及计算技术的长足发展，人们对深基坑工程的认识日益深入，如何设计经济、安全、有效的基坑支护结构已成为当前的热点研究问题[1-2]。选择适宜的方法，精准地计算基坑支护结构内力及变形是保证基坑安全和结构稳定的关键内容。目前，对于常规基坑的开挖及回筑过程，主要的计算方法有静力平衡法[3]、等值梁法[4]、弹性支点法[5]及连续介质有限元法[6]。对于围护墙加内支撑这种城市中心区常采用的基坑支护结构来说，相关规范均建议根据弹性支点法来计算围护结构的内力和变形，该方法主要基于全量法或者增量法进行计算。周运斌、杨光华、李克先、肖武权、武亚军等大批国内岩土专家均在理论分析方面比较了这两种计算方法的适用性[7-11]。然而，由于基坑工程普遍具有唯一性，完全按照单一软件计算出的结果往往不够准确，尤其是对于复杂工况下基坑结构该如何选取较为合理的计算方法，还有待进一步探究。

本文依托北京地铁 8 号线永定门外站深基坑工程，将国内较成熟的深基坑计算程序，如“同济启明星”“理正深基坑 F-SPW”及“Midas Gen”等有限元计算软件应用于该工程，进行基坑支护结构的对比计算，总结出三种软件存在的差异，明确其适用性和局限性，为同类基坑工程支护结构的设计和施工提供理论计算参考。

1　工程概况

1.1　支护结构概况

永定门外站为北京地铁 8 号线三期与 14 号线的换乘站，位于永定门外大街与京沪铁路的立交路口南部，车站为地下四层三跨框架结构。车站主体结构采用明挖法施工，基坑总长 139.2m，标准段宽度为 24.7m，施工深度 40m，地下水位标高 −19.0m。车站明挖基坑标准段开挖宽度 24.9m，深度约 31.5m。基坑施工深度大，地层复杂，地下水含量丰富且存在承压水，难以直接抽排降水，故而采用“连续墙帷幕＋水下混凝土封底”的止水方案。基坑支护剖面及主要参数如图 1 所示：采用 1.2m 厚的地下连续墙作为止水帷幕，标准段墙深约 47m，盾构段墙深约 51m，坑内设置 1m 厚分仓墙将基坑分成 16 仓，分仓墙嵌固坑底以下 7.5m。标准段水下开挖土体的深度为 15.9m，盾构段为 17.5m；第 1～3 道支撑为干开挖架设，第 3 道支撑至封底混凝土底部标准约 16m 范围无支撑架设，仅靠坑内水压来平衡基坑外侧的水土压力。水位线以上主要为粉土及粉砂，采用常规开挖方式，水位线以下主要为⑤卵石、⑥粉质黏土、⑦卵石，且基坑底部以下 70m 内均为卵石层，无隔水层，采用水下开挖方式进行水下土方开挖。

车站底板主要坐落在⑦卵石，本站基坑范围主要赋存一层层间潜水（三），含水层岩性为⑤卵石、⑦卵石、⑨$_3$ 粉细砂及⑨卵石，水位标高为 16.55～17.64m。⑤卵石含水层厚 5.82～6.75m，

作者简介：李博（1990—），男，博士，岩土工程、隧道工程，北京城建集团有限责任公司在站博士后。

⑦卵石、⑦₃粉细砂及⑨卵石含水层累计厚度约46.7m。根据勘察报告及现场的抽水试验，本站的基坑涌水量约20万m^3/d。具体地质参数见表1。

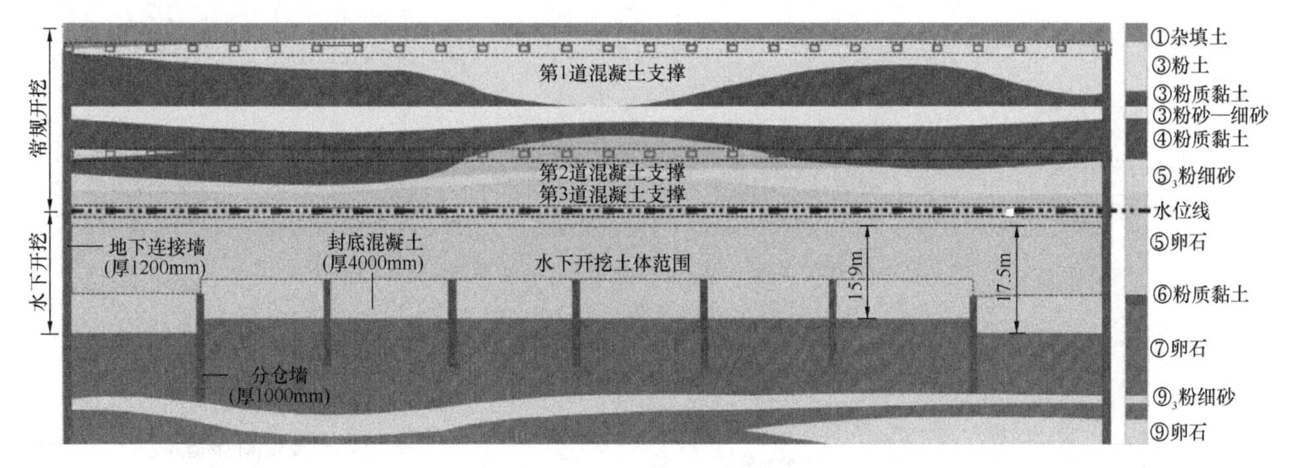

图1　永定门外站基坑工程示意图

车站土层情况（自地面向下）　　表1

土质	深度/m	天然重度/(kN/m³)	侧压力系数	c/kPa	φ/°	m/(MN/m⁴)
①杂填土	−0.95～0	16.5	0.5	0	8	6
③₂粉土	−8.05～−0.95	20.012	0.43	14.25	23.08	30
③₃粉细砂	−10.55～−8.05	19.8	0.41	0	30	40
④粉质黏土	−12.15～−10.55	19.6	0.38	27	11.2	22
④₂粉土	−15.75～−12.15	20.5	0.34	16	23.5	35
⑤₃粉细砂	−16.35～−15.75	20.0	0.39	0	30	45
⑤卵石	−29.05～−16.35	20.2	0.27	0	40	110
⑥粉质黏土	−30.65～−29.05	19.6	0.39	30	15	25
⑦卵石	−40.65～−30.65	20.5	0.25	0	45	120
⑨₃粉细砂	−42.65～−40.65	20.0	0.39	0	30	45
⑨卵石	<−42.65	20.5	0.23	0	50	120

1.2　施工步序及测点布置

为了科学分析支护结构受力及变形，将开挖过程分为8种工况，具体施工示意见图2。首先进行地下连续墙施工，然后进行土方开挖，在开挖至第1～3道支撑下0.5m时，依次施作腰梁及混凝土支撑，待其强度达到设计要求后，继续向下开挖，直至地下水位附近，随后进行水下开挖，开挖至坑底设计标高后，分仓进行封底混凝土水下浇筑。待混凝土达到设计强度后进行坑内抽水，然后清理坑底的淤泥及浮渣。最后采用顺作法，依次施作垫层、防水层、底板、侧墙、中板及顶板等主体结构。由此可以看出本工程施工步序较复杂，涉及坑内水回灌、混凝土封底、坑内抽水等关键施工节点，在以下基坑计算软件中需重点关注。图3为地下连续墙监测点布置平面图，12个测斜点沿墙体依次布置。

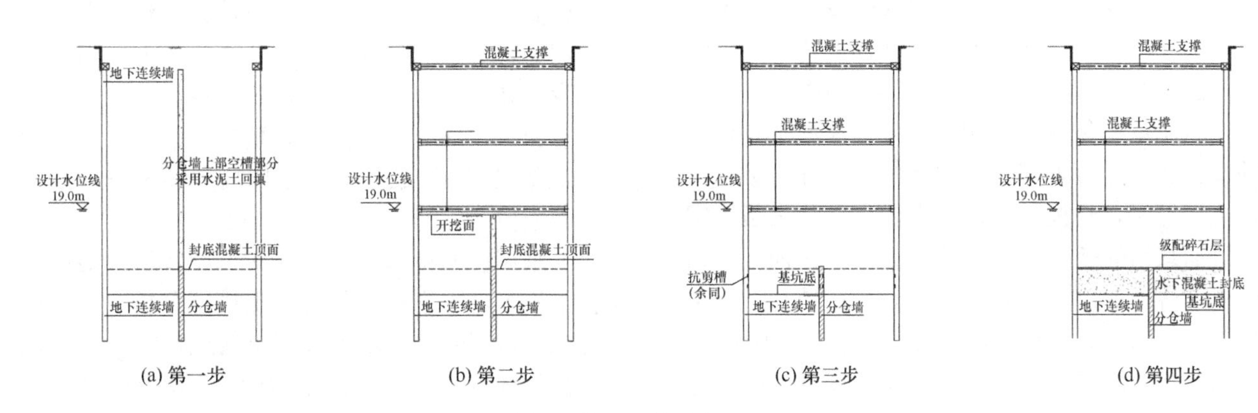

图2　施工工况示意（一）

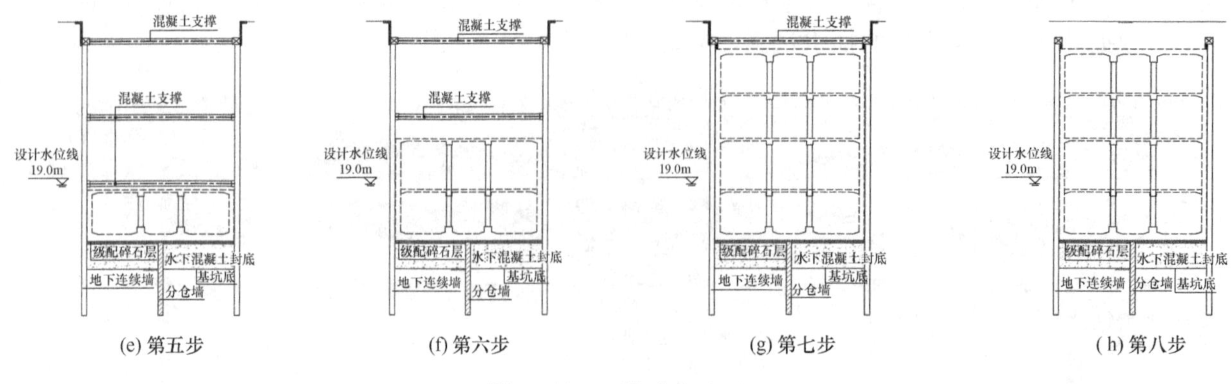

(e) 第五步　(f) 第六步　(g) 第七步　(h) 第八步

图2　施工工况示意（二）

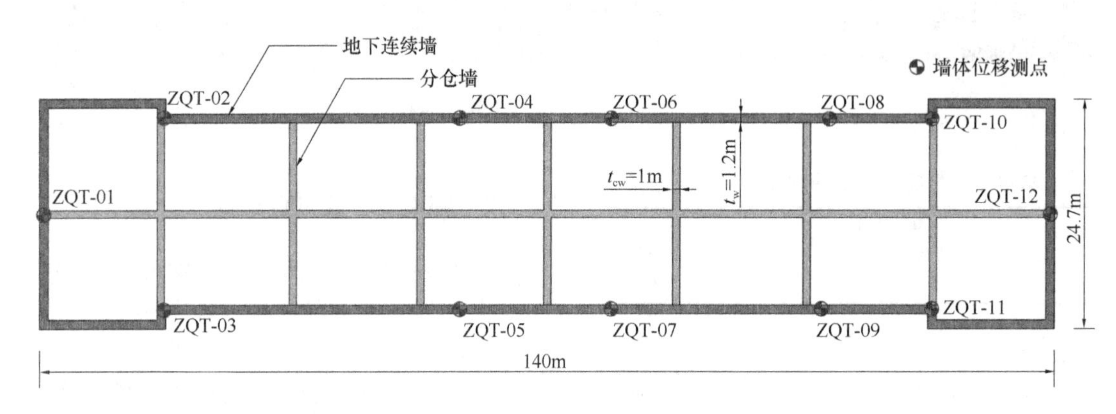

图3　地下连续墙监测点布置

2　支护结构内力及变形计算

2.1　启明星基坑计算软件

（1）计算原理

启明星软件采用朗肯土压力理论用于土压力的计算。其中，主动土压力的强度为 $P_a=(q+\sum\gamma_i \cdot h_i)K_a-2c_i\sqrt{K_a}$，被动土压力的强度为 $P_p=(q+\sum\gamma_i \cdot h_i)K_p-2c_i\sqrt{K_p}$。式中 γ_i、h_i 为第 i 层的重度与厚度。该软件的应用范围包括考虑了平坡和不规则放坡情况下的结构断面形式，这些断面可能受到均布荷载或集中荷载的作用。

启明星软件通过采用水土分算和水土合算的计算方法，针对不同类型的土体进行计算。在计算土压力时，它提供了两种方法，一种是基于实测数据总结的矩形土压力计算方法，这种方法通常更经济，适用于结构计算；另一种是基于三角形土压力的计算方法，结果偏向保守，更加安全。然而，需要注意的是，该软件在计算过程中未考虑基坑内外水压力的影响以及搅拌桩墙自身所受浮力的影响，适用于基坑内外水头差不大的基坑工程。此外，同济启明星深基坑支挡结构分析计算软件 FRWS 用于深基坑挡土结构的分析计算，并能够与深基坑内支撑结构分析计算软件 BSC 接口，从而完成对各种挡土结构，如钻孔灌注桩、双排桩、疏排桩、连续墙、板桩、重力式水泥土挡墙、SMW 工法和土钉墙等的设计和分析计算。

（2）计算结果

依据《建筑基坑支护技术规程》JGJ 120—2012[12]进行设计计算。计算时基坑内外地下水控制标高选取为 19.0m。水压力计算方法采取静止水压力计算，修正系数 1.0。主动侧土压力采用朗肯主动土压力矩形分布模式计算，负位移不考虑土压力增加，被动侧基床系数计算方法采用弹性地基梁“m”法计算，土体抗力不考虑极限土压力限值。

采用启明星 7.2 深基坑支护设计软件能够对整个施工过程进行完整的施工模拟分析，计算中考虑了水下开挖、水下混凝土封底以及封底完成后抽水等工况的影响，内力及变形计算结果如图 4、图 5 所示。

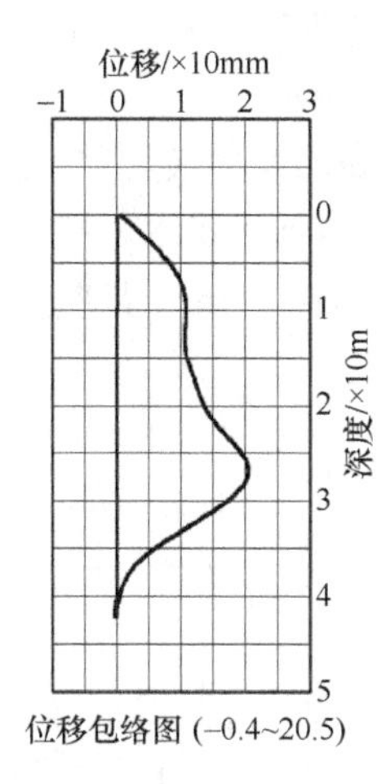

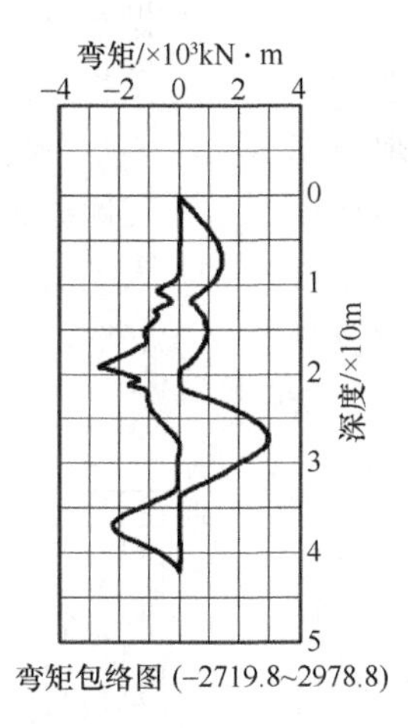

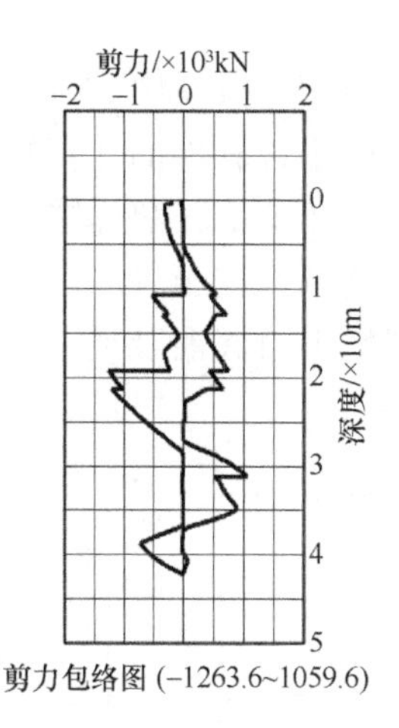

图 4 标准段基坑内力及变形图

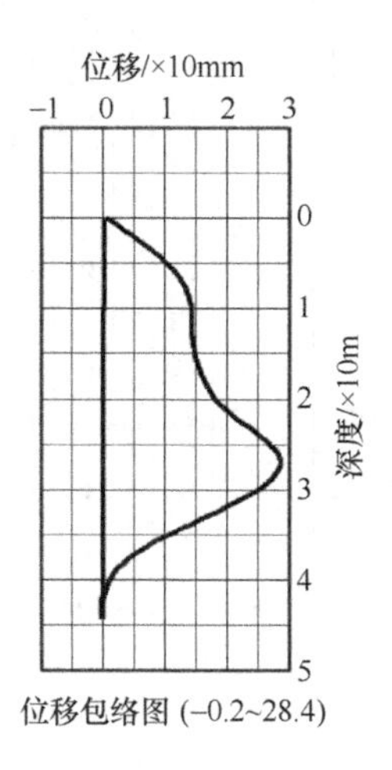

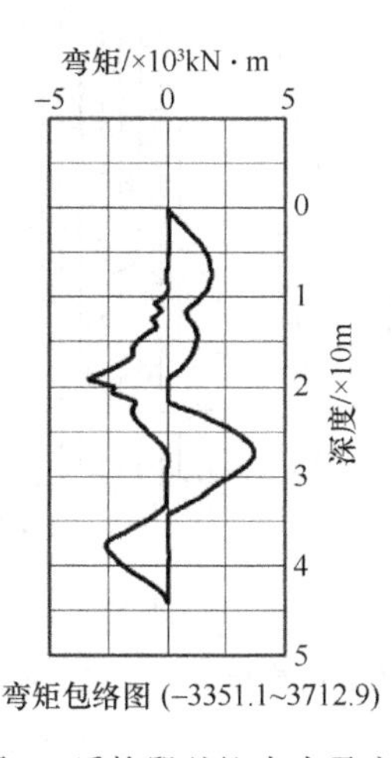

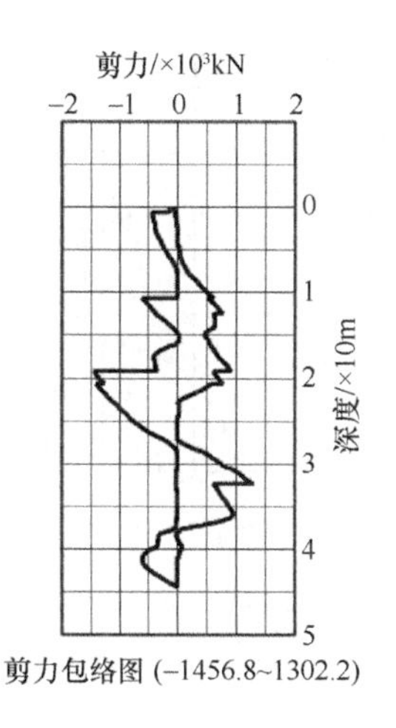

图 5 盾构段基坑内力及变形图

通过计算分析可知，基坑施工过程围护结构最大的水平变形标准段为 20.5mm，盾构段为 28.4mm，满足规范要求的最小变形值（30mm，0.15%H）。围护结构的内力结果中弯矩较大，在满足该受力的情况下需采用 1.2m 厚地下连续墙。

2.2 理正深基坑 F-SPW 计算软件

（1）计算原理

理正基坑软件采用了“荷载-结构”理论，并借助有限元法实现支护结构与支撑空间的协同计算。这一软件不仅考虑了国内不同地质条件的差异，还制定了各个地区的基坑支护标准和相应参数，以充分结合因地制宜的原则。在其计算方法中，主要包含了弹性土压力方法与经典土压力方法。

经典土压力法和杆件的结构力学计算方法在软件中有相似之处。弹性土压力法则针对基坑底以上部分的支护结构采用梁单元，而坑底以下的支护结构则采用弹性地基梁单元，并使用弹性支撑单元来模拟支撑情况。在内力计算方面，软件提供了两种方法，全量法和增量法。全量法无法明确定义施工工况，且未考虑开挖与支撑引起的荷载增量对支护结构的影响。而增量法则允许用户自定义施工工况，从而更灵活地进行计算。理正基坑软件的计算原则是根据承载力极限状态进行设计，这意味着软件的设计目标是确保基坑支护结构在极限状态下仍然具备足够的承载能力，这种综合的计算方法有助于确保基坑工程的安全性和可靠性，同时也考虑了不同地质条件和施工工况的影响。

软件考虑支挡结构、内支撑体系与土体相互协同作用的有限元法计算方程为：

$$([\boldsymbol{K}_n]+[\boldsymbol{K}_z]+[\boldsymbol{K}_t])\{\boldsymbol{W}\}=\{\boldsymbol{F}\} \tag{1}$$

式中，$[\boldsymbol{K}_n]$ 为内支撑位移列阵；$[\boldsymbol{K}_z]$ 为支护结构的刚度矩阵；$[\boldsymbol{K}_t]$ 为开挖面以下支挡结构侧土抗力的刚度矩阵；$\{\boldsymbol{W}\}$ 为位移列阵；$\{\boldsymbol{W}\}$ 为荷载列阵。

（2）计算结果

采用理正深基坑 F-SPW[13] 计算软件进行结构内力分析，由于该软件的计算缺陷，必须将基坑施工过程分为开挖工况和拆撑工况分别进行计算。首先模拟基坑开挖至坑底工况，然后采用坑底加固土模拟水下封底混凝土，再计算拆撑及顺做车站主体结构的工况。最终内力及变形的计算结果如图6～图9所示。

分析可知，标准段跨中最大弯矩为1420.9kN·m，支座处最大弯矩为2990.8kN·m，盾构段跨中最大弯矩为2020.6kN·m，支座处最大弯矩为3584.2kN·m。

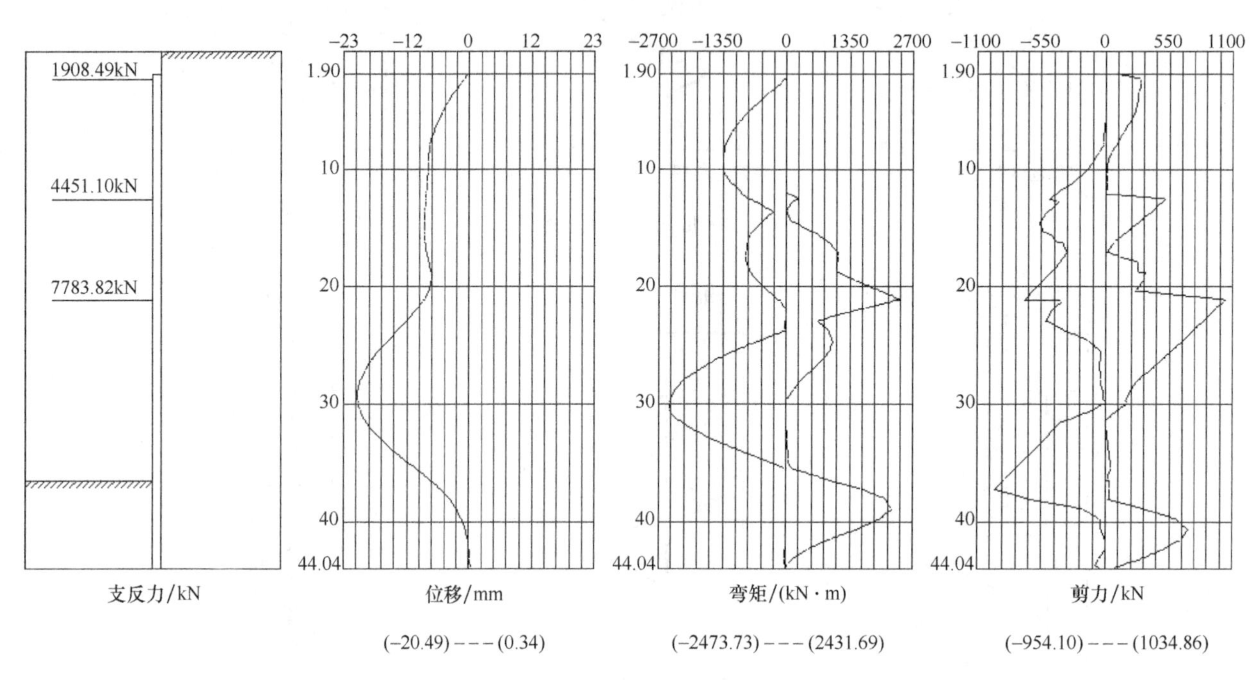

图6　标准段基坑开挖工况内力及变形图

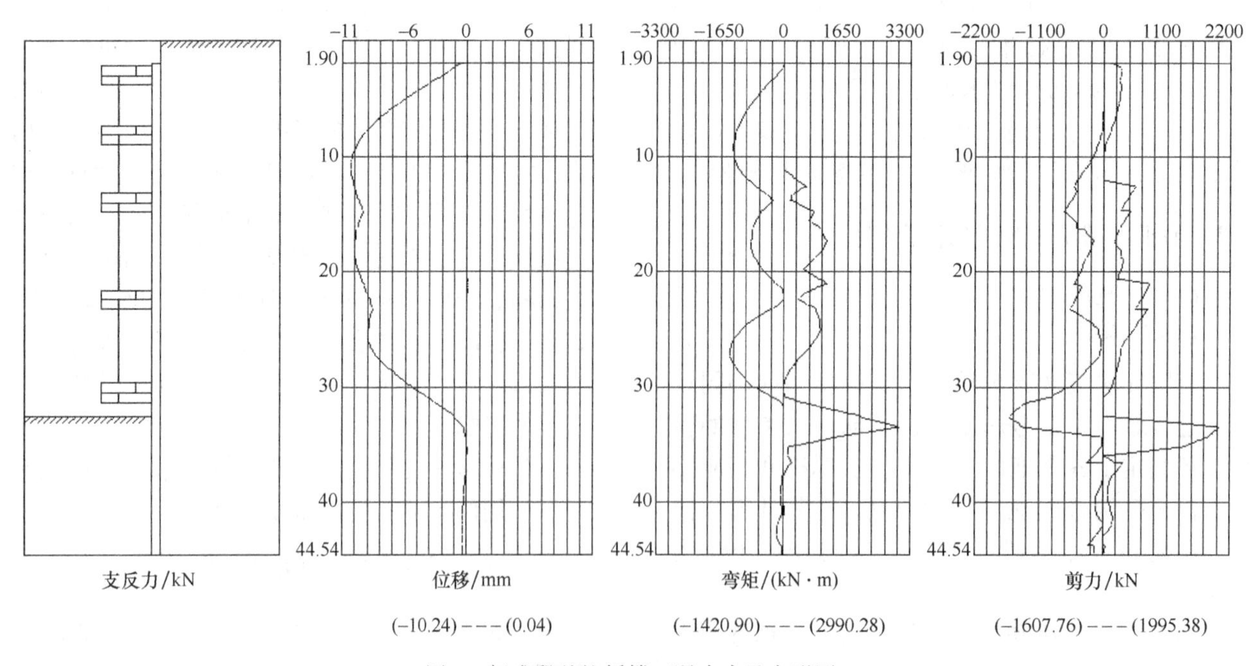

图7　标准段基坑拆撑工况内力及变形图

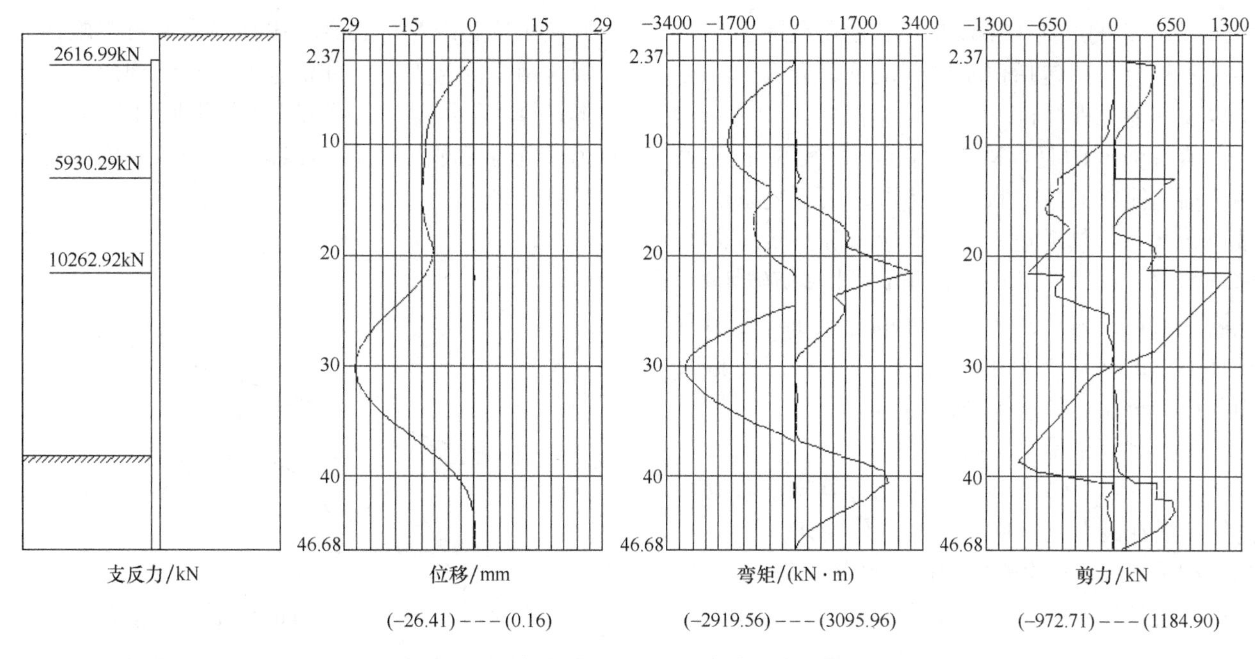

图 8　盾构段基坑开挖工况内力及变形图

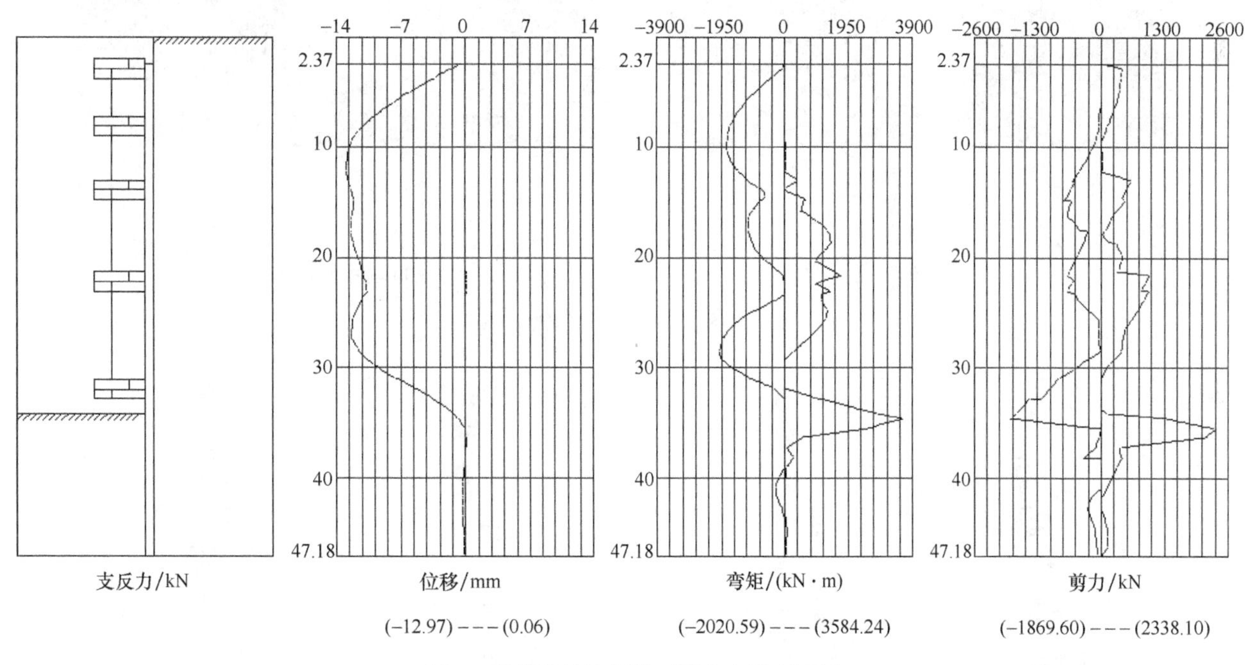

图 9　盾构段基坑拆撑工况内力及变形图

2.3　Midas Gen 有限元计算软件

（1）计算原理

Midas Gen 软件不受节点数、单元数、荷载工况以及荷载组合数的限制，从而为工程领域提供了全面的结构分析解决方案。该软件的分析能力包括静力分析、动力分析、几何非线性分析、屈曲分析和支座沉降分析等多个方面。在静力分析领域，Midas Gen 区分为线性静力分析和非线性静力分析两大类。Midas Gen 的线性静力分析（Linear Static Analysis）中使用的基本方程式如下：$[\boldsymbol{K}]\{\boldsymbol{U}\}=\{\boldsymbol{P}\}$。式中，$[\boldsymbol{K}]$ 为结构的整体刚度；$\{\boldsymbol{U}\}$ 为全部自由度的位移向量；$\{\boldsymbol{P}\}$ 为荷载向量；其不限制静态单位荷载条件及荷载组合数量。

在进行塑性模拟时，Midas Gen 提供了多种本构模型，包括 Tresca、Mohr-Coulomb、Von Mises、Drucker-Prager 等选项。其中，Mohr-Coulomb 模型作为岩土工程领域最为常见的破坏准则之一，在塑性材料行为的建模中具有广泛应用。Mohr-Coulomb 模型不仅能够有效反映材料的脆性破坏特性，还能够描述塑性破坏过程。Mohr-Coulomb 模型可被视为描述材料强度和应力-应变行为的经典力学模型，其适用范围涵盖了多种工程材料，包括但不限于土壤、岩石、混凝土以及其他工程材料。

值得强调的是，Mohr-Coulomb 模型不仅适用于描述简单的应力状态，还可以用于复杂的三维应力状态，包括正应力、剪应力和扭转应力等多种情况。其中 Mohr-Coulomb 发生剪切破坏时，其隐式表达式为 $|\tau| = c + \sigma_n \tan\varphi$，$\tau$ 与 σ_n 分别为破坏面上的剪应力与正应力；c 与 φ 分别为黏聚力与内摩擦角，如图 10 所示。

（2）计算结果

采用 Midas Gen8.0[14] 有限元计算软件对地下连续墙潜在最大变形所在工况进行验证（图 11），Mohr-Coulomb 本构模型所需的计算参数见表 2。结构刚度按每延米刚度进行折算，重点关注水下开挖至坑底以及封底后坑内抽完水后暂未施作底板这两个危险工况。分别进行支护结构内力及变形计算，得到地下连续墙内力结果见图 12～图 14 为最危险工况下的地下连续墙中间截面墙体位移计算结果。

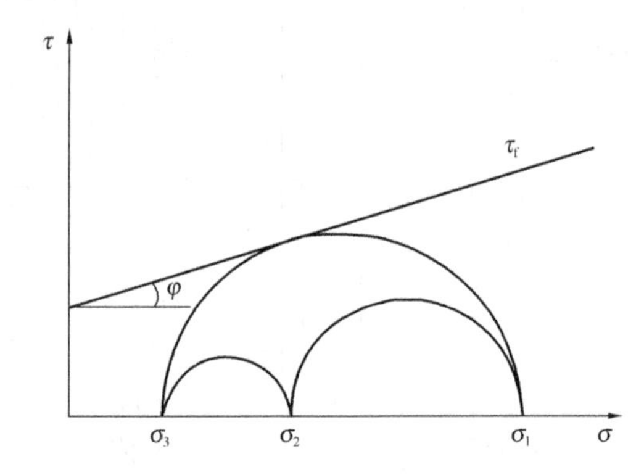

图 10　Mohr-Coulomb 准则的几何解释

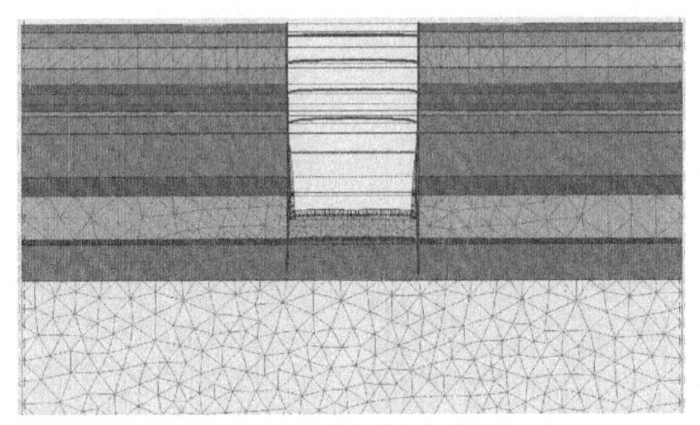

(a) 开挖至坑底时模型

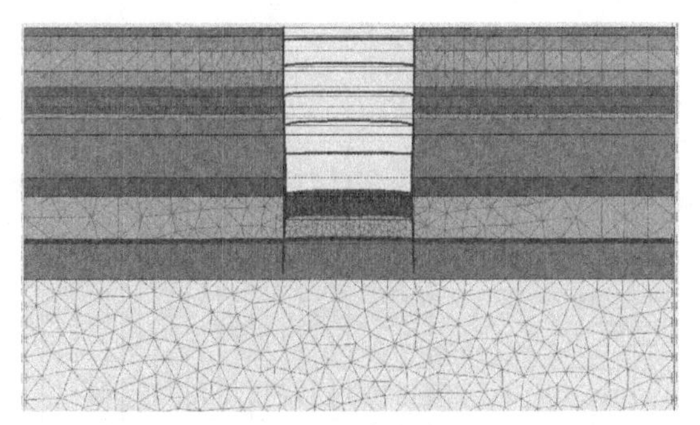

(b) 坑内抽水模型

图 11　Midas Gen 计算模型示意

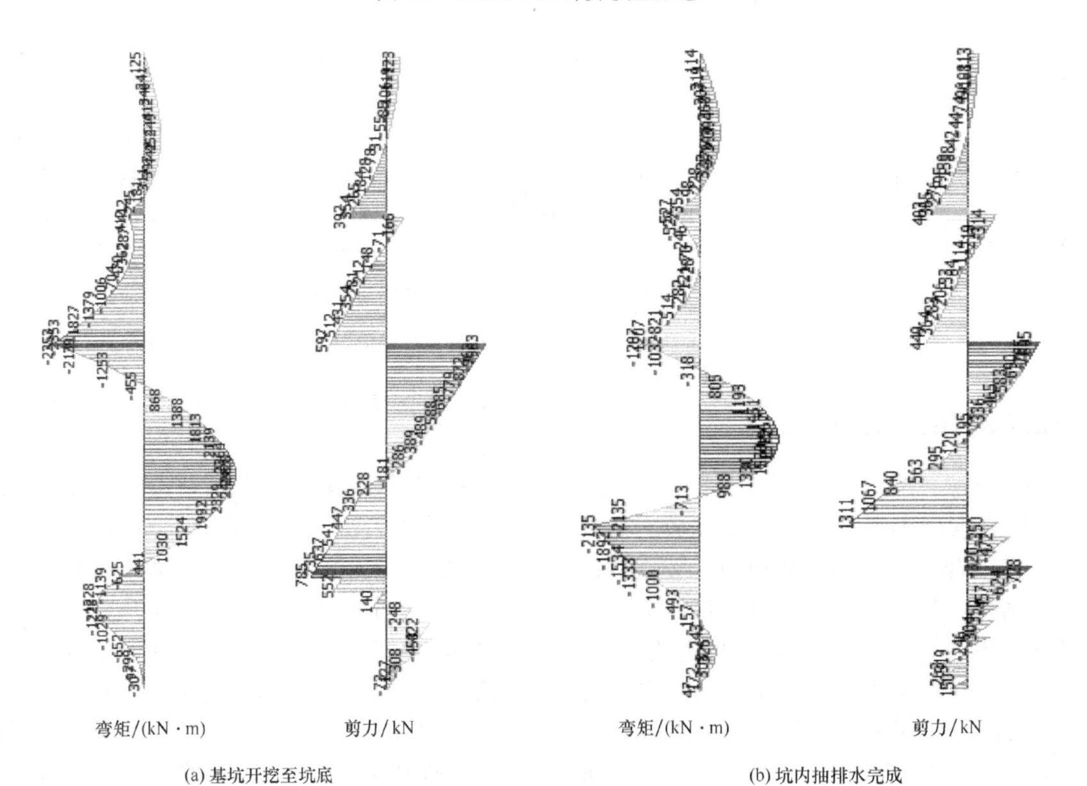

(a) 基坑开挖至坑底

(b) 坑内抽排水完成

图 12　标准段地下连续墙内力图

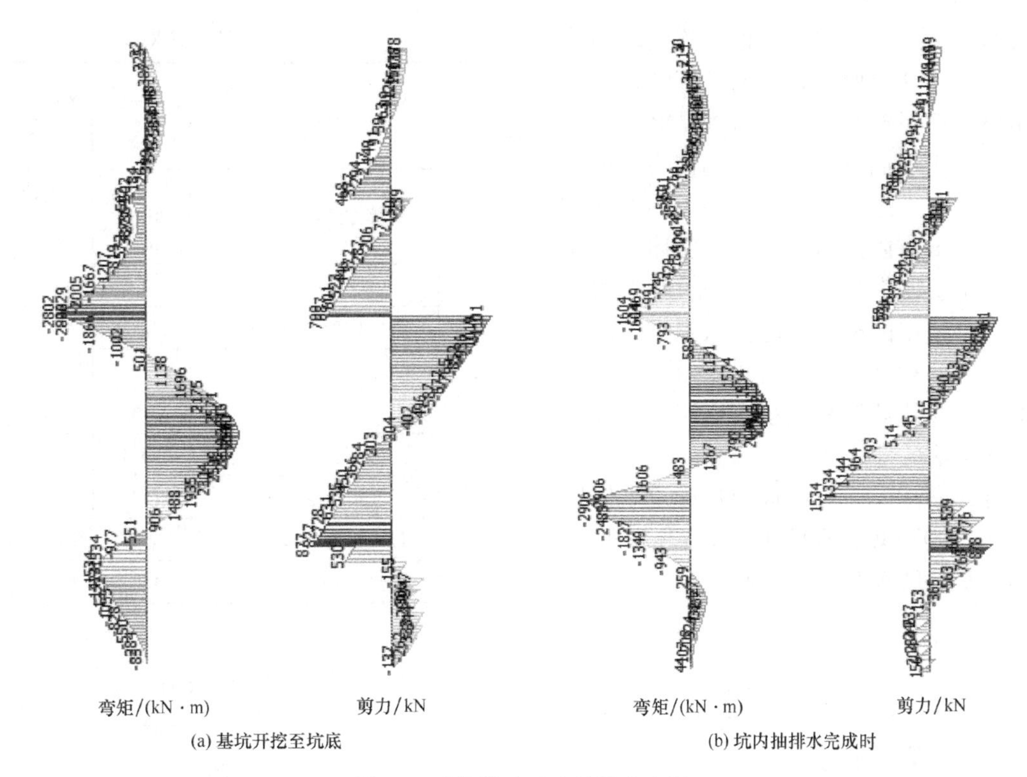

(a) 基坑开挖至坑底　　(b) 坑内抽排水完成时

图 13　盾构段地下连续墙内力图

计算输入参数　　表 2

土层	弹性模量 E/MPa	重度 γ/(kN/m^3)	泊松比 μ	黏聚力 c/kPa	内摩擦角 φ/°
粉土	32	20.1	0.3	14	23
粉细砂	45	19.8	0.3	0	30
粉质黏土	35	19.6	0.2	27	11.3
粉土	50	19.6	0.3	16	23.5
卵石	200	20.2	0.3	0	45
粉质黏土	40	19.6	0.2	30	15
卵石	250	20.5	0.3	0	50
钢筋混凝土	31500	25	0.3	—	—

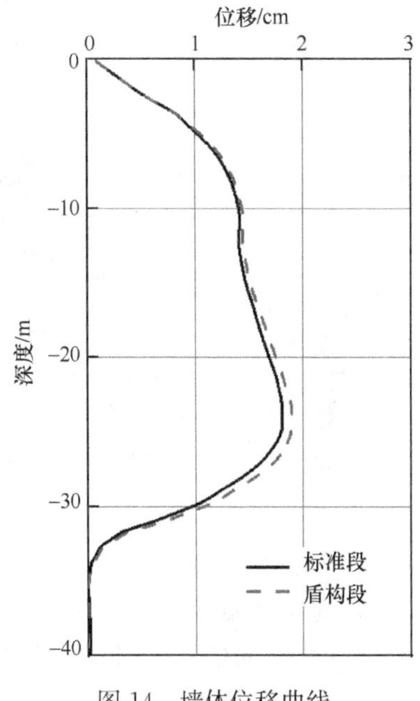

图 14　墙体位移曲线

通过有限元核算，标准段跨中最大弯矩为2428kN·m，支座处最大弯矩为2353kN·m，盾构段跨中最大弯矩为2900kN·m，支座处最大弯矩为2906kN·m，标准段及盾构段墙体最大侧移分别为18.2mm、19.1mm。

3　计算结果对比分析

3种基坑支护结构的内力及变形计算对比结果显示（表3）：启明星设计软件与理正深基坑软件的基坑结构位移计算结果相差不大，但是前者可以对深基坑开挖进行全过程一次模拟，充分考虑了上一步施工对下一步的影响，并考虑了水下开挖及水下混凝土封底施工过程对结构变形的影响，计算较为合理、科学。而理正深基坑7.0软件由于其本身的缺陷暂无法一次性模拟水下开挖及水下混凝土封底施工过程。另外，由于理正深基坑软件采用加固土模型代替4m厚混凝土封底

（采用中风化岩层参数处理），其地下连续墙的剪力计算结果最大，其余两种软件的计算结果相差不大。启明星及理正深基坑计算原理是将立柱桩假定为固接，将土层简化为土弹簧，作为约束条件加在围护结构上，忽略了立柱桩与土的相互作用，而 Midas Gen 有限元软件可采用实体单元模拟土层，可将土层所产生的自重应力直接作用到支护结构面上，采用的杆单元能深入到土层内部模拟立柱与土层的相互作用，因此 Midas Gen 计算结果中的地下连续墙弯矩远小于启明星及理正深基坑软件增量法的计算结果。

选取实际工程中基坑标准段及盾构段墙体位移代表性测点 ZQT-06、ZQT-10 的实际监测数据，绘制其水平位移变形曲线进行对比研究，如图 15 所示。

计算结果对比　　表 3

项目		同济启明星 7.2	理正深基坑 7.0	Midas Gen 8.0
计算方式及方法		一次模拟/增量法	二次模拟/增量法	阶段模型/全量法
标准段	最大位移/mm	20.5	20.49	18.2
	最大正弯矩/(kN·m)	2978.8	2990.28	2428.0
	最大负弯矩/(kN·m)	2719.8	2473.73	2353.0
	剪力/kN	1263.6	1995.38	1311.0
盾构段	最大位移/mm	28.4	26.41	19.1
	最大正弯矩(kN·m)	3712.9	3584.24	2900.0
	最大负弯矩(kN·m)	3351.1	2919.56	2906.0
	剪力/kN	1456.8	2338.10	1534.0

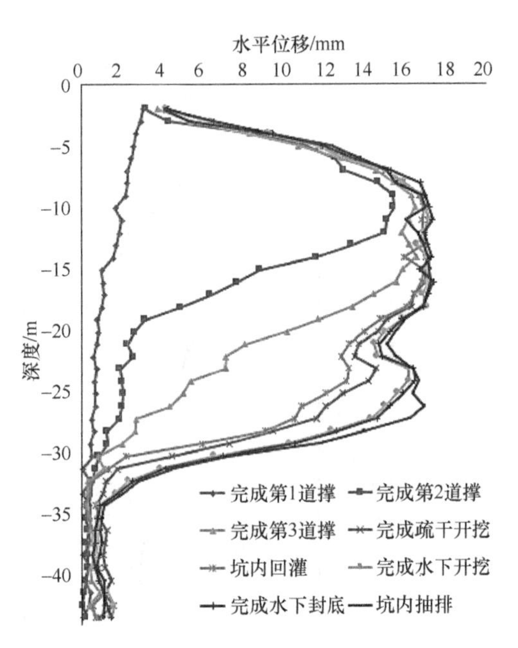

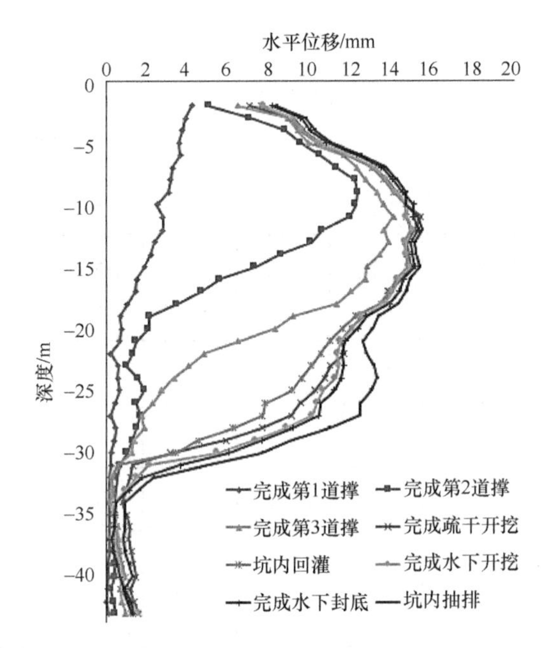

图 15　墙体位移实测曲线（ZQT-06/ZQT-10）

图 15 为工程实测墙体变形结果，可以看出在最危险工况下（坑内抽排），标准段和盾构段的地下连续墙实测位移分别为 17.19mm 和 16.2mm，考虑到盾构段的 ZQT-10 测点位移角点位置具有较强的变形空间效应，因此其位移值较小。从实测结果可以看出，墙体位移与 Midas Gen 计算结果最为接近，远小于启明星及理正设计软件的计算结果，可见相比于理正及启明星计算软件，Midas Gen 在单元网格划分上更加精细协调，对水土压力的等效更加精确，因此计算结果较为可靠。

4　结论与建议

（1）目前，基坑工程设计还处于半经验、半理论阶段，各种基坑设计规范和地方标准在计算原理和参数取值方面也不尽相同，现有的基坑设计软件计算结果也有较大出入。因此，对于复杂施工工况下的深基坑工程，设计人员应充分了解各计算软件的差异性及适用条件，采用不同的计算软件及方法进行计算对比分析，找出最符合施工实际情况、最合理、最科学的计算方式，并重点验证最危险工况下的结构变形，得到最优材料参数和计算模型，确保施工过程中基坑支护结构的安全。

（2）理正深基坑软件与启明星深基坑设计软件均基于增量法进行分析计算，因此基坑位移计算结果相差不大，但采用启明星软件能充分考虑每一步工序对后续工序的影响，因此在计算复杂工况下的基坑开挖工程时，其计算结果较为科学。Midas Gen 有限元软件能充分考虑结构与周围土体的相互作用，能更好地分析施工过程中结构构件的内力、位移等变量的演化历程，与工程实测结果最为接近，计算结果更加安全可靠，适用于复杂工程的建模计算。

参考文献：

[1] 龚晓南．关于基坑工程的几点思考[J]．土木工程学报，2005(9)：103-106，112.

[2] 唐益群，叶为民，黄雨．深基坑工程施工中几个问题的探讨[J]．施工技术，2002，31(1)：5-6.

[3] 周晓龙，马亢，钱明，等．Calculation of passive earth pressures on retaining wall considering soil arching effects of backfill clayey soil[J]．岩土力学，2014(21)：245-250.

[4] 谢猛，侯克鹏，傅鹤林．等值梁法在深基坑支护设计中的应用[J]．土工基础，2008(1)：14-17.

[5] 连静．基于弹性支点法的基坑排桩支护结构计算模型及方法研究[D]．成都：西南交通大学，2014.

[6] 郑颖人，赵尚毅，孔位学，等．极限分析有限元法讲座——I 岩土工程极限分析有限元法[J]．岩土力学，2005(1)：163-168.

[7] 周运斌．增量法在深基坑支护结构计算中的应用[J]．地下空间与工程学报，1999，19(1)：40-46.

[8] 杨光华，陆培炎．深基坑开挖中多撑或多锚式地下连续墙的增量计算法[J]．建筑结构，1994(8)：28-31.

[9] 李克先，肖勤，冯云．复杂工况下基坑支护结构内力的增量法分析[J]．山西建筑，2008(10)：97-98.

[10] 肖武权，冷伍明．深基坑支护结构设计的优化方法[J]．岩土力学，2007(6)：1201-1204.

[11] 武亚军，张国军，栾茂田．深基坑工程施工的力学分析方法[J]．建筑结构，2005，35(5)：55-56，64.

[12] 住房和城乡建设部．建筑基坑支护技术规程：JGJ 120—2012[S]．北京：中国建筑工业出版社，2012.

[13] 韩杉．深基坑围护结构不同内力计算模型对比[J]．中国市政工程，2009(3)：84-85.

[14] 王昌兴．MIDAS/Gen 应用实例教程及疑难解答[M]．北京：中国建筑工业出版社，2010.

土与全风化岩双元边坡整体稳定性计算分析

李连祥[1,2]，**贾　斌**[1,2]，**赵永新**[1,2]，**仇　晖**[3]

（1. 山东大学 基坑与深基础工程技术研究中心，山东 济南 250061；2. 山东大学 土建与水利学院，山东 济南 250061；3. 中铁十四局集团隧道工程有限公司，山东 济南 250013）

摘　要：国内土岩双元边坡整体破坏模式研究较少。为探究济南地区土与全风化岩双元边坡整体稳定性分析方法，基于同一团队相同地质条件边坡圆弧滑动的整体破坏模式，运用瑞典圆弧法对土层与全风化岩石边坡进行分析，得到水平积分模型和竖直积分模型的边坡稳定解析解，并针对具体算例运用有限元法进行验证。最后选取济南地区土与全风化岩石典型地层，运用 Plaxis^{3d}有限元软件，分析坡率及土层与岩层比例对滑移面坡顶开裂点及安全系数的影响，提出滑移面坡顶开裂点值拟合公式。结果表明：水平积分模型得出的安全系数略小于竖直积分模型，解析解得出的安全系数小于有限元法；固定边坡高度，土与全风化岩双元边坡土层越厚，边坡就越不稳定；坡率越小，安全系数越大。研究结果可供同类工程参考应用。

关键词：边坡工程；双元边坡；整体稳定性；瑞典圆弧法；安全系数；滑移面开裂点

0　引言

近年的基坑和边坡工程中，出现了大量上部土体＋下部岩体的双元边坡。以山东省济南市为例，市区地层主要由第四系土体、灰岩、辉长岩 3 种岩土体组成[1]。目前，基坑土体边坡[2]整体稳定分析明确按圆弧滑动模式，建筑岩质边坡[3]建议按外倾结构面分析，对于土岩边坡整体稳定性均缺乏明确规定，此类基坑支护设计缺少相关规范指导，因此研究土岩边坡整体稳定性具有理论意义和工程价值。

针对边坡稳定性，大量学者利用解析解法或有限元法开展了相关研究工作：卢玉林等[4]对土体进行水平条分或竖直条分，忽略了土条之间的条间力，分别得到水平积分模型和竖直积分模型的安全系数解析解；张磊[5]对瑞典条分法进行了简化，通过积分，把复杂的条分过程简化为关于滑动面圆心坐标、半径的三元函数；戴自航和沈蒲生[6]假设土条之间只有水平推力，主体思想仍然是滑动面为圆弧面，最终得出简化 Bishop 法的边坡稳定性系数的解析解；王小东等[7]将 GIS 技术与瑞典条分法计算公式进行融合，对岸坡进行竖直条分，计算出安全系数以及搜索对应的滑移面。雷国辉和郑强[8]通过分析瑞典条分法的有效应力表达式，证明以土体为对象建立的瑞典条分法的有效应力表达式忽略了土条两侧的渗流力作用，在实际应用中存在一定的误差；许年春等[9]通过三角函数积分得到边坡稳定性系数的表达式，并将其运用于边坡分析；邓检良等[10]以瑞典条分法和 JANBU 法为基础，推导出改进的 NS 法和 NJ 法，并进行对比；陈富坚和邓康成[11]应用 36°法推导出圆弧滑动的稳定性系数解析解。

有限元法即利用有限元软件对边坡进行稳定性分析，不断对边坡的参数进行强度折减，直至边坡发生破坏。郑颖人等[12-13]对有限元强度折减法的计算精度和影响因素进行了分析，并将摩尔-库仑等面积圆屈服准则求稳定安全系数的方法应用于岩坡和土坡的稳定性分析中。刘锋涛等[14]在同时考虑刚体平动与转动的基础上构造运动许可速度场，并将单元界面上的屈服条件和相关联流动法则表示为一系列的线性方程和二阶锥方程，最终得到了考虑转动模式的刚体有限元上限法的二阶锥规划模型，并通过滑动面摄动实现了临界滑动面的搜索。王汉辉等[15]系统地介绍了结构塑性极限分析的原理和方法。借助有限单元法和线性规划，运用塑性极限分析的下限法，可求解岩土边坡的极限承载力和安全系数。年廷凯等[16-18]使用解析法和数值法分析土岩结合边坡的稳定性，但都没有建立解析解来表征安全系数以及边坡滑移面特性。

本文基于同一团队土与全风化辉长岩边坡圆弧滑动的整体破坏模式[19]，推导此类边坡安全系数解析解，并利用 Plaxis^{3d}有限元软件，分析坡率及边坡土层与岩层比例对滑移面坡顶开裂点及安全系数的影响，建立滑移面坡顶开裂点分析公式。对于推进国内相似地质条件基坑、边坡工程稳定分析理论和设计方法进步，建立济南区域基坑工

作者简介：李连祥（1966—），男，1987 年毕业于河北大学力学专业，教授，主要从事基坑工程方面的教学与研究工作。E-mail：jk_doctor@163.com。

程系统理论具有深远意义。

1　整体圆弧滑动解析解

土加全风化岩石双元边坡整体破坏模式为圆弧滑动[19]，发生滑动时整块滑动体向下滑动，将滑动体看作刚体，以它作为脱离体，分析整个滑动面上的抗滑力及下滑力，并计算出它们的比值即安全系数。张向东等[20]将圆弧滑动滑移面定义为坡脚圆，如图1所示。

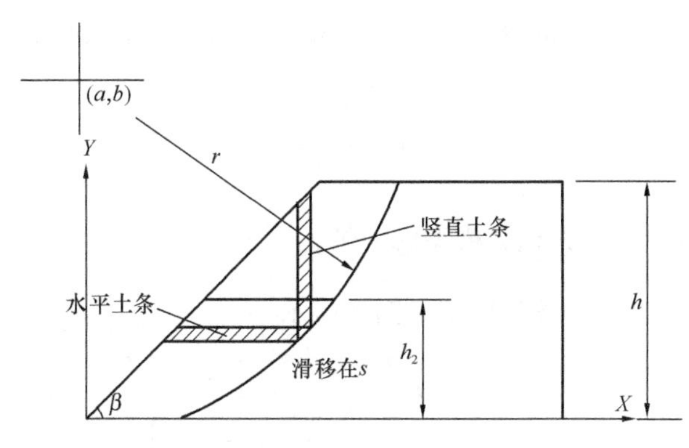

图1　坡脚圆模型简图

对坡体进行水平条分和竖直条分，形成2种条分模型[4]，其中，s 指边坡滑移面，h 为边坡高度，h_2 为全风化岩石的高度，r 为圆弧滑动滑移面的圆心，β 为坡角。

1.1　水平积分模型解析解

水平条分模型如图2所示。

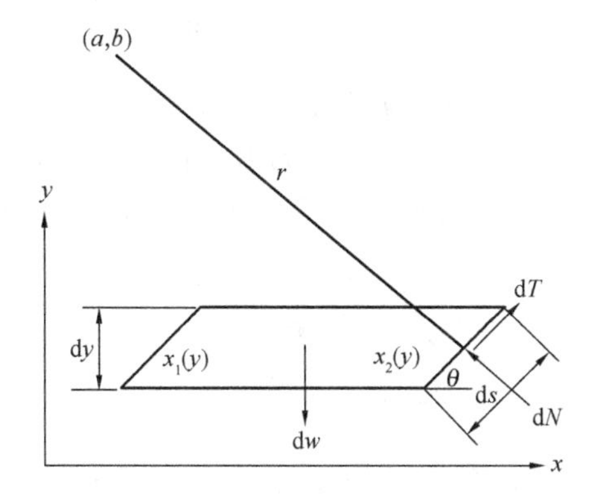

图2　水平条分模型示意图

在图2中，滑移面的半径为 r，$(a,\ b)$ 指滑移面的圆心，θ 为滑移面与水平方向的夹角，$\mathrm{d}y$ 为水平土条的厚度，$\mathrm{d}s$ 为滑移面长度，$\mathrm{d}w$ 为水平土条的重度，$\mathrm{d}T$ 为滑移面处的抗滑力，$\mathrm{d}N$ 为边坡对滑坡单元的支持力，$x_1(y)$ 为坡面的数学表达式，$x_2(y)$ 为滑移面的数学表达式。其表达式如下：

$$\left.\begin{aligned} x_1(y) &= \frac{y}{\tan\beta} \\ x_2(y) &= a+\sqrt{r^2-(b-y)^2} \end{aligned}\right\} \tag{1a}$$

$$\mathrm{d}w=\begin{cases}\gamma_2(x_2(y)-x_1(y))\mathrm{d}y & (0\leqslant y\leqslant h_2)\\ \gamma_1(x_2(y)-x_1(y))\mathrm{d}y & (h_2\leqslant y\leqslant h)\end{cases} \tag{1b}$$

$$\sigma=\frac{\mathrm{d}w\cos\theta}{\mathrm{d}y} \tag{1c}$$

$$\left.\begin{aligned} \sin\theta &= \frac{\sqrt{r^2-(b-y)^2}}{r} \\ \cos\theta &= \frac{b-y}{r} \\ \mathrm{d}s &= \frac{r\mathrm{d}y}{\sqrt{r^2-(b-y)^2}} \end{aligned}\right\} \tag{1d}$$

设 M_1 为下滑力矩，M_2、M_3 为抗滑力矩。水平土条的质心在土条的中点处，所以土条对圆心的下滑力矩 M_1 为土条重力乘以土条中点到圆心的水平距离。土层部分的下滑力 $M_{1土}$ 为：

$$\begin{aligned} M_{1土} &= \int_{h_2}^{h}\left(\frac{x_1(y)+x_2(y)}{2}-a\right)\gamma_1(x_2(y)-x_1(y))\mathrm{d}y \\ &= \frac{\gamma_1 r^2(h-h_2)}{2}+\frac{\gamma_1[(b-h)^3-(b-h_2)^3]}{6} \\ &\quad +\frac{\gamma_1\tan\beta\left[\left(a-\dfrac{h}{\tan\beta}\right)^3-\left(a-\dfrac{h_2}{\tan\beta}\right)^3\right]}{3} \end{aligned} \tag{2}$$

全风化岩石部分的下滑力矩 $M_{1岩}$ 为：

$$\begin{aligned} M_{1岩} &= \int_{0}^{h_2}\left(\frac{x_1(y)+x_2(y)}{2}-a\right)\gamma_2[x_2(y) \\ &\quad -x_1(y)]\mathrm{d}y \\ &= \frac{\gamma_2 r^2 h_2}{2}+\frac{\gamma_2[(b-h_2)^3-b^3]}{6} \\ &\quad +\frac{\gamma_2\tan\beta\left[\left(a-\dfrac{h_2}{\tan\beta}\right)^3-a^3\right]}{3} \end{aligned} \tag{3}$$

整体下滑力矩 $M_1=M_{1土}+M_{1岩}$。

由于 r 和 b 的大小关系会影响积分值的正负，所以抗滑力矩分为2种情况：

(1) $r>b$ 时，抗滑力矩 M_2 分为土层部分的抗滑力矩 $M_{2土}$ 和全风化岩石部分的抗滑力矩

$M_{2岩}$，土层部分的抗滑力矩 $M_{2土}$ 为：

$$\begin{aligned}M_{2土}&=r\int_{h_2}^{h}c_1\mathrm{d}s+r\int_{h_2}^{h}\sigma\tan\varphi_1\mathrm{d}y\\&=r^2c_1\left(\arcsin\frac{b-h_2}{r}-\arcsin\frac{b-h}{r}\right)\\&\quad+\gamma_1\tan\varphi_1\left\{a\left[\left(bh-\frac{h^2}{2}\right)-\left(bh_2-\frac{h_2^2}{2}\right)\right]\right.\\&\quad-\frac{1}{\tan\beta}\left[\left(\frac{bh^2}{2}-\frac{h^3}{3}\right)-\left(\frac{bh_2^2}{2}-\frac{h_2^3}{2}\right)\right]\\&\quad+\frac{1}{3}[r^2-(b-h)^2]^{\frac{3}{2}}\\&\quad\left.-\frac{1}{3}[r^2-(b-h_2)^2]^{\frac{3}{2}}\right\}\end{aligned}\tag{4}$$

全风化岩石部分的抗滑力矩 $M_{2岩}$ 为：

$$\begin{aligned}M_{2岩}&=r\int_{0}^{h_2}c_2\mathrm{d}s+r\int_{0}^{h_2}\sigma\tan\varphi_2\mathrm{d}y\\&=r^2c_2\left(\arcsin\frac{b}{r}-\arcsin\frac{b-h_2}{r}\right)\\&\quad+\gamma_2\tan\varphi_2\left\{a\left(bh_2-\frac{h_2^2}{2}\right)-\frac{1}{\tan\beta}\left(\frac{bh_2^2}{2}-\frac{h_2^3}{2}\right)\right.\\&\quad\left.+\frac{1}{3}[r^2-(b-h_2)^2]^{\frac{3}{2}}-\frac{1}{3}(r^2-b^2)^{\frac{3}{2}}\right\}\end{aligned}\tag{5}$$

整体抗滑力矩 $M_2=M_{2土}+M_{2岩}$，安全系数 F_s 可以表示为抗滑力矩与下滑力矩之比，即：

$$F_s=\frac{M_2}{M_1}\tag{6}$$

（2）当 $r<b$ 时，抗滑力矩 M_3 分为土层部分的抗滑力矩 $M_{3土}$ 和全风化岩石部分的抗滑力矩 $M_{3岩}$，土层部分的抗滑力矩 $M_{3土}$ 为：

$$\begin{aligned}M_{3土}&=r\int_{h_2}^{h}c_1\mathrm{d}s+r\int_{h_2}^{h}\sigma\tan\varphi_1\mathrm{d}y\\&=r^2c_1\left(\arcsin\frac{b-h_2}{r}-\arcsin\frac{b-h}{r}\right)\\&\quad+\gamma_1\tan\varphi_1\left\{a\left[\left(bh-\frac{h^2}{2}\right)-\left(bh_2-\frac{h_2^2}{2}\right)\right]\right.\\&\quad-\frac{1}{\tan\beta}\left[\left(\frac{bh^2}{2}-\frac{h^3}{3}\right)-\left(\frac{bh_2^2}{2}-\frac{h_2^3}{3}\right)\right]\\&\quad\left.+\frac{1}{3}[r^2-(b-h)^2]^{\frac{3}{2}}-\frac{1}{3}\left[r^2-\left(b-\frac{h}{2}\right)^2\right]^{\frac{3}{2}}\right\}\end{aligned}\tag{7}$$

全风化岩石部分的抗滑力矩 $M_{3岩}$ 为：

$$\begin{aligned}M_{3岩}&=r\int_{0}^{h_2}c_2\mathrm{d}s+r\int_{0}^{h_2}\sigma\tan\varphi_2\mathrm{d}y\\&=r^2c_2\left(\frac{\pi}{2}-\arcsin\frac{b-h_2}{r}\right)\\&\quad-r^2c_2\left[\ln r-\ln\left(b+\sqrt{b^2-r^2}\right)\right]\\&\quad+\gamma_2\tan\varphi_2\left\{a\left(bh_2-\frac{h_2^2}{2}\right)-\frac{1}{\tan\beta}\left(\frac{bh_2^2}{2}-\frac{h_2^3}{3}\right)\right.\\&\quad\left.+\frac{1}{3}[r^2-(b-h_2)^2]^{\frac{3}{2}}-\frac{1}{3}(r^2-b^2)^{\frac{3}{2}}\right\}\end{aligned}\tag{8}$$

整体抗滑力矩 $M_3=M_{3土}+M_{3岩}$，安全系数 F_s 表示为：

$$F_s=\frac{M_3}{M_1}\tag{9}$$

1.2 竖直积分模型解析解

竖直条分模型如图3所示。

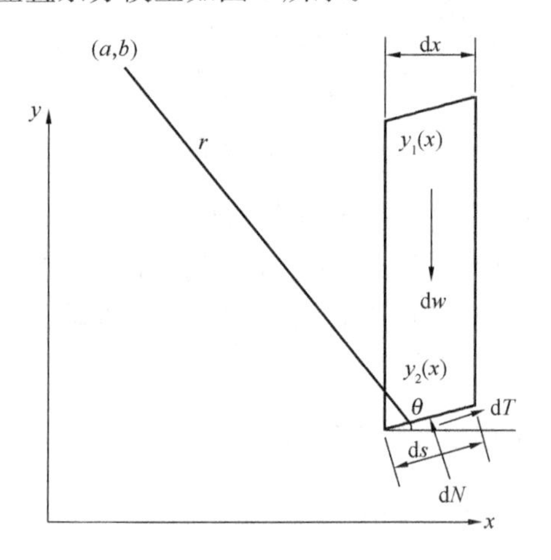

图3 竖直条分模型示意图

图3中，$\mathrm{d}x$ 为竖直土条的厚度，$y_1(x)$ 为坡面的数学表达式，$y_2(x)$ 为滑移面的数学表达式，θ 为滑移面与水平方向的夹角。则土条重力可表示为：

$$\mathrm{d}w=\begin{cases}\gamma_2[y_1(x)-y_2(x)]\mathrm{d}x & 0\leqslant x<x_1\\ \gamma_1\left[y_1(x)-\dfrac{h}{2}\right]\mathrm{d}x+\gamma_2\left[\dfrac{h}{2}-y_2(x)\right]\mathrm{d}x & (x_1\leqslant x<x_2)\\ \gamma_1\dfrac{h}{2}\mathrm{d}x+\gamma_2\left(\dfrac{h}{2}-y_2(x)\right)\mathrm{d}x & (x_2\leqslant x<x_3)\\ \gamma_1[h-y_2(x)]\mathrm{d}x & (x_3\leqslant x<x_4)\end{cases}\tag{10}$$

式中，x_1 为土层与全风化岩石交界面左处的 x 值；x_2 为坡顶处的 x 值；x_3 为土层与全风化岩石交界面右处的 x 值；x_4 为滑移面坡顶开裂点处的 x 值。参数见图4。x_1、x_2、x_3、x_4、$y_1(x)$、$y_2(x)$ 的值为：

$$
\left.\begin{aligned}
x_1 &= \frac{h_2}{\tan\beta} \\
x_2 &= \frac{h}{\tan\beta} \\
x_3 &= a+\sqrt{r^2-(b-h_2)^2} \\
x_4 &= a+\sqrt{r^2-(b-h)^2} \\
y_1(x) &= x\tan\beta \\
y_2(x) &= b-\sqrt{r^2-(x-a)^2}
\end{aligned}\right\} \tag{11}
$$

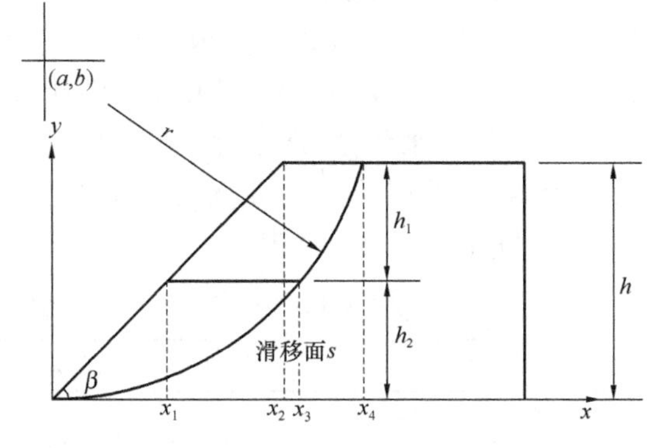

图 4　参数示意图

其他参数为：

$$
\left.\begin{aligned}
\sigma &= \frac{\mathrm{d}w\cos\theta}{\mathrm{d}x} \\
\sin\theta &= \frac{x-a}{r} \\
\cos\theta &= \frac{\sqrt{r^2-(x-a)^2}}{r} \\
\mathrm{d}s &= \frac{r\mathrm{d}x}{\sqrt{r^2-(x-a)^2}}
\end{aligned}\right\} \tag{12}
$$

为简化公式，便于程序计算，设定以下 3 个函数：

$$f(x) = [r^2-(x-a)^2]^{\frac{1}{2}} \tag{13}$$

$$g(x) = \frac{1}{2}(x-a)(r^2-(x-a)^2)^{\frac{1}{2}} + \frac{r^2}{2}\arcsin\frac{x-a}{r} \tag{14}$$

$$h(x) = r^2x-\frac{1}{3}(x-a)^3 \tag{15}$$

滑坡体的下滑力 T_1 由各土条重力的切向分量 $\mathrm{d}T'$ 构成，$\mathrm{d}T'$ 为 $\mathrm{d}T$ 的相互作用力，$\mathrm{d}T'=\mathrm{d}w\sin\theta$。

T_1 分为土层部分的下滑力 $T_{1土}$ 和全风化岩石部分的下滑力 $T_{1岩}$：

$$T_1 = T_{1土}+T_{1岩} \tag{16}$$

土层部分的下滑力 $T_{1土}$ 为：

$$
\begin{aligned}
T_{1土} =& \int_{x_1}^{x_2}[\gamma_1(y_1(x)-h_2)]\frac{x-a}{r}\mathrm{d}x \\
&+\int_{x_2}^{x_3}[\gamma_1(h-h_2)]\frac{x-a}{r}\mathrm{d}x \\
&+\int_{x_3}^{x_4}\gamma_1(h-y_2(x))\frac{x-a}{r}\mathrm{d}x \\
=& \frac{\gamma_1}{r}\Big[\frac{1}{3}\tan\beta(x_2^3-x_1^3)+h_2a(x_2-x_1) \\
&-\frac{1}{2}(a\tan\beta+h_2)(x_2^2-x_1^2)\Big]-\frac{\gamma_1}{3r}[f(x_4)^3 \\
&-f(x_3)^3]+\frac{\gamma_1}{r}(h-h_2)\Big[\frac{1}{2}(x_3^2-x_2^2) \\
&-a(x_3-x_2)\Big]+\frac{\gamma_1}{r}(h-b) \\
&\Big[\frac{1}{2}(x_4^2-x_3^2)-a(x_4-x_3)\Big]
\end{aligned} \tag{17}
$$

全风化岩石部分的下滑力 $T_{1岩}$ 为：

$$
\begin{aligned}
T_{1岩} =& \int_{0}^{x_1}\gamma_2(y_1(x)-y_2(x))\frac{x-a}{r}\mathrm{d}x \\
&+\int_{x_1}^{x_2}[\gamma_1(y_1(x)-h_2)+\gamma_2(h-y_2(x))] \\
&\frac{x-a}{r}\mathrm{d}x+\int_{x_2}^{x_3}[\gamma_1(h-h_2)+\gamma_2(h_2-y_2(x))] \\
&\frac{x-a}{r}\mathrm{d}x \\
=& \frac{\gamma_2}{r}\Big[\tan\beta\Big(\frac{1}{3}x_1^3-\frac{1}{2}ax^2\Big)-b\Big(\frac{1}{2}x_1^2-ax_1\Big) \\
&-\frac{1}{3}(f(x_3)^3-f(0)^3)\Big] \\
&+\frac{\gamma_2}{r}(h_2-b)\Big[\frac{1}{2}(x_3^2-x_1^2)-a(x_3-x_1)\Big]
\end{aligned} \tag{18}
$$

滑坡体的抗滑力 T_2 由滑动面处土体的剪应力构成，分为土层部分的抗滑力 $T_{2土}$ 和全风化岩石部分的抗滑力 $T_{2岩}$。

$$T_2 = T_{2土}+T_{2岩} \tag{19}$$

土层部分的抗滑力 $T_{2土}$ 为：

$$T_{2土}=\int_{x_3}^{x_4}\frac{c_1 r\mathrm{d}x}{\sqrt{r^2-(x-a)^2}}$$
$$+\tan\varphi\Big\{\int_{x_1}^{x_2}[\gamma_1(y_1(x)-h_2)]\cos\theta\mathrm{d}x$$
$$+\int_{x_2}^{x_3}\gamma_1(h-h_2)\cos\theta\mathrm{d}x$$
$$+\int_{x_3}^{x_4}\gamma_1(h-y_2(x))\cos\theta\mathrm{d}x\Big\}$$
$$=c_1 r(\arcsin\frac{x_4-a}{r}-\arcsin\frac{x_3-a}{r})$$
$$+\tan\varphi_1\Big\{\Big[\frac{\gamma_1(a\tan\beta-h_2)}{r}\Big][g(x_2)-g(x_1)]$$
$$+\Big[\frac{\gamma_1(h-h_2)}{r}\Big][g(x_3)-g(x_2)]$$
$$+\Big[\frac{\gamma_1(h-b)}{r}\Big][g(x_4)-g(x_3)]$$
$$+\frac{\gamma_1}{r}(h(x_4)-h(x_3))\Big\} \tag{20}$$

全风化岩石部分的抗滑力 $T_{2岩}$ 为：

$$T_{2岩}=\int_{0}^{x_3}\frac{c_2 r\mathrm{d}x}{\sqrt{r^2-(x-a)^2}}$$
$$+\tan\varphi\Big\{\int_{0}^{x_1}\gamma_2(y_1(x)-y_2(x))\cos\theta\mathrm{d}x$$
$$+\int_{x_1}^{x_2}\gamma_2(h_2-y_2(x))\cos\theta\mathrm{d}x$$
$$+\int_{x_2}^{x_3}\gamma_2(h_2-y_2(x))\cos\theta\mathrm{d}x$$
$$=c_2 r(\arcsin\frac{x_3-a}{r}+\arcsin\frac{a}{r})$$
$$+\tan\varphi_2\frac{\gamma_2}{r}\Big\{\tan\beta\Big[\frac{1}{3}f(0)^3-\frac{1}{3}f(x_1)^3\Big]$$
$$+[h(x_3)-h(0)]+(h_2-b)[g(x_3)$$
$$-g(x_1)]+(a\tan\beta-b)[g(x_1)$$
$$-g(0)]+(h_2-b)\times[g(x_3)-g(x_1)]\Big\} \tag{21}$$

安全系数 F_s 表示为：

$$F_s=\frac{M_2}{M_1}=\frac{rT_2}{rT_1}=\frac{T_2}{T_1} \tag{22}$$

只要知道滑移面的位置，得到 a、b、r 等参数，就可以求出安全系数。

2 方法对比

为验证公式的正确性，使用以下3种不同的方法计算边坡的安全系数，分别是瑞典条分法、本文方法以及有限元法。应用卢玉林等[4]中的数据进行算例分析。边坡模型为土坡，破坏面为坡脚圆，把两层地层都看作土层，使用式（6），式（12）求解。具体参数为：

滑移面圆心为 $a=-3\text{m}$、$b=10\text{m}$，半径 $r=10.44\text{m}$。边坡高 $h=6\text{m}$，倾斜角 $\beta=60°$，土的黏聚力 $c_1=c_2=20\text{kN/m}^2$，内摩擦角 $\varphi_1=\varphi_2=22°$，重度 $\gamma_1=\gamma_2=18\text{kN/m}^3$。用Matlab分别计算式(6)、(22)，得到水平积分模型的安全系数为1.4719，竖直积分模型的安全系数为1.5331，与卢玉林等[4]中安全系数对比见表1。

安全系数对比　　表1

安全系数	瑞典条分法	本文方法	有限元法
水平积分模型	1.48	1.4719	1.61
竖直积分模型	1.57	1.5331	

由表1可以看出，本文方法计算的安全系数略低于瑞典条分法，且两者得到的安全系数都小于有限元法，证明解析解法是偏于安全的结果。

3 滑移面坡顶开裂点位置确定方法

探究滑移面坡顶开裂点值可以预知土体可能发生破坏的区域，对分析边坡稳定性有重要意义，对实际工程也有预警作用。滑移面坡顶开裂点值为坡顶到滑移面坡顶开裂点的距离，如图5所示。为此，选取坡率及土层与岩层比例为影响因素进行研究。

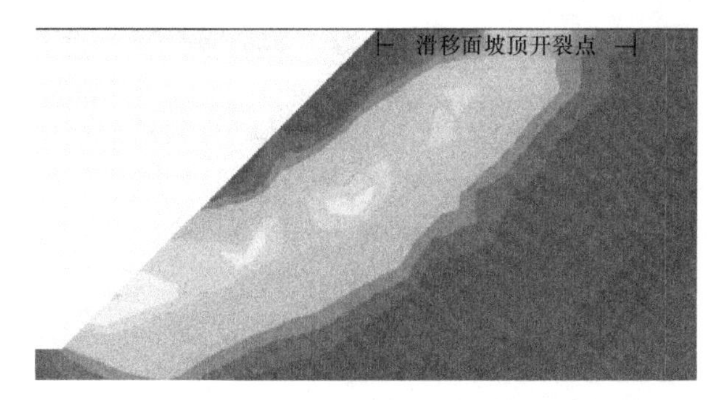

图5　滑移面坡顶开裂点值示意图

选取济南大众传媒大厦基坑工程案例某设计单元剖面地层[19]，地层构造为土与全风化岩石。

研究采用控制变量法，以坡率、土层与岩层比例为自变量，滑移面坡顶开裂点为因变量。使用 Plaxis^{3D}计算边坡滑移面，土层使用 HS 土体硬化模型，岩层使用摩尔-库仑模型，地层参数见表 2。

地层参数　　表 2

名称	素填土	粉质黏土	碎石	全风化岩	强风化岩
埋置深度/m	−0.9～0	−3.6～0.9	−6.4～−3.6	−17.8～−6.4	−21.8～−17.8
重度/(kN/m^3)	18	18.1	18	16.4	18
黏聚力/kPa	10	10	10	14.5	30
内摩擦角/°	20	20.9	24	25	35
切线模量/kPa	16000	20000	50000	45000	1000000
割线模量/kPa	16000	20000	50000	—	—
卸载再加载模量/kPa	48000	60000	150000	—	—
泊松比	—	—	—	0.2	0.15

为便于研究，土层模型参数由素填土、粉质黏土、碎石层按土层厚度进行加权平均，土层模型参数见表 3。

模型计算参数　　表 3

重度/(kN/m^3)	黏聚力/kPa	内摩擦角/°	切线模量/kPa	割线模量/kPa	卸载再加载模量/kPa
18.042	10	22.13	32562.5	32562.5	97687.5

3.1 研究模型与工况

模型尺寸为 80m×50m×20m，边坡高 12m，平台长 12m。研究模型见图 6。

图 6　研究模型图

为减少无关变量影响，模型采用放坡开挖，开挖步骤如下：工况 1，初始地应力平衡；工况 2，开挖至−2m；工况 3，开挖至−4m；工况 4，开挖至−6m；工况 5，开挖至−8m；工况 6，开挖至−10m；工况 7，开挖至−12m；工况 8，进行安全性计算。

取坡率、土层与岩层比例为自变量，滑移面坡顶开裂点值为因变量，土层与岩层比例变化范围为 1∶11，2∶10，3∶9，4∶8，5∶7，6∶4，7∶5，坡率变化范围为 1∶0.5，1∶0.6，…，1∶1.9，1∶2.0 等 16 个值。针对同一土层与岩层比例，不断变化坡率，进行边坡稳定性计算。

3.2 数据分析

所有模型计算完成之后，提取出每个模型滑移面坡顶开裂点值及安全系数，并绘制成图 7。

如图 7 所示，横坐标为坡率，纵坐标为滑移面坡顶开裂点。可以得出以下 3 条结论：

(1) 滑移面坡顶开裂点值均位于 (0.6～1.0)h 之间；

(2) 对同一土层与岩层比例，随着坡率的降低，滑移面坡顶开裂点值距离呈增加趋势；

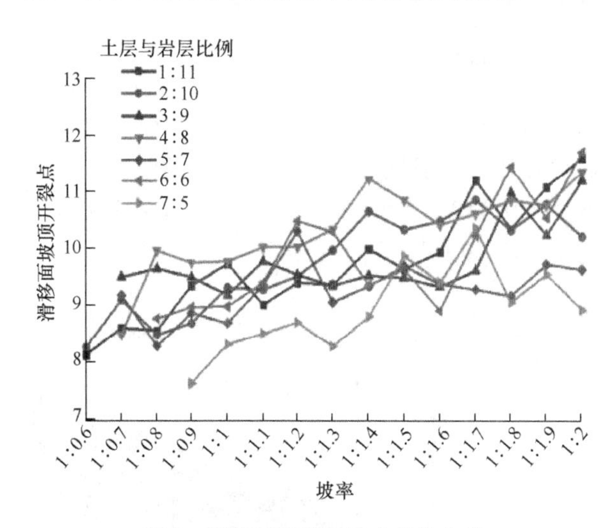

图 7　滑移面坡顶开裂点变化曲线

(3) 当土层与岩层比例为 1∶11 及 2∶10 时，采用放坡开挖的方案只可以到坡率为 1∶0.6 的边坡，当边坡坡率超过 1∶0.6 时，采用放坡开挖的方案边坡就会倒塌，无法正常进行施工。

当土层与岩层比例为 3∶9，4∶8 及 5∶7 时，采用放坡开挖的方案只可以到坡率为 1∶0.7 的边坡；当土层与岩层比例为 6∶6 时，采用放坡开挖的方案只可以到坡率为 1∶0.8 的边坡；当土层与岩层比例为 7∶5 时，采用放坡开挖的方案只可以到坡率为 1∶0.9 的边坡。综上，可以得出结论，当边坡高度一定时，土层占的比例越多，边坡就越不稳定，同样，从安全系数图中也可以得到这个结论，见图8。

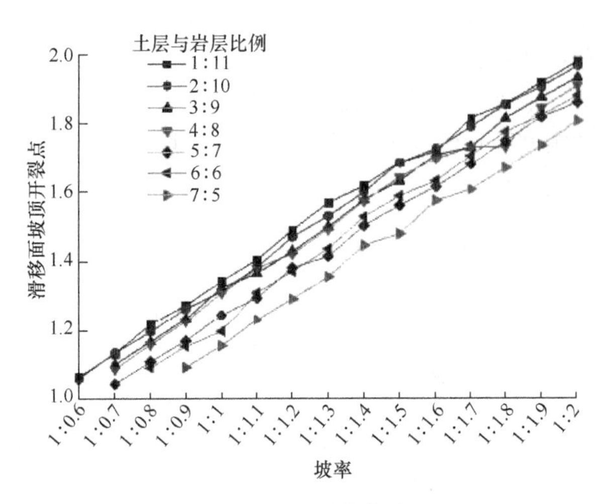

图8　安全系数曲线

由图8可以看出，每条曲线的最左端都是微微大于1，随着坡率的降低，安全系数越大，边坡就越稳定；此外，对同一坡率，土层占的比例越多，安全系数就越低，边坡稳定性就越差，也从另一方面验证了上面得出的结论。

3.3　坡顶开裂点位置确定

为了便于分析滑移面的规律，故建立滑移面坡顶开裂点一般性公式。沿用上文的数据，选取坡率范围为1：0.8～1：2，土层与岩层比例范围为1：11～6：6，数据见表4。

滑移面坡顶开裂点数据　　表4

坡率	土层与岩层比例范围					
	1：11	2：10	3：9	4：8	5：7	6：6
1：0.8	8.578	8.503	9.67	9.987	8.299	8.791
1：0.9	9.374	8.708	9.524	9.774	8.888	8.994
1：1	9.749	9.335	9.209	9.798	8.711	9.004
1：1.1	9.036	9.302	9.8	10.046	9.382	9.426
1：1.2	9.427	9.541	9.568	10.043	10.324	10.502
1：1.3	9.387	9.992	9.371	10.357	9.079	10.315
1：1.4	10.016	10.67	9.552	11.244	9.363	9.382
1：1.5	9.664	10.352	9.508	10.866	9.714	9.662
1：1.6	9.96	10.501	9.352	10.435	9.403	8.929
1：1.7	11.224	10.871	9.64	10.631	9.301	10.242
1：1.8	10.363	10.341	11.006	10.864	9.185	11.459
1：1.9	12.025	10.794	10.258	10.781	9.748	10.562
1：2	12.773	10.231	11.217	11.368	9.656	11.723

使用Matlab进行公式拟合，运用Curve Fitting工具[21]，横坐标m为坡率，纵坐标n为土层与岩层比例，$f(m, n)$为滑移面坡顶开裂点值。为便于工程使用，去掉了系数较小及次数较高的项，得到的公式如下：

$$f(m, n) = 11.99 - 2.268m - 2.161n + 0.8151m^2 + 0.516mn \tag{23}$$

对式（18）进行误差分析，方差为0.43。图9为数据拟合图，可以看出，开裂点位置公式吻合性较好。当坡率和土岩厚度比例确定时，按照式（23）可以得到土与全风化岩边坡整体圆弧滑移面坡顶开裂点，对于工程安全具有较强指导意义。

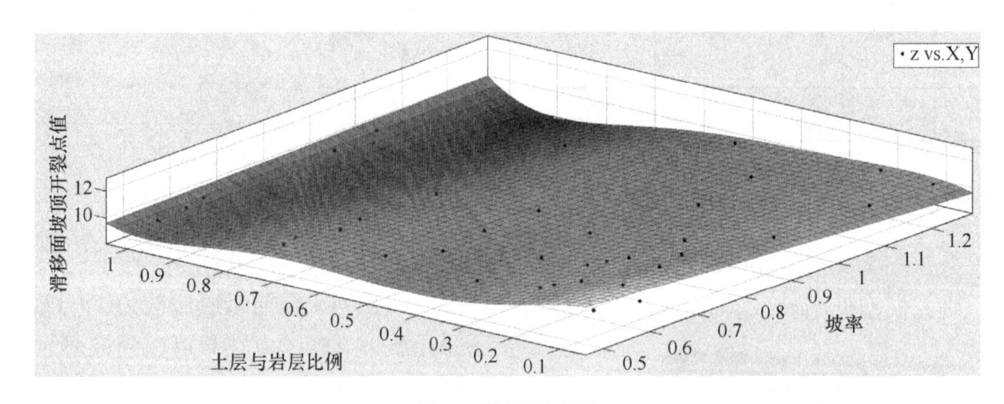

图9　数据拟合图

4　讨论

之前的研究仅是针对土坡或者岩坡进行分析，本文运用瑞典圆弧法，对由土与全风化岩石构成的边坡进行分析，得到双元边坡安全系数解析解，此法虽然便捷，但仍有一点难题亟待解决：需指定边坡滑移面，也就是指定圆心（a，b）。张磊[5]采用编程的方法来搜索可能的滑动面，确定滑动面后再采用瑞典圆弧法计算安全系数。运用大数据来分析土与全风化岩石滑移面坡顶开裂点，并对滑移面坡顶开裂点进行公式拟合。在实际计算中，可以先用公式来计算滑移面坡顶开裂点，减少一个变量，再进行分析。这样既减轻了工作量，结果也更加准确。

5 结论

基于圆弧整体滑动模式，采用水平条分与竖直条分方法，推导了土与全风化岩双元边坡安全系数解析解，获得滑移面坡顶开裂点位置计算方法，结论如下：

(1) 水平积分模型得出的安全系数略小于竖直积分模型，解析解小于有限元法安全系数。应用解析解工程决策优于有限元法。

(2) 坡率 1∶0.6～1∶2 范围内，边坡滑移面坡顶开裂点值位于 (0.6～1.0)h (边坡高度)，工程巡视检查应关注此范围。

(3) 固定边坡高度，土层越厚，边坡就越不稳定；坡率越小，安全系数越大。

参考文献：

[1] 杨丽芝，曲万龙，刘春华，等．济南城市工程地质条件分区及轨道交通建设适宜性研究[J]. 水资源与水工程学报，2012，23(6)：120-123.

[2] 住房和城乡建设部．建筑基坑支护技术规程：JGJ 120—2012[S]. 北京：中国建筑工业出版社，2012.

[3] 住房和城乡建设部．建筑边坡工程技术规范：GB 50330—2013[S]. 北京：中国建筑工业出版社，2014.

[4] 卢玉林，薄景山，陈晓冉，等．瑞典圆弧法积分模型的边坡稳定性解析计算[J]. 应用力学学报，2017，34(2)：257-263.

[5] 张磊．简化瑞典条分法在土坡稳定分析中的应用[D]. 北京：中国地质大学，2007.

[6] 戴自航，沈蒲生．土坡稳定分析简化 Bishop 法的数值解[J]. 岩土力学，2002，23(6)：760-764.

[7] 王小东，戴福初，黄志全．基于瑞典条分法进行水库岸坡最危险滑动面自动搜索的 GIS 实现[J]. 岩石力学与工程学报，2014，33(S1)：3129-3134.

[8] 雷国辉，郑强．瑞典条分法剖析引发的有效应力和渗流力概念问题[J]. 岩土工程学报，2012，34(4)：667-676.

[9] 许年春，吴同情，林军志，等．瑞典法三角函数积分解析式及滑面搜寻改进方法[J]. 重庆交通大学学报：自然科学版，2015，34(3)：79-81.

[10] 邓检良，许强，古关润一．沿软弱夹层滑动的地震滑坡分析[J]. 岩石力学与工程学报，2014，33(S2)：3885-3890.

[11] 陈富坚，邓康成．圆弧法验算路基稳定性的几何参数的解析解[J]. 桂林工学院学报，2004，24(1)：45-47.

[12] 郑颖人，赵尚毅．有限元强度折减法在土坡与岩坡中的应用[J]. 岩石力学与工程学报，2004，23(19)：3381-3388.

[13] 郑颖人，赵尚毅．岩土工程极限分析有限元法及其应用[J]. 土木工程学报，2005，38(1)：91-98.

[14] 刘锋涛，张绍发，戴北冰，等．边坡稳定分析刚体有限元上限法的锥规划模型[J]. 岩土力学，2019，40(10)：4084-4091.

[15] 王汉辉，王均星，王开治．边坡稳定的有限元塑性极限分析[J]. 岩土力学，2003，22(5)：733-738.

[16] 年廷凯，刘凯，黄润秋，等．多阶多层复杂边坡稳定性的通用上限方法[J]. 岩土力学，2016，37(3)：842-849.

[17] 郑长安，吴尚．层状岩土质混合高边坡施工的影响因素及其稳定数值分析[J]. 公路工程，2013，38(6)：60-64.

[18] 张莲花，唐凌翔，罗康．一种土-岩混合边坡的稳定性分析计算方法[J]. 岩土工程技术，2008，22(3)：119-122.

[19] 王兴政．济南市典型土岩双元基坑破坏模式及其支护结构选型研究[D]. 济南：山东大学，2017.

[20] 张向东，张哲诚，张玉，等．瑞典圆弧法的积分形式及其广义数学模型[J]. 应用力学学报，2014，31(1)：162-167.

[21] 刘卫国．MATLAB 程序设计教程[M]. 3 版．北京：中国水利水电出版社，2017.

第三部分

绿　色　岩　土

装配式钢波纹板在地铁暗挖隧道工程中的应用

郝志宏[1,2]，**李铁生**[1,2]
（1. 北京市轨道交通设计研究院有限公司，北京 100068；2. 北京市轨道交通工程技术研究中心，北京 100068）

摘　要：目前城市地下工程中广泛采用的初期支护装置是格栅＋混凝土和钢拱架＋混凝土。此种工法存在施工工序复杂、施工污染大、施工工期长、工作环境差、机械化程度低、工程费用高等缺点。随着地铁事业的发展，装配式钢波纹板被引入到地铁隧道暗挖施工中，作为一种新型的地铁支护结构，用以替代传统的喷锚支护结构，从而解决传统支护体系相伴的施工工期长、作业环境差、受力性能差、对周边环境扰动大等问题。以北京地铁昌平线南延学院桥站暗挖施工隧道为工程背景，提出了采用装配式钢波纹板替代喷射混凝土进行隧道开挖的全新初支体系，通过数值模拟及现场监测验证了钢波纹板用于暗挖地铁隧道的可行性，研究成果可为暗挖隧道支护提供新的思路和方法。
关键词：钢波纹板，地铁暗挖隧道，数值模拟，受力性能，变形性能

0　引言

随着我国轨道交通建设事业的飞速发展以及相关利好政策的出台，我国以轨道交通为主导的地下交通建设规模、建设水平等已赶超世界。与此同时，针对工程建设中高效性、安全性、经济性以及环保理念提出了更高的要求。

目前，国内外传统的初支结构主要为格栅＋混凝土和钢拱架＋混凝土两种支护形式，但其存在封闭成环时间长、早期强度低、工序多且工作环境恶劣等缺点。伴随着隧道施工设备机械化以及工厂预制化技术的发展，装配式钢波纹板的应用也越来越广泛。王灵建[1]利用现场试验与数值模拟结合分析方法对钢波纹板加固旧桥的力学性能进行了研究分析。李长江[2]、解卫江[3]分别针对在季节性冻土区和湿陷性黄土地区下钢波纹管在涵洞的应用展开研究。王哲[4]依托工程项目对波纹钢拱形棚洞的施工工法展开研究。孙希波[5]在竖井支护体系中，利用钢波纹板用替代喷锚支护结构展开研究。

基于工程实践和文献调研发现，钢波纹板可进行工厂化加工，不仅降低成本且减少施工垃圾的产生，现波纹钢结构已在桥涵工程中广泛应用[6]。但在暗挖隧道领域的应用研究还比较缺乏，需要进一步探索。本文以北京地铁昌平线南延学院桥站暗挖施工隧道为工程背景，提出了采用装配式钢波纹板替代喷射混凝土进行隧道开挖的工程方案，并应用数值模拟分析及现场监测成果论证钢波形板用于暗挖地铁隧道的可行性。

1　工程概况

北京地铁27号线二期（昌平线南延）工程学院桥站位于学院路与北四环中路北侧，沿学院路路中南北向敷设。车站主体设置4座施工竖井和横通道，其中1号施工竖井设置于车站小里程端东侧，现状为中国地质大学绿化用地。学院桥站总平面图见图1。

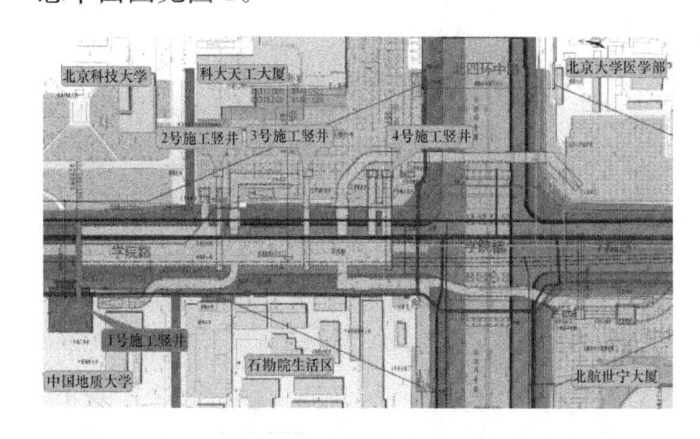

图1　学院桥站总平面图

钢波纹板暗挖横通道为马蹄形断面，埋深约14.80m，开挖跨度4.6m，开挖高度4.83m。钢波纹板暗挖隧道主要采用波纹钢板＋矩形钢环梁构成，纵向采用槽钢连接。封堵墙主要采用工字钢横撑＋C25喷射混凝土构成，采用台阶法开挖。隧道主要位于粉质黏土地层，隧道断面见图2。

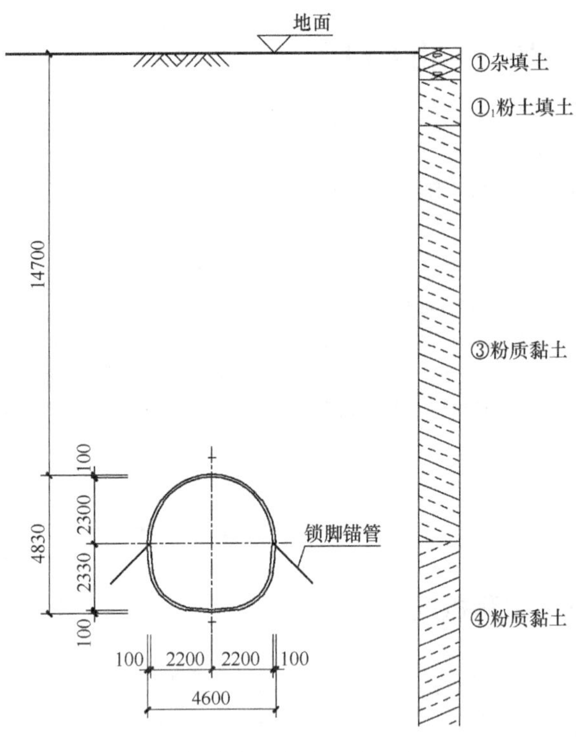

图 2　钢波纹板暗挖隧道横断面图

2　波纹板通道结构设计方案

2.1　波纹板结构设计参数

装配式钢波纹板隧道沿纵向由波纹钢板矩形钢环梁构成，钢板及环梁之间采用螺栓连接。波纹板环向与竖向均采用法兰连接。同时，槽钢与矩形钢环梁采用螺栓连接，以增强隧道的整体性，隧道结构参数见表 1。

波纹板支护结构设计参数　　表 1

支护结构	材料及规格	结构尺寸
波纹板	200mm×55mm×5mm	每环 6 块，每块 2.5m 左右
环腰梁	100mm×70mm×4mm	每环 6 块，每块 2.5m 左右
纵向槽钢	I 12 槽钢	纵向 6 道
锁脚锚管	DN32×2.75，L=2.0m	开挖各部分节处，每环腰梁设一组

隧道纵向每榀设置锁脚锚管，矩形钢环梁预留孔洞，锚管施工完成后与其焊接；每块波纹板预留注浆孔，背后回填材料采用水泥砂浆，具体注浆参数由施工单位现场试验确定。波纹板连接做法及分块设计见图 3～图 5。

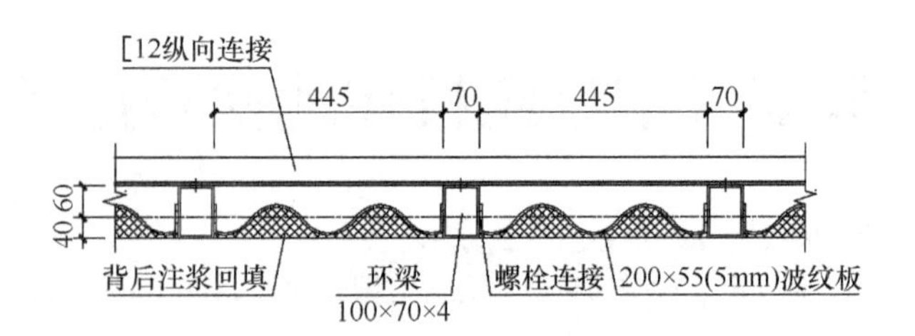

图 3　装配式钢波纹板隧道纵向连接做法

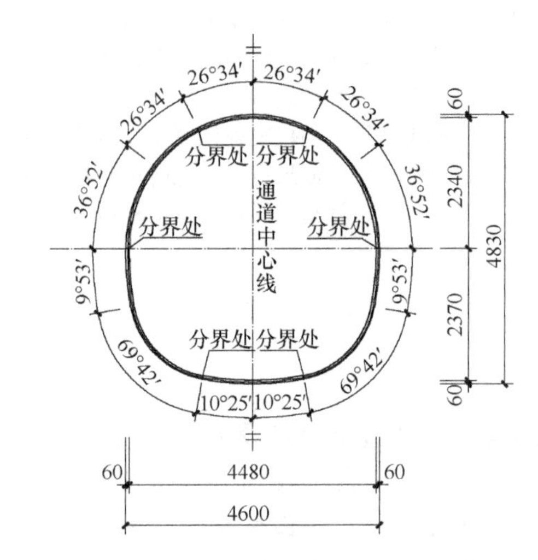

图 4　装配式钢波纹板隧道环向分块（波纹板）

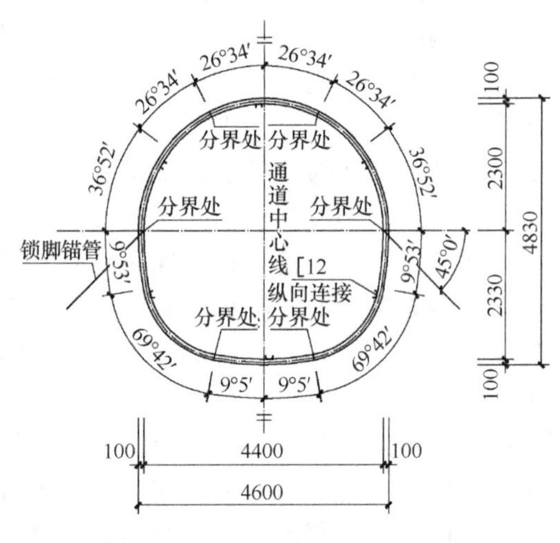

图 5　装配式钢波纹板隧道环向分块（钢环梁）

2.2　波纹板结构受力及变形分析

1）计算假定

根据《冷弯波纹钢管》GB/T 34567—2017，波纹板（200mm×55mm×5mm）截面特性见表 2。

截面特性　　表 2

截面惯性矩（I）	面积（A）	弹性模量（E）
2288.8mm^4/m	5.915mm^2/m	2.06×105N/mm^2

通过刚度及面积等效理论，等效为单位长度

均质材料，材料厚度取 H，弹性模量取 E_1，长度 $B=1\text{m}$，则

$$\begin{aligned} E_{钢材} I &= E_1 \frac{BH_1^3}{12} \\ E_{钢材} A &= E_1 B H_1 \end{aligned} \tag{1}$$

经计算可得：$E_1=1.8\times10^4\text{MPa}$；$H_1=68\text{mm}$。

2）计算荷载及模型

根据实际的工程工况利用有限元分析软件 MIDAS GTS NX 建立三维地层-结构模型，土体本构采用摩尔-库仑模型详细参数见表 3，地层采用 3D 实体单元，通道波纹板采用 2D 板单元模拟计算。模型中地表面为自由面，周边采用法向变形约束条件，底面采用全约束条件。忽略地层构造应力的影响。

土层参数　　表 3

地层编号	γ/(g/cm^3)	c/kPa	φ/°	E_s/kPa	υ
①	1.8	2	10	6	0.362
①$_1$	1.85	5	8	8	0.349
③$_1$	2.03	16	20	9.3	0.322
③	2.06	24.77	12.82	8.22	0.312
④	2.02	22.93	14.4	12.66	0.288

如图 6 所示。暗挖通道的横向、纵向及竖向计算范围均取结构尺寸的 3～5 倍。

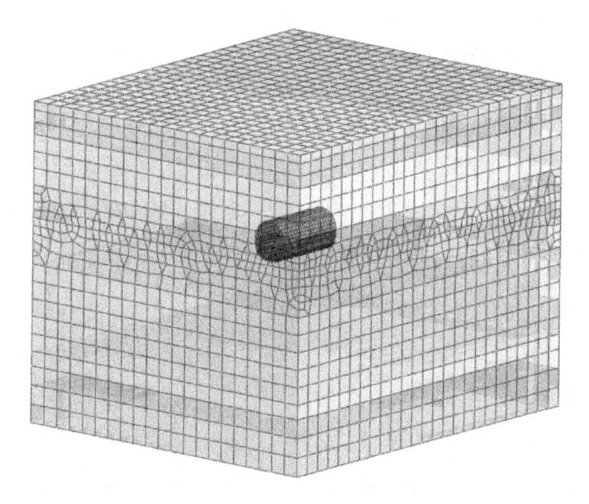

图 6　计算模型

3）计算结果分析

（1）位移分析

由图 7 可知，波纹板通道拱顶沉降最大值位于通道纵向拱顶中部，最大值为 −4.69mm。由图 8 可知，波纹板侧壁向内收敛峰值点出现在拱腰中部，峰值为 3.62mm。由图 9 可知，通道开挖引起的最大地面沉降位于通道拱顶处的位置，最大值为 −15.75mm，小于规范控制值 30mm。

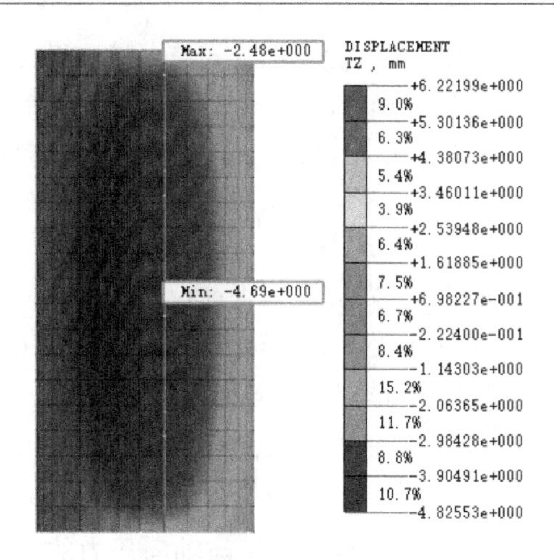

图 7　通道拱顶竖向位移云图

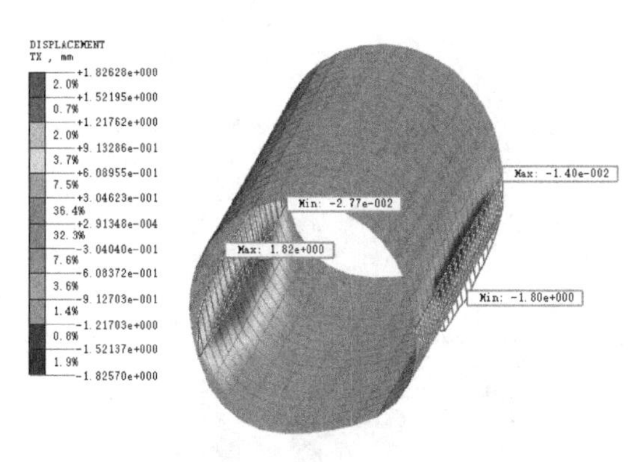

图 8　侧壁位移云图

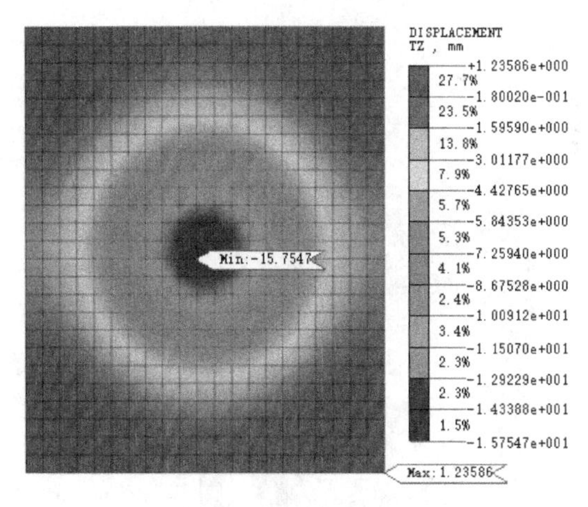

图 9　地面竖向位移云图

（2）内力分析

波纹板侧壁的内力计算结果详见表 4 和图 10。

构件内力最大值　　表 4

构件＼内力	弯矩/(kN·m/m)	轴力/(kN/m)	剪力/(kN/m)	应力/(N/mm^2)
波纹板(Q345) 250mm×55mm×5mm	36	125	72	50

① 根据《公路波纹钢管（板）桥涵设计与施工规范》DB 15/T 654—2013得出，波纹钢板的临界屈曲应力 $f_b=172\text{MPa}$，按照《钢结构设计标准》GB 50017—2017求得，等效波纹板侧壁最大应力 $f_{max}=50\text{MPa}<f_b$，强度满足要求。

② 按照《公路波纹钢管（板）桥涵设计与施工规范》DB15/T 654—2013的要求，波纹板的弯矩与轴向压力的内力组合应满足：

$$\left(\frac{P}{P_{pf}}\right)^2+\left|\frac{M}{M_{pf}}\right|\leqslant 1.0 \tag{2}$$

经计算，波纹板的弯矩与轴向压力的内力组合为0.66<1，满足规范要求。

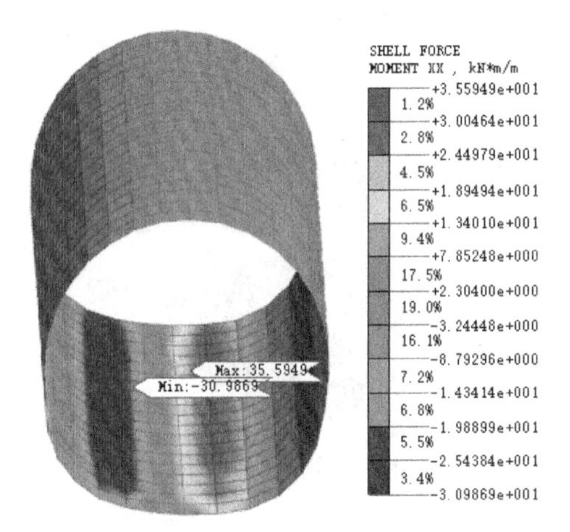

图10 波纹板侧壁弯矩云图

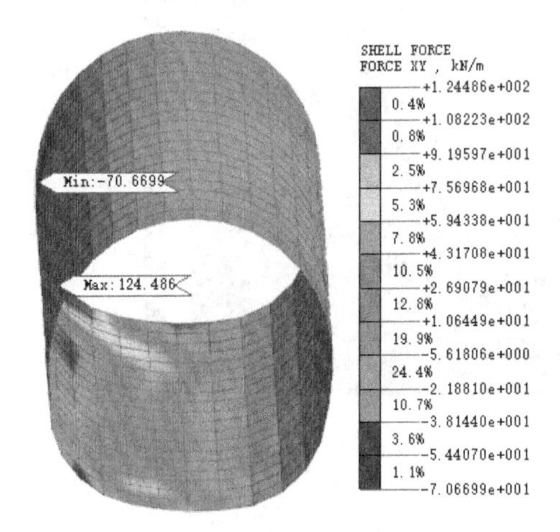

图11 波纹板侧壁轴力云图

3 波纹板通道施工关键技术

波纹板通道施工过程中，例如波纹板的装配精度、初支背后回填密实、波纹板整体沉降等都是影响施工质量的控制因素，施工中采取相应的措施确保波纹板施工质量。

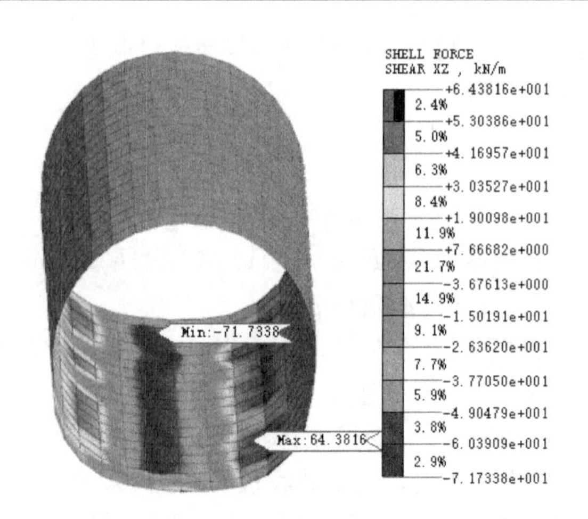

图12 波纹板侧壁剪力云图

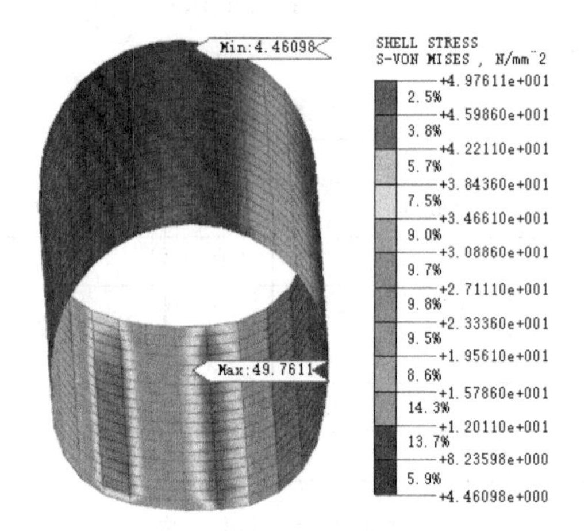

图13 波纹板侧壁应力云图

3.1 波纹板安装

波纹板与波纹板及波纹板与环腰梁之间均采用法兰盘螺栓连接方式。波纹板及环腰梁安装位置要准确，各节点要对齐，连接要牢固，确保结构可靠受力。下一榀钢架与上一榀钢架接缝要错开。

首先安装A梁或者A板定位，然后分别安装两侧B梁或B板，待台阶长度满足要求开挖下台阶，首先安装两侧C梁或C板，最后安装D梁或者D板。为防止钢架间不密贴引起洞内漏水，每榀钢架间采用止水胶条封闭，要求钢架间螺栓必须拧紧将止水胶条夹扁已达到理想的止水效果。波纹板安装完成后立即进行纵向槽钢的安装，以使钢架更加稳固。

安装波纹钢板技术要求：

（1）波纹板安装前应清除拱脚下的虚渣及其他杂物，超挖部分用混凝土块垫实。

（2）波纹板在开挖作业面组装，各节波纹板间以螺栓连接。

（3）波纹板与土层之间用混凝土块楔紧。

（4）波纹板精确定位，注意标高、中线，防止出现“前倾后仰、左高右低、左前右后”等各个方位的位置偏差。

图 14　波纹板安装

3.2　波纹板施工控制沉降及背后注浆措施

为防止开挖下部引起波纹钢架出现下沉，在上台阶拱脚施作锁脚锚杆管，锁脚锚管采用 DN32，$t=2.75$mm 焊接钢管，$L=2$m，加强拱脚，每榀每侧设锁脚锚管 1 根，入射角 30°～45°，注浆压力一般控制在 0.3～0.5MPa，锁脚锚管与 B 梁牢固焊接固。同时，辅以竖向及横向工字钢支撑，防止钢架下沉变形与下台阶钢架无法连接，工字钢支撑保留邻近掌子面 3 榀，随着开挖向前跟进。

在波纹板开挖的过程中，进行初期支护背后注浆充填注浆应沿波纹钢板环向预埋注浆管，注浆管宜采用 DN32，$t=2.75$mm 钢焊管，$L=0.95$mm，外露 100mm。初期支护背后注浆浆液采用水泥砂浆，水灰比为 1∶1。初期支护背后注浆分多次进行：第一次注浆为低压注浆，距开挖掌子面 3～5m，注浆压力宜 0.1～0.3MPa，以控制浆液从开挖面溢出结束；第二次注浆为饱压注浆。距开挖掌子面 8～10m，注浆压力宜为 0.5MPa，后续根据初期支护监控量测情况和现场地下水情况可及时调整注浆参数或进行补充注浆。

(a) 打设锁脚锚管

(b) 背后回填注浆

图 15　背后回填注浆

4　现场监控量测结果分析

4.1　监控量测点布置

施工期间对波纹板通道拱顶沉降、通道侧壁净空收敛及周边地表沉降进行了详细的监测，监测布点平面及剖面图见图 16、图 17。

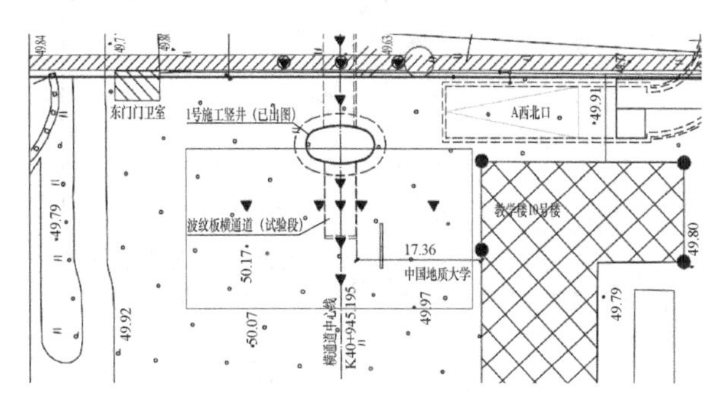

图 16　监控量测平面图

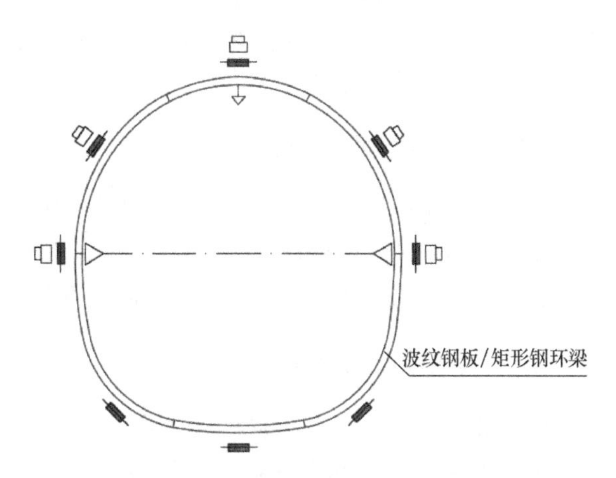

图 17　监控量测剖面图

4.2　通道拱顶沉降分析

由图 18、图 19 可知，波纹板通道拱顶最大

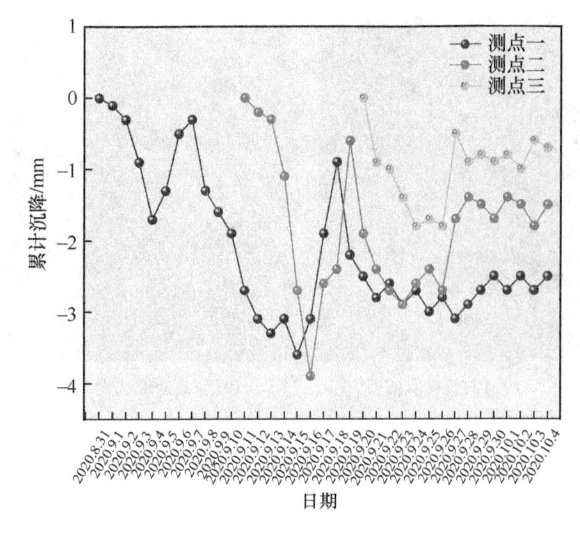

图18　累计沉降值

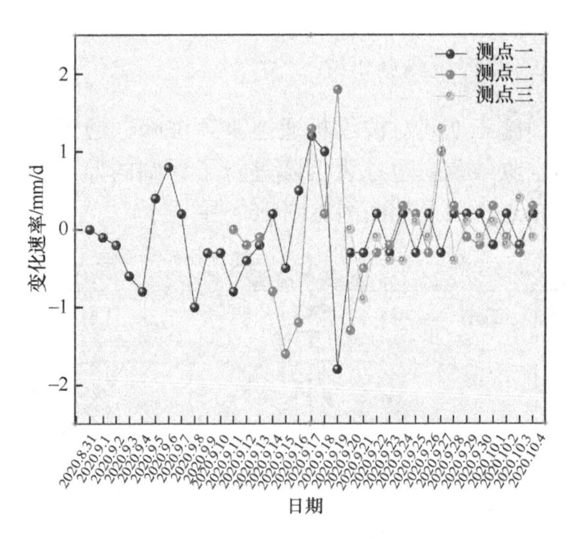

图19　GDC03变化速率

累计沉降值位于GDC01点，为－3.90mm，变形速率为－1.3mm/d，均小于施工监控控制标准值。测点三最终沉降值小于测点一。

4.3　通道侧壁净空收敛分析

如图20、图21可知，波纹板通道净空收敛最大累计沉降值位于测点四，为3.17mm，变形速率为1.28mm/d，均小于施工监控控制标准值。

4.4　通道周边地表沉降值分析

由图22、图23可知，波纹板通道地表沉降最大累计沉降值位于测点六，为－12.41mm，变形速率为－1.69mm/d，均小于施工监控控制标准值。

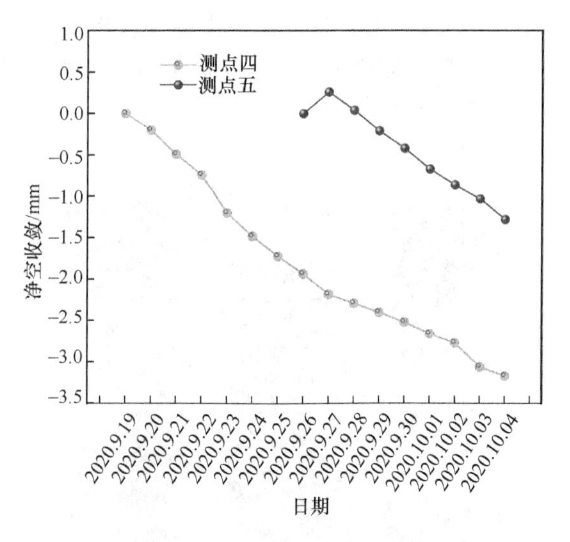

图20　HSL1-02累计变形值

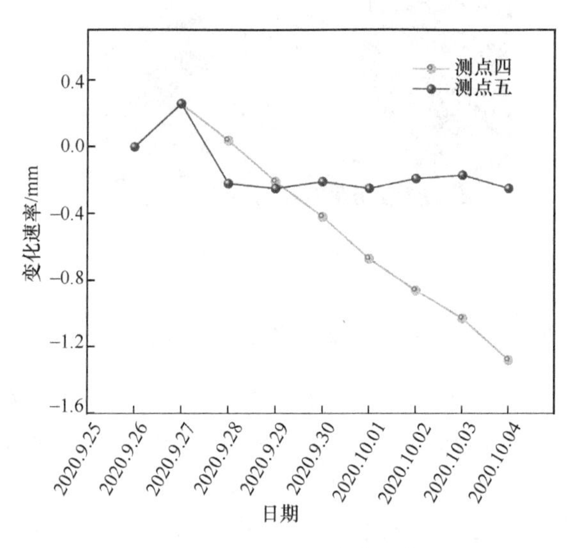

图21　HSL1-02变化速率

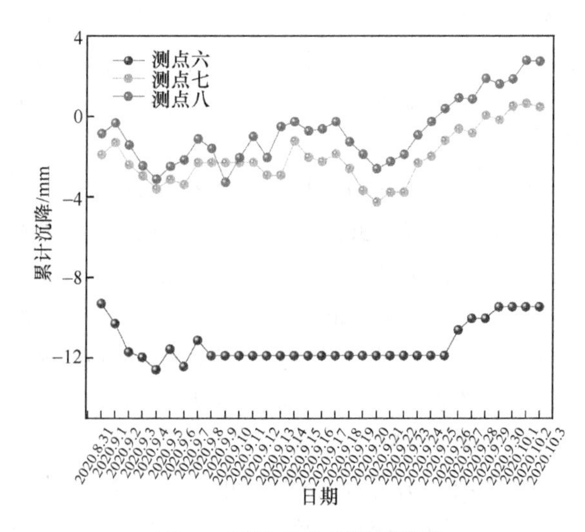

图22　周边地表累计沉降值

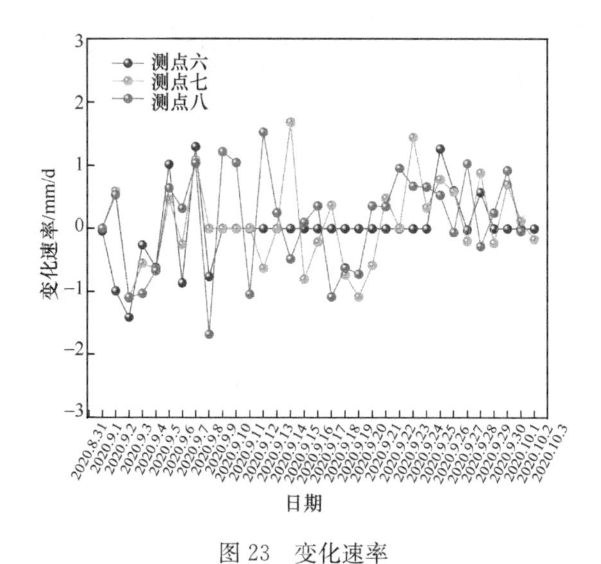

图 23　变化速率

5　实测数据与模拟值对比

由图 24～图 26 对比结果可以看出模拟值与监测值的变化趋势大致相同，对比图中实际监测值小于理论计算值，这是因为：

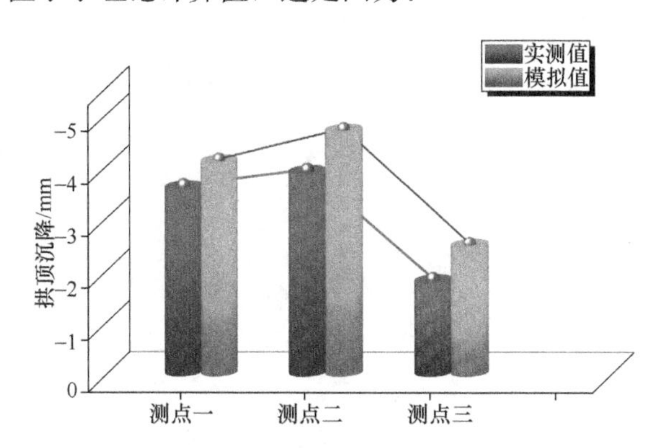

图 24　通道拱顶沉降值对比

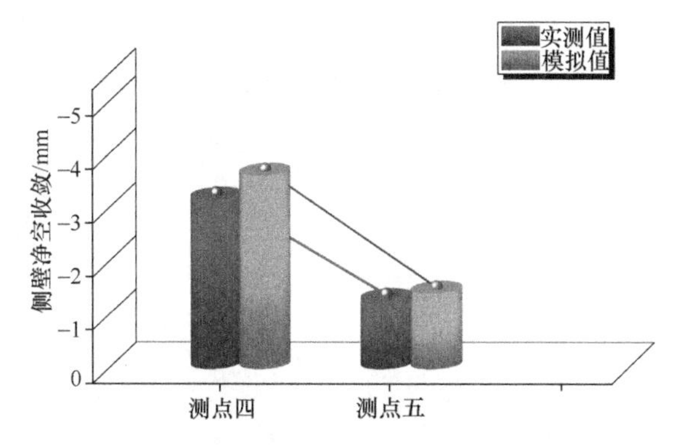

图 25　侧壁净空收敛值对比

（1）数值模拟中未考虑环梁及纵向连接的影响，导致模拟中的波纹板刚度、强度比实际工程中低；

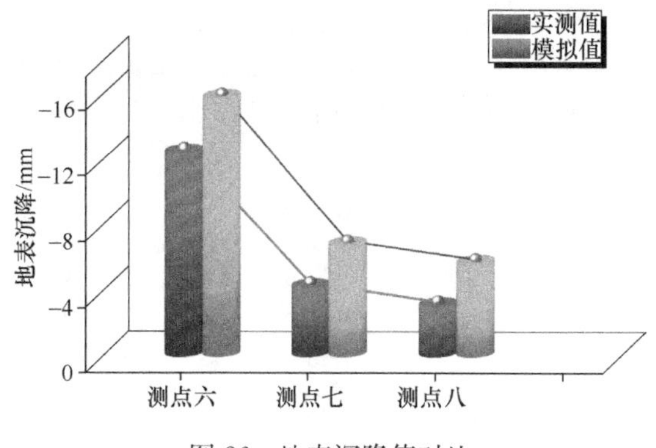

图 26　地表沉降值对比

（2）实际施工中，严格控制注浆参数、开挖步序并且及时收集分析监测结果，达到控制沉降的最佳效果。

6　结论

本文以北京地铁昌平线南延工程学院桥站为工程背景，通过理论计算、数值模拟和现场监测等手段，对隧道开挖过程中波纹板的受力、变形以及对周边环境的影响进行了分析研究，为波纹板在类似工程项目中的推广与应用提供有效的借鉴经验。主要结论及建议如下：

（1）波纹板通道拱顶最大累计沉降值为－3.90mm，变形速率为－1.3mm/d，通道开挖完毕后，后施工段的拱顶沉降值小于先施工段的沉降值。

（2）通过数值模拟和现场监测的手段，隧道开挖过程中波纹板的受力、拱顶沉降、结构净空收敛以及引起的地表沉降均满足规范要求。

（3）与普通的钢格栅初期支护相比较，波纹板结构强度大，承载力高，力学性能好，自身变形小可以有效减小对周边环境的影响；同时在经济上也有很大的优势，在地铁隧道施工中具有很大推广价值。

参考文献：

[1]　王灵建．钢波纹板加固旧桥力学性能研究[D]．西安：西安工业大学，2018.

[2]　李长江，胡滨，梁养辉，等．季冻区浅埋地基钢波纹管涵洞施工关键技术[J]．筑路机械与施工机械化，2016，33(10)：91-94.

[3]　解卫江，梁凯，胡滨，等．湿陷性黄土地区高填方大孔径钢波纹管涵洞受力分析[J]．中外公路，2022，42(3)：156-160.

[4]　王哲，张清照，潘青，等．装配式波纹钢棚洞的施工

方法及受力特性研究[J]. 地下空间与工程学报，2020，16(S1)：185-193，207.
[5] 孙希波，侯效毅，徐阳，等. 地铁施工竖井装配式钢结构初衬的受力分析[J]. 地下空间与工程学报，2022，18(1)：281-289.
[6] 徐子良. 装配式波纹钢管涵结构设计及应用[J] 交通世界，17(29)：130-132.

竹材在基坑工程中应用与技术

陈家冬[1,2]， 别小勇[3]， 吴亮[1,3]， 刘建忠[1,2]， 许金山[1]
（1. 无锡市大筑岩土技术有限公司，江苏 无锡 214028；2. 江苏地基工程有限公司，江苏 无锡 214000；
3. 无锡市建筑设计研究院有限公司，江苏 无锡 214001）

摘　要：数千年以来竹材一直是人类社会用以建筑的主要材料之一，竹材的来源可以说是取之不尽用之不竭，将竹材用于岩土工程中基坑支护中是一项新兴的应用技术。适应了当今建筑业朝环保、节能、可持续发展的方向发展。竹材是一种非常低碳的建筑材料并能在满足工程安全前提下节约工程造价。本文简要阐述了竹材在基坑工程设计、施工、节点构造等技术应用内容，并通过工程实例进行验证，表明了该技术具有显著的环保及经济优势，使竹材这一古老的建材在现代土木工程中再次发挥其重要的作用。
关键词：竹材；毛竹；竹筋；竹筋喷锚支护；竹锚杆；加强竹筋

0　概述

随着城市化进程的加快，城市的土地资源越来越少，充分利用地下空间是城市化进程中必须考虑的问题。越来越多的高层建筑的地下空间需开发利用，随之而来的是需要开挖和支护深基坑，深基坑支护费用可占到整个建筑工程造价的5%～10%。一般情况下支护结构都是一个临时结构，少则几个月，多则数年。待地下主体结构完成，土体回填后支护就完成了它的使命。怎样来保证支护安全可靠前提下最经济及环保节能的技术方案是岩土工程师的工作目标。

竹材与竹筋喷锚技术是用竹子代替钢筋形成喷锚体的一项技术，通过充分利用当地种植的竹子资源，可以节省大量钢筋，达到环保节能减碳经济目标。初步估算，竹材的直接经济成本仅为钢筋的1/4。同时，竹材与竹制品又是一项环保节能产品，不会对大气及环境带来任何的污染（指在形成竹产品的过程中），若一个中等城市每年将该技术应用到50个深基坑，每个基坑平均用钢筋25t，则可节约1250t钢材，同时也减少了2600t的碳排放量[1]。若全国有100个中等城市推广该项技术，节约的钢材量巨大。在当今建筑业发展的过程中，环保节能减碳的产品始终是建筑业发展所追求的目标，竹筋喷锚技术正是实现该目标的一项新技术。

1　竹材的物理性能与力学指标

有资料实测表明，竹子的收缩量很小，而弹性和韧性极强。顺纹抗压强度800MPa左右；顺纹抗拉强度达180MPa；其中刚竹的顺纹抗拉强度达283MPa，享有“植物钢铁”的美称。竹子的抗弯能力极强，如大毛竹的空心度为0.85，抗弯能力要比同样重量的实心杆大两倍多。可见，竹子具有较高的抗拉、抗压强度，一定条件下可作为良好的建筑材料使用，用竹子代替钢筋，浇筑竹筋混凝土建筑物。目前毛竹的一般设计尺寸：直径变率 0.8cm/m，壁厚/外径＝0.1，自重 $212d^2$kg/m（d＝外径）。

多年来，在竹筋使用中，人们对不同竹材从分类、外观判断以及力学指标等方面都进行过总结，如表1～表3、图1、图2所示。

建筑中常用的几种竹材[3]　　**表1**

名称	高/m	外径/cm	特征	主要用途
毛竹（孟宗竹、楠竹、江南竹）	6～15	10～20	肉厚实，皮光滑，节上有环，略突起	建筑工程主要用材
刚竹、苦竹、台竹、川竹	7～10	2～10	表皮平滑无光，节平，呈二轮形	整根使用不宜劈篾
石竹实竹		2～4	肉厚，皮粗糙，节明显，有二条突环	整根使用不宜劈篾
淡竹、柄竹、黄枯竹	5～7	3～8	质坚，皮光，节平，呈不显著的二轮状	最宜劈细篾

毛竹生长年龄的外观鉴别[3] **表2**

竹龄（年）	节间颜色	节环	箨壳	表皮
2或1	上白下青	白粉	根部残留	底色油绿
4或3	均匀灰绿	白粉杂以黑斑	无	灰带黑云
6或5	灰白	发黑	无	浮现黑斑
8或7	灰褐	较黑	无	黑粉较多
10或9	灰褐，带黑云	更黑	无	浮现黑、红斑点

注：楠竹自然生长有大小年的规律，即在一个林分内每隔一年出一次笋，所以其龄级恒为2、4、6……或1、3、5……等，且相邻两年的区别不甚显著。

竹材力学性能参考数据[3] **表3**

应力种类		极限强度/（kg/cm²）					容许应力/（kg/cm²）		安全系数	
		浙江毛竹	浙江毛竹	湖北楠竹	四川楠竹	苏联毛竹	苏联毛竹	日本毛竹	苏联毛竹	日本毛竹
顺纹受拉		1685①	1842	1452	2160	1530①	300	400	5.1	5
顺纹受压	筒状		648	550		662①	200	70	3.3	5
	板状		762		520			140		5
横纹受压	径向					108①	40		2.7	
	切向				188	202①	70		2.85	
弯曲		1555①	1575	1264	1376	1180①	300	240	3.7	5
顺纹受剪			156	151	121			9		5
横纹受剪					315					
弹性模量	受压		26900			127500②	120000			
	受拉	113000①		115630	149500			210000③		
	受弯	103800	126220		105500	126500②	120000			
试验时间		1959	1955	1955	1930	1948	1948	1942	1948	1942

① 含水量为15%。②含水量为11.7%。③在竹筋混凝土中使用。

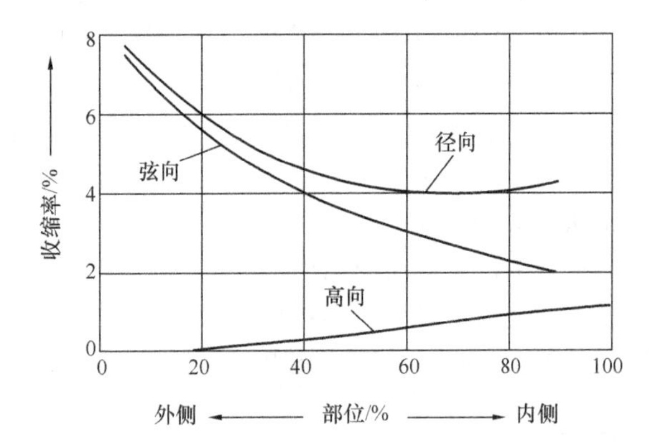

图1 竹材收缩率与部位的关系（无节）[3]

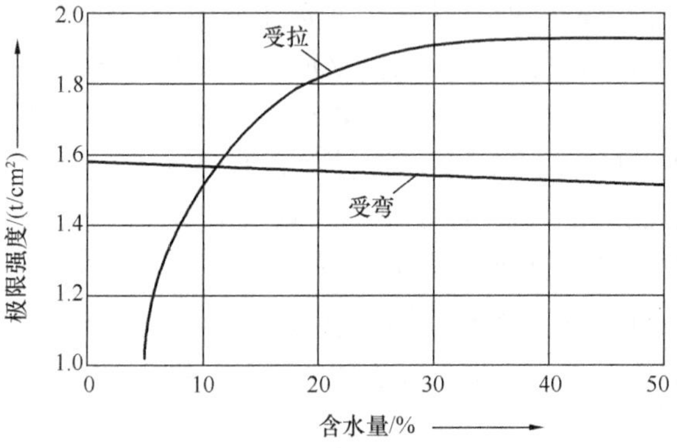

图2 竹材强度与含水量的关系[3]

2 竹材喷锚技术的总体思路与设计

2.1 竹材喷锚体系的分类

根据竹材应用的范围不同，竹材喷锚体系可分为两大类：

（1）面层网筋用竹材代替的体系；

（2）面层以及锚筋均采用竹材的全竹材的体系。

在应用经验不多的情况下，一般可采取前一种形式，以降低工程风险。

2.2 竹材喷锚技术的施工流程

竹材喷锚的施工流程同常规基坑喷锚支护，其步骤如下：

开挖基坑第一层工作面→人工修坡工作面→初喷30mm混凝土→钻锚杆孔→放入竹锚杆→布置纵横向竹筋→布置加强竹筋→用节点构造把竹锚杆、竹筋及加强竹筋形成一个整体→再复喷70～80mm混凝土→再往下开挖，重复上述步骤一直施工到坑底并完成最后的复喷混凝土。

竹材竹筋喷锚支护结构的体系组成如图3所示。

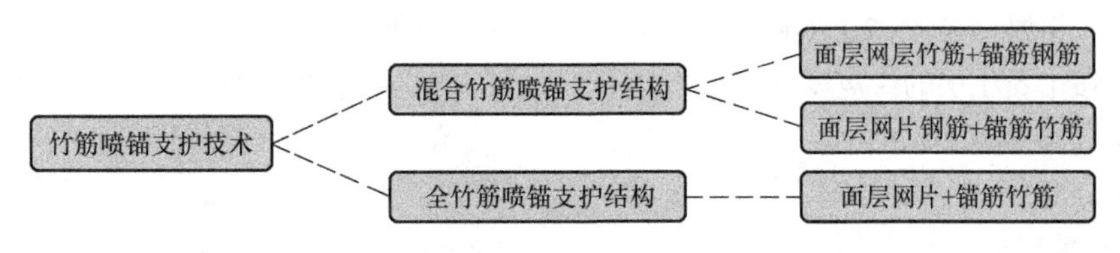

图3 竹材竹筋喷锚支护结构体系图

2.3 竹材喷锚技术的设计与计算方法

该项技术从目前情况看，比较适宜在基坑深度不超过6m的基坑中应用，主要是锚杆竹筋抗拉强度较低，难以承受较高拉力的缘故。

（1）单根竹锚杆抗拉承载力计算应符合下式要求（图4）：

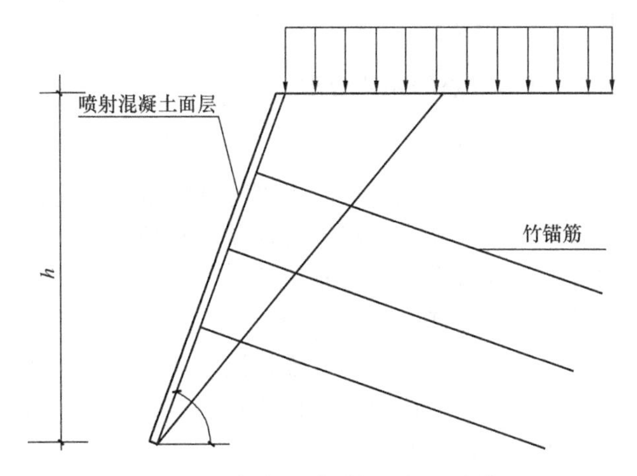

图4 竹材竹锚筋受拉承载力计算

$$1.25r_0 T_{jk} \leqslant T_{uj} \tag{1}$$

式（1）中 $T_{jk} = \zeta e_{ajk} s_{xj} s_{zj} / \cos\alpha_j$

$$\zeta = \tan\frac{\beta-\varphi_k}{2}\left[\frac{1}{\tan\dfrac{\beta+\varphi_k}{2}} - \frac{1}{\tan\beta}\right] / \tan^2\left(45° - \frac{\varphi}{2}\right)$$

式中 T_{jk}——第j根竹锚筋受拉荷载标准值；

ζ——荷载折减系数；

e_{ajk}——第j个土钉位置处的基坑水平荷载标准值；

s_{xj}、s_{zj}——第j根土钉与相邻土钉的平均水平、垂直间距；

α_j——第j根土钉与水平角的夹角；

β——土钉墙坡面与水平面的夹角；

式（1）中

$$T_{uj} = \frac{1}{r_s}\pi d_{nj} \sum q_{sik} l_i$$

式中 T_{uj}——第j根土钉抗拉承载力设计值，同时竹锚杆的拉力值应大于等于此值；

r_s——土钉抗拉抗力分项系数，可取1.3；

d_{nj}——第j根土钉锚固体直径；

q_{sik}——土钉穿越第i层土体与锚固体极限摩阻力标准值；

l_i——第j根土钉在直线破裂面外穿越第i层稳定土体内的长度，破裂面与水平面的夹角为$\frac{\beta+\varphi_k}{2}$；

（2）竹材喷锚体的整体稳定性验算，竹材喷锚墙应根据施工期间不同开挖深度及基坑底面以下可能滑动面采用圆弧滑动简单条分法按下式进行整体稳定性验算（图5）：

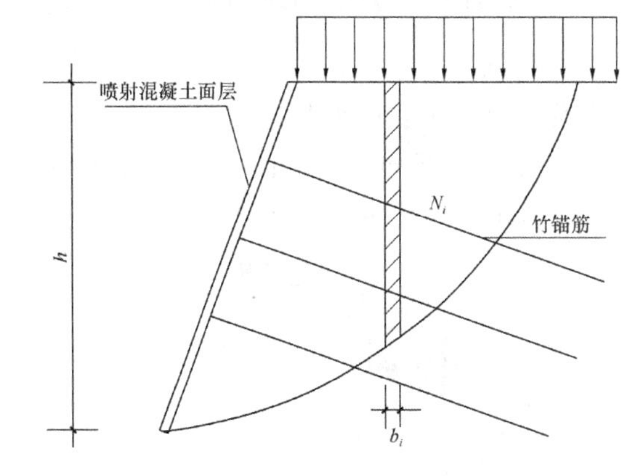

图5 竹材竹锚筋整体稳定性验算

$$\sum_{i=1}^{n} c_{ik} L_i s + s\sum_{i=1}^{n}(\omega_i + q_0 b_i)\cos\theta_i \tan\varphi_{ik} + \sum_{j=1}^{m} T_{nj} \times\left[\cos(\alpha_j+\theta_j) + \frac{1}{2}\sin(\alpha_j+\theta_j)\tan\varphi_{ik}\right] - s r_k r_0 \sum_{i=1}^{n}(\omega_i + q_0 b_i)\sin\theta_i \geqslant 0 \tag{2}$$

式中 n——滑动体分条数；

m——滑动体内土钉数；

r_k——整体滑动分项系数，可取1.3；

r_0——基坑侧壁重要性系数；

ω_i——第i分条土重，滑裂面位于黏性土或粉土中时，按上覆土层的饱和土重度计算，滑裂面位于砂土或碎石类土中时，按上覆土层的浮重度计算；

b_i——第i分条宽度；

c_{ik}——第i分条滑裂面处土体固结不排水（快）剪黏聚力标准值；

φ_{ik}——第i分条滑裂面处土体固结不排水（快）剪内摩擦角标准值；

θ_i——第i分条滑裂面处中点切线与水平面夹角；

α_j——土钉与水平面之间的夹角；

L_i——第i分条滑裂面处弧长；

s——计算滑动体单元厚度；

T_{nj}——第j根土钉在圆弧滑裂面外锚固体与土体的极限抗拉力，

$$T_{nj}=\pi d_{nj}\sum q_{sik}l_{ni} \tag{3}$$

式中 l_{ni}——第j根土钉在圆弧滑裂面外穿越第i层稳定土体内的长度。

（3）除了上述手算方法之外，还可利用理正基坑软件、同济启明星软件及PKPM基坑软件进行计算，但应注意竹锚杆拉力容许值不小于锚杆体与土体的摩阻力，竹锚筋的拉力值可换算成相同拉力值的钢筋锚杆输入软件的数据库中。

2.4 竹材喷锚中竹材规格的确定

（1）竹筋

断面规格，可有以下几种断面规格：5mm×20mm、5mm×25mm、5mm×30mm、6mm×20mm、6mm×25mm、6mm×30mm、8mm×20mm、8mm×25mm、8mm×30mm、10mm×25mm、10mm×30mm、10mm×35mm。

一般规格不宜过大，过大易形成喷锚面层空洞影响喷锚质量，以满足面层验算为准。

（2）竹锚杆

断面规格，竹锚杆主要采用圆形断面，亦可采用矩形断面。

圆形断面规格为ϕ20mm、ϕ25mm、ϕ30mm、ϕ35mm、ϕ40mm、ϕ45mm；

矩形断面规格为10mm×25mm、10mm×30mm、15mm×25mm、15mm×30mm、20mm×25mm、20mm×30mm、25mm×25mm、25mm×30mm。

竹锚杆一般尽量减少接头，因此也决定了在较深的基坑中应谨慎采用。

（3）加强竹筋

主要采用矩形断面规格为6mm×20mm、6mm×25mm、6mm×30mm、8mm×20mm、8mm×25mm、8mm×30mm、10mm×25mm、10mm×30mm、10mm×35mm。

2.5 连接节点的构造要求

（1）竹筋

主要是考虑连接点要做到等强度节点，连接点要简单容易并与母材同样能承受抗拉强度，其连接点主要考虑以下几种（图6）。

（2）竹锚杆

一般情况下建议不做连接点，宜为通长竹锚杆，若必要连接以矩形断面连接为宜，并应以母材相同的抗拉强度。

（3）加强竹筋

与竹筋相同的连接接点。

（4）竹筋与加强竹筋采用U形与L形竹销与土体连接（图7）。

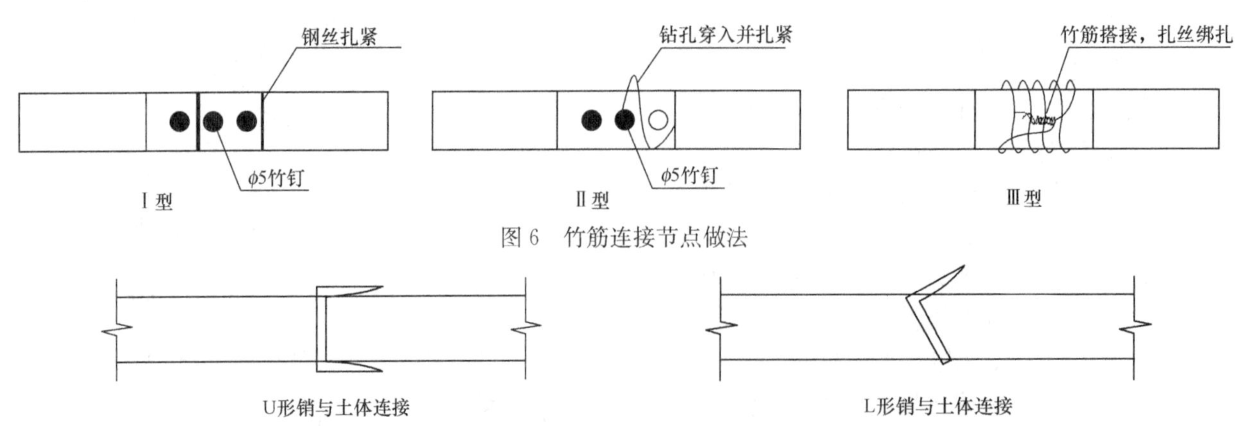

图6 竹筋连接节点做法

图7 竹筋、加强筋与土体连接做法

（5）竹筋的有角度弯折，可用喷灯对竹筋弯成90°或任意角度（图8）。

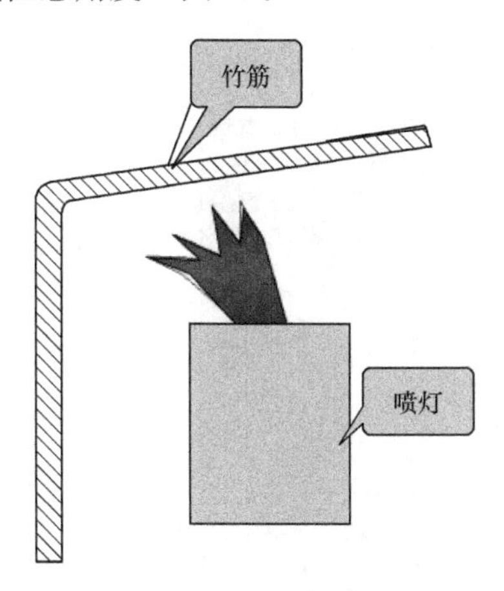

图8　竹筋弯折做法

（6）竹锚杆与竹筋的连接。

（7）竹锚杆的定位装置。

2.6　竹筋材料基本试验

由于竹筋材料离散性较钢材大，因此应进行必要的试验确定是否满足设计要求。

主要试验内容对竹筋根据其受力特点主要是做抗拉试验，辅以抗剪切、抗折试验。需根据设计采用的指标进行针对性试验。

3　竹材喷锚技术的关键问题及细节注意事项

1）需要解决如下几个关键施工技术问题

（1）竹筋在钻孔中的定位：当竹筋长度较长时，如何保证竹筋定位不偏斜。

（2）竹筋注浆方案：需要根据竹筋的特点研究注浆的配比及参数，保证注浆体与竹筋有足够的锚固力并且易于施工。本项可考虑水灰比、注浆压力等因素按照正交试验考虑不同的因素水平进行设计。

（3）竹筋的节点构造。

2）细节与注意事项

（1）竹材竹锚杆的拉力值应用本批毛竹产地的毛竹进行抗拉强度的试验，用该值代入公式进行拉力计算，产地不同、毛竹品种不同，其抗拉强度全有差别。

（2）竹材竹锚杆尽量采用单根竹杆，不宜采用有接头的竹杆。

（3）如采用整根竹杆做竹材竹锚杆，宜把竹杆节中内隔片打通，对于需排水的锚杆可作为排水通道，对不需要排水的锚杆，可用水泥浆填满。

（4）竹材竹锚杆的弯曲率，应严格控制，应不大于0.5%，如弯曲率太大可用火烘烤直。

（5）竹材竹锚杆及竹筋用材应选用无虫蛀或无痞疵的竹材。

（6）竹材竹锚杆及竹材竹筋应尽量采用工厂化生产的产品，并达到一定的规格。

（7）竹材竹锚杆、竹材竹筋的接头应优先采用等抗拉强度的连接头，不得随意连接。

（8）竹材竹筋应尽量与土体紧密接触，不应与土体有较大间隙。

4　竹材竹筋喷锚工程技术的实际应用

4.1　工程实例

无锡市某社区14号办公用房结构为框架结构，层数15层，下设一层地下车库。基坑开挖深度为地表下4.10m，局部6.28m深，基坑周长为210m。土层情况为：①$_1$ 杂填土，杂色，松散，层厚为0.8～2.5m；②$_{1-1}$粉质黏土，灰黄色—青灰色，可塑，层厚为0.8～3.7m；②$_1$ 粉质黏土，灰黄色，硬塑，层厚为3.0～4.3m。坑底基本坐落在②$_1$ 粉质黏土中，基坑支护设计各土层参数见表4。

整体稳定计算结果如图9所示。

竹材竹筋喷锚支护如图10及图11所示。

基坑支护设计土层计算参数表　　表4

层号	土层名称	天然重度	固结快剪		锚杆的极限粘结强度标准值	地基土承载力特征值
		γ（kN/m³）	C（kPa）	φ（°）	q_{sk}（kPa）	f_{ak}（kPa）
①$_1$	杂填土	18.5	5.0	8.0	18	50
②$_{1-1}$	粉质黏土	18.7	21.0	21.0	50	110
②$_1$	粉质黏土	19.1	28.0	21.0	58	170
③$_1$	粉质黏土夹粉土	19.0	40.0	3.2	54	150
③$_2$	粉质黏土夹粉土	18.5	16.2	12.0	35	100
④$_1$	粉土	18.3	6.2	24.7	65	150

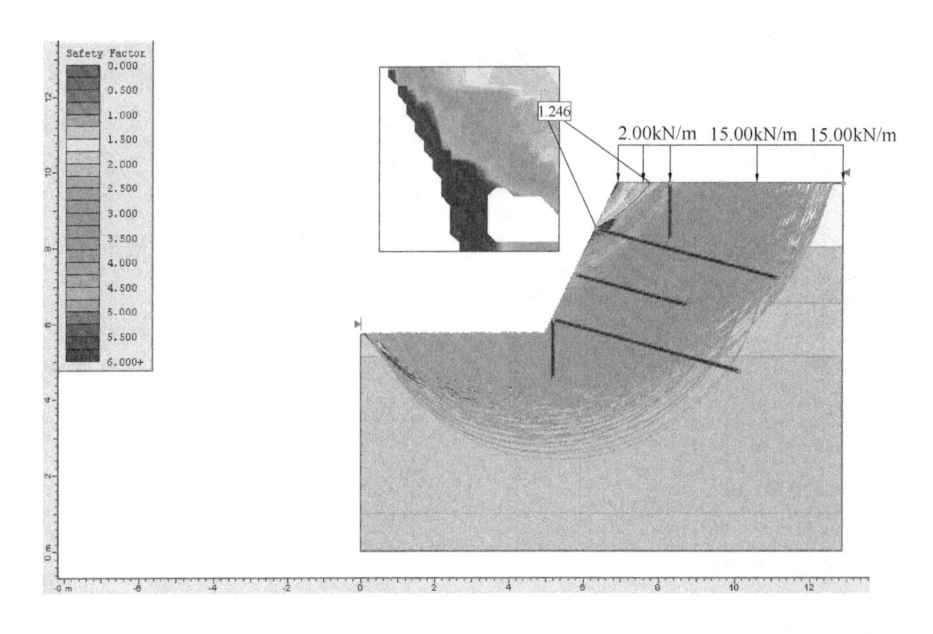

图9　整体稳定分析结果

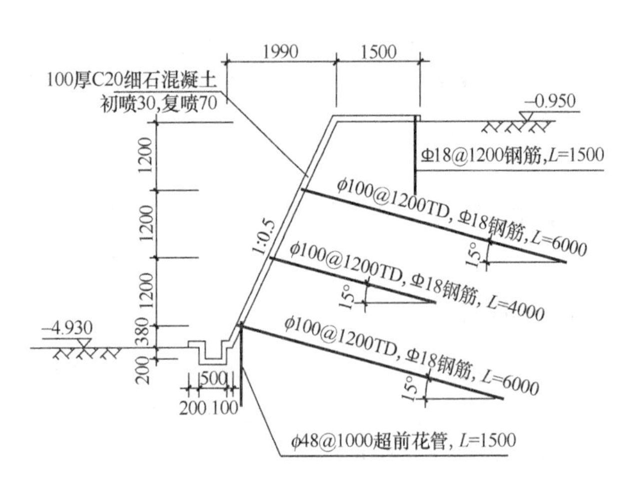

图10　喷锚支护剖面图

图12　竹材竹筋半成品

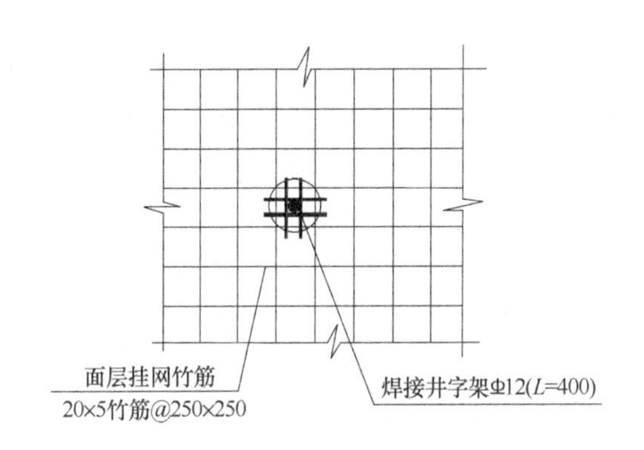

图11　竹筋网片详图

图13　扎好的竹筋网片

4.2　照片资料

整个工程从开始到施工结束（图12～图15）未发生大的变形，基坑使用期间一切正常。边坡累计变形量不足2cm，坡面无大变形开裂现象，完全满足施工使用要求，且经济性显著，受到建设方好评。

图 14　喷射混凝土

图 15　施工完毕外观

5　结论与展望

（1）竹材竹筋具有较高的抗拉强度，其截面可按要求加工，因此应用于岩土工程基坑支护工程上是切实可行的。

（2）竹子在复杂地下环境条件下的耐久性较差，腐蚀速度稍快。因此可充分发挥基坑支护时效性的特点。竹材竹筋只要保证其在服役期内具有足够的安全强度，作为喷锚支护的受力材料是可行的。

如果采用竹材竹筋进行基坑喷锚支护与采用钢筋喷锚支护相比，则会具有如下显著优点：

（1）降低造价、节约投资：采用钢筋喷锚支护时，钢筋材料的造价在总围护造价中占据很大的份额。如果采用毛竹材料替代钢筋，那么可以有效节约投资。

（2）节约能源、保护环境：竹子可循环再生且绿色环保，加工过程简便易行，有效起到节能减排、保护环境的作用。

（3）周边影响易于处理：竹筋本身强度与钢筋相比较低，施工过程中一旦成为地下障碍物比较易于处理；同时埋置于地下的竹筋可以在较短时间内丧失强度，对后续地下空间开发影响不大；

（4）新的深加工方向、发展经济：据报道，目前的毛竹生产正在向综合开发发展，以宜兴市为例，一般大量用于生产竹地板、竹帘等，产品远销美国、日本、加拿大等 18 个国家和地区，不仅解决了当地及邻近乡镇山农的卖竹难题，还帮助当地近千人就业。而将毛竹应用于岩土工程深基坑围护单根毛竹利用率更高，且加工更为简单，对规格、外观要求很低，且市场前景广阔，发展潜力很大。

在 20 世纪 50—60 年代竹制品曾经大量使用在建筑工程中，而喷锚支护中采用竹制品代替钢筋是当今岩土工程专项技术的一种革新，它带来的环保、节能概念是现代社会所推崇的概念。该技术的推广应用将会产生社会效益与经济效益的双丰收，具有广阔的应用前景。

同时，作为一项新的工艺，尚有许多问题有待解决，如竹子在复杂地下环境条件下的耐久性较差，腐蚀速度稍快等。如何将其耐久性与基坑工程时效性的结合，保证其在服役期内具有足够的安全储备；同时开发更快捷可靠的节点连接构造是下一步值得深入探讨的问题。本文仅初步对此进行探讨，以期抛砖引玉。

参考文献：

[1]　吴刚，欧晓星，李德智，等．建筑碳排放计算[M]．北京：中国建筑工业出版社，2022.

[2]　住房和城乡建设部．建筑地基基础设计规范：GB 50007—2011[S]．北京：中国建筑工业出版社，2012.

[3]　住房和城乡建设部．建筑基坑支护技术规程：JGJ 120—2012[S]．北京：中国建筑工业出版社，2012.

[4]　建筑工程部北京工业建筑设计院．建筑设计资料集 2[M]．北京：中国建筑工业出版社，1980.

基于多参量钻进指标的岩石强度识别理论与方法

马　宁，　胡亚伟，　韩宇琨
（北京三一智造科技有限公司，北京 102200）

摘　要：旋挖钻机施工过程中，随钻参数随岩石强度发生变化，进而影响岩石破碎能量与宏观钻进参数。采用旋挖随钻测量系统，对钻进过程中的随钻数据进行采样和分析。根据钻机性能、监测数据和施工工法，建立加压力、转速、钻速、扭矩、孔径耦合的多参量钻进指标模型。通过回归分析确定指标与岩石强度的数学关系，将岩石力学性质与钻机工况参数联系起来，实现钻进过程的动态岩石强度识别和实时反馈。基于445级别机型钻进花岗岩地层数据进行了工程验证，证明基于多参量钻进指标的实时岩石强度识别的有效性。研究成果对提升产品智能化水平、辅助无人钻进、提高工程施工效率具有重要意义。

关键词：旋挖钻机；随钻参数；岩石强度识别；智能化

0　引言

随着施工要求的提高及施工工况愈加复杂，旋挖钻机以其施工效率高、成孔质量好、环保、无污染等优点[1-2]，在桩工行业得到了广泛应用。与此同时，旋挖施工地层复杂多变，钻进过程中难以实时得知所钻岩土类型和岩石强度，因而无法提前设定与地层匹配的钻进参数，自适应钻进和无人化施工无据可依。同时机器性能发挥不充分，施工效率和钻进损耗难达预期。此外，旋挖施工过程中普遍存在基岩进入深度难以确定的问题[3]。目前，一般根据钻斗取渣或取芯情况进行判断，该方法费时、费力，且所得结果受人为因素影响大，可靠性难以保证。

针对钻进过程的地层识别方法，国内外学者紧紧围绕“如何建立评价指标，如何有效处理信息”两大关键问题，采用比功、可钻性、钻进参数、振动信息等指标和神经网络模型，获得了大量研究成果。

采用比功、可钻性、钻进参数等指标进行地层识别方面，谭卓英等[4-5]研究了穿孔速率、有效轴压力、钻具转速等穿孔参数对岩石强度变化的敏感性，以及钻进系统用于破碎岩石的能量分配与地层强度的相关性，在复杂风化花岗岩地层实现了界面识别，阐述了如何根据钻进系统动能和轴力功实现地层识别；王国震[6]根据特定地质情况的钻进比功一定这一理论基础，提出了利用钻进比功法进行地层识别和闭环钻进控制的自动钻进方法；周泽宏等[7]结合工程地质赋存环境及工程特点开展旋挖桩随钻参数的动态监测，提出了一种持力层辨识方法；许明等[8]对钻挖钻进过程中的直测参数和派生参数进行采样和分析，建立了钻进过程地层识别系统模型；刘先珊等[9]分析了素填土层、粉质黏土层、砂岩层及泥岩层的比功值区间，证明了地层比功阈值优化统计方法的可行性；Bosong Yu 等[10]对比了岩石可钻性指数和钻井比能两种评价围岩地质条件的方法，认为低钻速下的钻进比能波动和误差较大，不能用于岩石强度评价；Kai Zhang 等[11]在量纲分析的基础上，提出了一种基于凿岩机运行参数的岩石可钻性指标评价模型，利用岩石可钻性指标提出了岩石类型的分类规则；付光明等[12]开展重磁三维反演，获取地下密度和磁化率模型，根据物性与岩性的逻辑关系，进行了岩性三维分布特征识别。

研究表明，钻具振动的高频段是钻具与岩石作用时所产生的应力波，它能够反映出所钻地层的特性[13]。采用振动信息进行地层识别方面，徐梓辰等[14]基于对海底地质勘察钻井振动数据的处理，提出了根据时域信号和频域信号的特征分辨海底异常地层的分析模型；刘瑞文等[15]对钻具振动数据进行了频谱分析，探讨了利用振动频谱特征进行岩性实时识别的方法；Ganggang Niu 等[16]采用随钻测量（MWD）系统、随钻振动测量（VMWD）系统和井眼摄像机检测系统进行了现场综合实验，说明信号均方值定量评价岩体状况、频谱能量定性估计岩体状况的可行性。

人工神经网络[17]是由大量简单的高度互连的处理元素（神经元）所组成的复杂网络计算系统，是模拟或学习生物神经网络的信息处理模型。近年来，得到了广泛应用[18]。采用人工神经网络进行信息处理方面，张辉等[19]根据 BP 神经网络原理，建立了岩性识别双重神经网络模型，并在新疆油田进行了验证；赵铭等[20]采用基于 EM 算法的混合高斯模型对测井数据变量进行概率密度估计，并将其应用到朴素贝叶斯分类器中进行岩性识别。

然而，上述方法仅能实现地层界面、特殊地质或岩石类型的识别，无法实时计算得出所钻岩石强度等物理力学参数，识别过程受外部环境影响程度大，且应用领域多在金属矿山、石油钻井等，与旋挖工况大相径庭。此外，钻挖施工为取土成孔，无法将传感器置于钻具表面获取振动信息；机器学习法无明确物理意义，且识别准确率受训练样本影响较大；比功法识别难以确定不同地层的比功阈值区间。以上局限性使得对应方法难以应用于旋挖施工。

综上，本文在分析旋挖随钻测量系统所监测数据的基础上，推导得出钻进速度等宏观钻进参数与岩石破碎能量耦合的多参量钻进指标。建立起岩石力学性质与钻进指标的数学关系，在钻进过程中实时计算并定量反馈岩石单轴抗压强度指标。基于 SR445 旋挖钻机钻进花岗岩地层进行了工程验证，为旋挖智能化水平的提升和工程施工效率的提高提供参考。

1 基于破碎能量和宏观钻进参数的多参量钻进指标

旋挖钻机钻进过程中，钻进速度、加压力、扭矩、角速度等参数与岩石强度紧密相关。综合考虑以上参数建立多参量钻进指标模型，以期实现钻进过程的岩石强度识别。

设任意时刻的钻进速度为 V_a，岩石破碎体积为 V_b，破碎岩石所消耗的能量为 E，则定义宏观钻进参数 Q 为：

$$Q = V_a V_b \tag{1}$$

多参量钻进指标 P_m 可表示为：

$$P_m = \frac{Q}{E} = \frac{V_a V_b}{E} \tag{2}$$

P_m 的物理意义为：在一定条件下，消耗单位能量时宏观钻进参数的大小。该值越小，表示岩石越难钻进；反之表示越易钻进。

设从时刻 t_1 到时刻 t_2，钻斗深度从 H_1 到 H_2，则：

$$V_a = \frac{H_2 - H_1}{t_2 - t_1} = \frac{\Delta H}{\Delta t} \tag{3}$$

岩石破碎体积为：

$$V_b = \frac{\pi \Delta H (D^2 - d^2)}{4} \tag{4}$$

式中，D 为钻斗外径（m）；d 为钻斗内径，即岩心外径（m）。如图 1 所示。

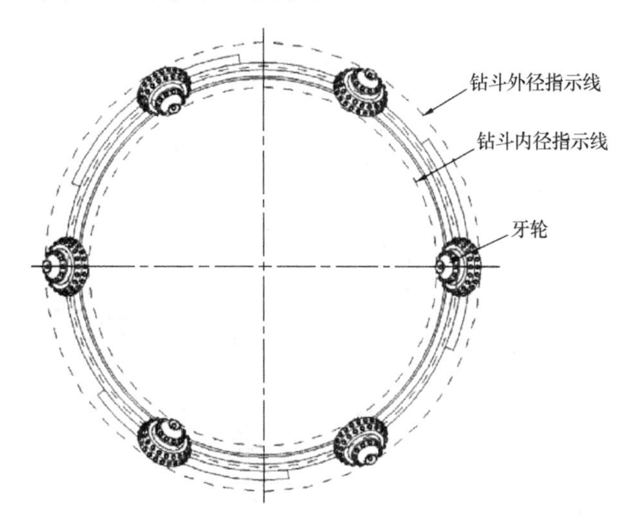

图 1　钻斗内外径示意图

若 t 时刻钻具施加在岩石上的加压力为 F，则：

$$F = F_0 + mg - F_{拉} \tag{5}$$

式中，F_0 为加压油缸/加压钢丝绳产生的加压力（kN）；m 为工作装置质量（t）；$F_{拉}$ 为主卷扬拉力（kN）。

从 t_1 时刻到 t_2 时刻的 Δt 时间内，加压力和扭矩做功分别由下式确定：

$$W_F = F V_a \Delta t \tag{6}$$

$$W_M = M\omega \Delta t \tag{7}$$

式中：ω——钻具运动角速度（rad/s）。

则 Δt 时间内的钻进能量为：

$$E = W_F + W_M = F V_a \Delta t + M\omega \Delta t \tag{8}$$

将式（3）、（4）、（8）带入式（2），可得多参量钻进指标公式：

$$P_m = \frac{\pi V_a^2 (D^2 - d^2)}{4(F V_a + M\omega)} \tag{9}$$

式（9）即为由钻进速度、加压力、扭矩、角速度、钻斗外径、岩心外径耦合的多参量钻进指标模型。对于特定钻孔，D、d 输入后保持不变，其余参量均可由旋挖钻机随钻测量系统实时监测和计算后得出。

2 基于多参量钻进指标的岩石强度识别过程

综合多参量钻进指标和旋挖实际施工过程的岩石强度识别技术路线如图2所示，分为输入、处理、输出、验证、应用五个模块。其中如何根据随钻数据计算所需指标参数、拟合确定指标与岩石强度的函数关系成为两个关键点。

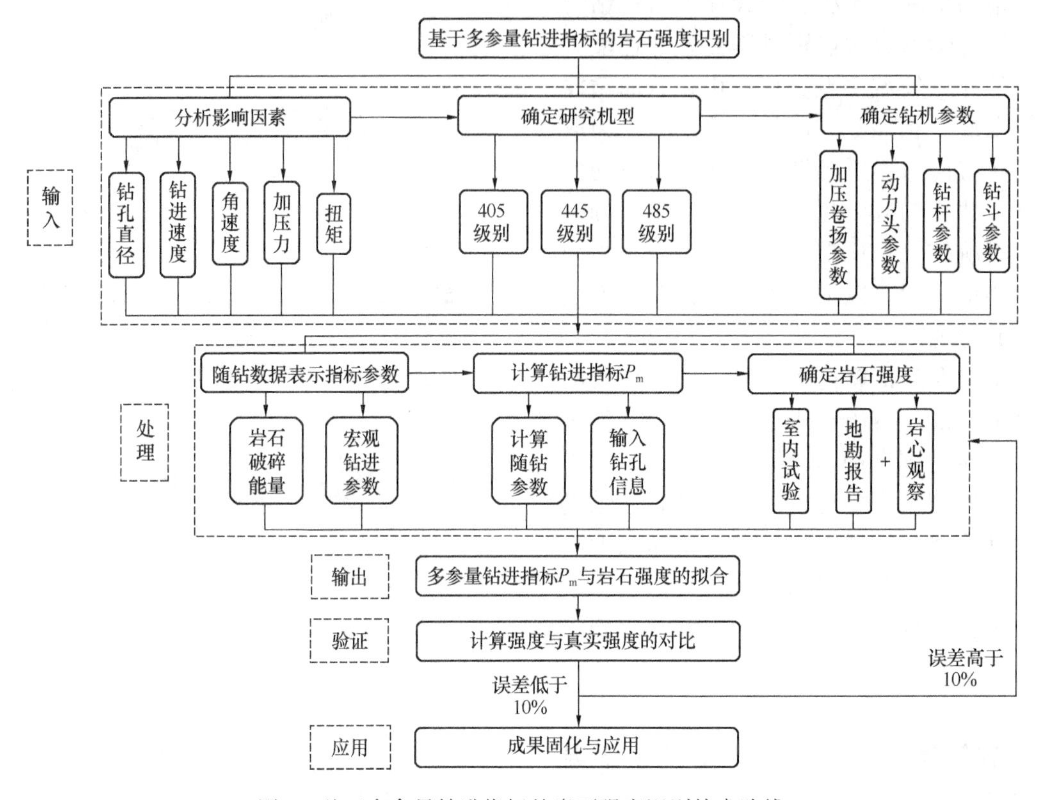

图2 基于多参量钻进指标的岩石强度识别技术路线

2.1 使用随钻数据计算所需指标参数

旋挖钻机由动力头提供施工所需的加压力和扭矩，利用钻杆带动钻斗切削岩土，依靠重力和加压力联合作用产生进尺，最后提升至孔外卸土完成周期性循环作业。

以三一SR445钢丝绳加压型旋挖钻机为例，其随钻测量系统的相关直测数据包括钻进时间、钻进深度、动力头转速、加压卷扬马达进/出油口压力、动力头马达进/出油口压力、主卷扬拉力。式（5）所需的加压卷扬产生的加压力为：

$$F_0=\frac{2V_1(P_1-P_2)\varphi_1 i_1}{2\pi r\times 1000} \tag{10}$$

式中，V_1为加压卷扬马达排量（cm^3）；P_1为马达进油口压力（MPa）；P_2为马达出油口压力（MPa）；φ_1为马达综合效率；i_1为减速机减速比；r为加压卷扬滚筒半径。

式（5）所需的工作装置质量为：

$$m=(m_{杆}+m_{动}+m_{斗})g \tag{11}$$

式中，$m_{杆}$为钻杆质量（t）；$m_{动}$为动力头质量（t）；$m_{斗}$为钻斗质量（t）。

式（9）所需的扭矩为：

$$M=\frac{V_3(P_3-P_4)N\varphi_3 i_3 i_4}{2\pi\times 1000} \tag{12}$$

式中，V_3为动力头马达排量（cm^3）；P_3为马达进油口压力（MPa）；P_4为马达出油口压力（MPa）；N为马达数量；φ_3为总机械效率；i_3为减速机减速比；i_4为减速箱减速比。

2.2 拟合确定指标与岩石强度的函数关系

实际钻进过程的D、d已知，由式（3）计算得出钻进速度V_a，再联立式（5）、（9）、（10）、（11）、（12），即可求得特定强度的多参量钻进指标P_m，如式（13）所示。当不同岩石强度的随钻数据获取完毕并计算得到对应的钻进指标时，即可通过回归分析等方式拟合确定岩石强度与多参量钻进指标的函数关系。

$$P_{\mathrm{m}}=\frac{\pi\Delta_{\mathrm{H}}^{2}(D^{2}-d^{2})}{4\Delta_{\mathrm{t}}^{2}\left\{\left[\frac{V_{1}(P_{1}-P_{2})\varphi_{1}i_{1}}{\pi r\cdot 1000}+(m_{杆}+m_{动}+m_{斗})\mathrm{g}-F_{拉}\right]\frac{\Delta H}{\Delta t}+\frac{V_{3}(P_{3}-P_{4})N\varphi_{3}i_{3}i_{4}}{2\pi\cdot 1000}\omega\right\}} \tag{13}$$

2.3 岩石强度的实时识别

施工过程中的岩石强度实时识别按照图 3 进行，具体步骤为：(1) 动作判定，旋挖施工包括下放、钻进、上提、回转、甩土、对孔六个动作，当判定当前动作为钻进时，进行下一步，否则界面提示“未处于钻进状态”；(2) 获取随钻数据，包括主卷扬、加压卷扬、动力头、钻进状态参数等；(3) 数据筛选清洗，剔除超出钻机正常参数范围的异常数据；(4) 计算钻进指标，由于钻杆、钻斗、孔径等信息为系统提前输入，因此可根据随钻数据实时计算多参量钻进指标 P_{m}；(5) 匹配岩石强度，多参量钻进指标与岩石强度的函数关系亦为系统输入，故而可将钻进指标一一转化为岩石强度；(6) 界面显示，根据实际需求选择岩石强度-深度曲线、岩石强度-时间曲线的实时显示。

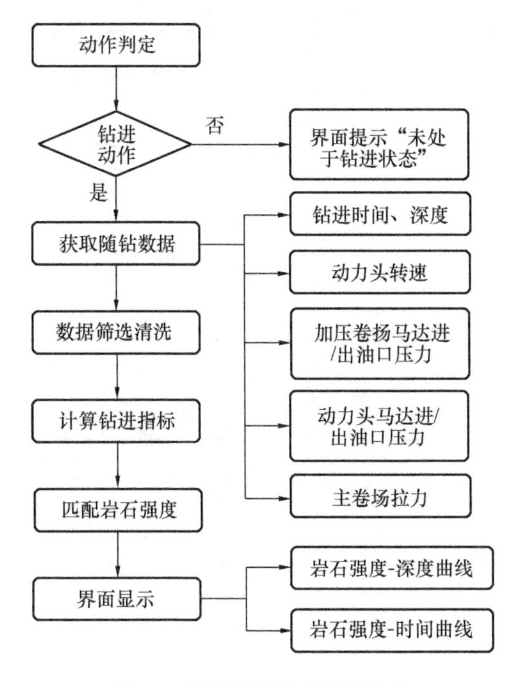

图 3 岩石强度实时识别过程

3 基于花岗岩地层的工程验证

本次工程验证基于 SR445 旋挖钻机的施工数据，见图 4。作为三一的钢丝绳加压型爆款入岩机型，SR445 最大施工深度达 116m，最大施工直径达 3m。凭借安全可靠、智能高效、经济节能、维保便利等优势，在广东等硬岩施工区域表现出色，得到了客户的普遍赞赏。截至目前的市场保有数量达 65 台，市场占有率超 50%。

SR445 搭载了强大的随钻测量系统，由动力头监测模块、桅杆监测模块、主副卷扬监测模块、钻杆钻斗监测模块、工况监测模块、钻进数据监测模块、发动机及泵阀组监控系统、显示器等驾驶室监控系统组成。可实现包括钻进深度、回转角度、主辅泵压力、发动机转速、发动机进出油口压力、动力头扭矩、主卷扬拉力、加压压力等关键数据的实时监测，为岩石强度识别奠定了基础。

图 4 SR445 旋挖钻机

工程验证包括标定和验证两步。标定的目的是针对大量数据样本，基于统计学手段确定多参量钻进指标 P_{m} 与岩石强度的数学关系，其工地位于福州市长乐区。验证的目的是测试标定得到的数学关系是否具有普遍性，其工地位于深圳市，施工项目为宝安区 A308-0125 项目 03-07 地块土石方及基坑支护工程，深圳市鸿荣源控股集团有限公司为建设单位，中建三局集团（深圳）有限公司为施工总承包。地质勘察结果为：0～9m 为素填土，结构松散，土质不均匀；9～11.5m 为淤泥质土，混少量细粒砂；11.5～13.5m 为粉细砂，含少量黏粒；13.5～23.5m 为砂质黏性土，土质较硬；23.5～33.5m 为全风化花岗岩；33.5～41.5m 为中风化花岗岩；41.5m 以下为微风化花岗岩，单轴抗压强度介于 90～120MPa。标定和验证工况均使用牙轮筒钻钻进中风化或微风化花岗岩地层，表 1 为标定和验证信息。

标定和验证信息表　　表1

分类	动力头质量/t	钻杆型号	钻杆质量/t	钻斗外径/m	钻斗内径/m	钻斗质量/t	地层单轴抗压强度/MPa
标定	11.041	ϕ580mm×4×20m	21.2	1.5	1.25	1.65	70～120
验证1		ϕ580mm×4×21m	22.3	1.5	1.25	1.65	90
验证2		ϕ580mm×4×21m	22.3	1.5	1.25	1.65	120
验证3		ϕ580mm×4×21m	22.3	1.2	0.95	1.54	90
验证4		ϕ580mm×4×21m	22.3	1.2	0.95	1.54	100

3.1 指标与强度的标定

标定过程采集了旋挖钻机施工六种强度岩石的钻进数据，每一种强度的数据来源于同一钻斗的钻进过程。值得注意的是，使用同一强度的钻进数据计算时，指标 P_m 并非固定不变，而是在一定范围内接近正态分布，如图5所示。由于同一钻斗起始和结束的钻进过程存在数据不稳定等问题，基于统计学手段进行了指标范围的修正，修正后可计算得到对应强度的多参量钻进指标。通过拟合得到了两者的函数关系，如图6所示。R^2 为0.9683，表明两者的线性相关程度很大，拟合关系式的可靠性较高。

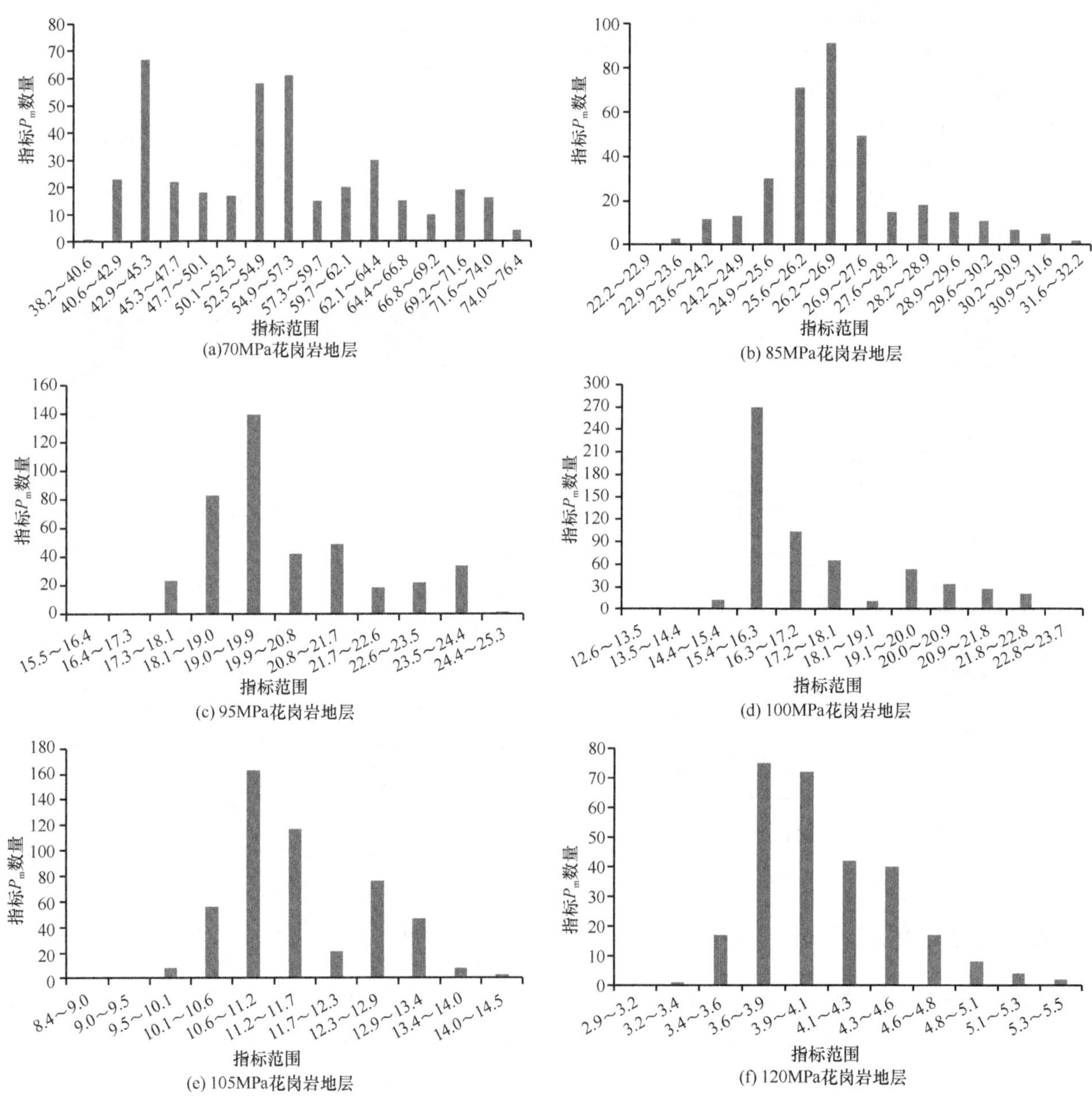

图5　标定地层钻进指标 P_m 分布图

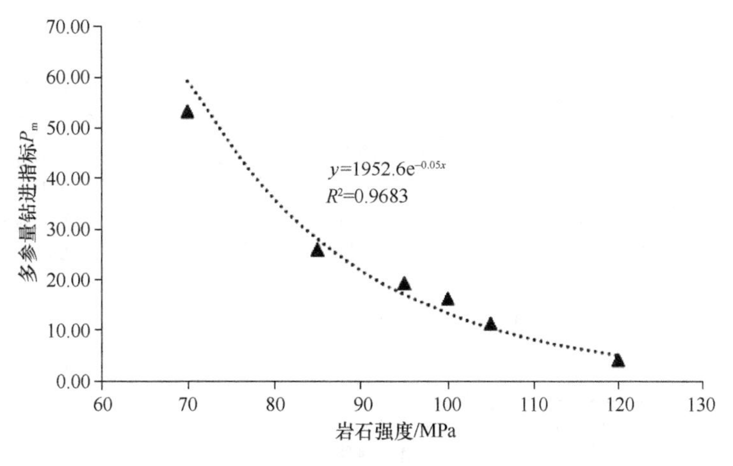

图 6 多参量钻进指标-岩石强度拟合曲线

3.2 模型的验证

为了充分验证以上函数关系的普适性，笔者选择了位于深圳市的四个施工工地。另外确保各自的样本数量足够多，消除随机性对对验证结果的影响，本次的四个验证案例分别采集了 628、858、492、869 个数据样本。岩石的实际强度根据一孔一探的钻孔柱状图资料得到。

由式（13）和旋挖随钻数据可计算得到多参量钻进指标 P_m，根据图 5 所示的函数关系转换为对应的计算岩石强度，由此做出计算岩石强度、实际岩石强度与准确度曲线，如图 7 所示。结果表明，在同一地层强度下，通过本方法计算的岩石强度在实际值曲线上下小范围内波动，结果较为平稳。此外，岩石强度的识别准确度普遍高于 90%，将计算结果取均值后可得表 2，准确度平均值范围为 93.47%～97.52%，证明验证效果良好。

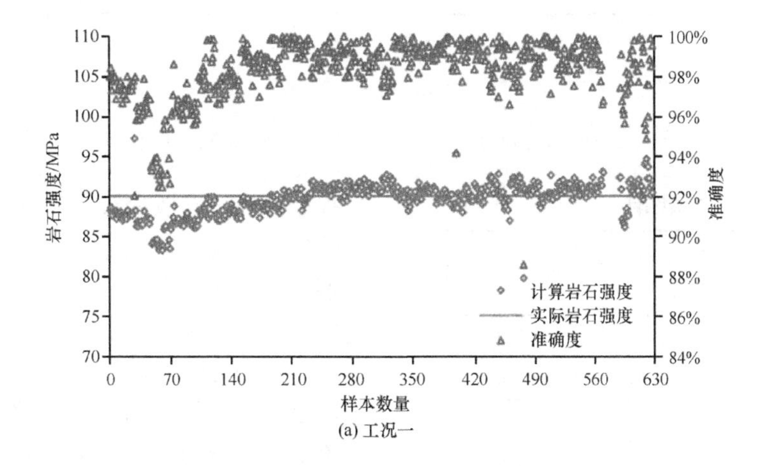

(a) 工况一

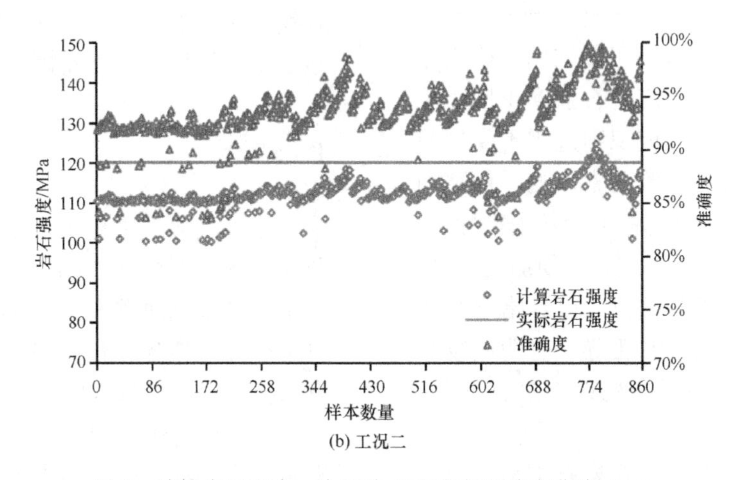

(b) 工况二

图 7 计算岩石强度、实际岩石强度与准确度曲线（一）

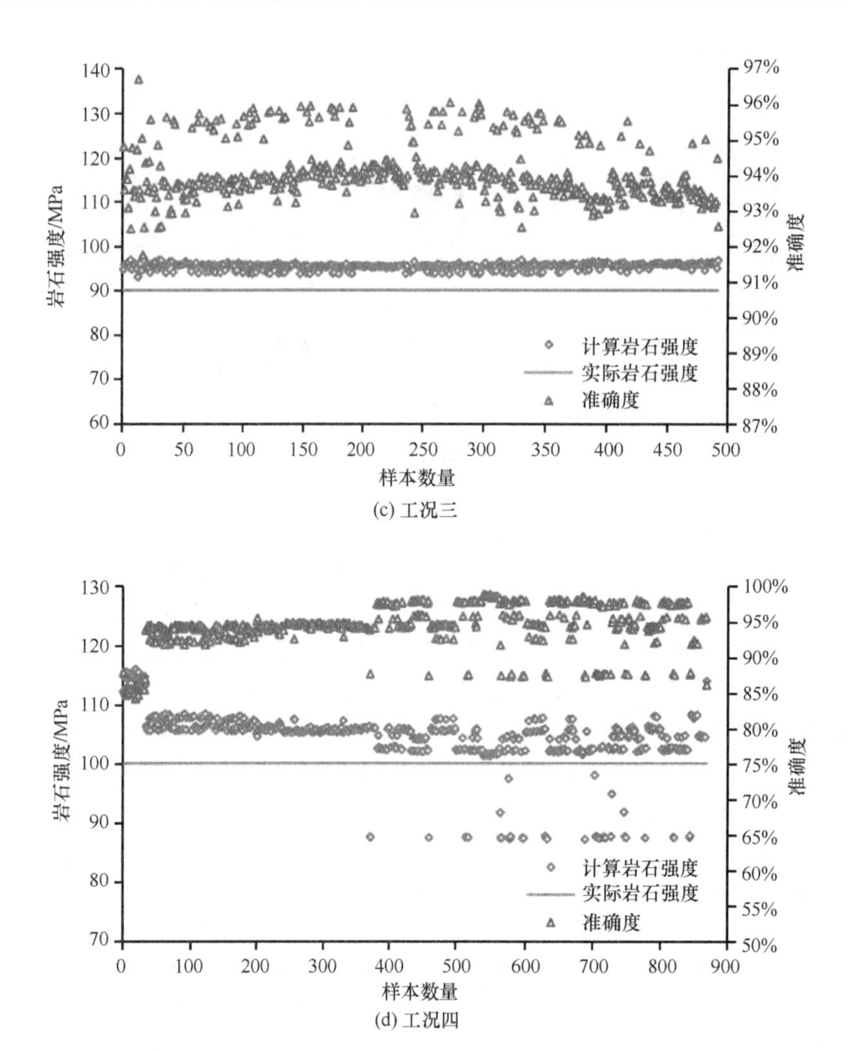

图7 计算岩石强度、实际岩石强度与准确度曲线（二）

计算结果均值统计　　表2

类别	实际岩石强度值/MPa	计算岩石强度平均值/MPa	准确度平均值
工况一	90	88.81	97.52%
工况二	120	112.27	93.47%
工况三	90	95.36	94.04%
工况四	100	103.90	94.20%

以上研究成果可直接应用于旋挖钻机施工不同地层，实现钻进过程的动态岩石强度识别和实时反馈。仅需一次标定，且该识别过程不受钻具布置、机手操作、外部环境等因素影响，仅和所钻地层、使用机型有关。计算多参量钻进指标 P_m 的数据来源于旋挖随钻测量系统，无须加装振动、应力、位移等传感器，无额外投入。且指标基于岩石破碎能量和宏观钻进参数推导，有明确物理意义。此外，工程验证证明指标计算过程简便、结果稳定、识别准确度高。

岩石强度的变化一般发生在岩石类型、风化程度、裂隙度改变处，因此基于多参量钻进指标的岩石强度识别能够敏感地捕捉这些细微变化。事实上，除此以外，在结构面、孤石、断层界面以及岩溶空洞、地下水、天然气等物质三相界面，由于物理力学性质发生改变，使用多参量钻进指标也能做到很好的辨别。故而，该识别方法比传统方法涵盖的应用面更为宽广，不仅能够应用于旋挖施工，其他诸如煤矿巷道掘进、石油钻井、地质钻探等场景也能发挥独特的作用。

4 结论

在旋挖施工过程中，结合岩石物理力学性质及随钻测量系统开展随钻参数的监测分析，提出基于多参量钻进指标的实时岩石强度识别方法，对于提升产品智能化水平、提高工程施工效率具有重要意义，结果表明：

（1）旋挖施工过程中，随钻参数随岩石强度发生变化，进而影响岩石破碎能量与宏观钻进参数。岩石强度的识别宜通过分析实际钻进过程实现。

（2）多参量钻进指标模型由钻进速度、加压力、扭矩、角速度、钻斗外径、岩心外径耦合，拟合确定钻进指标与岩石强度的数学关系，在应用过程中不断迭代理论模型，即可实现钻进过程的动态岩石强度识别和实时反馈。

（3）基于多参量钻进指标的识别方法综合考虑了岩石性质、施工工法及钻机性能，有明确物理意义，计算简便，不受机手操作等外部环境影响，工程验证结果表明识别准确度达90%以上。

参考文献：

[1] 石平. 旋挖钻机在灌注桩施工中的应用[J]. 工程建设与设计，2019(10)：42-43.

[2] 王虎. 旋挖钻机在城市高架桥桩基施工中的应用[J]. 中国战略新兴产业，2018(40).

[3] 秦子翔. 陡坎处旋挖桩设计与施工的分析研究[D]. 昆明：昆明理工大学，2020.

[4] 谭卓英，蔡美峰，岳中琦，等. 钻进参数用于香港复杂风化花岗岩地层的界面识别[J]. 岩石力学与工程学报，2006，(S1)：2939-2945.

[5] 谭卓英，岳中琦，蔡美峰. 风化花岗岩地层旋转钻进中的能量分析[J]. 岩石力学与工程学报，2007(3)：478-483.

[6] 王国震. 基于地层识别的自动钻进控制方法[J]. 煤矿机械，2018(6)：142-144.

[7] 周泽宏，张林，刘先珊，等. 基于旋挖桩随钻参数的地层识别方法[J]. 地下空间与工程学报，2018(1)：86-91.

[8] 许明，刘先珊，周泽宏，等. 旋挖钻机钻进入岩判定与地层识别方法[J]. 中南大学学报(自然科学版)，2017(12)：3344-3349.

[9] 刘先珊，张同乐，牛万保. 不同地层比功阈值优化的统计方法及其应用[J]. 土木建筑与环境工程，2017，39（2）：58-64.

[10] BOSONG YU，KAI ZHANG，GANGGANG NIU，et al. Real-time rock strength determination based on rock drillability index and drilling specific energy：an experimental study[J]. Bulletin of Engineering Geology and the Environment，2021，80(5).

[11] KAI ZHANG，RONGBIN HOU GUANGHUI ZHANG，et al. Rock Drillability Assessment and Lithology Classification Based on the Operating Parameters of a Drifter：Case Study in a Coal Mine in China[J]. Rock Mechanics and Rock Engineering，2016，49(1).

[12] 付光明，严加永，张昆，等. 岩性识别技术现状与进展[J]. 地球物理学进展，2017，32(1)：26-40.

[13] MANSURE A J，FINGER J T，KNUDSEN S D. Interpretation of Diagnostics-While-Drilling Data[R]. Spe 84244，2003.

[14] 徐梓辰，金衍，洪国斌，等. 基于近钻头振动数据的海底硬质地层探测方法[J]. 船海工程，2019，48(4). 112-116.

[15] 刘瑞文，陈蓓蓓，李春山. 岩性实时识别方法研究[J]. 钻采工艺，2012(4)：16-18，122.

[16] NIU GANGGANG，ZHANG KAI，YU BOSONG，et al. Experimental Study on Comprehensive Real-Time Methods to Determine Geological Condition of Rock Mass along the Boreholes while Drilling in Underground Coal Mines[J]. Shock and Vibration，2019.

[17] 焦李成. 神经网络系统理论[M]：西安：西安电子科技大学出版社，1990.

[18] 周劲辉，鄢泰宁，屠厚泽. 识别所钻地层的人工神经网络法应用[J]. 地球科学，2000(6)：942-946.

[19] 张辉，高德利. 钻井岩性实时识别方法研究[J]. 石油钻采工艺，2005(1)：13-15.

[20] 赵铭，金大权，张艳，等. 基于EM和GMM的朴素贝叶斯岩性识别[J]. 计算机系统应用，2019，28(6)：38-44.

潮湿多雨地区路基高填方强夯施工技术

胡　芬

（云南建投基础工程有限责任公司，云南　昆明 650501）

摘　要：本文以实际公路工程项目为例，对潮湿多雨地区公路路基加固施工中强夯技术应用进行研究，分别从基底处理、填筑料选用、强夯参数确定、试验段施工、施工工艺技术等方面详细介绍了强夯技术在潮湿多雨地区路基高填方施工中的应用，分析了高填方路基强夯施工控制要点，为类似工程项目施工提供参考。

关键词：高填方；路基；潮湿多雨地区；强夯

0　引言

强夯法处理地基是利用夯锤自由落下的冲击波使地基密实，由冲击引起的振动在土中以波的形式向地下传播。填土强夯采用冲击型动力荷载，使土体中的孔隙体积减小，土体变得密实，从而提高其强度，检测指标主要是强度和变形模量。强夯施工技术是目前我国非常重要的路基加固技术，对于路基稳定性的提升有着直接的影响作用，可以保证路基具备较高的平整性和密实度，从而可以满足交通运行的需要。但在潮湿多雨地区，填料含水率高，按常规方法进行路基强夯施工，难以保证路基填筑质量，为此，需要对填筑料进行处理，且要选取合适的夯击参数，严格控制施工工艺，方能更好地提高路基填筑质量，减少路面沉降，降低施工成本。

1　工程概况

某段高速公路工程项目长度 4.48km，双向四车道，设计速度 80km/h，整条路依山而建，半挖半填，高填方路基的填筑方量约 196.1 万 m^3，其中，最大的填筑高度是 42.57m。高填方路线以高填路堤的形式从山体穿过，沟谷浅切割，地形起伏不大，坡形呈凸状弧形，周边植被以香蕉树、芒果树及杂草为主，覆盖率约为 80%，无地表建筑物、地下埋藏物、水体等设施。施工所处地区气候温和，雨量充沛，属于亚热带季风气候。根据地质勘察报告，本工程分布有粉质黏土、碎石、块石、砂岩、砾岩、黏土岩，深挖路堑段内无断层通过，无滑坡、崩塌、泥石流等不良地质作用发育，未见特殊性岩土发育，场地较稳定。

2　施工工艺技术

在潮湿多雨地区，施工工艺的选择及填筑料的质量控制，是高填方路基施工的一大重难点，下面将以实际项目为例，详细介绍潮湿多雨地区路基高填方强夯施工的工艺流程及注意事项。

2.1　工艺流程

强夯施工的工艺流程如下：

清理、整平场地→测量场地高程→填筑料处理→标出第一遍夯点位置→起重机就位、夯锤对准夯点位置→测量夯前锤顶高程→将夯锤吊到预定高度，脱钩自由下落进行夯击→测量锤顶高程→往复夯击，按规定夯击次数及控制标准，完成一个夯点的夯击→重复以上工序，完成第一遍全部夯点的夯击→用推土机将夯坑填平，测量场地高程→在规定的间隔时间后，按上述程序逐次完成全部夯击遍数→用低能量满夯，将场地表层松土夯实，并测量夯后场地高程。

详细施工工艺流程如图 1 所示。

2.2　施工准备

（1）施工前需查明强夯场地范围内地下构造物及管线的位置，确保安全距离及高程，并实行必要措施，防止因强夯施工造成破坏。

（2）清除表层 30cm 腐殖土后，平整场地，进行表层松散土碾压，修筑施工便道，施工区周边做排水沟，确保场地排水通畅，防止积水。

作者信息：胡芬（1993—），女，学士，云南建投基础工程有限责任公司，工程师，昆明市经济技术开发区林溪路 188 号，1770550496@qq.com。

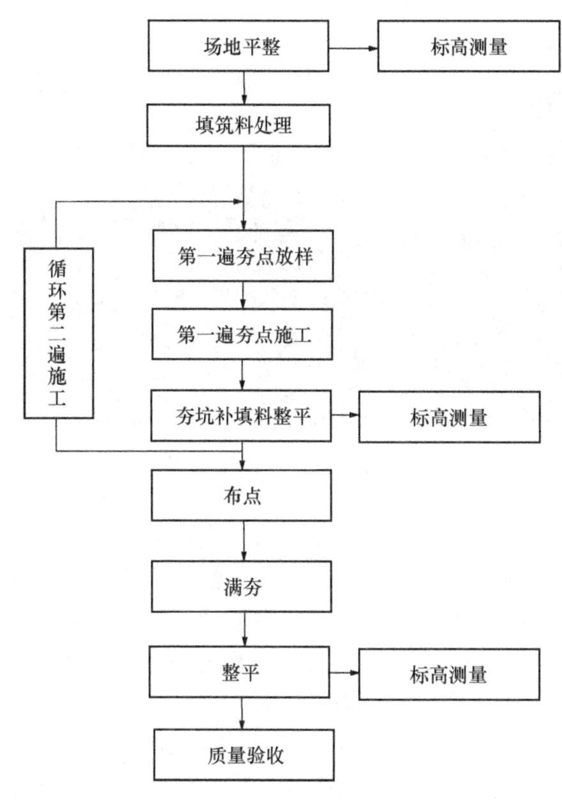

图1　强夯施工工艺流程图

（3）进行测量放线，定出限制轴线、强夯施工场地边线，并在不受强夯影响的地点设置水准基点。

（4）选择符合设计规范要求的填筑料，使填筑料的土质、粒径及含水率等符合要求，否则需采取必要的处理措施。

2.3　施工方法

（1）路基填筑

对原有地面进行表土清理，清理深度30cm，运至指定弃土场。如遇软弱地基或者耕植土，通知监理工程师现场查看处理。对需要进行换填部位进行测量放线，做好施工前后的断面测量记录。路基施工前，做好路基填土试验段工作，现场试验进行到能有效地使该回填料达到规定的压实度为止，从中选出路基施工的最佳方案、工艺参数和检测方法来指导施工。

（2）试夯施工

施工前应在现场选取有代表性的场地进行试夯。试夯区在不同工程地质单元不应少于1处，试夯区不应小于30m×30m。根据施工进度计划选择第一层强夯作为试验段，编制试验段的技术方案，并按首件工程报总监理工程师批准后实施。通过试验段挖装、运输、整平、碾压及强夯的生产过程，总结出最佳机械配置和施工组织，验证联合作业的协调性和生产指挥的有效性。验证路基强夯施工方案的可行性，通过试验段的施工，确定出夯点间距、夯击次数、夯击遍数、最后两击夯沉量和间隔时间等施工参数[1]。根据试验过程中的技术参数，技术人员绘制夯击次数与夯沉量参数曲线，根据实际需要来确定落距、夯击次数等重要参数，为后续的施工提供基础条件。

（3）夯点布置

布置试验段夯击点位置（全站仪布点），依据设计图纸用白灰精确标出第一遍夯点位置，夯点按垂直于轴线方向呈梅花形布置，间距为$2d$，在夯区2m外布置护桩，确保夯点放样精确，并测量夯前原地表高程。强夯采用满夯的顺序，夯点布置梅花形布置，强夯控制要求每遍最后两击沉降量之差不大于5cm，达到要求后进行下一夯点，周边土体隆起高度不大于10cm，满夯完成后以压实度控制质量，压实度要求达到96%。大面积顺道路方向夯实，采用满夯，强夯结束后，整平碾压回填至设计标高。根据现场实际情况，每层夯击3次，每层夯击3遍，强夯时夯点布置图如图2所示。

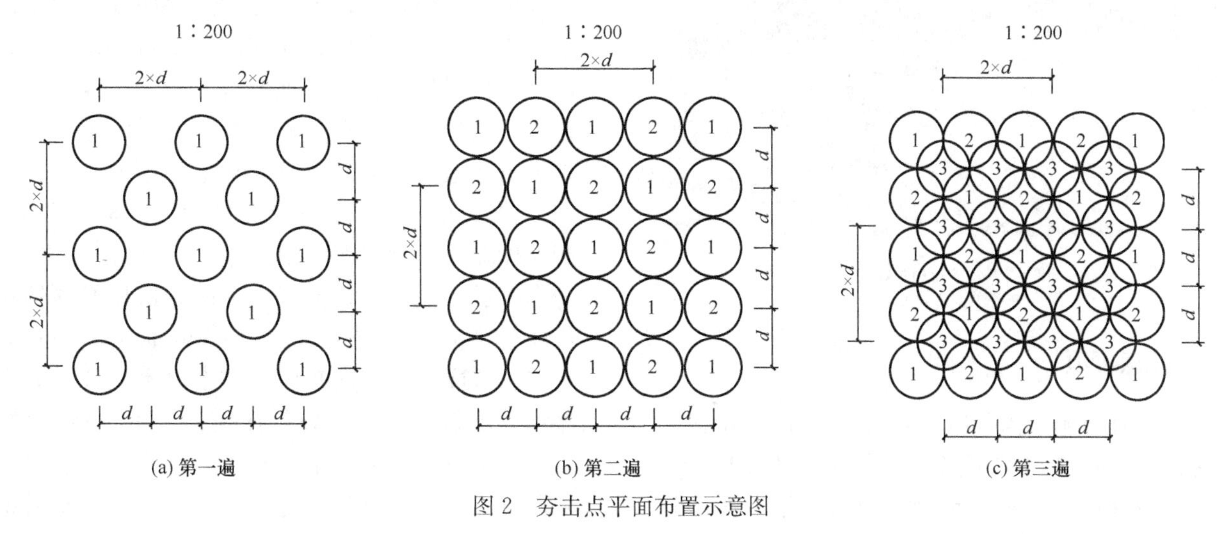

图2　夯击点平面布置示意图

（4）强夯顺序

强夯应分区进行，宜先边区后中部，或由邻近建（构）筑物一侧向远离一侧方向进行，以减少侧向压力对附近地区的影响，整体夯击从路基一端边夯边退，以免夯坑回填不及时影响夯机移动，强夯按由内而外隔行跳打的原则完成全部夯点的施工。

（5）夯击方法

① 夯击前测量原地面标高（或相对标高），每击一次都记录本次夯击后的高程（或相对高程），并计算沉降差。除记录高程外，一个点夯击完成后还应观察周围土的隆起状况，若隆起较大应及时分析原因，调整夯击参数。填土应按整个宽度水平分层进行，当填方位于倾斜的山坡时，应将斜坡修筑成 1∶2 阶梯形边坡后施工，以免填土横向移动，并尽量用同类土填筑。

② 第一层强夯高度以填方高度为 4m 范围开始，高度小于 6m 的填方段第一层不强夯，其上路堤每填高 4m 强夯一次（达到底层土工格栅铺设高度时必须补夯一次），可以有效减小路堤自身沉降，防止路面开裂。

③ 第一遍夯击完成后，采用同种路基填料进行回填，回填用装载机端料、铺平，必要时可用挖掘机辅助。平整后继续放线，布设夯击点，夯机就位，按上述要求进行第二、三遍强夯。三遍强夯结束后，应普夯一次，落距 1.5～3m，锤印彼此搭接不小于 0.5m，单点一般不小于 1～3 击，满夯完成后再整平，压路机碾压表面，最后进行质量验收。夯点放样见图 3，夯点施工图见图 4。

图 3　夯点放样

2.4　注意事项

（1）强夯施工点夯时，要对每一夯点的能量、夯击次数、每次夯坑沉陷量、夯击坑周围土的隆起量以及埋设测点进行量测和记录，并注意夯击

图 4　夯点施工

振动的影响范围和程度。点夯完成后按设计要求进行满夯。起重机就位后，夯锤对准夯点，并测量锤顶标高后开始施工。根据计算得出的夯锤下落高度进行锤击施工。夯击并记录夯坑深度。当夯坑过深而发生起锤困难时，停夯，向夯坑内填料直至坑顶平齐，填料采用强度高的风化石，并记录填料数量，如此重复，直至满足规定夯击次数及控制标准完成一个点位的夯击。当夯点周围软土挤出影响施工时，用挖机可随时清理。

（2）两遍夯击之间应有一定的时间间隔，间隔时间取决于土中超静孔隙水压力的消散时间。当缺少实测资料时，可根据地基土的渗透性确定，对于渗透性较差的黏性土地基，间隔时间不应少于 7d；对于渗透性好的砂性土、填土路基可连续夯击。

（3）点夯时要保证夯锤的下落高度，确保夯击力。满夯时应遵循先轻后重，先稳后振，先低后高，先慢后快及轮迹重叠等原则进行。夯点的夯击次数，应按现场试夯得到的夯击次数和夯沉量关系曲线确定，且同时满足下列条件：最后两击的平均夯沉量不大于 50mm；夯坑周围地面不应发生过大的隆起；不因夯坑过深而发生起锤困难。满夯施工完成后，立即用推土机整平，可以用压路机碾压，进行标准弯沉、静力触探等原位检测，满足压实度不小于 96%，并检测地基的回弹模量及地基承载力是否达到规范要求。

（4）强夯施工必须专人指挥，机械作业时，配合作业人员严禁处在机械作业和行走范围内，配合人员在机械行走范围作业时，机械必须停止作业。测量人员应距离夯击点 50m 以外，防止溅石飞出造成伤害，同时保证夯击时水准仪受夯击振动影响较小。强夯施工压实后，不得有松散、软弹、翻浆及表面不平整现象，一经发现应立即采取返工或换填处理。施工后，综合分析测量记录；然后，做出初步评价并进行总结。

3 施工质量控制要点

3.1 填筑料选择

（1）填方路基应优先选用级配较好的砾类土，砂类土等粗粒土作为填料，填料最大粒径应小于150mm。含有大量有机物、石膏和水溶性硫酸盐（含量大于5%）的土以及淤泥、冻土、膨胀土等，均不应作为填方土料。以黏土为土料时，应检查其含水率是否在控制范围内，含水率大的黏土不宜作填土用，在填筑前需进行翻晒，确保回填土含水率符合设计要求。

（2）粒径控制。一般碎石类土、砂土和爆破石渣可作表层以下填料，填料的粒径必须要控制在填筑厚度的2/3以下，如果在施工中发现填料的粒径未能达到规定的要求，可以进行破碎或者筛分处理，以保证工程的质量达标。

（3）含水率的检测与调整

自卸车卸料并整平后，为了确保在最小的压实功率下达到最理想的压实效果，在压实前对上料含水率进行测量，施工现场含水率控制在最佳含水率±2%范围内。

当土的实际含水率不位于上述范围内，应均匀加水或将土摊开、晾干，使达到上述要求后方可进行压实。当需要对土采用人工加水时，达到压实最佳含量所需要的加水量可按下式计算：

$$m=(w-w_0)\frac{Q}{1+W} \tag{1}$$

式中，m为所需加水量（kg）；w_0为土原来的含水率，以小数计；w为土的压实最佳含水率（kg）；Q为需要加水的土的质量（kg）。

（4）潮湿多雨地区，主要存在有过湿土，在填筑前需要进行处理，可采取以下处理措施：

① 晾晒。晾晒是最简单的处理过湿土的方法，条件允许可以采用，即将土料翻拌晾晒，使水分蒸发待含水率合适时再整型压实。

② 掺石灰。在湿土中掺加生石灰粉，可以使土的含水率减少，使压实工作能正常进行并达到要求的压实度，同时可以使土的物理力学性质得到改善，是一种简单易行且经济有效的方法。生石灰粉掺入湿土后，水化时吸水体积膨胀，拌和均匀后应经过3～4h，待其充分水化，膨胀基本完成才能进行压实。施工时可采用就地拌合，使生石灰粉与湿土拌合均匀，具体可参照石灰土的有关规定进行。

③ 换填砂砾。路堤一般都是利用当地就近土石作填料修筑而成，而公路沿线上土石的类别和性质不同，修筑路基后的稳定性也有很大的差异，应尽可能地选择当地强度高稳定性好并且便于施工的土石作为路基填料。可优先选用碎石、卵石、砾石、粗砂等透水性良好的材料。

3.2 基底处理

（1）清表

在路基施工前，将施工路段以内的树木、灌木、杂草、树根、垃圾、秸秆、腐殖物等清除，原地面的表土、草皮清除范围和深度按图纸及监理工程师要求进行，并将坑穴填平夯实，清理物运至指定地点存放，填方地段按设计要求整体压实，原地面压实度不小于90%，并经监理工程师验收。开挖的表土堆积在经项目部和当地协调后批准的合适位置处堆放。全线填方路基均考虑清表30cm，陡坡地段，当原地面坡度大于20%，若清表后基岩上有厚度不小于2m的覆盖层，则应予以全部清除后，再进行台阶开挖，基岩路段平台开挖前应清除表土。高填路堤平台宽度不小于4m，而且台阶顶面应做成向堤内倾斜4%～6%的坡度。

（2）清表后原地面地表处理

清表后，先用压路机静压1遍，在压路机静压1遍后，试验人员开始检测压实度，表面平整，如压实度达到90%以上，则进行覆盖，如压实度达不到90%以上，则需采用强夯进行处理。碾压完毕后，马上安排测量人员进行宽度的检测，宽度不得小于设计值，否则予以返工处理，直至符合规范要求。

3.3 强夯参数确定

强夯法的有效加固深度应根据现场试夯或当地经验确定；在强夯设计时，可按以下公式确定，在缺少试验资料或经验时，也可根据《公路路基设计规范》JTG D30—2015有关规定预估。

$$h=\alpha\sqrt{WH} \tag{2}$$

式中，h为有效加固深度（m）；W为锤的质量（t）；H为落距（m）；α为有效加固深度修正系数，与土质、含水率、锤型、锤底面积、工艺和设计标准等多种因素有关，按经验取值时：砂土地基α取0.45；黏性土地基，当$S_r<60\%$时，

取0.4。

（1）强夯参数计算

本工程采用强夯设备机型为宇通重工YTQH350B，锤重20t，提升高度5～15m，初步设计有效加固深度6m。

根据公式：

$$h = \alpha\sqrt{WH} \rightarrow H = (h/\alpha)^2/W \quad (3)$$

落距高度：$H=(6/0.45)^2/18=9.877\approx 10\text{m}$

冲击能＝20×10×10＝2000kN·m

（2）夯点夯击次数确定

夯点的夯击次数应按现场试夯确定的夯击次数和夯沉量关系确定，并应同时满足下列条件：

① 最后两击平均夯沉量不宜大于设计值。

② 夯坑周围地面不应发生过大的隆起。

③ 不因夯坑过深发生提锤困难。

④ 夯点的夯击次数应按现场根据计算夯击能2000kN·m及提升高度10m试夯得到夯击次数与夯沉量的曲线确定，最后两击平均夯沉量应满足以下规定：

当单击夯击能小于2000kN·m时为50mm；当单击夯击能为2000～4000kN·m时为100mm；当单击夯击能大于4000kN·m时为200mm。

4 施工效果

（1）承载力提高情况

填筑料经过处理，且强夯施工完成后，施工现场随机选取了3处路基进行承载力检测，每个检测位置取3个深度，分别为0.5m、1.0m、1.5m，检测结果见表1。

强夯前后承载力检测结果　　表1

检测点	检测深度/m	强夯前承载力/MPa	强夯后承载力/MPa
检测点1	0.5	102.3	154.2
	1	99.8	152.8
	1.5	101.9	153.5
检测点2	0.5	103.1	155.5
	1	102.4	161.3
	1.5	100.2	153.9
检测点3	0.5	100.7	158.2
	1	99.9	154.4
	1.5	102.0	155.3

由表1检测结果可知，高填路基强夯后，承载力大幅度增加，且都满足承载力要求，证明本次强夯施工质量合格[2]。

（2）经济效益情况

由于强夯工艺无需材料，节省了建筑材料的购置、运输、制作、打入费用，除了消耗油料外，没有其他消耗。经强夯处理的路基，承载力和压实系数均较大，投入使用后路基变形小，后期维护费用低，经济效益较高。

（3）社会效益情况

采用本方法处理的路基，承载力及压实系数检测均合格，高填路基加固效果较好，保证了高速公路行车安全，具有非常可观的社会效益。

5 施工建议

（1）对于潮湿多雨地区，存在过湿土，难以碾压密实，强夯施工前，需严格控制填筑料的土质及含水率，根据不同土质确定相应的强夯参数。对于过湿土，可以采用晾晒、掺石灰、换填的方法，确保土的含水率满足规范要求。

（2）对于潮湿多雨地区，为提高高填方路基施工质量，避免后期出现路基沉降等问题，可以采用强夯施工方法，在强夯施工中，需严格按照强夯参数进行，每一层土层夯击完成后，及时测量压实度，合格后方可进行下一土层的施工。

6 结语

本文结合高速公路项目实际情况，对潮湿多雨地区高填路基强夯施工工艺流程、填筑料选用、基底处理，强夯参数确定等进行详细总结，并提出了施工注意事项，在高填方路基施工中，应严格控制每个施工环节，以确保强夯加固质量。研究表明，本工程高填方路基采用强夯施工方法，投入机械较少，操作简单，且能显著提高路基结构的承载力，保证了高速公路行车安全，具有较高的推广价值。

参考文献：

[1] 左海. 高速公路高填路基强夯施工技术[J]. 黑龙江交通科技，2022(7)：67-69.

[2] 杜文亮. 公路路基加固施工中强夯技术的应用分析[J]. 交通世界，2022(10)：70-71.

城市核心区域低影响微扰动旧桩拔除技术

赵　钦，焦涵之，张有振，杨向国，杨战奎，孙正阳
（北京城建集团有限责任公司土木工程总承包部，北京 100088）

摘　要： 随着城市更新进程的不断进行，越来越多逐渐达到设计使用年限的老旧建筑需要进行翻建或加固改造，施工过程中会遇到原建筑旧桩与新建建筑桩位置相重叠情况。本文提出了一种城市核心区全回转套管旧桩拔除施工技术，该技术关键工序分为7步：场地平整及旧桩定位、设备选型及拔桩顺序确定、拔桩机等设备就位、套筒安装及钻进、旧桩拔除、桩孔回填、套筒拔出，该技术具有周围环境影响小、施工速度快、噪声低等特点。工程实例证明本技术的应用可大大节约施工成本及工期，为城市核心区域建筑翻建及加固时的旧桩处理提供技术支持。

关键词： 城市更新；旧桩处理；全回转套管；低扰动

0　引言

随着城市更新进程的不断进行，越来越多逐渐达到设计使用年限的老旧建筑需要进行翻建或加固改造，以增强其建筑功能性和安全性。在翻建工程基坑支护桩或桩基础施工过程中，有时会遇到原建筑旧桩与新建建筑支护桩或桩基位置相重叠情况；当受地下管线、地下室外墙位置等因素影响无法对支护桩进行移位时，则需要对旧桩进行拔除后方可进行支护桩的顺利施工。

杜斌等[1]针对钢筋混凝土桩，分析了旧桩产生的原因并对比分析了回避、移除、直接重新利用、加固重新利用4种旧桩基处理措施的利弊；劳骥民[2]主要从产生原因、影响危害、拆除手段3方面对废弃桩基展开讨论，并提出优化及拓展意见；冯永红等[3]介绍了一种旧桩拔除技术，并对其优缺点进行了分析；李鸯[4]结合上海某标段盾构隧道的桥梁旧桩拔除工程实例，分析了全套管无损拔桩施工技术在工程应用中的优点及其施工工艺；刘文渊等[5]结合天津南开区某地块定向经济适用房项目，介绍其在基础施工中遇到旧预制方桩时，采用全套管高压喷气、射水振动沉管施工工艺清孔拔桩；姜景双[6]以盾构隧道下穿桥梁为工程依托，采用全回转套管法拔桩，并对施工工艺进行改进，保证了工程顺利实施。

相较于传统破碎清障方法，全回转套管旧桩拔除技术具有效率高、噪声小等优点，可适用于较长长度旧桩的拔除，有利于加快施工进度，保证施工质量，能够满足城市核心区低影响微扰动旧桩拔除施工。目前旧桩移除的研究多针对桥梁桩基，在房建旧桩拔除中应用较少。房建工程旧桩拔除往往具有桩数多、周围环境复杂、环境敏感的特点。本文在总结应用工程施工经验的基础上提出了全回转套管旧桩拔除施工技术，为城市核心区域旧桩拔除提供技术支持。

1　城市核心区低影响微扰动旧桩拔除技术

传统破碎清障技术采用冲击设备对旧桩混凝土进行破碎，进而对桩孔中的混凝土碎渣进行清理，破碎过程中杂音极大，破碎时的振动作用会对周围环境中的管线及建筑物造成损伤。破碎旧桩及清理混凝土碎渣时极易造成旧桩塌孔，导致周围地层发生沉降，影响周围环境安全。

针对传统破碎清障技术的缺点，本技术利用全回转设备产生的下压力和扭矩驱动钢套管转动，钢套管管口高强刀头切削土体、岩层及钢筋混凝土等障碍物，套管逐步钻入地下。在套管的保护下，采用拔桩设备去除套管内桩体，最后向套管内回填土体并逐节顶拔套管，技术流程如图1所示。拔桩过程中噪声小、振动小，同时在套管的保护下不会发生塌孔，维持了周围地层的稳定，真正实现对周围环境的低影响，对周围地层的微扰动。本技术中的套管钻进、桩体拔除、回填土体、套管顶拔是整个施工的关键。

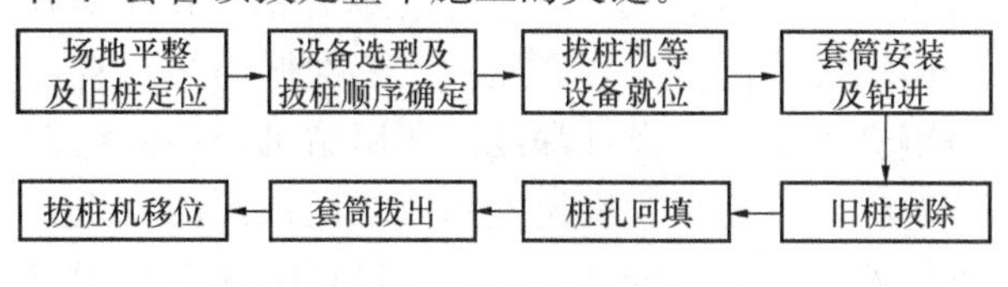

图1　全回转套管拔桩施工技术流程

作者简介：赵钦（1984—），男，硕士，结构工程，北京城建集团有限责任公司项目总工程师（高级工程师）。

1.1 场地平整及旧桩定位

根据场地实际情况对旧桩拔除场地进行回填、整平，为快放式履带起重机等机械进场、全回转拔桩机就位等提供有利条件，并做好场地周边安全护栏、警戒线布置，确保施工安全。通过开挖旧桩桩顶覆土确定桩径大小和旧桩位置，根据现场勘探情况确定周边地下管线位置坐标，场地回填平整后通过定位仪进行旧桩定位，同时判断拔桩作业对周边地下管线的影响。

1.2 设备选型及拔桩顺序确定

根据旧建筑地下结构高度等信息，结合低应变监测确定桩长，并根据已测桩径大小，进行全回转拔桩机、动力站、快放式履带起重机等机械的选型，以及钢套管长度及直径的选择；钢套管直径一般为拔除桩直径的1.5～2倍，钢套管长度除考虑桩长外尚需考虑全回转拔桩机作业高度等。拔桩顺序对土体稳定性影响较大，在拔除过程中采取“隔一拔一”或“隔二拔一”间隔拔除法，降低连续拔桩对周围环境的影响。

1.3 拔桩机就位

由测量人员对旧桩孔位进行精确放样，复核后并作出标记；利用十字定位法将基板吊至桩心位置，并用履带起重机将全回转拔桩机吊放在基板上。通过履带起重机将全回转拔桩机、动力站等设备吊就位，并对全回转拔桩机水平度及垂直度进行调整，全回转拔桩机与履带起重机之间通过反力座为全回转拔桩机提供回顶作用。

1.4 套管安装及钻进

通过履带起重机将钢套管随入土深度分节安装在全回转拔桩机上，钢套管中心应与旧桩中心同心；并再次调节拔桩机垂直度；钢套管安装精度是确保拔桩工程可否顺利进行的关键。通过利用全回转拔桩机的收缩夹管液压缸压入钢套管，每次压入50cm；随后夹管装置松开钢套管并提升全回转拔桩机再次夹紧压入，依次循环往复直至将钢套管压入至设计深度。利用钻机和导向纠偏装置将套管的垂直度调整到要求的范围内，垂直度偏差不大于千分之五；钻进过程中随时利用设备自带的水平监测系统检验套管垂直度。第一节钢套管压入完成后续接第二节、第三节钢套管，直至钢套管下压入土深度大于旧桩桩深为止。全回转动力设备夹紧套管进行360°回转钻进，在压入力和扭矩的共同作用下将套管压入土层深部，首节套管刀头采用专用合金钻头、齿轮形交叉布置保证回转钻进时切割障碍物，保证钢套管能够压入至设计深度。在钢套管压入过程中因挤压土体使套筒压入困难或扭断桩身时，可采用起重机配合冲抓斗抓出套管上部土体或扭断的桩头，然后重复钻进直至钢套筒压入至设计深度。

1.5 旧桩拔除

当钢套管压入至旧桩桩底标高或全套管全回转钻机回转及下压阻力过大时，停止继续压入套管；使用履带起重机冲抓斗抓出套管上部土体，待旧桩桩头钢筋外漏后停止冲抓。采用专门制定的拔桩卡板与桩顶外露钢筋进行连接，利用履带起重机对旧桩进行上拔；同时，全回转拔桩机继续进行不小于360°的旋转以减少拔桩时的阻力（图2、图3）。拔出旧桩过程中应缓慢施加拉力，切勿一次加力到位以防止因误判所需拉力导致起重机倾覆。待桩头露出套筒50cm左右时需在桩身附加一道钢丝绳索，防止桩身出套筒时因上部连接点断裂而发生安全事故；在确保吊点安全后方可继续拔出旧桩。

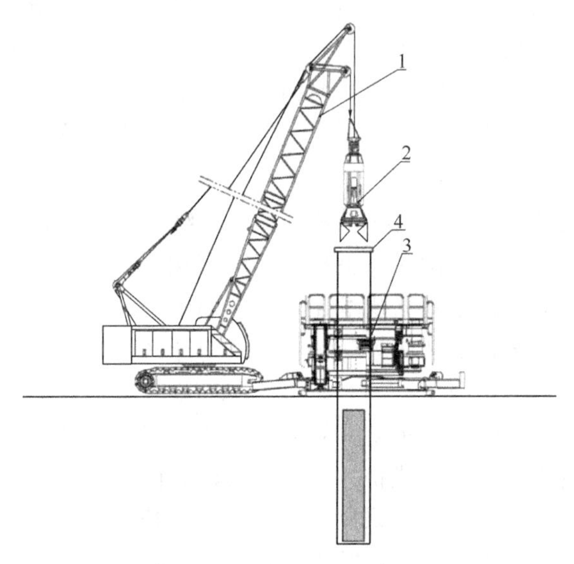

1—履带起重机；2—冲抓斗；3—全回转钻机；4—钢套筒

图2 全回转套筒拔桩工作示意图

整桩或桩体分段拔出后，需对各段桩长进行测量记录，计算累计长度直至桩身设计长度。测量标准为用卷尺或皮尺从桩头钢筋处开始计算长度至拔除桩底钢筋底部。由于量桩有所误差，若

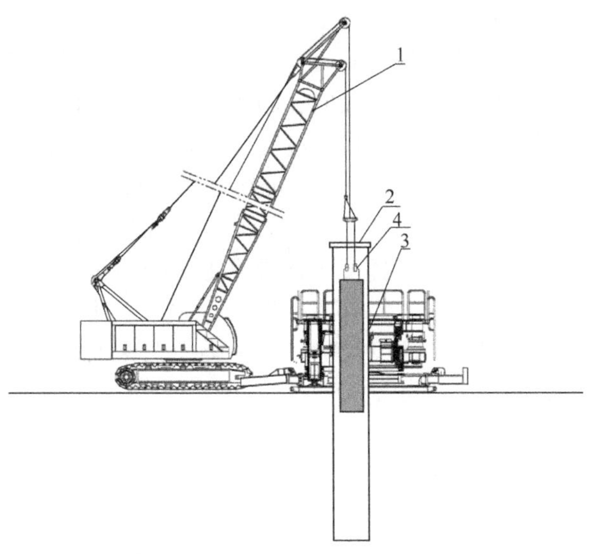

1—履带起重机；2—钢套筒；3—全回转钻机；4—拔桩卡板

图3　履带起重机结合拔桩卡板将旧桩拔出

实际量桩长度低于孔深时按实际孔深清除深度为准。

1.6　桩孔回填

拔除完旧桩后立即进行桩孔回填压实，借助间隔后拔除旧桩提供一定的土体稳定作用。桩孔采用三七水泥土回填，即素土中添加早强剂并掺和30%的水泥，边回填边拔管边夯实，每回填一立方水泥土采用十字锤夯击10次。回填至自然地坪以下1.5m时将套筒拔出，待全回转拔桩机移位后继续回填至自然地坪。

1.7　套筒拔出

利用全回转拔桩机自身上下抱箍，卡住钢套管拔出套管。上抱箍卡住套管，利用自身顶升架进行旋转上拔，顶升架起拔高度75cm；当拔到指定高度时，下抱箍卡住套管，随即上抱箍松开；上抱箍下压75cm，再次卡住套管，松开下抱箍，重复上述工作直至拔出1节套管的高度，利用起重机吊住套管；拆除连接螺栓，将钢套管吊放至指定堆放地点摆放。

套筒拔出后使用履带起重机将全回转拔桩机吊起重复安装就位工作，按既定拔桩顺序完成全部旧桩拔除清障工作。

1.8　设备机械

本技术采用的机械设备主要包括全回转钻机、套管、起重机（图4）。

图4　全回转钻机及套筒设备

（1）全回转钻机包括主机和动力站，动力站主要是为套管360°回转以及刀头切割障碍物提供动力，包括上下抱箍夹紧系统和一套竖向顶升系统。

（2）套管有两方面功能：一方面将顶部驱动设备提供的扭矩和压入力传递给刀头，同时在钻进过程中还起到支护孔壁、防止孔壁坍塌的作用。套管为厚度50mm的钢质桶式结构，根据需要钻进的深度情况分长度不同的若干节，在管口布置刀头。套管直径应比旧桩直径大，为旧桩拔出提供作业空间。

（3）起重机在施工过程中负责全回转钻机、套筒的就位安装，以及冲抓斗、十字锤的上下冲击等工作。

主要机械设备见表1。

主要机械设备　　　　**表1**

名称	规格参数或性能	备注
全回转拔桩机	JAR200H	用于套筒旋转下压及上拔
动力站	JAR200H	用于拔桩机动力提供

续表

名称	规格参数或性能	备注
快放式履带式起重机	SCC-80 280KW	用于设备吊运及旧桩拔除
钻进刀齿钢套筒	1200mm，壁厚30mm，刀口50cm	用于拔桩土体切离及护壁
冲抓斗	1200mm口径，5t	用于冲抓套筒内土体及旧桩
十字锤	1200mm口径，8t	用于回填土压实
定位仪	华测RTK	用于旧桩定位

1.9 技术特点

（1）对土体扰动小，有利于周边地下管线及构筑物保护。采用全回转套管进行旧桩拔除时，钢套管通过全回转钻机带动回转下压，同时依靠钢套管头部安装的高强度刀头对旧桩周围的土体、岩层、钢筋混凝土障碍物进行切削分离；施工过程对土体扰动小，从而能有效减少对周边地下管线和构筑物的扰动和影响，有利于保证邻近道路安全。

（2）施工速度快、效率高，可节约施工工期。全回转套管旧桩拔除技术为全机械化施工，可对不同长度旧桩进行拔除，通过全回转钻机带动套筒回转，通过起重机配合冲抓斗进行桩体清除，并通过起重机进行全回转机移位，施工效率高。

（3）桩孔回填质量高，有利于保证新桩施工质量。旧桩拔除后需进行桩孔回填压实，然后再进行新建工程支护桩成孔施工。本工法旧桩桩孔采用水泥土回填，并通过起重机配合十字锤进行分层多次夯实，有利于保证新桩施工质量。

（4）噪声低且无环境污染，符合绿色技术创新理念。全回转套管旧桩拔除施工噪声小，可避免扰民问题，并且施工过程不会对周边环境产生污染，有利于环境保护，可为类似翻建工程提供良好借鉴。

2 工程案例

2.1 工程概况

本工程为翻建建筑，原建筑基坑南侧地下室破除过程中，发现地下室外墙有旧支护桩，经勘察发现，旧支护桩北侧紧邻地下室侧墙，如图5所示，南侧距离既有管线0.4～1.2m，旧桩冠梁顶离地面1.8m，冠梁高500mm，冠梁到地面为砌筑的370mm挡土墙，桩径600mm，地下室深6.6m，桩长7.5m，桩距1.3～1.4m。既有旧桩影响建筑基坑南侧25根支护桩施工，需要对22根旧桩进行拔除施工。

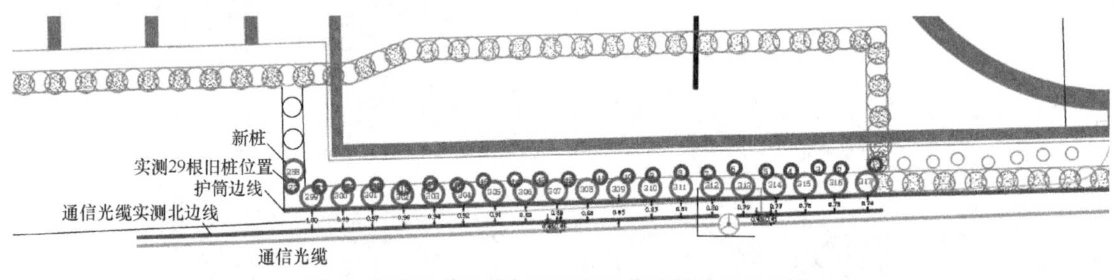

图5　新桩护筒边线与旧桩及通信光缆位置关系图

2.2 施工过程

基于现场实际情况，旧桩处理方案如下：新桩位置北移300mm，保证距离通信光缆实测北边线至少1m，拔除旧桩后新桩施工。通过关系图发现：该位置新桩整体北移300mm，距离地下室外墙1.1m，距离通信光缆北侧边线1.04～1.3m，既能保证主体结构施工作业面，又能保证通信光缆1m以上安全距离。由于新桩北移导致需要拔除的旧桩增加到27根，以交叉打新桩的方式进行施工，如图6所示。

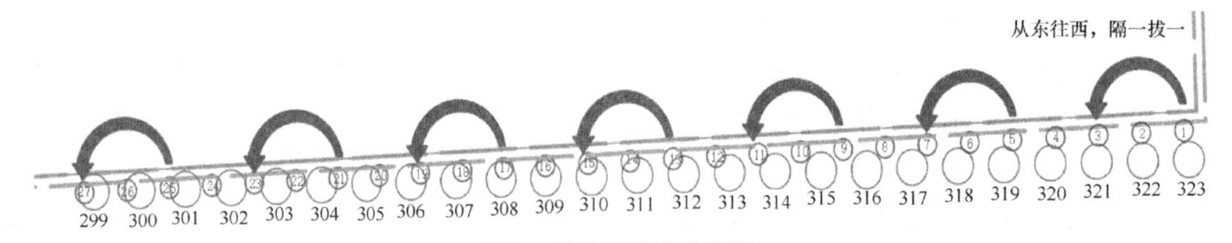

图6　旧桩拔除作业顺序

按预先放好桩中心位置钻入钢套管，将 ϕ1200mm 钢套管与旧桩同心压入，由于钢套管是全回转钻进的，且端部刀头方向控制配置，可以确保刀头的负载在最合适的范围内。钻机在钻进过程中可任意调节套管的回转扭矩、回转速度、压入力以及夹紧力等的最高值，并且可以设定发动机的高速、中速、低速，所以可以根据地质和障碍物情况进行高效施工。钻机就位及套筒安装见图 7、图 8。

图 7　钻机就位

图 8　套筒安装

当钢套管钻到预定后，采用 90t 起重机配合冲抓斗拔出或在已露出的桩顶用电焊烧制桩帽吊点直接引拔，观察拔出桩体根部状态并测量拔出桩体长度，保证旧桩全部被拔出。若判断为未拔出则重复套管内取土及起重机配合冲抓斗拔桩的过程，直至旧桩全部拔出。

障碍桩拔除后，桩孔采用三七水泥土回填，添加早强剂并掺和 30%的水泥，边回填边拔管边夯实，每回填 1m³ 水泥土采用十字锤夯击 10 次，直至回填至标高深度（图 9～图 12）。

图 9　冲抓桩头

图 10　旧桩拔除

图 11　旧桩拔出及测量

2.3　施工效果

采用全回转钻机旧桩拔除清障技术对原建筑物旧桩进行清除，减少了对周边土体的扰动和噪声污染，较好地保护了周边地下管线及构筑物，

图 12　回填施工十字锤夯击

保证了新桩施工质量。本案例施工过程中对旧桩周围地表变形进行了监测，拔桩前后地表累积变形小于 1mm。相对于传统破碎清除的旧桩处理措施（表 2），全回转套管旧桩拔除技术具有效率高、噪声小等优点，可节约人力成本和施工工期，具有较好的经济效益、社会效益，本工程中能够节约费用约 19.61 万元（表 3），并节约 5d 工期，具有明显的经济效益；并能减少对周边管线的扰动，解决场地受限难题。

放坡开挖、破碎旧桩、回填夯实综合费用　　表 2

序号	名称	项目特征	单位	工程量	综合单价/元	合价/元
1	放坡开挖	放坡开挖至旧桩底	m^3	2500	75	187500
2	旧桩破除	对旧桩进行破除清理	m^3	230	3000	690000
3	土方回填	对开挖区域进行回填夯实	m^3	2500	70	175000
小计						1052500

全回转套管旧桩拔除费用　　表 3

序号	名称	项目特征	单位	工程量	综合单价/元	合价/元
1	机械费用	全回转钻机、起重机等费用	d	5	120000	600000
2	回填费用	旧桩孔三七水泥土回填	m^3	230	430	98900
小计						698900

3　结语

本文提出了一种城市核心区全回转钻机旧桩拔除清障技术，该技术具有对土体扰动小，有利于周边地下管线及构筑物保护；施工速度快、效率高，可节约施工工期；桩孔回填质量高，有利于保证新桩施工质量；噪声低且无环境污染，符合绿色技术创新理念等特点。全回转套管旧桩拔除施工噪声小可避免扰民问题，并且施工过程不会对周边环境产生污染，有利于环境保护，可为类似翻建工程提供良好借鉴。

参考文献：

[1]　杜斌，刘祖德，聂向珍．城市中的旧桩基问题及处理方法探讨[C]//第二届全国岩土与工程学术大会论文集(下册)．北京：科学出版社，2006.

[2]　劳骥民．废弃桩基问题及拆除手段初探[J]．浙江水利科技，2012(4)：79-80，82.

[3]　冯永红，王家红，俞宏．复杂环境下旧桩拔除技术及其应用[J]．施工技术，2013，42(3)：35-36，70.

[4]　李鹜．桥梁旧桩拔除对邻近构筑物的影响分析[J]．建筑施工，2020，42(2)：170-172.

[5]　刘文渊，吴君．软土地区旧桩拔除技术和新建桩基础调整方案及施工措施[J]．水利与建筑工程学报，2020，18(1)：141-145.

[6]　姜景双．砂砾石地层桩基拔除施工技术[J]．国防交通工程与技术，2020，18(5)：75-77，65.

点阵式掘进、模块化组合超大断面矩形顶管建造技术(抽屉工法)

陈雪华
(广州金土岩土工程技术有限公司，广东 广州 510000)

摘　要：通过分析目前超大断面矩形顶管工法的应用现状、需求及实施存在的问题，创新性地提出采用多组并联叠加、模块化组合、点阵式分批次掘削的超大断面矩形顶管机设想。阐述其设备构思、系统组成、工作原理、工法优势等内容，并结合国内拼装式预制结构的研究成果，以期为今后采用机械法暗挖技术建造超大断面交通隧道、地铁车站等地下工程提供创新思路和概念。

关键词：地下空间；标准化制造；模块化组合；点阵式掘进；超大断面矩形顶管；机械法暗挖地铁车站；抽屉工法

0　引言

近年来，随着我国经济的快速发展和城市化进程速度的加快，地铁建设、城市地下空间开发以及地下空间互联互通的建设需求日益增加[1-3]。随之在建设过程中遇到如：交通导改、管线迁改、征地拆迁、既有地下设施保护等方面的困难越来越大，不仅导致建设成本增加，而且使得建设工期也难以控制；另外，市民对出行和政府对环保的要求也日益提高，所以大量的地下工程迫切需要采用暗挖工法建造。而矩形顶管工法由于其具有地层适应性好、施工安全高效等优点[4-6]，目前被大量地应用在地下工程的建设中[7-8]。

1　矩形顶管应用现状

1.1　矩形顶管的应用与分类

矩形顶管按照应用范围及开挖断面的外形尺寸，可分为以下几类：(1) 小型矩形顶管，断面面积小于 40m²，如：地铁出入口[9]、过街通道[5]、中小型综合管廊[10]、市政排水箱涵；(2) 中型矩形顶管，断面面积介于 40～60m² 之间，如：地铁换乘通道、大型综合管廊[6]、排洪渠箱；(3) 大型矩形顶管，断面面积介于 60～120m² 之间，如：双 4 及双 6 车行隧道[11]、城际或地铁区间隧道[12]、地铁存车线或折返线[13]、双拼地铁站台层；(4) 超大型矩形顶管，断面面积在 120m² 以上，如：地铁车站[14-16,23]、地下商业街[17]、地下空间互联互通等。

1.2　大断面矩形顶管的应用现状

现阶段，大断面、超大断面的地下工程暗挖工法主要有四种：(1) 采用矩形顶管设备往复多次开挖，再打通隔墙结构转换形成大断面空间[18-19]；(2) 采用管幕形成大跨度结构，再暗挖核心土[20]；(3) PBA 暗挖工法[21]；(4) 大直径盾构[22]，以上四种工法，各自都具有一定的优势和适用范围。

目前，断面面积超过 100m² 的双 6 车行隧道、高铁隧道、地铁存车线（折返线）等大断面地下隧道，以及断面面积近 300m² 的地铁车站等超大断面地下工程都在研究采用矩形顶管法来建造[23]。但是，大断面、超大断面的顶管装备制造大多为定制化，设备的通用性和互换性差，工程竣工后设备闲置，新的工程因为设计断面尺寸不同又需对既有设备进行改造或重新定制，由此导致工程造价的设备摊销成本高企不下，造价优势不明显，造成矩形顶管工法推广困难。

2　“抽屉式”组合顶管机

针对大断面矩形顶管工法存在的一些问题，通过对超大断面地铁车站矩形顶管工法的长期思考和探索，提出点阵式掘削、模块化组合超大断面矩形顶管工法，简称“抽屉工法”(MDJ 工法)[24]。

2.1　设备构思

基本构思：以 21m×15m（宽×高）断面面积约为 330m²的地铁车站为例，将整个拟切削的断面按九宫格形式划分为九个断面。具体步骤为：第一步，采用标准模块化的独立壳体，按照左右并联、上下叠加的方式拼装搭建超大断面网格式壳体；第二步，将模块化掘进单元安装在网格式的各个壳体内；第三步，搭建安装拼装式后壳体；第四步，组装液压、电控、出土、顶进、纠偏、防水等系统，通过系统集成、智能控制形成“模块化组合网格式拼装超大断面矩形顶管机”。因组合形式如同“传统中药店的抽屉式药柜”，故形象地称为“抽屉式”超大断面矩形顶管机。

2.2 模块化组合网格式拼装超大断面壳体

采用横向左右并联、竖向叠加组合形成3×3的网格式超大断面前壳体，见图1。

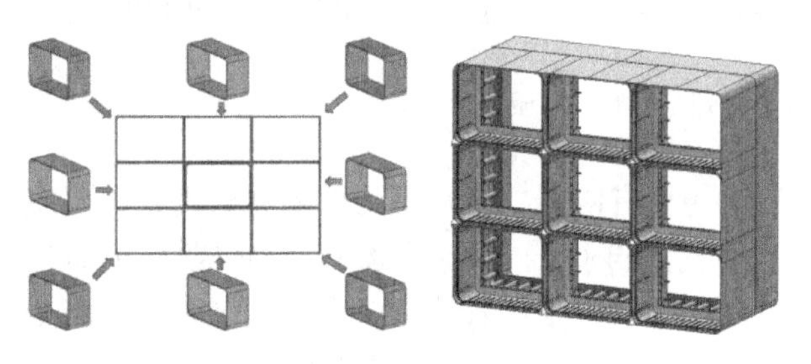

图1 超大断面顶管机壳体组合拼装示意图

2.3 模块化独立掘进单元

模块化掘进单元相当于一个常规的矩形顶管机，具有独立的外壳、推进纠偏和出土系统，各掘进单元完全内置于网格式壳体内，其四周密封采用钢丝盾尾刷防水和油脂密封润滑；掘进单元采用双作用油缸组和导轨在“抽屉式”区格内运动；掘进单元的油缸伸缩量约1000mm，比常规顶管机的纠偏油缸伸缩量（300mm）长，见图2。

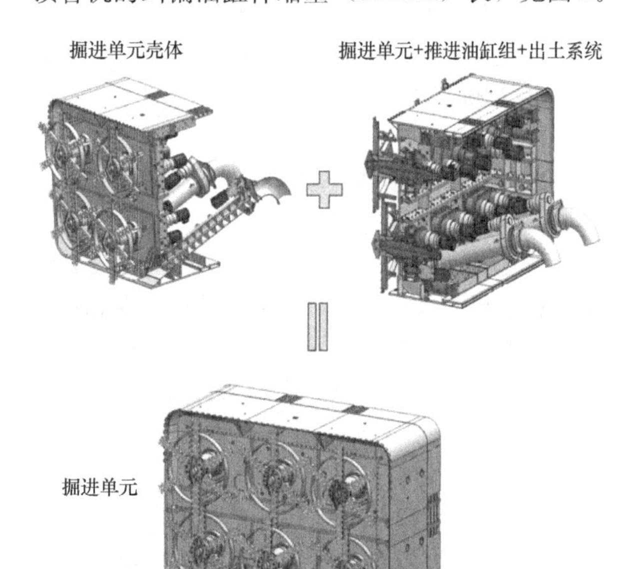

图2 模块化独立掘进单元

2.4 模块化掘进单元组合拼装超大断面顶管机

超大断面顶管机壳体由前壳体和后壳体组成。将9个独立的模块化的掘进单元安装在前壳体内，组合拼装成超大断面的顶管机，见图3。

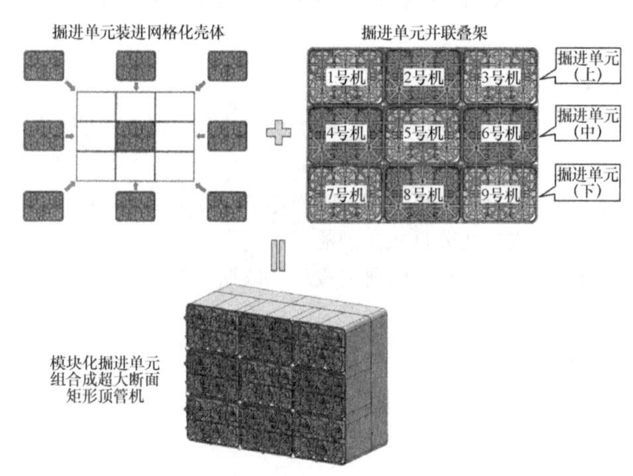

图3 模块化掘进单元组合成矩形顶管机

2.5 搭建安装拼装式后壳体

后壳体通过法兰连接拼装而成，如图4。前、后壳体之间采用平面铰接形式的双作用油缸连接起来，连接处采用钢丝盾尾刷防水密封。

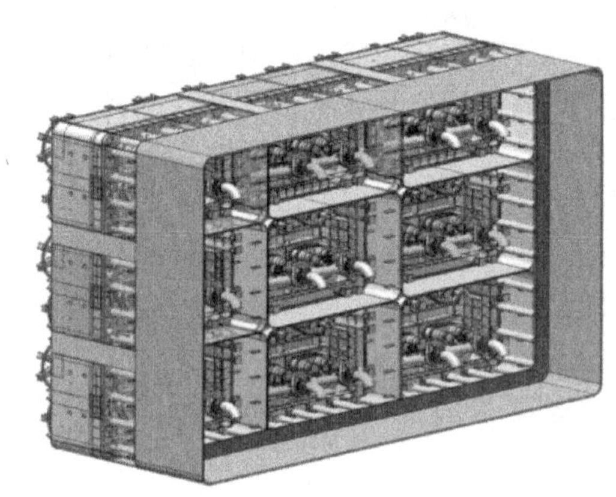

图4 模块化组合超大断面矩形顶管机

3 “抽屉工法”工作原理

3.1 掘进单元点阵式掘削

采用预先设计好的程序，控制区格内各模块化的掘进单元以“上下分台阶、左右分先后”的原则进行点阵式分批次掘进，掘进过程中各掘进单元边切削、边推进、边排土，见图5～图7。

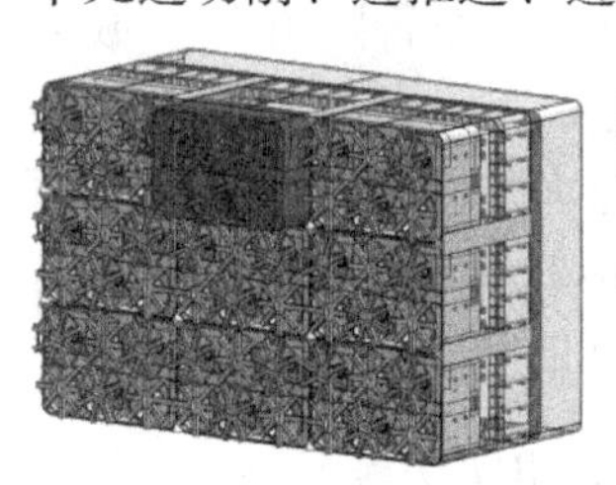

(a) 中间伸出$3d$

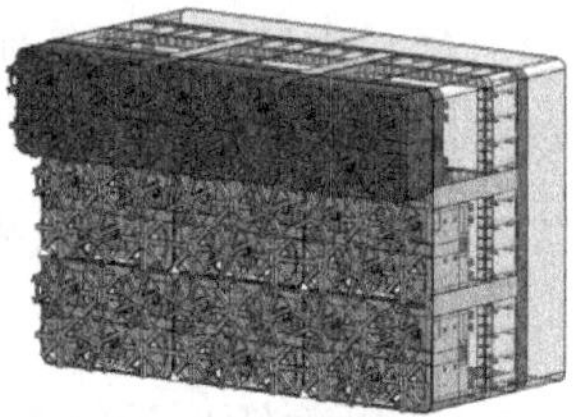

(b) 左右两侧先后伸出$3d$

图5 上层掘进单元“先中间后两边”掘进形成帽檐

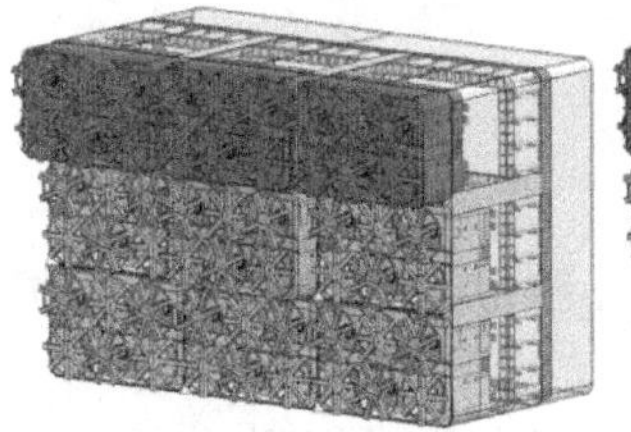

(a) 中间伸出2d

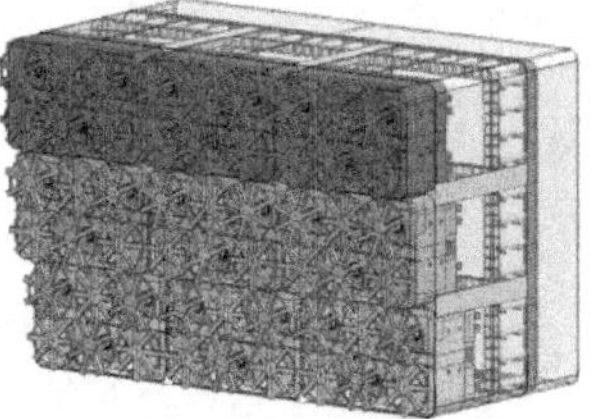

(b) 左右两侧先后伸出2d

图 6　中层掘进单元“先中间后两边”掘进

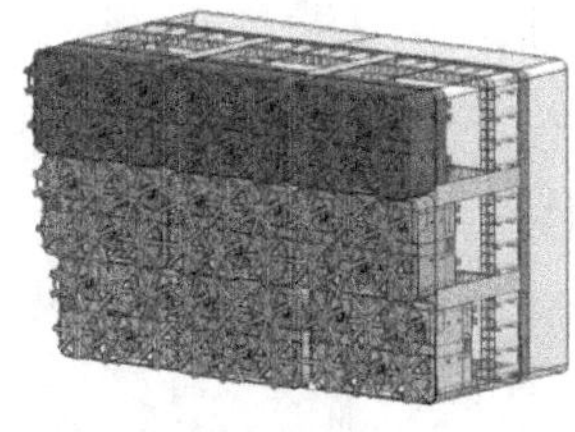

(a) 中间伸出d

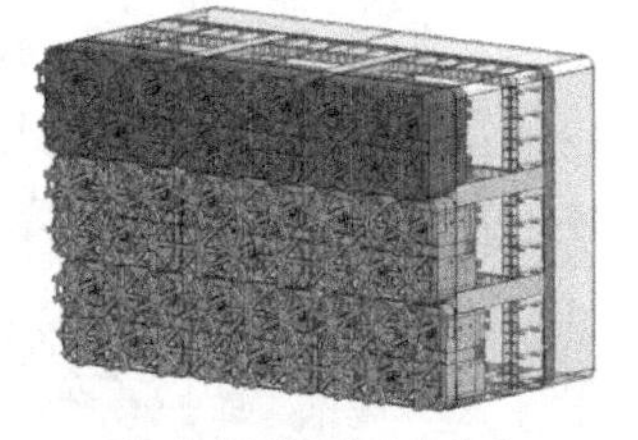

(b) 左右两侧先后伸出d

图 7　下层掘进单元“先中间后两边”掘进

3.2　模块化组合系统

模块化组合式超大断面矩形顶管机由 8 大部分组成，见图 8。

（1）掘削单元：各掘削单元为独立的组合刀盘、渣土改良系统、刀盘驱动动力系统、盾体内顶进归位（或后退）液压系统、排渣出土系统等。

（2）区格壳体：为各掘削单元在区格壳体内提供防水、润滑、导轨、液压推进（回退）系统。各模块化区格壳体组合拼装采用法兰连接。

（3）智能化动力控制系统：由于超大断面顶管机由多组独立的模块化掘进单元组成，每个掘进单元的动力根据程序化设计进行点阵式启动，以保证整机动力的需求大幅度降低。

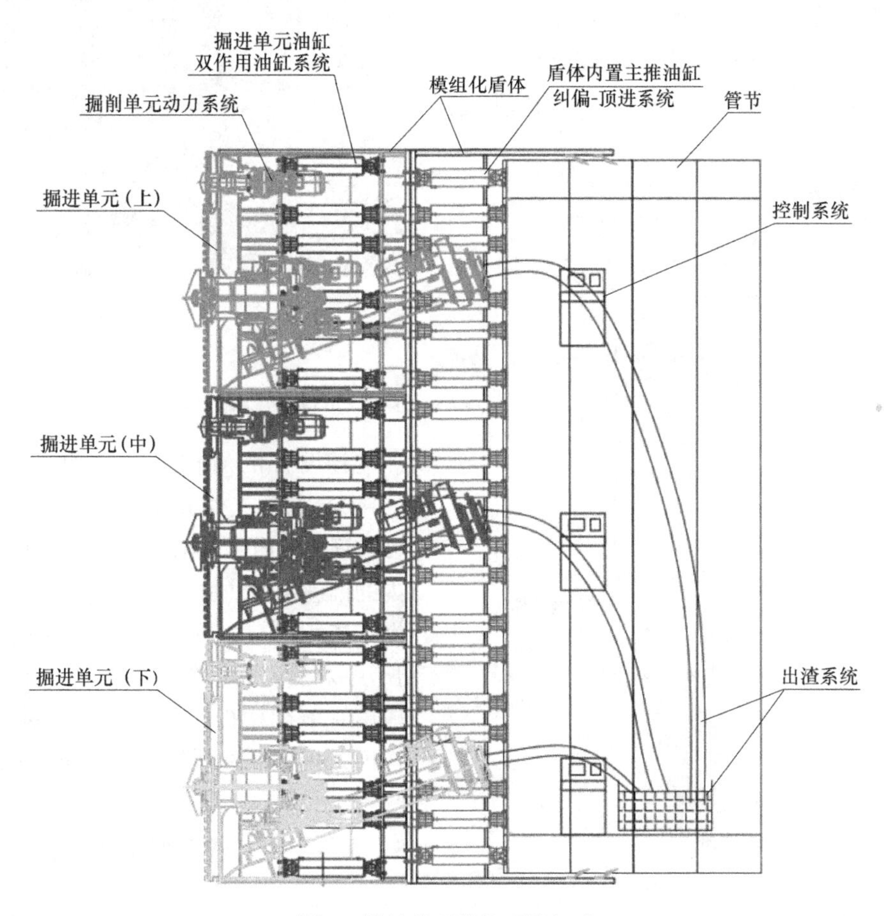

图 8　模块化顶管机系统组成

（4）后配套系统：考虑超大断面拼装结构在顶进时的空间受力及纵向受力特点，工作井内的主顶油缸系统需另行单独设计。

（5）智能化注浆系统：与常规矩形顶管类似，但由于断面高度高及周长较长，需考虑分区域、分压力、分级进行智能化压注减摩材料。

（6）主体结构预制件的现场拼装系统：预制结构现场拼装的工装系统。

（7）顶管机独立顶进液压系统：为避免超大顶力，“抽屉工法”将掌子面的被动土压力与主体结构的管周摩阻力巧妙分开，因此在后壳体内需另行设置一套独立的推进顶管机的顶进系统。

(8) 整机智能化液压控制及伺服系统。

3.3 掘进单元台阶式开挖模式

各掘进单元推进、归位（后退）由前壳体区格内各掘进单元的双作用油缸组完成，反力由前壳体提供。

所有掘进单元按预设程序点阵式切削，完成一个预设的掘进行程后，整体式后壳体内置的主推油缸将前壳体整体推进，此时各区格内置双作用油缸组同步回缩，掘进单元在各独立区格内作回退运动至原始状态，反力由钢筋混凝土管节提供。

“后壳体内置的主推油缸组”将超大断面顶管机的壳体整体推进一个行程，所有掘削单元回到上个行程的出发位置，至此，所有点阵式掘削单元完成整个超大断面的一个掘进行程，如此反复向前推进。如图9（图中 d 为一个掘进行程）。

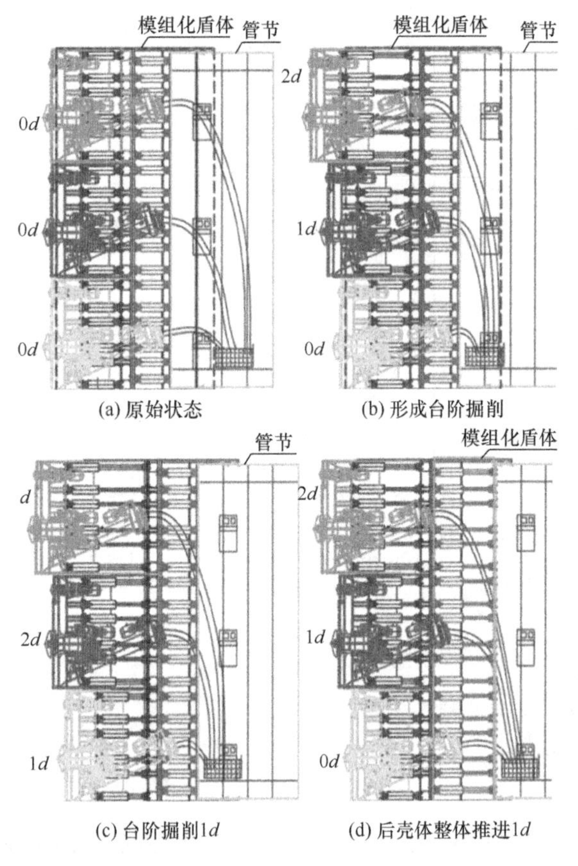

图9 顶管机台阶开挖与推进往复循环

4 顶管与盾构双模

根据需要，本工法的设备可具有顶管与盾构两种模式。

4.1 顶管模式

装配式管节在工作井内拼装，首节管节通过承力环与顶管机后壳体内的推进油缸组直接贴紧。该模式分三步：第一步，当点阵式掘削单元在掘削推进时，前后壳体及管节不动；第二步，各掘削单元完成预设的掘进行程后，前后壳体再整体推进，管节和掘削单元不动；第三步，由工作井内的主顶油缸推动装配式管节结构在后壳体内整体向前推进，此时前后壳体不动。

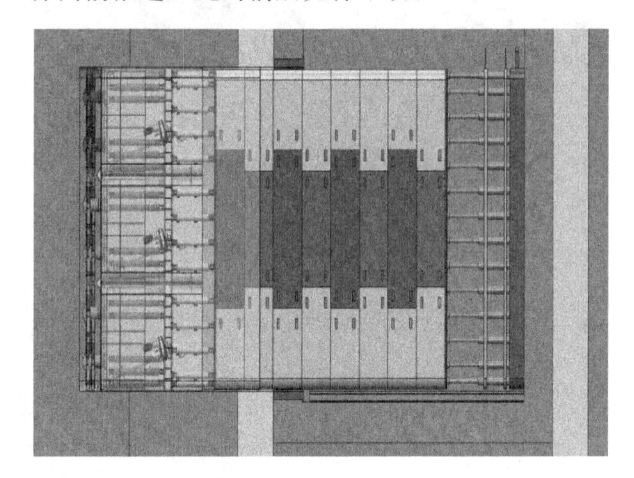

图10 顶管模式

4.2 盾构模式

该设备的盾构模式的原理与圆形盾构法类似，如：(1) 工作井不需设置主顶油缸及后配套；(2) 管节在盾体尾部拼装；(3) 首节管节同后壳体内的推进纠偏油缸组间歇性接触；(4) 盾体前段的操作流程，与顶管模式相同，但盾尾长度明显加长，以适应管片拼装需要的空间和尺寸；(5) 盾体由管节结构提供反力向前推进，管节不动。盾构模式可实现曲线线型和顶进长度的突破。

5 “抽屉工法”技术优势

抽屉工法在掌子面水土压力平衡、结构受力、浅覆土变形控制、设备动力需求、地层扰动、顶力控制等方面都具有以下几方面明显的技术优势。

5.1 改善掌子面的受力

以常规地下2层地铁车站为例，采用点阵式掘削，掌子面切削扰动面积由300m^2 变为35m^2，大跨度21m变小跨度7m，由大高度15m变小高

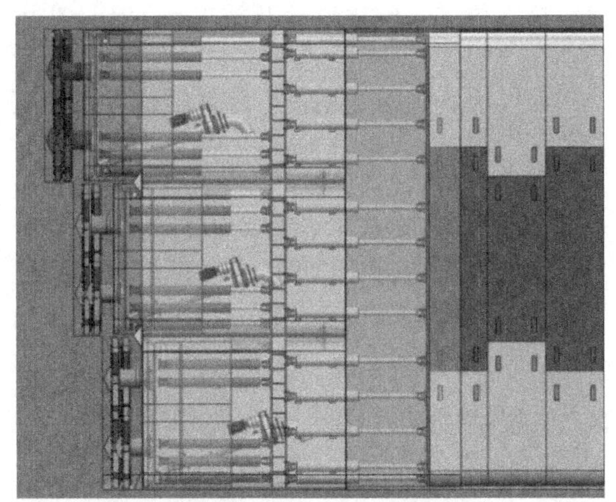

(a) 后置油缸伸出-预留了装管空间

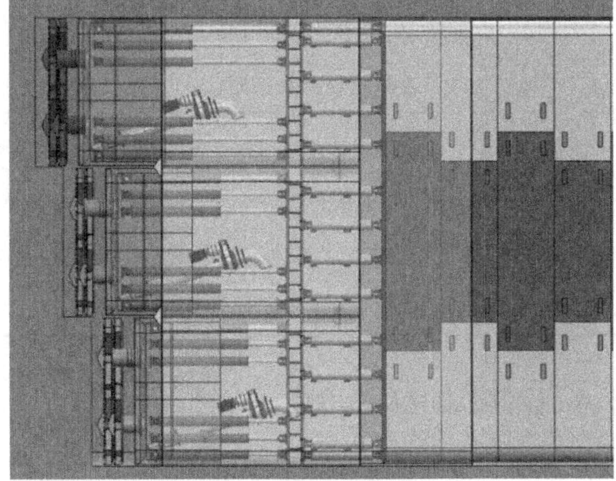

(b) 后置油缸收回-装管完成

图 11　盾构模式

度5m，空间受力更合理，土体扰动更小。分台阶开挖，每层的开挖高度变小，掌子面顶底部所受的土压力更加符合受力特点，易于建立掌子面的水土压力平衡，见图 12。

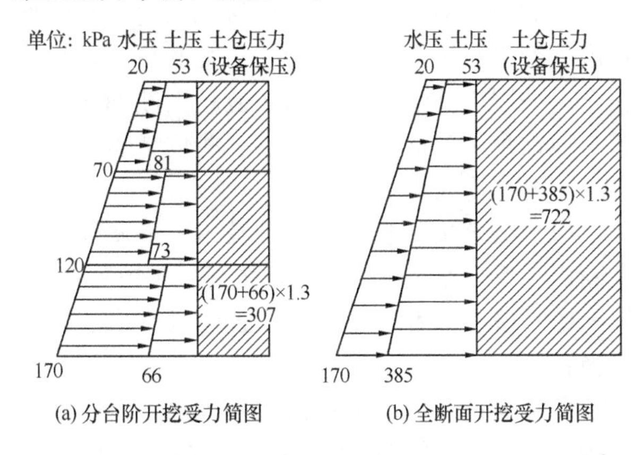

(a) 分台阶开挖受力简图　　(b) 全断面开挖受力简图

图 12　水土压力受力简图对比

5.2　适合浅覆土顶进

采用点阵式分批次掘削（台阶式开挖）＋整体推进的组合方式开挖，掘进过程中上层掘进单元对下层形成“帽檐式”保护，使掌子面由平面式全断面变成台阶式断面，提高开挖隧道掌子面稳定性。

相对超大断面的全断面开挖，点阵式、台阶法小断面开挖，如“微创手术”对开挖面前方、上方及周围地层的扰动小，背土效应小，更有效地控制对地面变形、周边构筑物的影响，通过有限元模拟分析该方法更适合浅覆土施工。

（1）全断面开挖，顶进至隧道中部时，顶管施工引起道路路面变形最大隆起值为 55.21mm，最大沉降值为 32.31mm。

（2）采用点阵式分台阶法开挖，引起路面变形最大隆起值为 6.59mm，最大沉降值为 16.9mm。

显然，点阵式分台阶法开挖较全断面开挖施工对地层的变形影响小，见图 13。

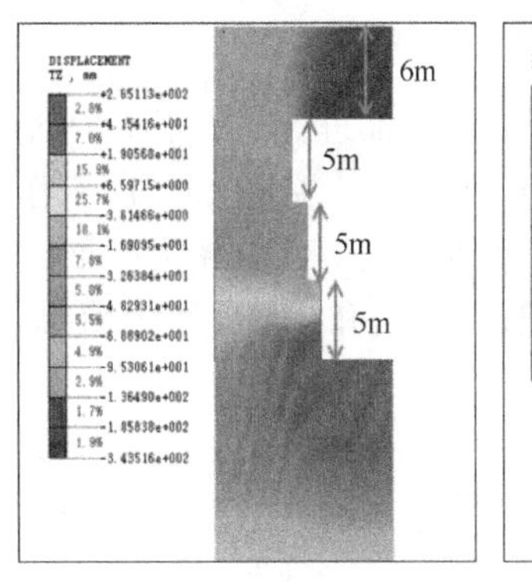

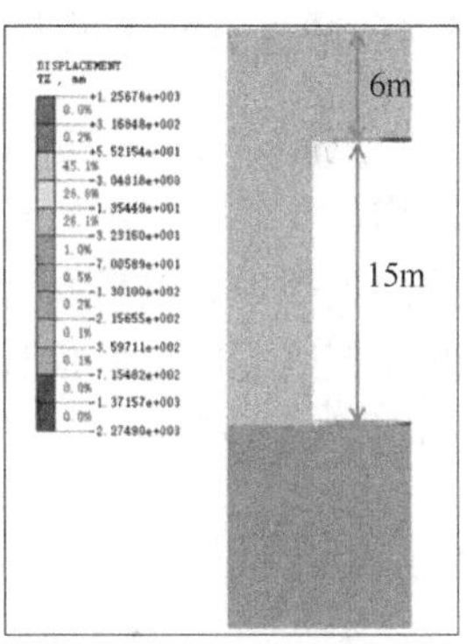

图 13　开挖工法不同对地面变形影响云图对比

（3）全断面开挖，顶进至隧道中部时，顶管施工引起土体最大应力值为 1.13MPa。

（4）采用点阵式分台阶法开挖，引起土体最大应力值为 0.35MPa。

点阵式分台阶法开挖对土体产生的最大应力值要小于全断面开挖产生的最大应力值，见图 14。

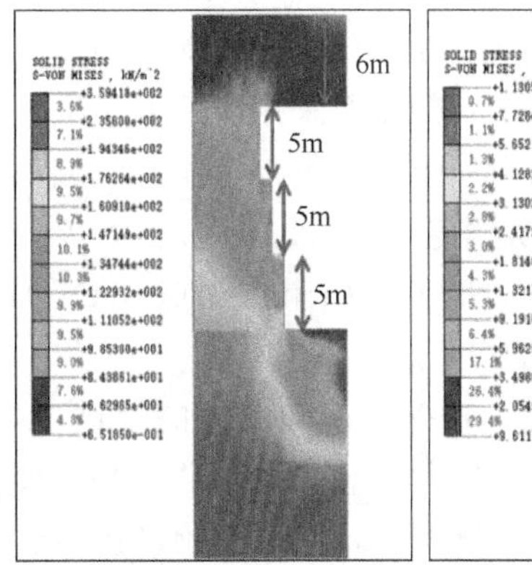

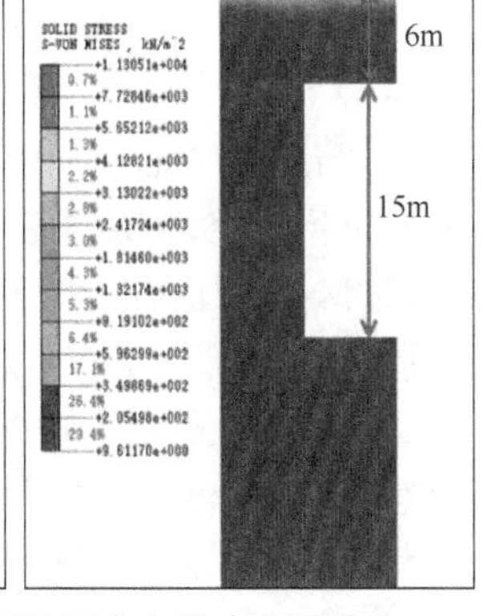

图 14　开挖工法不同开挖面应力影响云图对比

5.3 改善设备胸板受力

各掘进单元分区顶进相对超大断面一次顶进，大幅减少顶进力，其设备和后靠结构受力更简单。

点阵式分区掘进后各掘进单元独立承担相应断面的迎面阻力，见图15。即掘进单元推进力 F 与掘进单元掌子面的迎面阻力相等，使得设备胸板受力较超大断面整体开挖小，改善胸板结构受力。

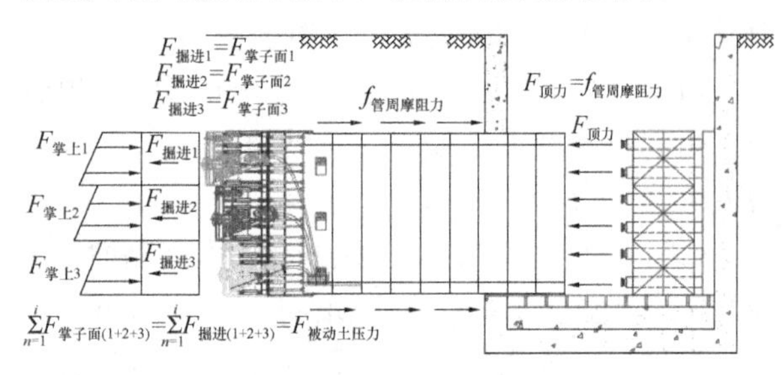

图15 点阵式掘削顶管机顶进力示意图

5.4 减少后背顶进力

点阵式分区掘进+整体推进方式，后背基座结构设计仅需考虑管周摩阻力，见图15。即工作井内主顶顶力与管周摩阻力相等，较超大断面全断面掘进需同时考虑迎面阻力和管周摩阻力简单，如图16。经测算：

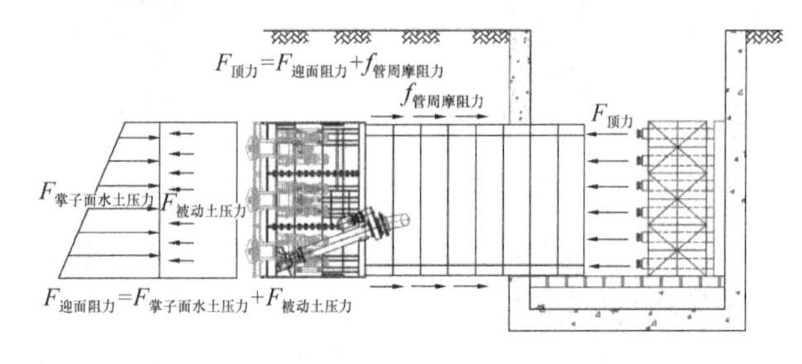

图16 全断面整体顶管机顶进力示意图

(1) 将整个300m² 的断面分为9个掘进单元，采用点阵式掘削+整体推进时，开挖面需建立的被动土压力 F 为120000kN，管节摩阻力 f 约为80000kN，但顶进所需总顶力仅需克服管节摩阻力 f，顶进力等于管周摩阻力 f 约为80000kN。

(2) 当整个300m² 的断面采用全断面一次开挖时，需同时考虑迎面阻力和管周摩阻力，迎面阻力等于开挖面所需建立的被动土压力 F 约120000kN，顶进合力等于迎面阻力120000kN加管周摩阻力80000kN等于200000kN。

上述全断面一次开挖所需如此大的顶进力，不仅对管节强度、后靠背承载力要求非常高，而且对设备姿态控制难度增大，更加使预制拼装管节空间受力变复杂和容易导致平面外出现失稳风险，最终使工程整体设计及施工难度大，成本增加。

如采用盾构模式掘进，后靠结构设计则更简单。

因此，点阵式分区顶进不仅简化了设备胸板结构设计，而且降低了后靠结构设计要求，减少工作井后背结构及土体加固造价、减少主顶油缸，更避免了预制拼装管节空间受力平面外出现失稳风险，施工条件更友好。

5.5 减少整机动力需求

将设备模块化后，整机动力可分区格启动，避免了传统整机同步启动电负荷的压力，降低了变配电设备的配置需求（表1）。

设备启动总功率对比　　表1

顶管机	功率/kW	数量	设备最大启动总功率/kW
7m×5m	600	9	5400（9个同时，但实际不会全部同时启动）
21m×15m	6000	1	6000

5.6 设备标准化及通用性

模块化掘进单元在工厂标准化生产，大幅降低制造成本，运输、拼装方便，减少超大断面顶管机的定制费用，可大幅降低工程造价，综合经济效益非常明显。

6 结论

本文通过对点阵式开挖模块化组合超大断面矩形顶管机及施工工法进行了研究和探讨，旨在为今后采用机械法暗挖技术建造超大断面车行隧道、地铁车站等地下工程提供一些创新思路和理念，主要结论如下：

(1) 结合预制装配式管节技术，一次建成超大断面工程，避免结构转换，提高施工效率；

(2) 该工法可以在顶管和盾构两个模式之间转换；

(3) 通过上中下分批次、点阵式、台阶式的开挖，如同“微创手术”克服了浅覆土背土效应，可有效控制对地层的扰动和地面变形；

(4) 由分析计算，点阵式台阶法开挖与全断面开挖相比，可有效减少开挖面顶部与底部水土压力差值，提高开挖面土体稳定性。

（5）超大断面整体开挖的设备功率非常大，抽屉工法的点阵式开挖大幅降低所需动力，按各掘进单元负荷配置即可。

（6）点阵式开挖将超大断面掌子面“化整为零”，工作井主顶油缸只需克服管周摩阻力，而不需考虑掌子面被动土压力，拼装管节受力减小，避免拼装结构平面外失稳风险，降低工作井、后背结构及土体加固等费用。

（7）设备模块化、标准化制造，各掘进单元可工厂批量生产，减少定制化高成本，提高设备重复使用率和通用性，符合国家“产业化、标准化、工厂化”和“绿色、低碳、环保”的发展政策，经济效益与社会效益明显。

参考文献：

[1] 曾国华，汤志立．城市地下空间一体化发展的内涵、路径及建议[J]．地下空间与工程学报，2022，18(3)：701-713，778.

[2] 油新华，何光尧，王强勋，等．我国城市地下空间利用现状及发展趋势[J]．隧道建设(中英文)，2019，39(2)：173-188.

[3] 陈湘生，付艳斌，陈曦，等．地下空间施工技术进展及数智化技术现状[J]．中国公路学报，2022，35(1)：1-12.

[4] 郭静，马保松，赵阳森，等．大断面矩形顶管施工对周围土体扰动实测分析[J]．特种结构，2019，36(1)：1-7.

[5] 范磊．富水砂卵石地层矩形顶管机的研究及应用——结合成都川大下穿人民南路人行通道工程[J]．隧道建设(中英文)，2017，37(7)：899-906.

[6] 薛青松．苏州城北路大断面矩形顶管顶力计算与实测分析[J]．隧道建设(中英文)，2020，40(12)：1717-1724.

[7] 彭立敏，王哲，叶毅超，等．矩形顶管技术发展与研究现状[J]．隧道建设，2015，35(1)：1-8.

[8] 郭建鹏．顶管法在地铁车站出入口下穿通道中的应用与设计[J]．铁道标准设计，2013，57(7)：84-87.

[9] 贾连辉．矩形顶管在城市地下空间开发中的应用及前景[J]．隧道建设(中英文)，2016，36(10)：1269-1276.

[10] 骆发江，刘强，黄松松，等．综合管廊下穿城市排水箱涵大截面双矩形顶管施工技术[J]．施工技术(中英文)，2021，50(22)：48-52.

[11] 刘龙卫，薛发亭，刘常利．三车道超大断面矩形顶管工程——嘉兴市下穿南湖大道隧道[J]．隧道建设(中英文)，2021，41(9)：1612-1625.

[12] 多种新工法首次应用于广州地铁3号线[J]．隧道建设，2017，37(9)：1133.

[13] 吴军．砂质粉土层类矩形隧道顶管法施工引起的地表沉降[J]．中国市政工程，2022(1)：59-63.

[14] 朱雁飞，毕湘利，郭彦，等．富水饱和软土地层轨道交通地下车站暗挖工法研究综述[J]．隧道与轨道交通，2021(S1)：1-7.

[15] 吴列成，黄德中，邱龑．大断面矩形顶管法地铁车站施工沉降控制技术实践———以上海轨道交通14号线静安寺站工程为例[J]．隧道建设(中英文)，2021，41(9)：1585-1593.

[16] 超大断面组合式矩形顶管机在深圳始发[J]．隧道建设(中英文)，2023，43(5)：769.

[17] 李现森．利用多条极小间距矩形顶管建造大型地下商业空间的设计与施工技术[J]．隧道建设(中英文)，2014，34(4)：331-338.

[18] 高毅，于少辉，李洋，等．大型地下空间的结构分割转换工法研究[J]．隧道建设(中英文)，2019，39(3)：480-487.

[19] 范磊，蒋鹏鹏，薛广记．分体组合式矩形顶管机关键技术探究——结合中铁装备地下停车场项目[J]．隧道建设(中英文)，2019，39(3)：504-510.

[20] 张耀三．饱和软土地区束合管幕暗挖工艺研究[J]．隧道与轨道交通，2020，10(4)：35-38，67.

[21] 郑立钢，常龙飞，江华，等．暗挖PBA车站顶拱矢跨比对钢管柱受力特征及地表变形影响研究——以北京地铁17号线香河园站为例[J]．隧道建设(中英文)，2022，42(S1)：174-182.

[22] 钱七虎，陈健．大直径盾构掘进风险分析及对特大直径盾构挑战的思考[J]．隧道建设(中英文)，2021，41(2)：157-164.

[23] 陈湘生，王雷，阳文胜，等．双洞密贴顶管法装配式地铁车站建造方案及其力学性能研究[J]．隧道建设(中英文)，2023，43(7)：1089-1098.

[24] 陈雪华，朱伯锦，陈湘生，等．一种抽屉式盾构顶管一体机及施工方法[P]．广东省：CN114607397A，2022-06-10.

基于废弃物再利用的可降解型秸秆排水板及其工程应用

常　雷[1]，邱雨欣[2]，董志良[3]，黄　利[4]，樊传刚[5]，李红中[6]，王　婧[3]，李楷兵[1]，李德光[7]，黎勇军[8]

（1. 深圳厚坤软岩科技有限公司，广东 深圳 518031；2. 浙江省工程勘察设计院集团有限公司 浙江 宁波 315012；3. 中交四航工程研究院有限公司，广东 广州 510230；4. 中国石油工程建设有限公司华北分公司，河北 任丘 062552；5. 安徽工业大学材料学院，安徽 马鞍山 243032；6. 广东交通职业技术学院/土木工程学院，广东 广州 510650；7. 江苏中联路基工程有限公司，江苏 建湖 224700；8. 广东建宏重工科技有限公司，广东 佛山 528000）

摘　要：中国农田里每年产出的秸秆在8亿t，其中麦秆产出量在3～4亿t，如此庞大的"废弃物"如何回收再利用将是科技、工程、技术人员研究、应用的课题和方向。2018年团队研制出的可降解型秸秆排水板可代替现有的塑料排水板在工程中的应用，如：真空预压或联合堆载真空预压施工时，采用可降解型秸秆排水板处理深厚软基每平方米少向大气排放7～10m³ 的CO_2气体，全球每年可少向大气排放约6800万m³ 的CO_2气体。当采用可降解型秸秆排水板技术对深厚软地基处理完，验收合格一年以上时，埋在深厚软地基中的秸秆排水板，在多种微生物作用下，使植物型秸秆排水板纤维分子链分解而断掉，从而使工后的秸秆排水板排水通道功能失效停止再排水，这一技术的应用彻底解决了多年来使用塑料排水板处理深厚软基工后仍继续排水、工后仍继续沉降的工程难题和长期隐患。

关键词：农田里"废弃"的秸秆；废固再利用；深厚软基；可降解型秸秆排水板技术；工后继续排水；工后继续沉降

0　引言

当今世界正面临着日益严重的资源短缺和环境污染问题，废固回收再利用作为可持续发展领域的重要研究应用方向，已引起各国广泛关注。废固回收再利用工程旨在有效利用废弃物资源，减少环境污染，实现地球资源从产出到回收再利用，形成闭环循环经济，对于推动可持续发展和环境保护具有深远重要意义。废固回收再利用工程是通过科学、高效的方式处理和利用各类废固物，减轻其对环境的负面影响，并实现资源的再利用。目前，废固回收再利用工程已经在废弃物利用处理、软基处理、建筑基坑肥槽处理、溶洞充填、水库底泥重金属处理、农田里秸秆废弃物利用[1]等领域取得了一定的成果和应用。

软土的分布严重制约着基础设施工程的建设，这极好地呼应了秸秆排水板的开发和复合地基处理技术的改进。在经济发达的沿海地区，大量工程建设难以回避软土分布区，这些地区的工程竣工后常常面临地基沉降变形问题并表现为基础整体沉降、局部开裂、凹凸变形、伸缩缝、麻涌等[2]。为避免上述问题的出现，软土分布区工程建设需要利用换填法、排水固结法、刚性桩法、柔性桩法和化学加固法等对地基进行加固处理[4]，其中排水固结法具有适用范围广、成本低和承载力提升效果显著等优点。作为排水固结法必不可少的部分，竖向排水体受到了资源有限性、成本造价、环保和二次加固处理可行性等因素制约，先后经历了"普通砂井→袋装砂井→塑料排水板→秸秆排水体"的发展历程[3]。研究表明，基于农作物废弃秸秆的竖向排水体在软土地基处理中具有"加固效果更好"和"环境友好"双重优势[1,3]，而我国巨大的废弃农作物秸秆数量为竖向秸秆排水体的大规模推广提供了可能[5]。因此，基于环保和双碳的需求，同时也可以提升软土分布区工程质量、耐久性和降低建造和维护成本，开展农作物秸秆废弃物进行软基排水固结作为竖向排水体的研究与推广应用具有重要的意义和市场前景。

1　全降解材料的秸秆降解排水板

1.1　农田里"废弃"的秸秆与可降解秸秆排水板

中国农田里每年产出的秸秆在8亿t，其中麦秆产出量在3～4亿t。2018年团队经过几年潜心研究，终于研制出可降解型秸秆排水板[1]，国内首例，使农田里"废弃"的秸秆获得了新生。可

作者简介：常雷（1963—）岩土高级工程师，现主要从事环保生态工程深厚软基础的科研、专利研发、顾问、施工、创新研究工作，E-mail：z_b_j007@126.com。

降解秸秆降解排水板的原材料——麦秆及麦秆绒如图1所示。

图1 秸秆排水板秸秆原材料及粉碎后短绒纤维图

1.2 可降解型秸秆排水板的研制和工艺

塑料排水板是石化提炼物聚乙烯（PE）和聚丙烯（PP）混合原材料热熔后挤压出的产物，生产设备工艺简单，而可降解秸秆排水板生产的流程、设备和工艺比塑料排水板生产的流程、设备和工艺复杂得多，从田地里回收“废弃”的秸秆打包成卷→工厂晾上储存→秸秆粉碎成绒→配上一定比例的聚乳酸产品→植物纤维→混合或泵送到→螺旋热熔设备中→过双齿辊轮碾压→生产出秸秆降解排水板板芯，在热熔秸秆降解排水板双面滤膜，形成整体式的可降解秸秆排水板。如图2、图3所示。

图2 秸秆排水板秸秆原材料及粉碎后短绒纤维图

图3 秸秆排水板生产设备图

1.3 可降解型秸秆排水板的环保价值

由于可降解型秸秆排水板板芯的生产，采用了大量农田里“废弃”的秸秆为主要原材料，深厚软基真空预压采用可降解型秸秆排水板进行处理，其每平方米少向大气排放7～10m^{3}的CO_2气体，全球每年可少向大气排放约6800万m^{3}的CO_2气体[1]。如图4所示。

图4 CO_2气体向大气排放图

若采用塑料排水板对深厚软基进行真空预压或堆载预压处理施工，工后打入地下的塑料排水板100年都不降解，是一种典型的白色污染源；其后再进行水泥搅拌桩施工，塑料排水板如同“牛筋”易缠搅拌桩影响施工；若进行预制管桩施工时碰到塑料排水板，因塑料排水板自身不易拉断、折断，产生的拉扯力易影响到周围已施工好的预制管桩的垂直度，进而影响桩的承载力的发挥。

可降解型秸秆排水板产品的出现，既是“废物再利用”的科研应用项目，又是低碳、环保、为国为民可持续发展的重大项目，还能为中国的碳中和、碳达峰作出贡献。

2 可降解型秸秆排水板的工程应用

2.1 新近疏浚吹填超软基土

新近的疏浚吹填软基土含水率均在200%以上，其地基承载力为0kPa，颗粒以蒙脱石（微晶）和伊利石为主，蒙脱石颗粒以超细出名，其吸水率极高，软基处理排水困难。如图5所示。

图5 新近疏浚吹填的超软基土图

2.2 深厚软基地基承载力特征值≥80kPa以上的工艺要求及流程

采用可降解型秸秆排水板技术，通过双排水系统对疏浚吹填软泥土及原位深厚软基淤泥土进行主动排水。第一步就是通过主动排水系统先把深厚淤泥中含有60%～70%的自由水排掉，使地基承载力特征值达到50～60kPa，第二阶段采用高能量高渗透排水系统把深厚淤泥中藏有20%～30%的吸附水及有机水转为自由水后排掉，使地基特征值迅速达到80～100kPa，工后沉降达到≤15cm指标要求。才能有效发挥桩与土的协同作用[5]。可降解秸秆排水真空预压施工原理，如图6所示。

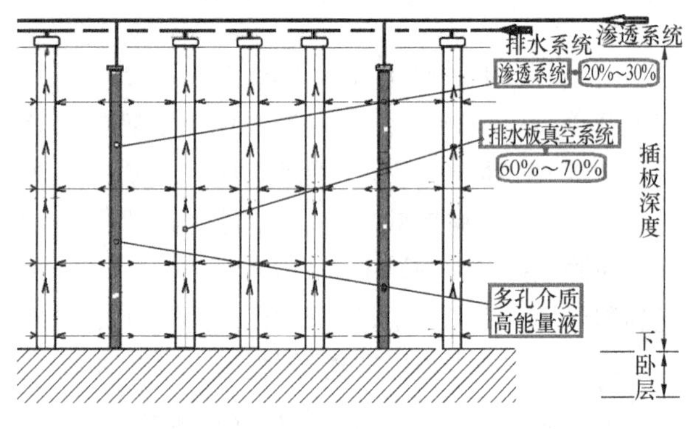

图6 可降解型秸秆排水板真空预压施工原理图

2.3 可降解型秸秆排水板在台州某软基处理的应用（图7）

图7 可降解型秸秆排水板在台州某软基处理的应用

2.4 可降解型秸秆排水板在浦东机场软基处理的应用（图8）

图8 可降解型秸秆排水板在浦东机场软基处理的应用

2.5 可降解型秸秆排水板在深厚软基工程处理后的效果及价值

当采用可降解型秸秆排水板技术对深厚软地基处理完，验收合格一年以上时，埋在深厚软地基中的秸秆排水板，在多种微生物作用下，使可降解型秸秆排水板纤维分子链分解而断掉，从而使工后的秸秆排水板排水通道功能失效停止再排水，这一技术的应用彻底解决了多年来使用塑料排水板处理深厚软基工后再继续排水、工后再继续沉降的工程难题和长期隐患。同时还可彻底避免水泥搅拌桩施工时易缠桩及植入预制管桩时易被拉扯桩而影响整体成桩质量的难题[1]。如图9所示。

图9 深厚软基处理后特大暴雨之后开挖面屹立不倒

3 可降解秸秆排水板的工程证明

3.1 可降解型秸秆降解排水板的专利（图10）

外观设计专利证书

实用新型专利证书

图10 可降解型秸秆排水板的专利

3.2 可降解型秸秆排水板性能指标检测报告（图11）

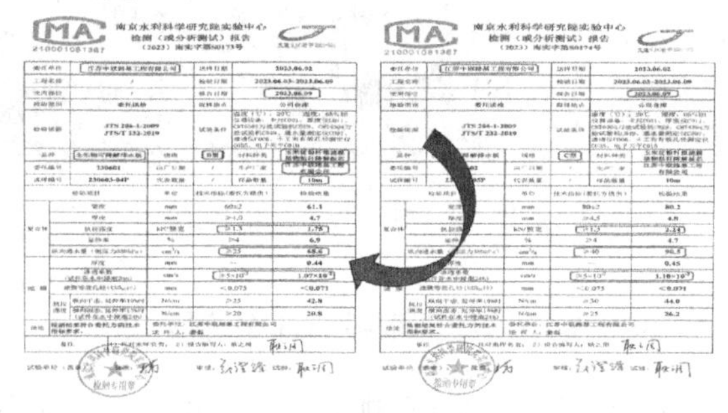

南京水利科学研究院实验中心

图11 可降解型秸秆排水板排水性能检测报告图

3.3 可降解型秸秆排水板工程性能检测报告(图12)

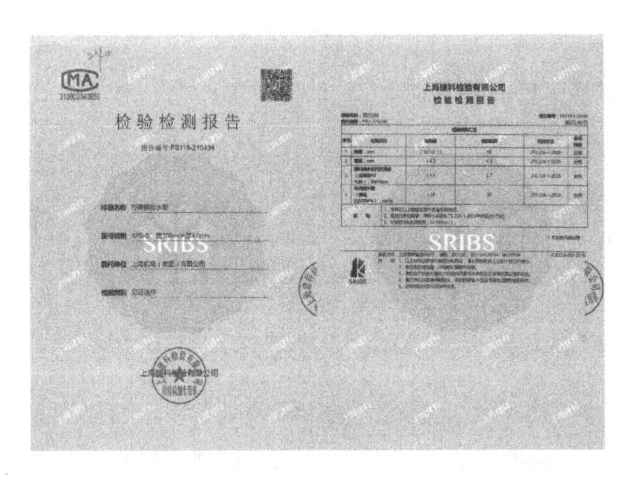
检验检测报告

报告编号 PS118-210434

SRIBS

上海建科检验有限公司

检验检测报告

SRIBS

图12 上海浦东机场西货区秸秆降解排水板检验检测报告

可降解型秸秆排水板技术[1]，广泛应用在港口、煤码头、货运堆场、高速公路高填方路基、机场路基及货运场、海边石化储油基地、核电及货运场项目的深厚软基处理中，此技术提供的是一种绿色、环保、质量稳定、安全、新型、省材、省力、省时、“变废为宝”、综合低成本的技术和工艺，其应用领域如图13所示。

图13 可降解型秸秆排水板技术应用的领域

4 结语

可降解型秸秆排水板的生产、应用符合“废弃物再利用”的原则，而基于废弃秸秆为主要原材料生产出的可降解型秸秆排水板还可为碳中和、碳达峰作出贡献。废弃秸秆再利用减少了资源能源消耗、资源浪费和环境污染，同时“废弃物”还可以得到有效处理和转化，减少了对大气、土壤和水体的污染，减少了排放物，促进了循环经济和可持续发展。因此，可降解型秸秆排水板的研发、工程应用，对于环境保护、资源合理利用、社会效益、经济效益和社会可持续发展都具有重要意义。

参考文献：

[1] 常雷，钟宏南，王玉华，等. 2022环保型秸秆降解排水技术与复合地基[C]//张晋勋. 第十二届深基础工程发展论坛论文集. 北京：中国建筑工业出版社，2023.

[2] 李红中，马占武，张修杰，等. 广东省软土分布特征及其对高速公路路基影响的预测研究[J]. 广东公路交通，2016(6)：43-50，54.

[3] 李伸鑫. 秸秆排水体真空预压处理高含水率疏浚淤泥固结特性研究[D]. 淮南：安徽理工大学，2021.

[4] 龚晓南. 地基处理手册[M]. 3版. 北京：中国建筑工业出版社，2008.

[5] 常雷. 刚性复合地基桩在软基处理中的研究及工程应用[J]. 广东公路交通，2013(6)：43-45.

TRD 工法搅拌墙水泥土与型钢相互作用研究

娄海成[1]， 刘轲瑞[2]， 夏瑞萌[1]
（1. 北京城建设计发展集团股份有限公司，北京 100037；2. 中交公路规划设计院有限公司，北京 100088）

摘　要： 近年来，TRD 工法水泥土搅拌墙＋内插型钢作为基坑止水和支挡结构，因其经济性好、地层适应性高、止水效果优良等特点在基坑工程中得到了越来越广泛的应用。本文依托雄安新区至北京大兴国际机场快线项目，采用数值模拟、现场实测的方法，研究了 TRD 工法等厚度搅拌墙承载及变形特性，水泥土与型钢间传力机制以及水泥土局部破坏的规律，明确了型钢与水泥土在承载与抗变形中的作用分配、型钢间水泥土接触应力分布规律以及水泥土应变塑性区分布规律等结论，对后续相关工程设计施工具有指导意义。

关键词： TRD 工法；等厚水泥土搅拌墙；型钢-水泥土相互作用；水泥土破损

0　引言

随着我国经济的不断发展，便捷高效的城市交通需求日益增高，轨道交通以其准时、节能、运量大、污染少、安全等特点得以大范围地推广建设。截至目前，我国城市轨道运营总里程已将近 10000km。

随着中国城市化进程的推进，都市圈建设呈现较快发展态势。城市间轨道快线具有速度高、公交化运营、有效连接中心城区与周边组团等特点，近年来成为我国轨道交通建设的重点方向，雄安新区至北京大兴国际机场快线项目为我国华北地区首条轨道快线工程，是疏解北京非首都功能的交通干线。

在轨道交通建设中，地下工程建设常采用明挖法、盾构法、浅埋暗挖法等工艺，其中明挖法因对不同结构形式、不同地质特点具有良好的适应性，在地下工程建设中得到最为广泛的应用。明挖基坑围护结构通常包括：土钉墙、灌注桩、地下连续墙、型钢水泥土搅拌墙等。TRD 水泥土搅拌墙＋内插型钢作为基坑止水和支挡结构，因为其经济性好、地层适应性高、止水效果优良等特点，在基坑工程中得到了越来越广泛的应用。雄安新区地下水土条件相对复杂[2]，经多方面技术经济比选，确定选用 TRD 水泥土搅拌墙＋内插型钢作为雄安新区至北京大兴国际机场快线的明挖基坑主要围护结构方式。此工法在我国上海软土地层、天津深厚密实坚硬的砂层、南昌地区砾砂层及软岩地层的多个基坑工程中得到成功实践[3]，在雄安新区尚属首次应用。

国内外学者对 TRD 水泥土搅拌墙进行了相关研究。王卫东，邸国恩[3]研究了 TRD 工法构建的等厚度水泥土搅拌墙围护结构的承载变形特性、设计方法、施工关键技术、检测方法，以及作为基坑型钢水泥土搅拌墙围护结构和超深隔水帷幕的工程实践。何平等[4]基于土体小应变本构模型通过有限元方法对 TRD 工法成墙进行模拟，得出成墙深度越大，土体侧向位移和地表沉降越大，与实测较为一致。谭轲等[5]用三维“m”法对 TRD 工法型钢水泥土搅拌墙进行承载变形性状分析，发现型钢所承担的应力远高于水泥土，并且型钢翼缘附近交界面为水泥土的最薄弱剪切面。以上研究得到了许多有意义的结论，但尚缺乏对水泥土与型钢传力机制、水泥土承载破坏形态研究。

TRD 工法通过对地基土体进行渠式切割与上下搅拌，注入水泥固化液并内插型钢，最终形成没有间隙的连续墙。TRD 工法等厚度搅拌墙所采用水泥土与型钢两种材料具有较大的刚度差异，尽管构造简单，但仍然存在受力机理复杂的问题，特别是其承载变形特性，型钢与水泥土界面接触相互作用等问题仍然不明确。本文选取雄安新区地层，采用数值模拟与现场测试的方法，对 TRD 工法等厚度搅拌墙围护结构的承载和变形特性、水泥土与型钢传力机制以及水泥土承载下破坏形态进行了分析和研究。

1　依托工程概况

本文依托工程为雄安新区至北京大兴国际机

作者简介：娄海成（1987—），男，高级工程师，主要从事城市轨道交通地下结构设计工作，Email：louhaicheng@bjucd.com。
通信作者：夏瑞萌（1983—），男，正高级工程师，主要从事地下工程结构设计与新技术研发工作，Email：xiaruimeng@bjucd.com。

场快线（R1 线）中金融岛至第五组团站地下区间基坑工程。R1 区间总长 3195m，明挖段长度 825m。根据基坑所处的环境、工程地质、水文地质条件等条件，本明挖区间采用一级放坡＋TRD 水泥土搅拌墙与内支撑支护体系，支护结构横断面现场照片如图 1 所示。

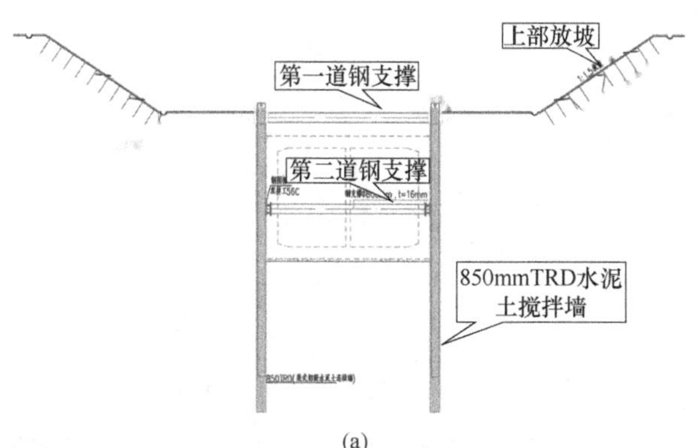

(a)

(b)

图 1　基坑支护横断面图与现场施工图

2　数值计算模型

2.1　模型说明

本计算模型采用三维“m”法[6]建立。模型中渠式切割水泥土连续墙中的水泥土与型钢采用实体单元模拟，两道钢支撑以及被动区土体采用曲面弹簧单元模拟，根据规范《建筑基坑支护技术规程》JGJ 120—2012 及土层参数施加土压力，施加被动土弹簧，土层参数如表 1 所示。二道撑位于墙深－8.2m 处，基坑底位于墙深－12.63m处。

地层参数表　　表 1

土层	重度/(kN/m³)	摩擦角/°	黏聚力/kPa	层高/m
黏质粉土	19.7	18.7	16.6	0.83
粉砂	20.5	33.9	2	4.4
粉质黏土	20	18.6	22.4	0.56
粉质黏土	10	18.6	22.4	1.54
粉砂	10.5	33.9	2	5.8
粉质黏土	9.7	14.3	22	1.6
黏质粉土	10.3	29	7.5	0.5
粉质黏土	10.1	20.2	12.7	2.9
粉砂	10.6	34	1	3.5
粉质黏土	10	15	26	1.8
黏质粉土	10.2	29	7.5	1.9

2.2　建立计算模型

等厚度水泥土搅拌墙厚度为 850mm，墙深为 25.33m，水泥掺量为 25%、水灰比为 1.5，墙体内插型钢 HN700×300×13×24 型钢，水泥土用摩尔-库仑本构模型，型钢采用弹性本构模型，材料参数如表 2 所示。型钢均匀布置，其中心距为 700mm，建立模型长 3.5m、宽 0.85m、高 25.33m，如图 2 所示。同时在型钢与水泥土间设置接触单元，对模型两侧纵向及底部竖向、纵向进行约束。

材料参数表　　表 2

材料	弹性模量/GPa	泊松比	黏聚力/kPa	摩擦角/°
水泥土	0.78	0.25	65	36
型钢	20.9	0.2	—	—

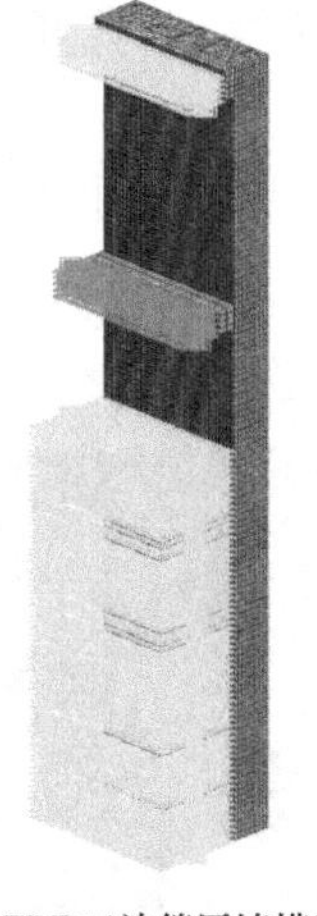

(a) TRD工法等厚墙模型

(b) 型钢模型

图 2　计算模型示意图

墙身水平位移是支挡结构、钢支撑结构承载与刚度，地层水土压力作用下的综合表征，为验证计算模型的合理性，将墙身水平位移的数值计算结果与实测结果进行对比如图3所示。墙体水位位移采用全长测斜管监测得到。由于现场实测将围护结构底部作为水平位移零点，因此实测数据与数值模拟间存在一定差异，实测最大水平位移为11.4mm，同样发生在坑底位置处，与计算结果一致，二者在变形规律与绝对数值上基本一致。

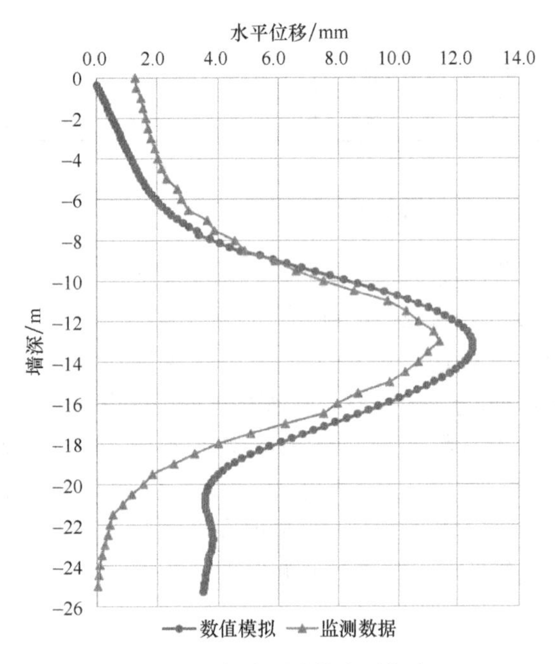

图3 现场实测墙体水平位移

3 TRD墙承载及变形特性

为研究TRD工法等厚度搅拌墙在承载状态下易损部位，对TRD工法等厚度搅拌墙的承载特性以及其变形特性进行研究，找出其关键断面。

经计算得到TRD工法等厚度搅拌墙型钢与水泥土承载弯矩如图4所示。分析可知：①对比

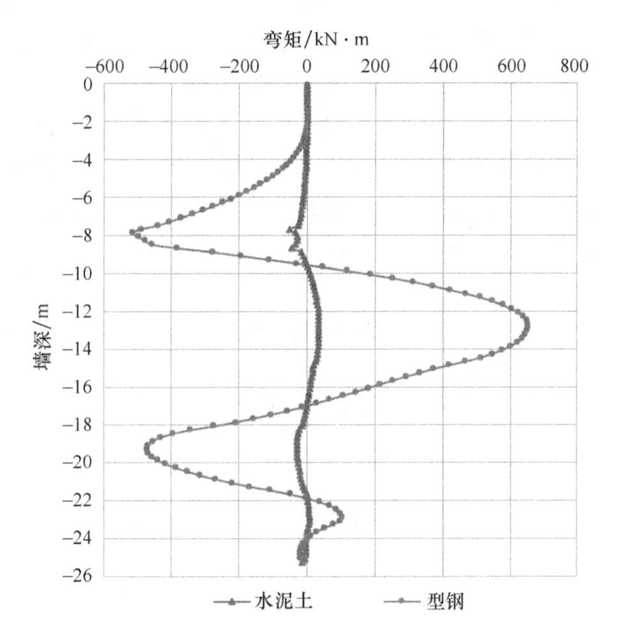

图4 水泥土-型钢组合截面弯矩

型钢与混凝土承载下的弯矩值，型钢弯矩明显大于水泥土，对于TRD工法等厚度搅拌墙型钢应作为主要承载结构；②型钢弯矩最大处位于基坑底部达到652.1kN·m，弯矩分布规律与岩土二维商业软件（同济启明星等）与一般基坑支护桩规律一致；③第二道钢支撑与坑底附近产生明显负弯矩，最大值为−513.1kN·m。

得到TRD工法等厚度搅拌墙截面水平位移见图5，整体水平位移如图6所示。根据图5可知：①最大水平位移发生在型钢之间的水泥土处，墙体位移的形态在水平面上呈波浪状分布。这种分布形态意味着在正常使用状态下，型钢和水泥土之间的粘结和摩擦力已经得到了一定程度的发挥，且沿垂直于墙体的方向，水泥土墙体内存在着明显的剪应作用。②在水平位移最大截面处，型钢与水泥土位移差异较小，说明二者变形协调，与文献[6]中的结论部分符合，因本文型钢间距设置较小，使得型钢与水泥土间变形更加协调。同时在施工过程中未发生沿型钢与水泥土交界面上的渗水问题，也进一步说明水泥土对

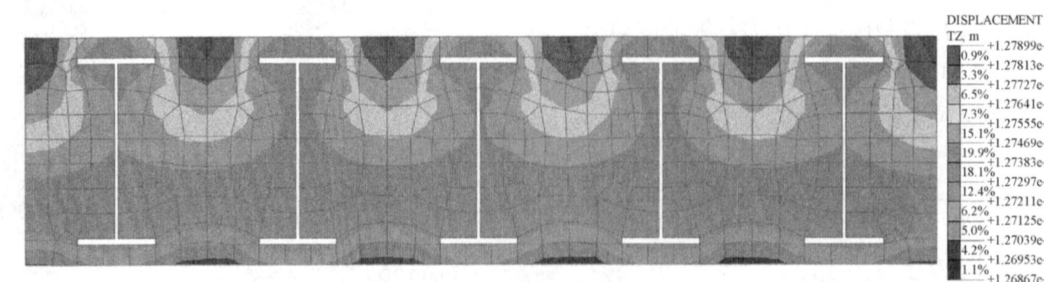

图5 基坑底部处截面水平位移图

型钢产生了强有力的整体握裹作用，对防止型钢沿弱轴失稳、提高型钢承载力起到了重要作用。

根据图 6 分析可知：①墙体水平位移在坑底附近达到峰值，为 12.5mm；②在第二道支撑以上墙体水平位移较小，说明其对位移约束有较好作用，第二道支撑以下水平位移迅速发展，至坑底发育到峰值，符合一般基坑围护结构水平位移形态。

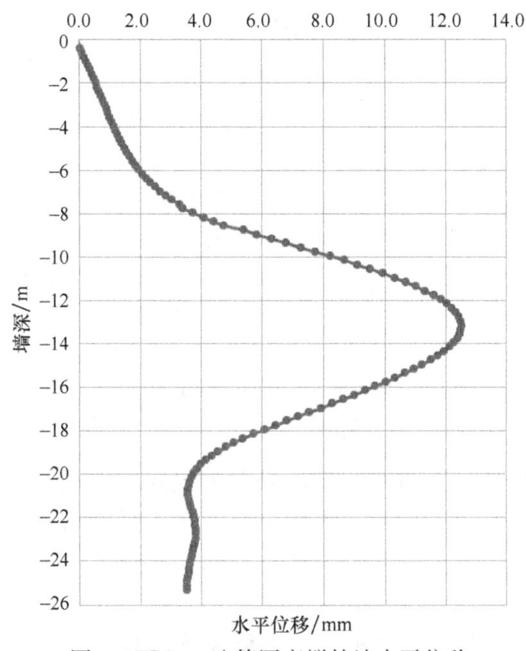

图 6 TRD 工法等厚度搅拌墙水平位移

以上研究表明对于 TRD 工法等厚度搅拌墙型钢为主要承载结构，水泥土对型钢形成了连续包裹性支撑，提高了型钢的承载能力极限，同时水泥土也是防渗止水的主要结构。为研究 TRD 工法等厚度搅拌墙在承载过程中水泥土局部裂损，首先研究型钢与水泥土间的传力机制，得到二者相互作用关系。

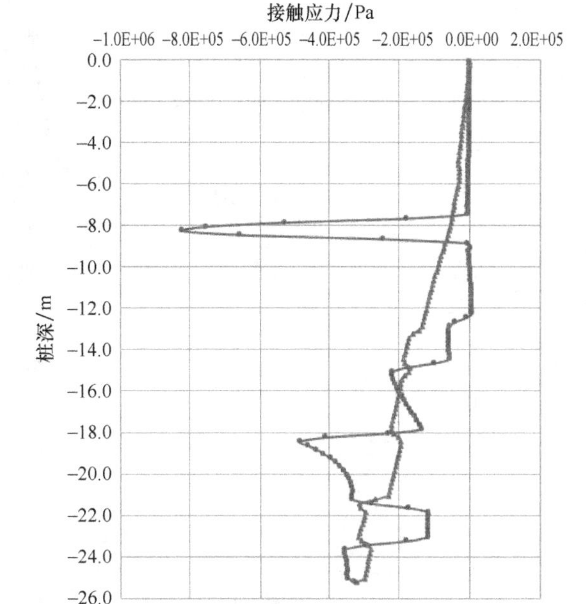

(a) 接触压应力

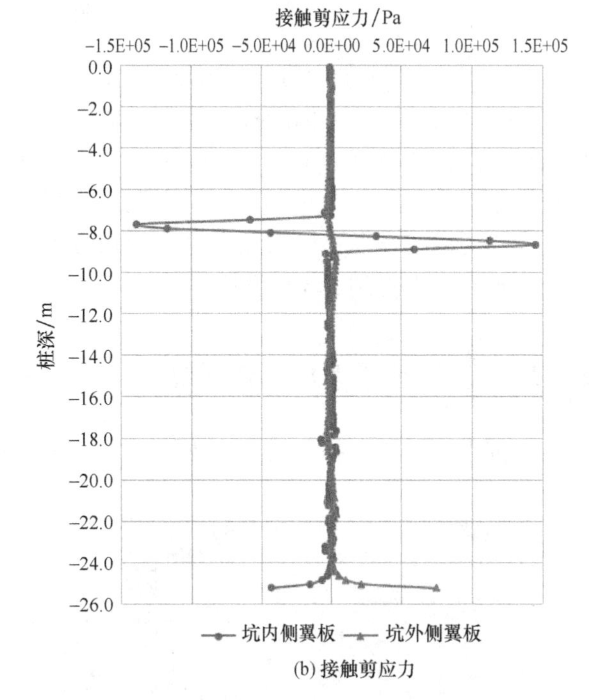

(b) 接触剪应力

图 7 型钢翼缘板处水泥土-型钢接触应力图

4 TRD 工法等厚墙传力机制

水泥土与型钢接触面接触应力如图 7、图 8 所示。根据图 7 分析可得：①翼缘板处水泥土主要通过压应力向型钢传力；②坑外侧翼缘板处接触压应力随着桩深增加而增加，在变化规律与数值上与主动土压力基本一致。在二道撑处（墙深 −8.2m）、坑底部（墙深 −12.63m）水泥土与坑内侧翼缘板产生较大接触压应力，其余部位翼缘板处接触压应力较小；③水泥土与坑外侧型钢翼缘板接触剪应力较小，仅在墙底部产生较大剪应力。水泥土与坑内侧翼缘板接触剪应力在二道撑处发生突变，在第二道支撑处以剪应力形式传递弯矩，易成为破坏薄弱点。

根据图 8 分析可得：①腹板处水泥土主要通过压应力向型钢传力，但小于翼缘板处的接触压应力；②腹板接触剪应力在第二道撑处发生突变，在第二道撑处以剪应力形式传递弯矩；③腹板处正剪应力量值差异减小，水泥土腹板处以压剪为主，支撑处内侧翼缘正应力剪应力均出现较大突变。

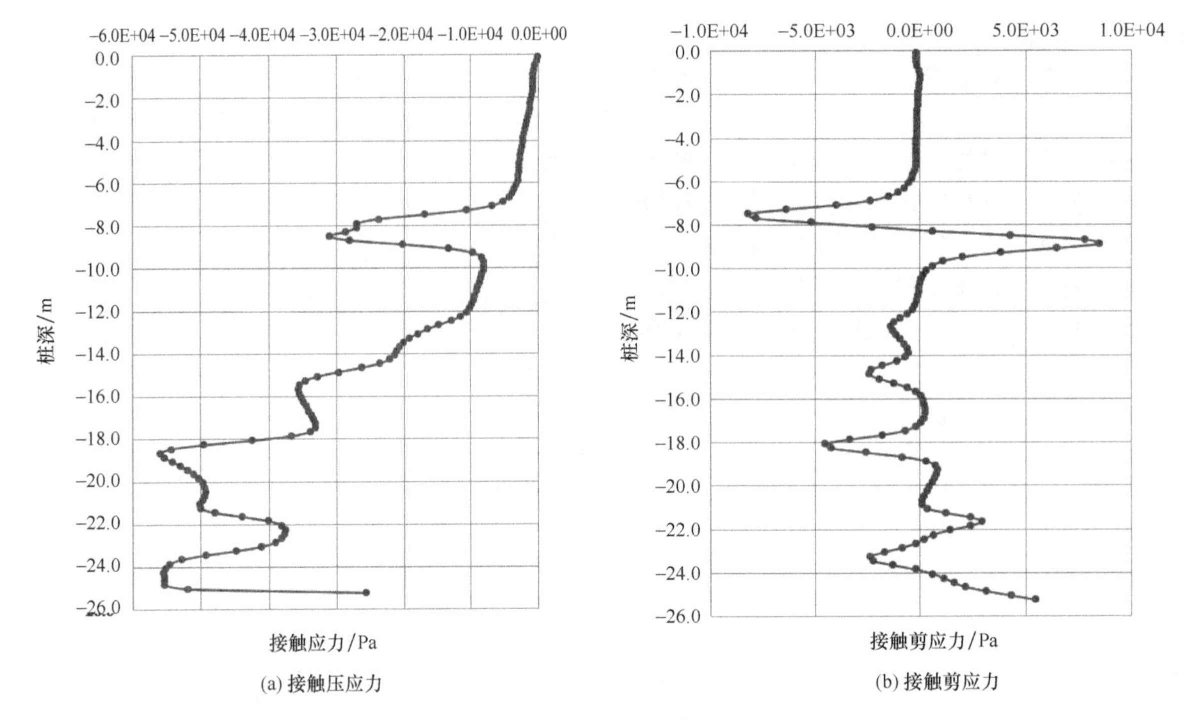

(a) 接触压应力

(b) 接触剪应力

图8 腹板处水泥土-型钢接触应力图

施工现场开展了大量70.7mm×70.7mm×70.7mm水泥土试块无侧限抗压强度试验，立方体试块平均抗压强度为1.29～1.65MPa之间。在型钢上下翼缘板、腹板的约束下，水泥土实际处于三向受力的围压状态，对比上述接触正应力数值，水泥土强度得到了充分发挥。

5 TRD工法等厚墙局部破损规律

根据上述分析，提取第二道支撑与及基坑底部处TRD工法等厚度搅拌墙典型截面进行塑性区及应力分析，如图9、图10所示。分析图9（a）中A′、B′点可知坑外侧型钢间隔中间处以及坑内侧处存在较大塑性应变，在长时间承载或更大土压力下易演化为细小裂缝，导致水泥土局部发生破坏。结合图9（b）、（c）、（d）可得，由于钢支撑作用导致水泥土内侧翼缘板处混凝土承受挤压，最大压应力达到1.8MPa，翼缘板两端至边缘区域承受剪切，最大剪应力达到0.14MPa，在设计中此区域应当重视。

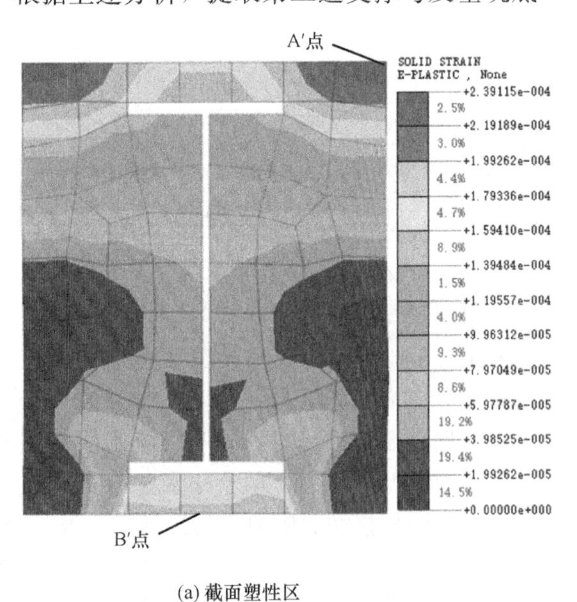

(a) 截面塑性区

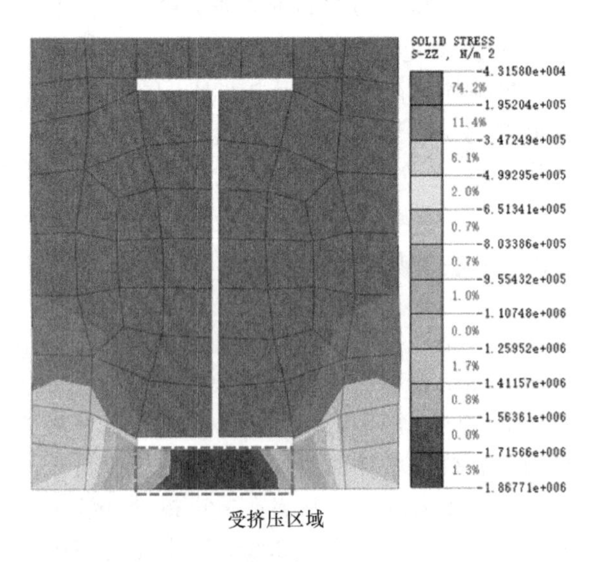

(b) 截面Z向应力

图9 二道支撑处水泥土截面应力图（一）

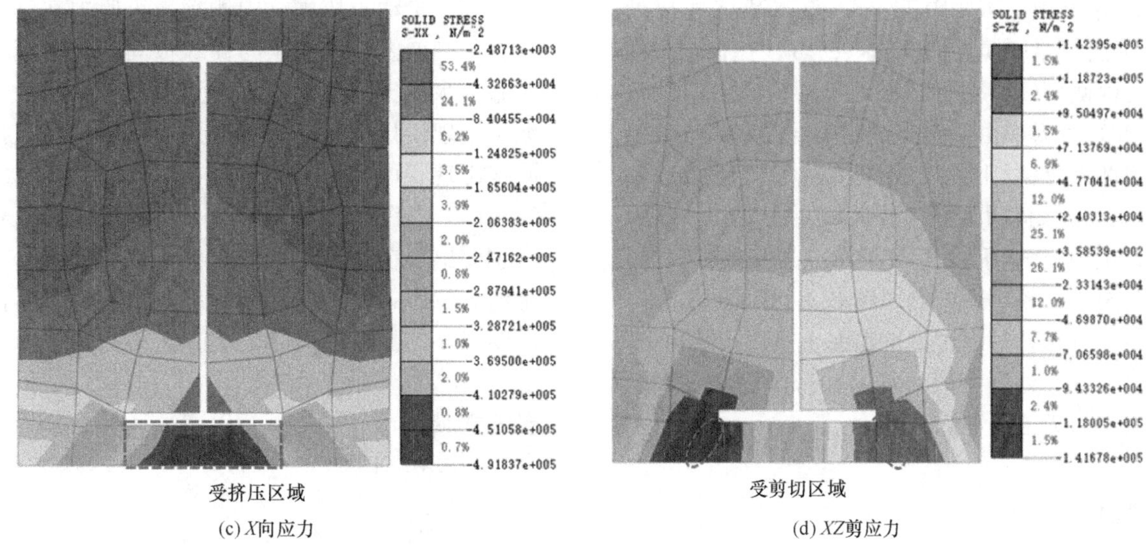

(c) X向应力　　(d) XZ剪应力

图9　二道支撑处水泥土截面应力图（二）

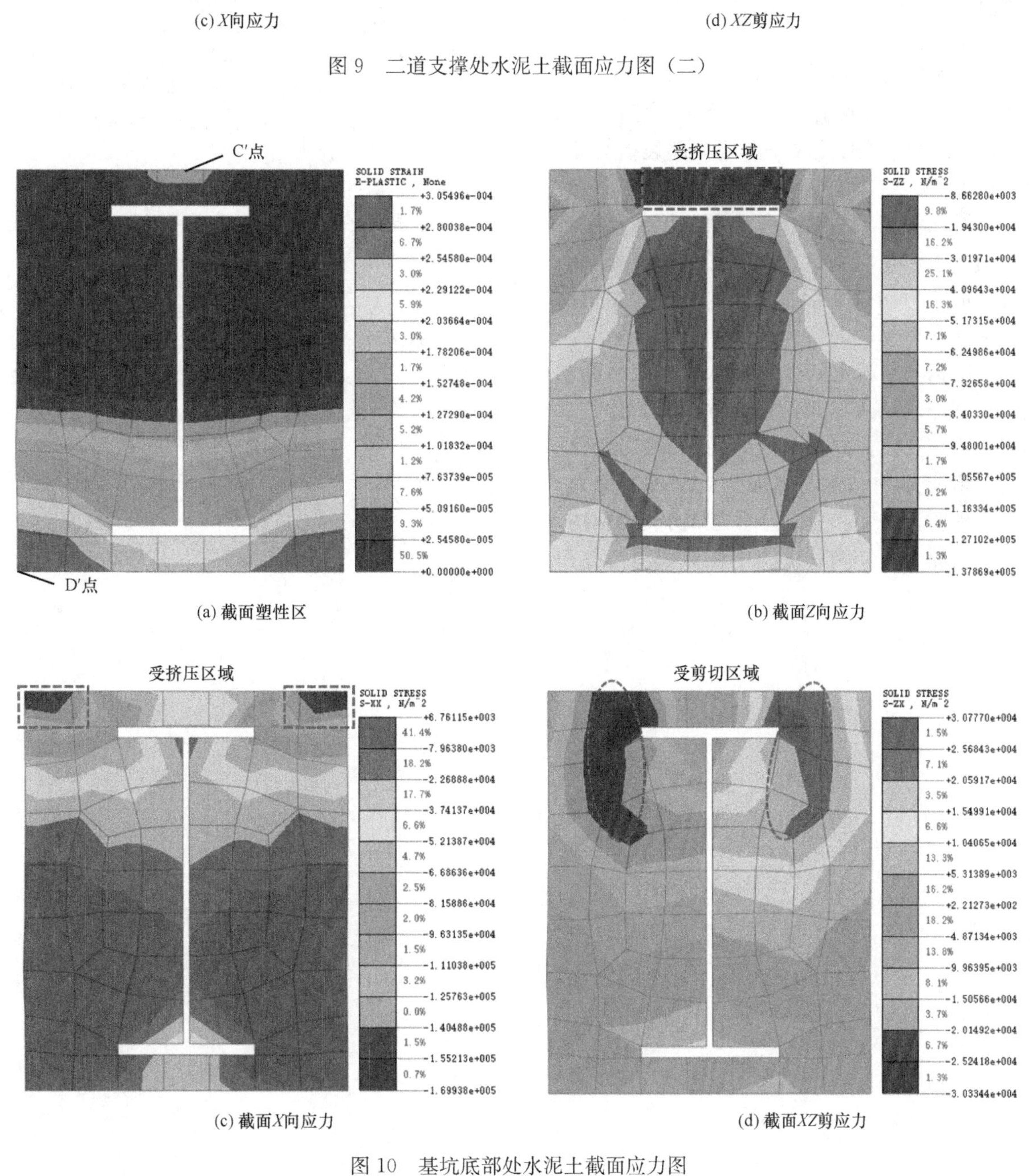

(a) 截面塑性区　　(b) 截面Z向应力

(c) 截面X向应力　　(d) 截面XZ剪应力

图10　基坑底部处水泥土截面应力图

分析图10（a）中C′、D′点，基坑底部处TRD工法等厚度搅拌墙外侧（D′点）存在较大塑性区，内侧（C′）塑性区较小。结合图10（b）、（c）、（d）可得，由于钢支撑作用导致水泥土外侧侧翼缘板处混凝土承受挤压，最大压应力达到130kPa，翼缘板两端至边缘区域承受剪切，最大剪应力达到30.3kPa，相较于第二道支撑处截面，坑底截面应力较小，内侧区域易受到损坏。

由上可知，等厚度型钢水泥土搅拌墙结构中，位于二道支撑处型钢两端翼缘端部间的型钢和水泥土交界面为最弱剪切面。

6 结论

本文通过数值模拟、现场实测的方法，研究了TRD工法等厚度搅拌墙承载及变形特性、水泥土-型钢传力机制以及水泥土墙局部裂损规律，主要结论如下：

（1）对水泥土与型钢组合截面的承载与变形分析表明，水泥土与型钢协调变形能力良好，承载与抗变形能力均以型钢为主，水泥土对型钢的连续包裹性支撑显著提高了型钢的承载能力；

（2）型钢与水泥土间型钢与水泥土交界面粘结性能良好，现场未发现沿交界面渗水现象，二者相互作用主要以翼缘板处压应力的方式传递荷载。第二道支撑处型钢与水泥土之间的剪应力、压应力出现明显突变，剪应力承担部分传力作用；

（3）水泥土与外侧翼缘的正应力数值与分布近似等于主动土压力。内侧翼缘正应力在支撑处产生急剧增大，水泥土与翼缘板间剪应力基本可忽略。水泥土与型钢腹板处剪应力相对较大，水泥土呈现出压剪状态，剪应力、正应力在支撑处同样出现骤增。

（4）全深度土体塑性区分析表明，应变塑性区主要出现在支撑处墙内水泥土、坑底墙外水泥土两个位置，易产生局部裂缝，为止水帷幕渗漏薄弱点，施工过程中应予以重点关注。

参考文献：

[1] 冯爱军．中国城市轨道交通2021年数据统计与发展分析[J]．隧道建设（中英文），2022，42（2）：336-341.

[2] 王秦，赵玮．雄安新区资源环境承载力提升对策研究[C]//中国环境科学学会2022年科学技术年会——环境工程技术创新与应用分会场论文集（一），2022.

[3] 王卫东，邸国恩．TRD工法等厚度水泥土搅拌墙技术与工程实践[J]．岩土工程学报，2012，34(S1)：628-633.

[4] 何平，徐中华，王卫东，等．基于土体小应变本构模型的TRD工法成墙试验数值模拟[J]．岩土力学，2015，36(S1)：597-601，663.

[5] 谭轲，王卫东，邸国恩．TRD工法型钢水泥土搅拌墙的承载变形性状分析[J]．岩土工程学报，2015，37(S2)：191-196.

[6] 沈健，王建华，高绍武．基于“m”法的深基坑支护结构三维分析方法[J]．地下空间与工程学报，2005（4）：530-533.

第四部分

数　字　岩　土

基于现场监测与有限元分析方法的地铁暗挖隧道施工对周边环境沉降的影响研究

张　辉

（北京城建勘测设计研究院有限责任公司，北京 100101）

摘　要：近年来随着国家基础设施建设力度的加大，城市地铁得到了快速发展，浅埋暗挖法在地铁隧道施工中得到了广泛应用。本文以北京地铁22号线平房停车场出入段线区间横通道为工程依托，利用有限元分析软件ABAQUS对区间横通道采用台阶法施工过程进行了数值模拟，分析了周边岩土体沉降变化规律。同时根据整理和统计施工现场的实际监测数据，从区间横通道施工所引起的地表竖向位移以及隧道开挖而引起的地下管线沉降情况等方面进行了研究和分析。最后对数值仿真模拟结果与现场实际监控数据进行了对比和分析，得出了地铁浅埋暗挖法隧道施工所引起的地层变形规律，并给施工提出建议措施。

关键词：地铁隧道施工；数值模拟；监测；周边环境沉降

0　引言

随着城市化进程的加快，地铁交通已成为大多数城市的重要交通方式。地铁隧道的建设不仅能够缓解城市交通压力，同时也能改善城市环境，提高城市形象。然而，地铁隧道施工所带来的影响也是不可忽视的。地铁隧道的建设会涉及土方开挖、支护工程等多个环节，这些工程可能对隧道周边的环境产生影响。在地铁施工过程中，地下土层的开挖以及土体动态平衡的变化可能会导致周边环境的沉降，给城市环境和建筑物安全带来威胁。因此，本文对地铁隧道施工对周边环境沉降的影响进行现场监测与数值模拟研究。本研究将探讨地铁浅埋暗挖法隧道施工所引起的地层变形规律，并给施工提出建议措施，为地铁隧道施工和城市规划提供参考。

1　工程概况

1.1　区间概况

本段区间为北京地铁22号线平房停车场出入线区间。区间线路西起规划定福庄路与朝阳路相交路口处的定福庄站，线路出站后左右线及停车场出入线均沿朝阳路路中向东敷设，其中出入场线下穿三间房商场、76公寓及速8酒店向北沿三间房东路敷设，到达停车场。本段区间采用盾构法＋暗挖法＋明挖法施工，区间在里程右K112＋104.500设区间施工竖井及横通道一座。

1.2　施工竖井及横通道结构概况

施工竖井及横通道结构位于朝阳路与三间房中路交会口。竖井采用倒挂井壁法施工，井口尺寸为4.6m×6.9m，设置1.5m×0.8m的锁口圈梁，井壁厚度 0.35m。竖井周边地面标高27.45m，竖井开挖总深度30.82m。施工横通道结构中心线对应线路里程为K112＋104.500。竖井邻近房屋侧打设复合锚杆桩。本竖井设1条施工横通道，横通道标准段开挖宽度4.6m，初支结构厚度0.3m，加宽段开挖宽度6.1m，初支结构厚度35m。通道邻近竖井部分分为4层，开挖高度14.6m/14.7m；横通道内设置二衬，二衬侧墙厚度0.7m，用于连接区间结构，横通道采用台阶法留核心土开挖（图1、图2）。

图1　横通道3层导洞开挖掌子面

作者简介：张辉（1992—），男，硕士研究生，第三方监测工程、北京城建勘测设计研究院有限责任公司及工程项目主持人。

图2　横通道4层导洞开挖掌子面

2　区间横通道暗挖施工对周边地表沉降影响的现场监测分析

2.1　地表沉降

横通道暗挖施工前，首先进行地面降水，保证地下水位降至开挖作业面以下0.5m。在8月19日至9月4日工前降水期间，周边地表沉降最大累计值达到了3mm，速率约为0.3mm/d。横通道周边地表沉降测点时程曲线如图3所示。

马头门破除、掌子面开挖过程中均出现了沉降速率超控预警，最大沉降速率发生于马头门位置对应正上方地表测点DB-1-7，9月8日破除过程中，现场马头门破除前已进行了管棚注浆，掌子面依然有渗流水现象，最大沉降速率约3.3mm/d。横通道土方开挖完整周期内的地表沉降平均速率最大点为DB-1-7，速率约为1.2mm/d，结合施工前的地面降水沉降（地表监测点平均沉降速率约为0.3mm/d）、掌子面无水施工工况（地表监测点平均沉降速率约为0.5mm/d）的影响规律，开挖施工过程中地下水流失与掌子面渗流水的影响所造成的地表沉降约0.4mm/d。

暗挖横通道二衬施工完成后，周边地表沉降监测点沉降最大累计值达到−71.6mm。

2.2　地下管道变形

横通道暗挖施工前，首先进行地面降水，保证地下水位降至开挖作业面以下0.5m。在8月19日至9月4日工前降水期间，周边管线沉降最大累计值达到了5.2mm（RQG1-1），管线最大差异沉降约0.5‰。横通道地下管线沉降测点时程曲线如图4所示。

马头门破除、掌子面开挖过程中有少量的速率上浮，分析其原因应为掌子面管棚注浆、隧道初支背后回填注浆导致的拱顶上方土体挤压导致的管线隆起现象。最大上浮沉降速率发生于横通道1层进尺3m位置对应正上方管线测点RQG-1-1，9月15日回填注浆过程中的上浮速率约为3.9mm/d。

横通道土方开挖完整周期内的管线沉降平均速率最大点为SSG-1-3，速率约为1.8mm/d，当现场有少量塌方、渗流水时，引起的最大沉降速率达到5.3mm/d、最大管线差异沉降为3‰。

由于土方开挖过程中出现多次风险工况，结合施工前的地面降水沉降（管线监测点沉降速率约为0.5mm/d）、掌子面无水施工工况（管线监测点沉降速率约为0.8mm/d）的影响规律，可以预计开挖施工过程中地下水流失与掌子面渗流水的影响所造成的管线沉降约为0.5mm/d。

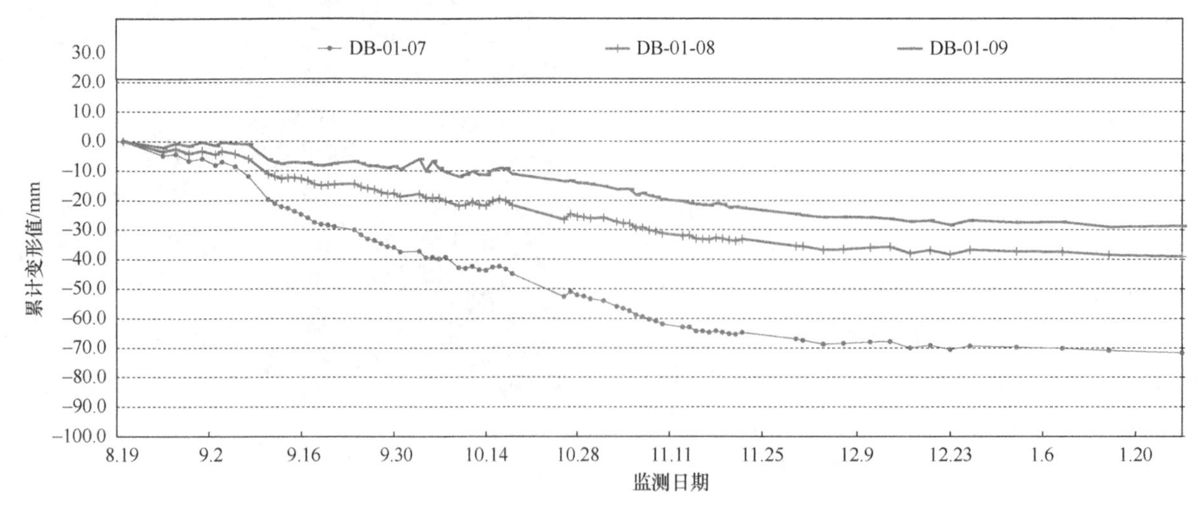

图3　平房停车场出入段线区间1号横通道周边地表沉降测点时程曲线图

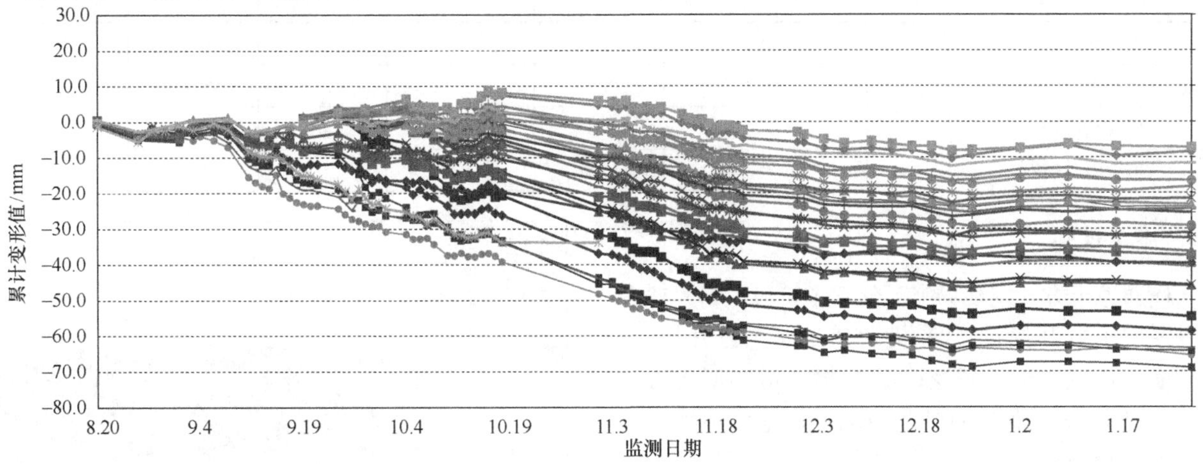

图 4 平房停车场出入段线区间 1 号横通道地下管线沉降测点时程曲线图

暗挖横通道二衬施工完成后，地下管线沉降监测点沉降最大累计值达到−69.0mm。

3 区间横通道暗挖施工对周边地表沉降影响的数值模拟分析

3.1 有限元模型的建立

运用有限元数值分析软件 ABAQUS 建立模型（图 5），横通道模型沿纵向开挖长度取 44.3m，横向宽度取 6.1m，开挖高度选取 14.7m（隧道埋深 14.4m、分为 4 层开挖），周围岩土体选取计算范围在横通道模型自身尺寸的 3～4 倍，岩土体长×宽×高为 120m×60m×40m。计算模型网格划分为 36350 个单元，39528 个节点。模型侧面和底面为位移边界，侧面限制水平位移，底面限制竖向位移，顶面为自由面。周围岩土体的土体性质以及分层计算参数如表 1 所示。

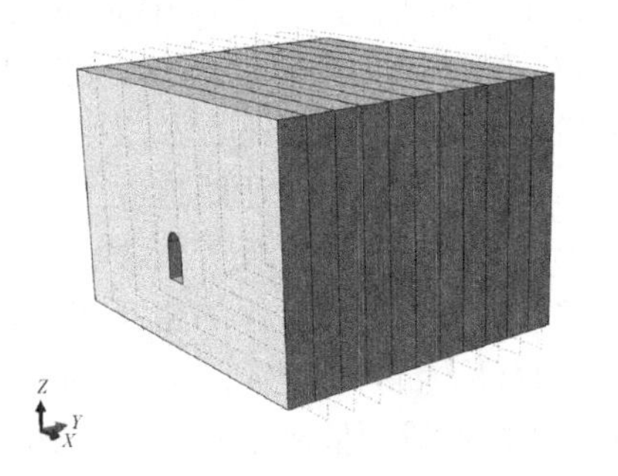

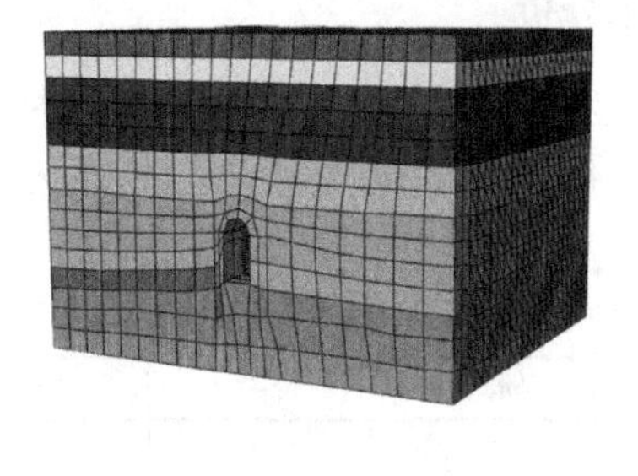

图 5 有限元模型几何建立、网格划分

实体单元材料力学参数 表 1

材料名称	本构模型	弹性模量/MPa	泊松比	内摩擦角/°	黏聚力/kPa	密度/(kg/m³)	土层厚度/m
① 房渣土	摩尔-库仑	16	0.15	8	0	1900	1.7
①₂黏质粉土素填土		15	0.15	10	8	1920	1.3
③/③₁/④₁ 粉质黏土		45	0.26	11.8	30	1970	8.0
④ 黏质粉土、砂质粉土		50	0.23	27.7	19	2040	2.3
④₃粉砂、细砂		50	0.30	28.0	0	2000	1.4
⑤₂粉质黏土		50	0.25	35	13	2040	4.2
⑤ 细砂、中砂		65	0.30	30.0	0	2000	1.2
⑤₁黏质粉土、砂质粉土		60	0.23	28.7	21	2080	1.0

续表

材料名称	本构模型	弹性模量/MPa	泊松比	内摩擦角/°	黏聚力/kPa	密度/(kg/m³)	土层厚度/m
⑦ 粉质黏土	摩尔-库仑	55	0.26	39	13.1	1990	4.5
⑦₃黏质粉土、砂质粉土		65	0.24	26	26	2070	1.0
⑦ 粉质黏土		55	0.26	39	13.1	1990	2.6
⑧₁细砂、中砂		75	0.28	34	0	2050	10.0

3.2 施工过程

横通道土方开挖现场施工分5个阶段：(1) 横通道一层土方开挖；(2) 横通道二层土方开挖；(3) 横通道三层土方开挖；(4) 横通道四层土方开挖；(5) 破除临时仰拱及中隔壁，施作边墙二次衬砌，封闭成环。

为方便计算，建模过程中将施工阶段简化分3个阶段：(1) 横通道首层导洞开挖，施作初期支护，共分88个施工步；(2) 2～4号导洞开挖，施作初期支护，共分264个施工步；(3) 横通道施作二次衬砌，共分4个施工步。

整个模型所有单元采用实体单元，衬砌采用线弹性模型，土体采用摩尔-库仑理想弹塑性模型；地层土体均在弹塑性范围内变化，不发生破坏或到达临界状态，地应力场由重力自动生成；施工过程中不考虑上覆荷载变化对隧道的动态影响。

3.3 模拟结果分析

地表沉降变化规律不同施工阶段结束时地表最大沉降量与最大隆起量见表2，沉降云图见图6、图7。

地表最大沉降量与隆起量　　　表2

变形	阶段1	阶段2	阶段3
最大沉降量/mm	−48.75	−72.21	−68.0
最大隆起量/mm	—	—	6.3

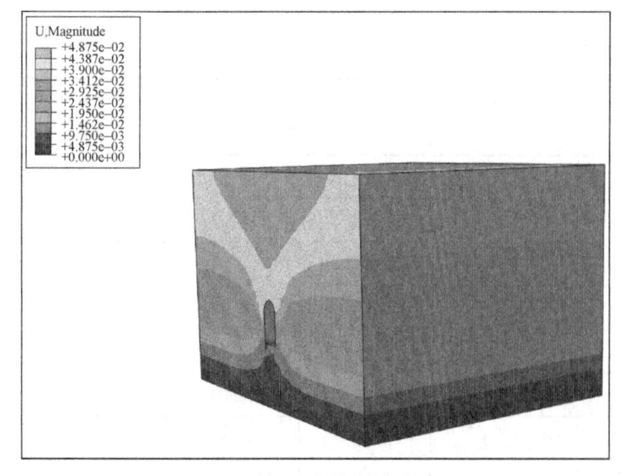

图6　第一阶段沉降云图

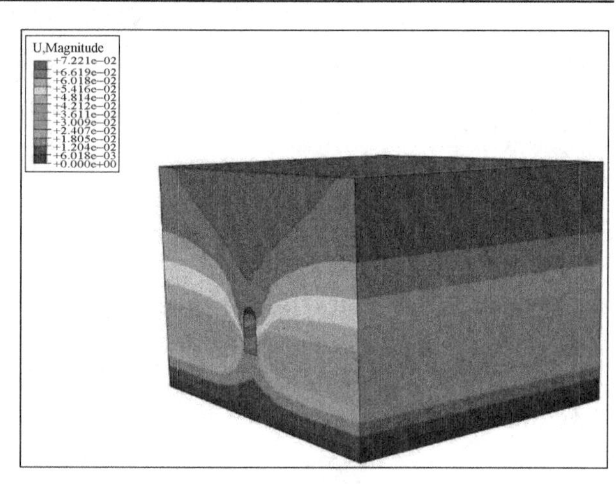

图7　第二阶段沉降云图

由表1和图6可知：随着施工阶段的进行，地表最大沉降量呈现不断增加的趋势；首层开挖（阶段1）与下层2号、3号及4号导洞开挖施作初期支护阶段（阶段2），由于土体的开挖地层应力释放，首层开挖过程中地表最大沉降达到−48.75mm，后续下层横通道开挖过程，造成的地表最大沉降累计值达到了72.21mm；随着二衬结构的结束（阶段3），由于隧道进行了二衬支护、周围岩土体的动态平衡逐渐趋于稳定，地表土体的竖向位移状态为沉降与上浮的相互变化趋势，在阶段3结束时最大沉降量达到−68.0mm；综上所述，地表最大隆起量则呈现先增大后减小的趋势，在导洞全部开挖完成后达到最大沉降累计值−72.2mm。

4　减轻地铁隧道施工对周边地表环境沉降影响的对策

4.1　周边环境沉降主要原因分析

平房停车场出入场线区间横通道多层导洞初支施工过程中，断面尺寸大，所处地层以砂土、粉质黏土及粉细砂层互层为主，地层敏感、自稳能力差。横通道上方有ϕ1050污水管、3000mm×2000mm雨水箱涵、ϕ600上水管线等多条市政管线。多层导洞初支施工高峰期，对周围地层扰动频繁，周边环境变形控制难度大，更加容易造成地层失稳及周边道路地表沉降加速。

区间横通道土方开挖施工过程中所造成的掌子面流水流砂、土体滑塌、初支开裂以及初支拱顶侧壁渗水、滴水等施工不规范性和不利因素，导致周边环境的沉降加剧（图 8～图 14）。

图 8　横通道一层开挖掌子面流水流砂

图 9　横通道一层掌子面临时封面、仰拱积水严重

根据现场监测数据以及数值模拟分析结果，有必要对横通道施工过程中的开挖规范性以及相关防控措施进行补充。

图 10　横通道二层导洞破马头门，马头门破除顺序不规范

图 11　横通道二层上台阶土方开挖不规范，两侧掏挖

图 12　横通道二层封面，洞内积水、积淤较多

图13　横通道一层受深孔注浆影响，拱顶局部鼓胀、开裂

图14　横通道三层开挖，顶部临时仰拱渗水、滴水

4.2　加大开挖导洞的错距

根据横通道开挖相邻导洞错距（不小于10m）经验数据、现场监测数据以及数值模拟结果，出入线区间横通道断面台阶法开挖，上下导洞之间应采取相邻错距20m的措施，横通道首层导洞开挖影响最大，下层导洞整体数据缓和，沉降速率低，因此应当避免横通道首层导洞开挖过程中，下层导洞开挖的多导洞叠加影响，所以错开20m步距有利于横通道周边道路地表的环境沉降控制。

4.3　加强注浆措施

优化横通道深孔注浆参数控制，掌子面开挖过程中通道拱部打设深孔注浆工艺预加固地层，开挖步距为一个格栅间距。需注意对迎土侧初支背后加强回填注浆，环向间距拱顶2m（直墙段3m）、纵向间距3m（梅花形布置），注浆深度为初支背后0.5m，注浆时距离掌子面至少3m。深孔注浆材料根据地层选择：粉土层采用水泥-水玻璃双液浆，砂层注浆采用改性水玻璃；并可根据地层条件及试验结果添加调节浆液凝结时间和可注性的外加剂，注浆时对地层内残留水进行挤排，固化既有孔隙后注水泥-水玻璃双液浆，减少扩散范围加固拱顶土体，做好注浆压力与注浆量双控。

4.4　初支开挖及时封闭成环

施工现场加强格栅架设质量控制，加快开挖封闭成环，减少暴露时间，并及时进行背后注浆，多次补浆。提高土方开挖工程时必须遵循的基本原则为管超前、严注浆、短开挖、强支护、早封闭、勤量测。

4.5　加强地下水控制

在地铁隧道施工中，地下水的控制与降水抽排非常重要。在施工过程中需要实时监测地下水位变化情况，及时采取措施控制、避免带水作业或者掌子面涌水涌砂加剧周边环境的沉降。

由于横通道土方施工的降水周期长，降水施工对场地范围内地下水的均衡带来很大变化，会对周边环境造成影响，为了较准确掌握场地范围内地下水动态变化且能及时采取必要的处理措施，应在降水工程实施的同时，建立地下水动态监测网。竖井及通道施工至地下水埋深前必须先进行降水，确保无水作业。如遇上层滞水或界面残留水，应及时排除，避免带水作业。

5　结语

本研究通过现场监测与数值模拟分析两种方法相结合，对地铁隧道施工导致周边环境沉降的影响进行了研究和分析。通过现场监测、洞内巡视和监测分析，总结了地铁隧道施工导致周边地表沉降的成因和特点，并提出了相应的防范和减轻措施。

研究结果表明，地铁隧道施工过程中，施工不规范性以及地下水的影响是导致环境沉降的主要因素。

针对这些问题，本研究提出了一系列的防范和减轻措施，措施旨在减轻周边环境沉降的程度，从而保障周边环境、建筑物以及地下管线的安全稳定。

本研究对地铁隧道施工带来的地下水位变化和地表沉降问题进行了研究和探讨，为地铁工程建设提供了有价值的参考和指导。未来的研究可以对这些防范和减轻措施的效果进行跟踪和监测，进一步完善、改进防范和减轻周边环境沉降的技术和方法。

参考文献：

[1] 吴丽萍，张威威. 浅埋暗挖隧道施工对地表沉降的影响因素分析[J]. 建筑技术开发，2022，49(19)：133-135.

[2] 侯乐乐，翁效林，黄文鹏，等. 湿陷性黄土地铁隧道基底注浆加固处治试验[J]. 长安大学学报(自然科学版)，2022，42(2)：91-102.

[3] 牟天光，祝江林. 不同施工条件下双线盾构隧道施工引发地表变形规律研究[J]. 湖南文理学院学报(自然科学版)，2020，32(4)：75-79.

[4] 王炳华，王中华，高涛，等. 古近系半成岩地铁车站深埋隧道矿山法施工变形规律[J]. 测绘通报，2020(9)：12-17.

[5] 王睿. 探析地铁隧道盾构法施工引起的地表沉降[J]. 工程机械与维修，2020(2)：81-83.

[6] 张玉伟，宋战平，翁效林，等. 大厚度黄土地层浸水湿陷对地铁隧道影响的模型试验研究[J]. 岩石力学与工程学报，2019，38(5)：1030-1040.

[7] 吉香宇. 青岛地铁清江路站浅埋暗挖施工的数值模拟与分析[D]. 石家庄：石家庄铁道大学，2013.

[8] 郭永建. 地铁隧道开挖对周边环境影响的数值模拟研究及三维黏弹塑性本构模型的ABAQUS实现与应用[R]. 2013.

[9] 刘石磊. 基于有限元模拟的浅埋暗挖隧道稳定性分析[J]. 现代隧道技术，2022，59(S2)：54-62.

地铁车站富水深基坑变形监测及 FLAC3D 数值计算研究

李　博[1]，于江浩[2]，　刘延超[3]

（1. 北京城建集团有限责任公司，北京 100088；2. 中国能源建设集团天津电力设计院有限公司，天津 300180；3. 中国地质大学（北京）工程技术学院，北京 100083）

摘　要：依托北京地铁 8 号线永定门外车站深基坑工程，介绍了适用于水位高、厚度大、透水性强的富水地层深基坑开挖及支护工法。统计分析了地下连续墙墙体水平位移及坑外地表沉降变形特性，并基于 FLAC3D 数值仿真方法构建了基坑开挖支护三维数值模型，结合实测数据对模型进行了分析和验证。结果表明：(1) 采用“水位回灌—水下开挖—混凝土封底”的开挖方式能较好控制地表沉降及支护结构变形。(2) 地下连续墙变形呈“弓”形分布，大部分变形发生在干开挖阶段。(3) 坑外地表沉降主要发生在水位回灌之前，占比达 69%，基坑回灌后的水下开挖过程中，地表沉降速率缓慢。(4) 支护结构变形及地表沉降均具有显著的空间效应。

关键词：富水深基坑；地下连续墙；地表沉降；FLAC3D 数值仿真

0　引言

紧张的城市用地及复杂的地质条件导致越来越多的地铁车站基坑面临“大型”“深埋”“富水”的工程难点[1-2]。以北京的地铁车站建设为例，受既有线路的影响，车站埋深越来越大，在建线路中仅 3 号、12 号、17 号线就有 17 个车站埋深超过 30m，个别规划 R 级线路车站埋深达 40m 以上。由此可见，埋深超过 30m 将会成为未来车站建设的常态。车站埋深的增大将会导致车站结构大部分甚至全部进入承压水层，而北京地区承压水层多为卵石地层，透水性好，水头高、水量巨大，如开挖工法或支护结构设计不当，则必将带来水资源浪费问题以及地面沉降等次生灾害[3-5]。由此可见，如何控制城市中心区域富水超深基坑的变形问题，已经成为当今地铁等地下工程建设中不可规避的技术难题。

本文以北京地铁 8 号线永定门外车站深基坑工程为背景，介绍了适用于富水深基坑的开挖工法及支护设计，构建了富水砂卵石地层的车站深基坑开挖模型，研究基坑开挖过程中，地下连续墙水平位移、坑外地表沉降变形规律，为城市中心富水深基坑施工提供工程示范。

1　工程概况

1.1　车站基本概况

北京地铁 8 号线三期永定门车站工程为 8 号线和 14 号线的换乘车站，位于永定门外大街与革新中、南路的交叉口处。车站长 139.2m，宽 24.7～28.8m，车站覆土厚 3.8m，标准段底板埋深约 31.4m，盾构段约 33.8m，车站主体采用明挖法施工，基坑总平面如图 1 所示。

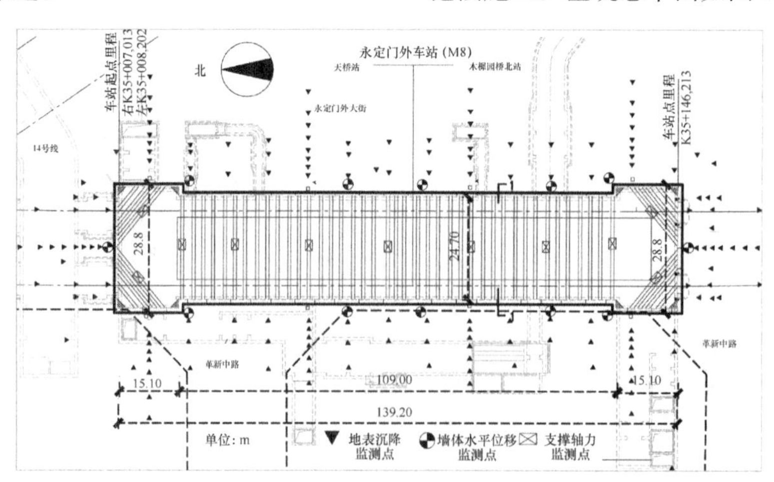

图 1　永定门外站基坑工程总平面图

作者简介：李博（1990—），男，博士，岩土工程、隧道工程，北京城建集团有限责任公司在站博士后。

1.2 水文地质情况

本次勘探最大孔深50m深度范围内所揭露的地层，按地层岩性可分为9个大层（图2）。土层自上而下依次为：①层杂填土，①$_2$层粉土填土，③层粉质黏土，③$_2$层粉土，③$_3$层粉细砂，④层粉质黏土，④$_2$层粉土，④$_3$层粉细砂，⑤层卵石，⑥层粉质黏土，⑦层卵石，⑨$_3$层粉细砂，⑨层卵石。车站基坑底板位于⑦层卵石（圆砾石，级配连续，粒径20～80mm，最大粒径大于110mm，中粗砂充填35%～40%，重型动探$N_{63.5}=115$），沿线砂卵石地层卵石含量高（粒径大于20mm颗粒含量为50%～80%）、级配差，并伴有粒径较大的卵石、漂石（卵石粒径可达80mm），⑤层卵石与⑦层卵石均存在粒径为150mm以上的卵石，卵石以坚硬岩为主。

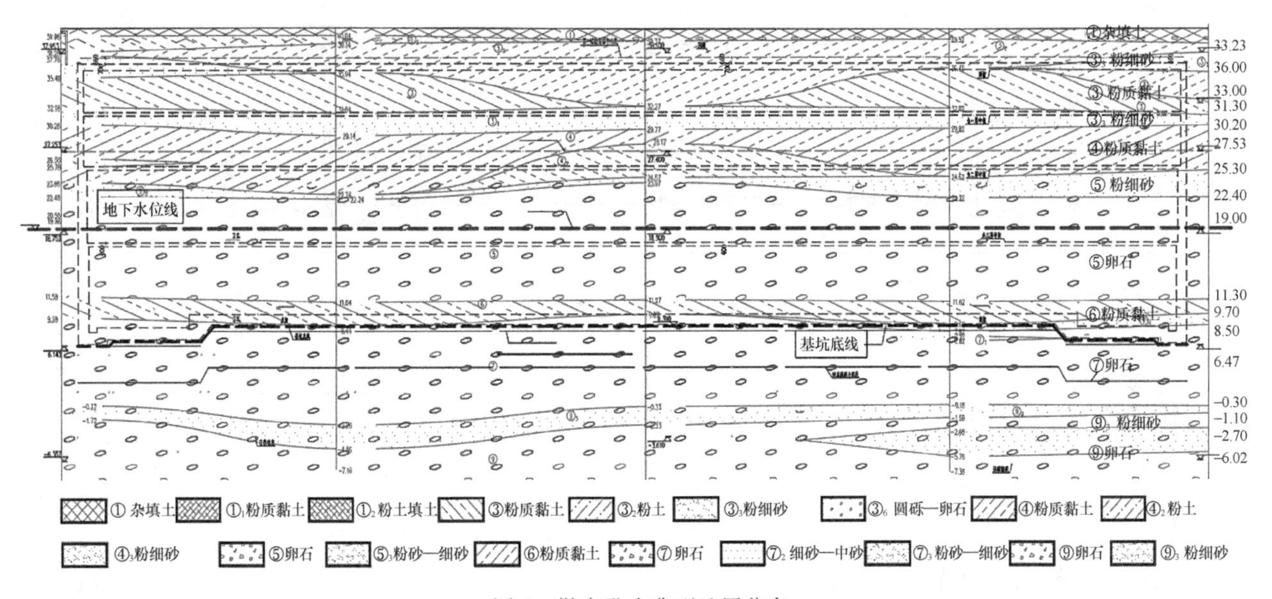

图2 勘察孔内典型地层分布

本站基坑范围主要赋存一层层间潜水（三），含水层岩性为⑤层卵石、⑦层卵石、⑨$_3$层粉细砂及⑨层卵石，水位标高为16.55～17.64m，水位埋深为23.2～23.7m。⑤层卵石含水层厚5.82～6.75m，⑦层卵石、⑦$_3$层粉细砂及⑨层卵石含水层累计厚度约46.7m。该区域地下水水位自2012年年中以来一直在回升，但一年多以来回升速度有所减缓，但仍会存在一定的变幅，鉴于目前为地下水位的近高水位期，勘察单位提出设计在每年的高水位期（8～12月份）以目前的水位值加1.5m的变幅考虑，即以19.00m控制。因此车站底板位于设计水位以下最大距离：标准段约10.7m，盾构段约12.6m。

1.3 支护结构概况

通过多方案对比，永定门车站最终采用“水下开挖”结合“悬挂式地下连续墙-混凝土封底”支护止水方案。车站基坑标准段水上开挖深度约为21.32m，水下开挖深度约为15.9m，盾构段水上开挖深度约为21.78m，水下开挖深度约为17.5m。止水结构采用1.2m厚地下连续墙结合4m厚混凝土底板（图3）。标准段与盾构段竖向均设置3道支撑，第一、二道以及标准段第三道支撑均采用800mm×1200mm混凝土支撑，盾构段第三道支撑采用1200mm×1200mm混凝土支撑。第三道混凝土支撑以下至封底混凝土底标高

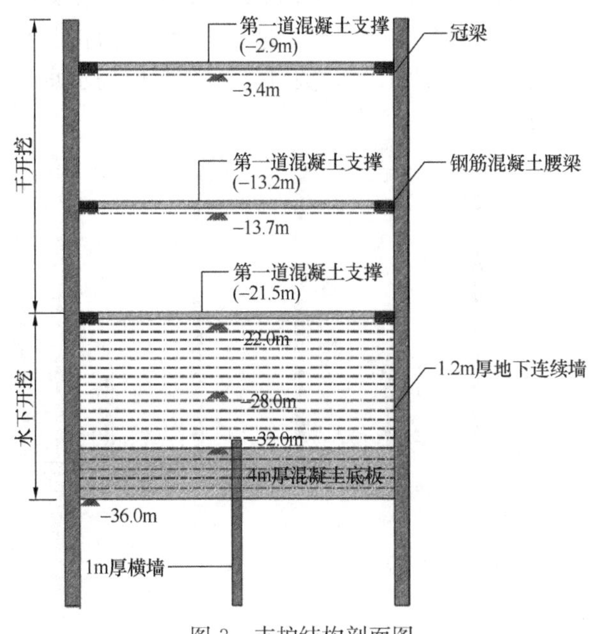

图3 支护结构剖面图

约16m范围内不设置支撑，仅靠坑内回灌水来平衡坑外主动土压力。水位线以上采用常规干开挖，水位线以下一段深度进行试探性降水开挖，之后采取水下开挖方式。水下开挖至底标高后，进行4m厚的水下混凝土封底。

由于水下浇筑的混凝土后期需承受较大的地下水压力，因此要求封底混凝土具有足够的整体性及水密性，而大体积的水下混凝土浇筑施工组织、混凝土的性能及施工工艺均有较高的要求，为保证本工程的可实施性，需在坑底设置横隔墙，对混凝土进行分仓浇筑（图4）。基坑共分16个仓位，分仓尺寸最大为14.0m×15.3m（盾构段），浇筑体积为856.8m³；最小为16.5m×11.9m，浇筑体积为785.4m³。

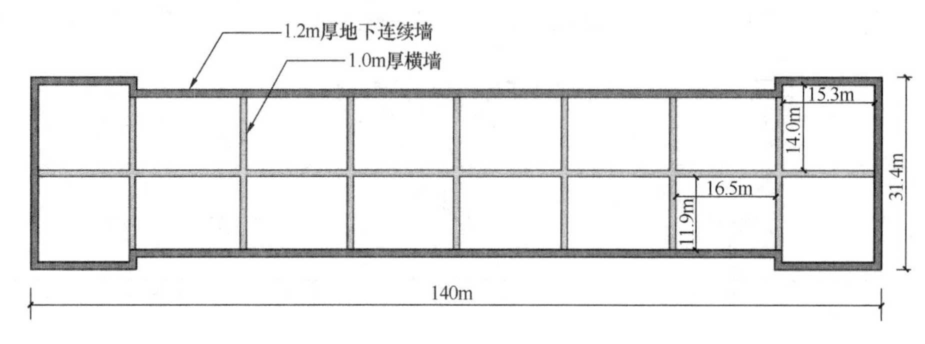

图4　坑底分仓平面图

2　基坑变形实测分析

2.1　开挖工况及测点布置

车站基坑开挖之前首先进行地下连续墙的施工，之后施工各道坑底横墙。常规干开挖至各道支撑设计标高以下0.5m后，依次架设三道支撑，然后利用⑥层粉质黏土的弱透水性进行疏干降水开挖，试探性开挖至－28m处，随后将坑内水位回灌至原地下水位，采用反循环钻机配合抓斗机进行水下土方开挖，之后完成坑内水的抽排工作。为科学分析各工况下的变形监测数据，根据开挖高度及施工节点，将开挖过程按表1进行划分，开挖过程示意见图5，关键施工节点现场示意见图6。

基坑开挖步序　　表1

工况一	开挖至第一道支撑下0.5m，并完成第一道支撑和冠梁施工（开挖至－3.4m）
工况二	开挖至第二道支撑下0.5m，并完成第二道支撑和冠梁施工（开挖至－13.7m）
工况三	开挖至第三道支撑下0.5m，并完成第三道支撑和冠梁施工（开挖至－22m）
工况四	完成基坑的疏干开挖（开挖至－28m）
工况五	完成坑内水的回灌
工况六	基坑开挖至坑底（开挖至－36.5m），完成水下开挖
工况七	完成水下混凝土封底
工况八	完成坑内水的抽排

监测点布置见图7，其中标蓝测点为后文所重点研究的测点区域。

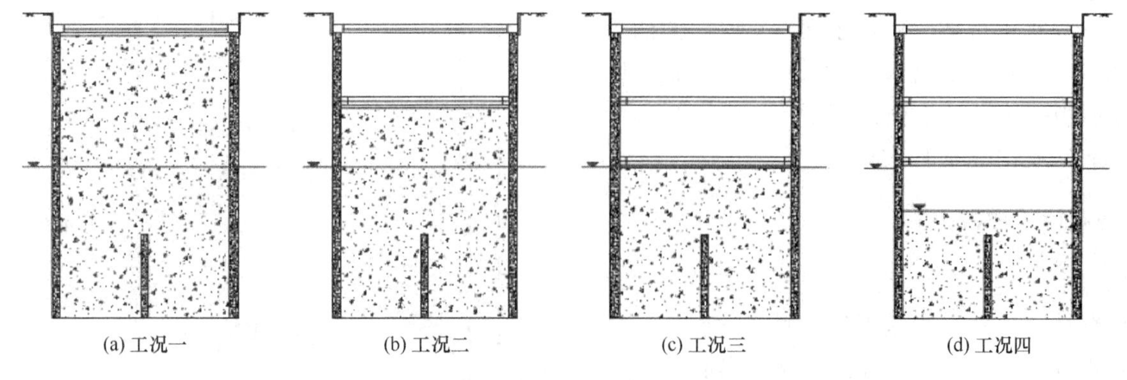

图5　基坑施工工况示意图（一）

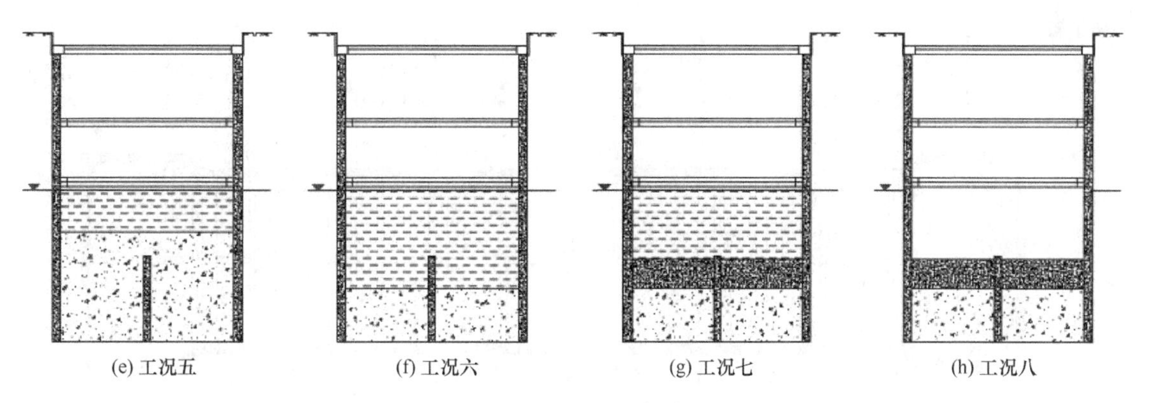

图 5　基坑施工工况示意图（二）

图 6　关键施工节点效果图

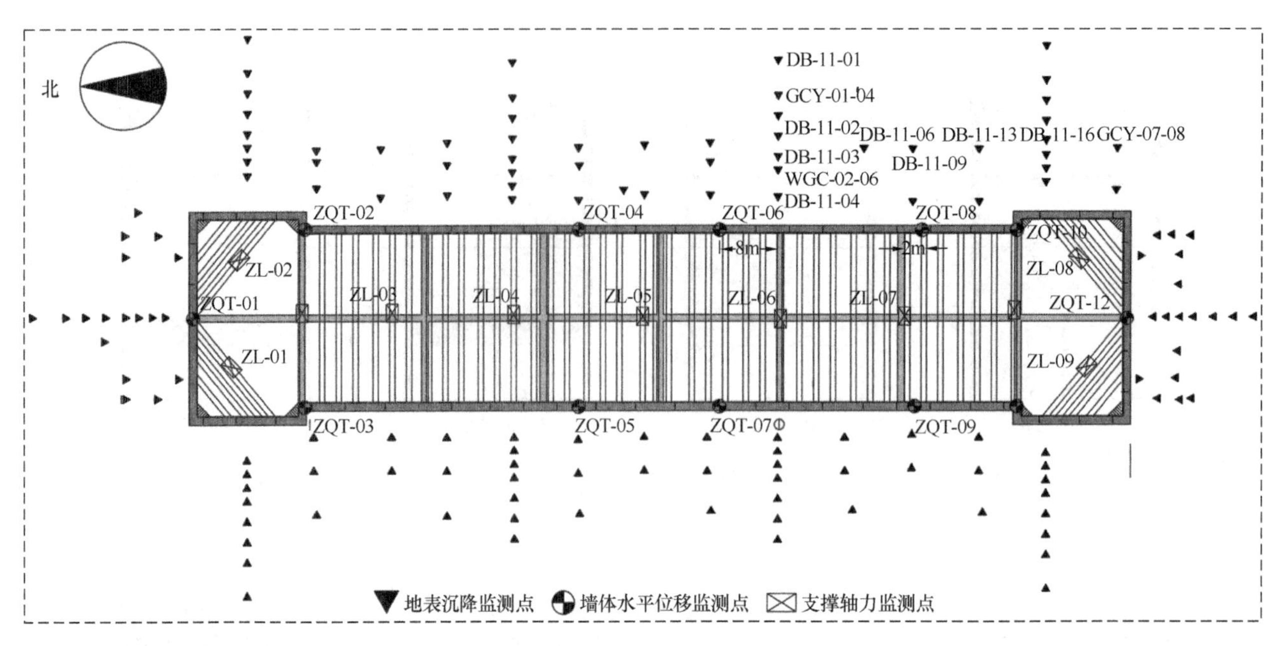

图7　测点布置图

2.2　墙体水平位移实测分析

由于该基坑结构具有对称性，因此选取ZQT-08、ZQT-10、ZQT-12 3个监测点。其中ZQT-08为基坑长度方向上的代表点，ZQT-10为基坑阳角处的监测点，ZQT-12为基坑宽度方向上的代表点。图8～图10显示了3个监测点的水平位移。

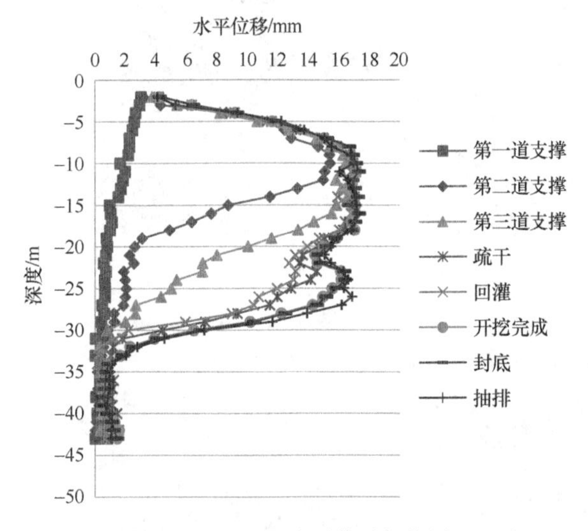

图8　ZQT-08水平位移折线图

ZQT-08监测点位于基坑东侧自南向北的第五根纵向支撑附近，接近基坑的中部，可以看出该测点处地下连续墙的最大位移约为17mm，出现在基坑深度10～20m以及26m处，30m以下深度处地下连续墙水平位移接近于0。工况一、二对该处地下连续墙的位移影响最大。在深度为10m处，工况一、二造成的位移甚至达到了10mm。

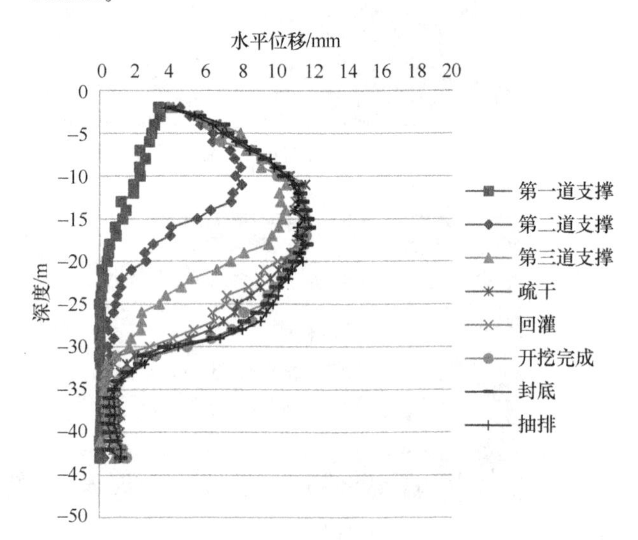

图9　ZQT-10水平位移折线图

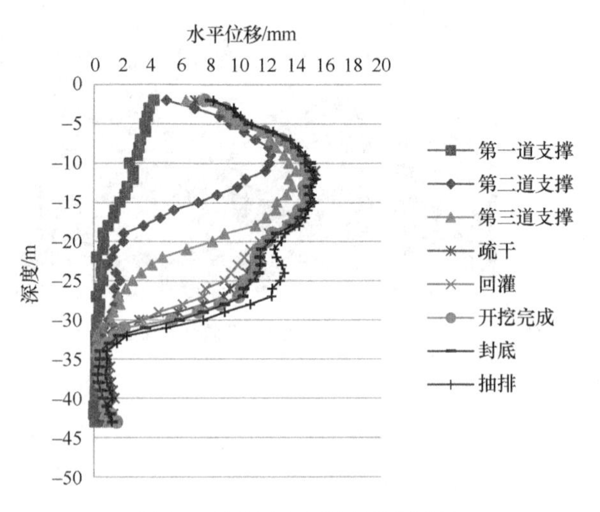

图10　ZQT-12水平位移折线图

ZQT-10监测点位于基坑东侧阳角处，该处既有纵向支撑，也有斜支撑，根据图10可以看出该处地下连续墙的水平位移较小，最大也只有12mm，出现在基坑深度15m附近。工况一、二及工况二、三对该处地下连续墙水平位移造成的影响较大，自工况五后，地下连续墙的水平位移基本保持不变。

ZQT-12位于基坑南侧中部位置处，可以看出该处地下连续墙水平位移最大值约为15mm，同样出现在基坑深度10～15m处，工况一、二的开挖对地下连续墙的水平位移影响最大，在－10m处达到了10mm，深度30m之后水平位移基本为零。虽然是基坑宽度方向上的监测点，但是可以看出地下连续墙的水平位移变化趋势与长度方向上基本相同。分析三个测点得到的地下连续墙水平位移可以得出以下结论：

（1）整体上地下连续墙的水平位移呈“弓”形分布，随着开挖深度的增加不断变大，不同工况的凸出点不同，并集中在了－33～－10m的范围内。

（2）工况二、三、四对地下连续墙水平位移产生的影响最大，工况二自－3.4m开挖至－13.7m，可以从图中看出开挖段地下连续墙由于受坑外土压力挤压，水平位移变化明显，开挖面以下的水平位移则稍有增加。工况三、工况四也符合此规律。

（3）工况六之后位移曲线变化不大，可见回灌水压力有助于基坑稳定，－35m以下地下连续墙的水平位移趋近于0，很大程度上是由于横墙的作用，其不仅有助于水下混凝土封底施工，也起到支撑的作用，减少了地下连续墙底部的水平位移，证明了该工法的合理性。

（4）对比可知，不同位置处地下连续墙的水平位移不同，墙体变形具有明显的空间效应，阳角处由于架设的支撑较多，地下连续墙的水平位移明显少于其他两处。

2.3 水位回灌分析

坑内水位回灌是进行水下开挖的关键工法，为研究水位回灌对墙体变形的影响，统计测点ZQT-12的变形数据如图11所示，可以看出，在疏干开挖完成后，墙体最大变形约为15.3mm，而进行水位回灌后，墙体最大位移减小至13.4mm，可见一定高度的坑内水压力相当于内支撑的作用，能够很好地抵抗墙体的侧向变形。

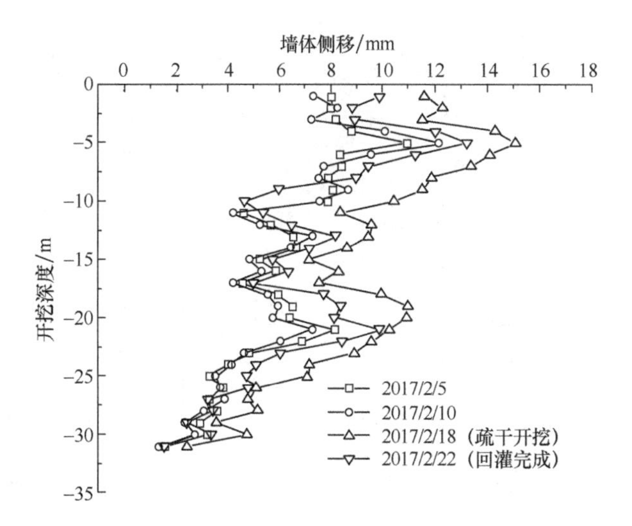

图11　ZQT-12水平位移折线图

坑内超灌水是为了保证开挖到坑底，第五道支撑不架设时，支护结构的安全。本工程由于在富水卵石地层中有一层粉质黏土，因此可利用其弱透水性进行试探式开挖，但对于其他富水卵石地层中的深基坑工程，可以先进行基坑封底，然后回灌至设计高度。在实际施工中，应根据水下开挖的具体进度，结合不同阶段的结构计算，调整回灌水位的高度，进行安全性评价并做实时调整，也可进行一定程度的超灌，但通常情况下，回灌高度不宜超过最后一道支撑，以保证围护结构的稳定。

2.4 地表沉降监测分析

沉降过大容易造成周边建筑物倾斜，因此必须对沉降量进行实时监测，以及时控制沉降不超过危险值。选取DB-11-03、DB-11-06、DB-11-09、DB-11-13、DB-11-16、GCY-07-08为地表沉降研究对象。由监测数据绘制出沉降曲线如图12所示。

分析该沉降曲线，可以得出以下结论：

（1）随着基坑的开挖，周围土体的沉降值不断增大，最终趋于不变。增大的速率整体上经历了一个由大变小的过程。

（2）图中自5～9月间土体的沉降速率明显快于其他阶段，事实上该阶段所发生的地面沉降约占最终沉降量的69%。这期间进行了工况二、三的土方开挖，可见大规模土方开挖很容易造成基坑周围土体沉降，该阶段开挖深度较浅，开挖速度快，且架设支撑需要时间，地表沉降速率较快（曲线斜率较大）。

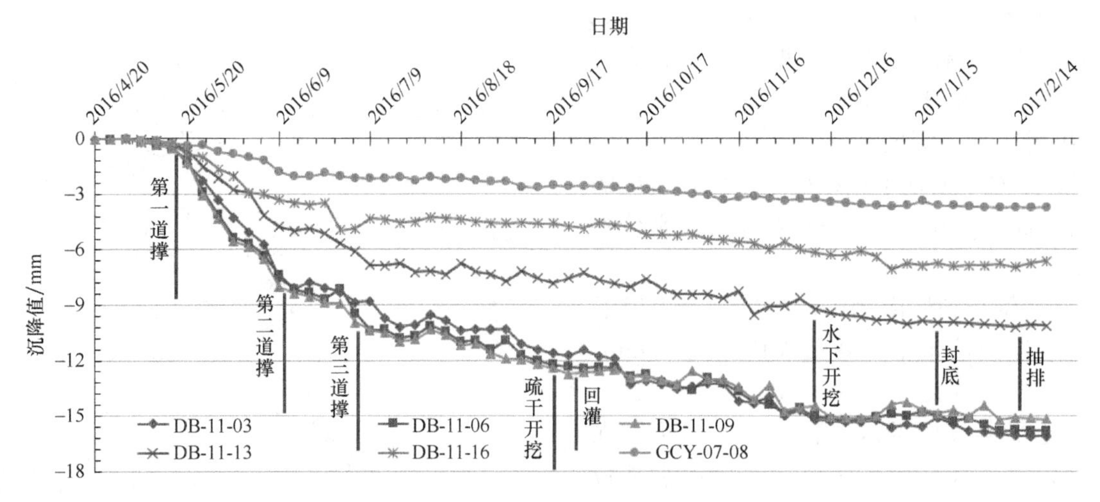

图 12　测点沉降时程图

(3) 坑内水位回灌后，整个水下开挖过程中沉降速率较为平缓，总体沉降曲线表现为由缓慢到加速再到减速直至平稳的趋势，整个开挖过程中的平均沉降速率约 0.054mm/d。基坑周边最大沉降发生在基坑长边中部，最大沉降量为 16.12mm，约为基坑最终开挖深度的 0.044%，远小于北京基坑沉降预警值（30mm）。这说明水下开挖及封底的施工工法效果良好，对基坑周边的土体变形有较强的抑制作用。

(4) 在一定范围内，距离基坑短边的距离越大，沉降值也越大。远离短边处三个测点的沉降值达到了接近短边处测点 DB-11-16 的两倍多。但 DB-11-03、DB-11-06、DB-11-09 三个测点的沉降曲线基本一致，可见基坑长边外侧一定范围内，距离基坑外边相同时，沉降量也基本相同，空间效应明显。

3　基坑变形 FLAC3D 数值计算分析

3.1　基本原理

FLAC3D 的计算原理为有限差分法，应用快速拉格朗日算法计算岩土体变形及稳定性以及岩土材料的大变形和破坏问题[6]，FLAC3D 内置 12 种岩土本构模型来方便各种工程分析的使用，这 12 种模型包括：空模型，3 个弹性模型（各向同性、横观各向同性、正交各向同性）和 8 个塑性模型，其中空模型通常用来表示被移除或开挖的材料，且移除或开挖区域的应力自动设置为零；弹性本构模型具有卸载后变形可恢复的特性，其应力-应变规律是线性的，与应力路径无关；而塑性模型中的摩尔-库仑模型是最通用的岩土本构模型，适用于那些在剪应力下屈服，但剪应力只取决于最大、最小主应力，而第二主应力对屈服不产生影响的材料。Mohr-Coulomb 屈服准则具有如下两种表达形式：

$$\tau = \sigma_n \tan\varphi + c \quad (1)$$

$$\sigma_1 = \frac{2c\cos\varphi}{1-\sin\varphi} + \sigma_3 \frac{1+\sin\varphi}{1-\sin\varphi} \quad (2)$$

式中，τ、σ_n 分别为剪切破坏面上的剪应力与正应力；σ_1、σ_3 为最大、最小主应力；c、φ 分别为岩土体黏聚力、内摩擦角。

值得强调的是，Mohr-Coulomb 模型不仅适用于描述简单的应力状态，还可以用于复杂的三维应力状态，包括正应力、剪应力和扭转应力等多种情况。这使得该模型在不同的工程情境下都具有广泛的适用性，例如在岩坡稳定性分析、基础承载能力计算等领域发挥着关键作用。Mohr-Coulomb 屈服准则在 π 平面内为等边六边形，在应力空间内为六棱锥体（图 13）。本文利用该软件对永定门车站深基坑工程进行建模，进一步分析基坑稳定性。

3.2　模型建立

本模型与实际工程采用 1∶1 的比例建模，由于此工程开挖面积很大且结构对称，为节省计算时间，提高效率，选取工程的南半部分进行建模。最终的初始模型长度为 200m、宽度 140m、深度 80m，区域数 68400，保证了模型区域大于基坑开挖影响区域。

计算模型左、右边界 $x=-70$m 和 $x=70$m 两个垂直面仅约束边界面法向位移，平面内无约

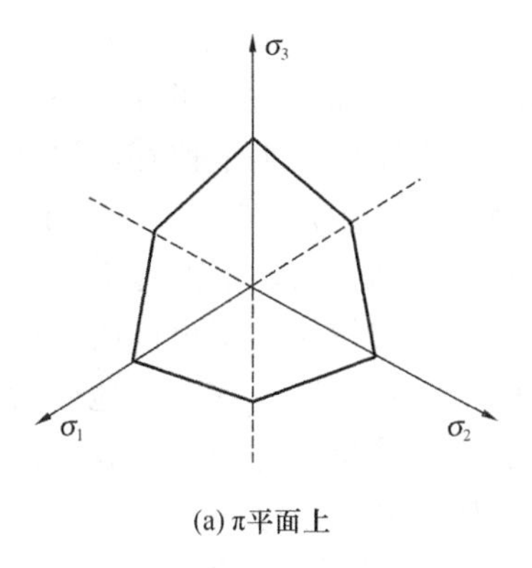

(a) π平面上

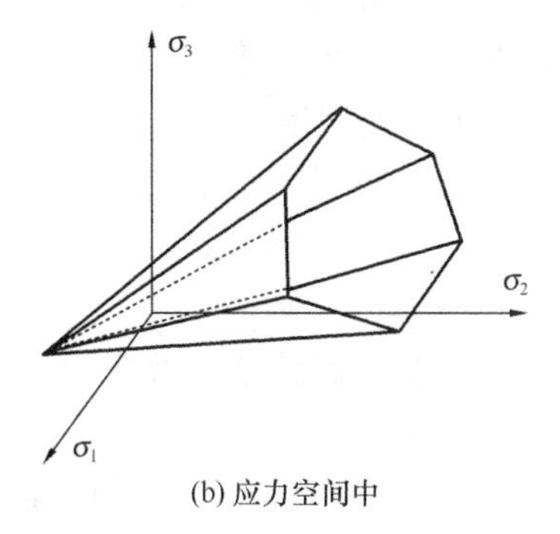

(b) 应力空间中

图 13　Mohr-Coulomb 屈服准则

束；前、后边界 $y=0$m 和 $y=200$m 两个垂直面仅约束边界面法向位移，平面内无约束；模型底部 $z=0$ 水平边界采用固定约束，模型顶部自由；该模型的所有土体采用 8 节点六面体单元模拟，本构模型采用基于弹塑性理论分析的摩尔-库仑模型，支撑选用结构单元中的梁结构进行建立。FLAC3D 中摩尔-库仑模型共有 6 个模型参数，其中有些参数不需指定，程序会自动确定。根据地勘报告，详细参数如表 2 所示。采用该模型对工程的工况一至工况三的地下连续墙水平位移进行了模拟计算，图 14、图 15 分别为初始模型和工况三结束时的模型。

计算输入参数　　　　表 2

土层	弹性模量 E/MPa	重度 γ/(kN/m^3)	泊松比 μ	黏聚力 c/kPa	内摩擦角 φ/°
粉土	32	20.1	0.3	14	23
粉细砂	45	19.8	0.3	0	30
粉质黏土	35	19.6	0.2	27	11.3
粉土	50	19.6	0.3	16	23.5
卵石	200	20.2	0.3	0	45
粉质黏土	40	19.6	0.2	30	15
卵石	250	20.5	0.3	0	50
钢筋混凝土	31500	25	0.3	—	—

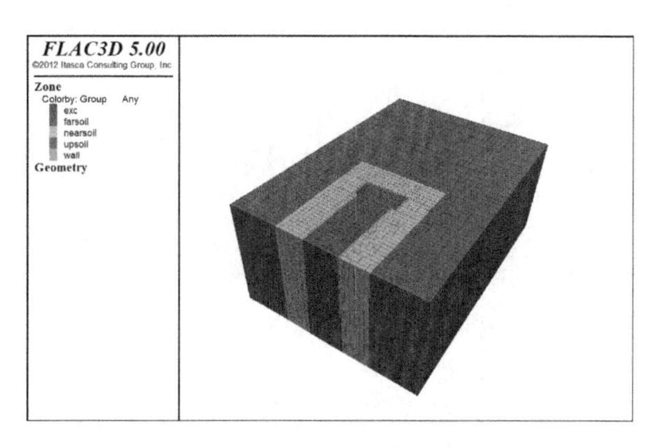

图 14　初始模型

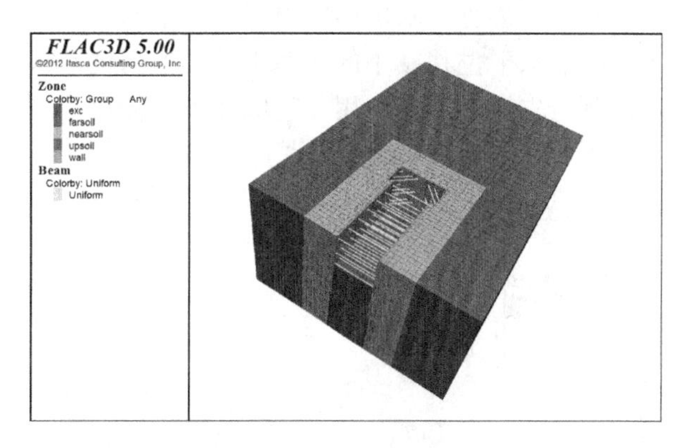

图 15　工况 3 结束后模型

3.3　墙体水平位移计算结果

将三次开挖后得到的位移云图沿着地下连续墙的长边进行切片，得到地下连续墙位移云图（图 16～图 18 中缺口及其左侧的区域为地下连续墙，缺口右侧为开挖影响区域土体）。

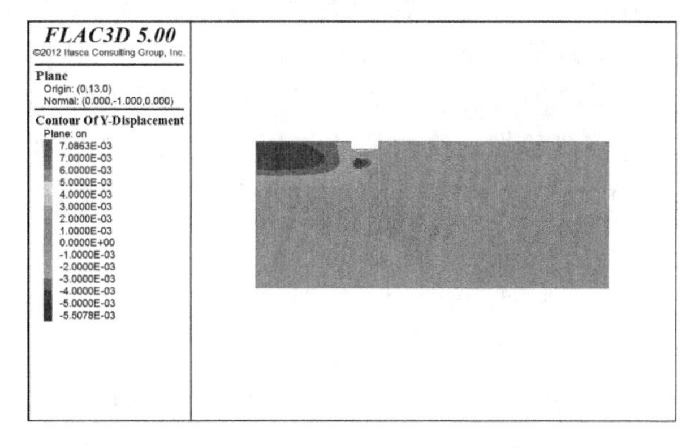

图 16　工况 1 地下连续墙水平位移云图

根据图 16 可知，模拟中地下连续墙水平位移自上到下先变大再变小，最大处约 5.5mm，在开挖面以下，基坑中部附近。而基坑周围土体水平位移很小，几乎为 0。

分图 17 可知，模拟中随着开挖深度变大，地下连续墙水平位移变大，最大位移达到了 13mm，

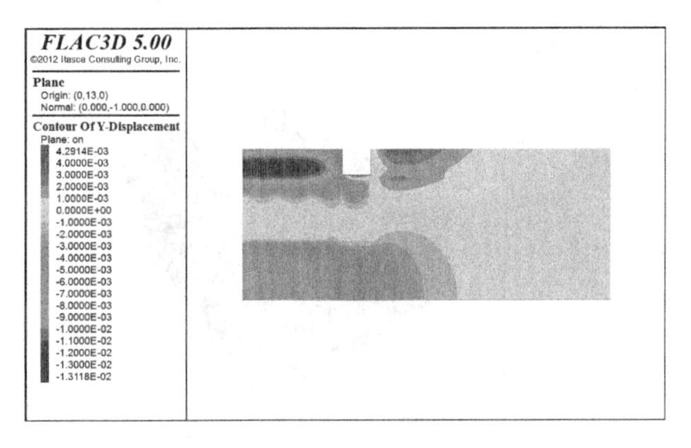

图 17　工况 2 地下连续墙水平位移云图

出现在开挖面处，基坑中部附近。开挖面以下地下连续墙水平位移减小的速率很快，说明坑底横墙起到与支撑类似的作用。基坑外围土体也出现了水平位移，但位移值很小。

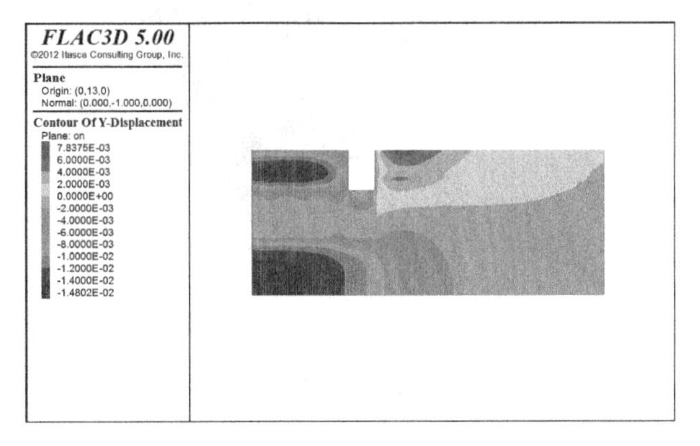

图 18　工况三地下连续墙水平位移云图

分图 18 可知，模拟中开挖至 22m 时，最大位移达到了 14.8mm，出现在基坑开挖面附近以及横墙以下部位，基底至地下连续墙底部的区域水平位移在 2～8mm 之间。基坑外大部分土体的水平位移仍然很小。提取工程中测点 ZQT-08 对应的模拟数据，绘制位移与深度关系的曲线如图 19所示。

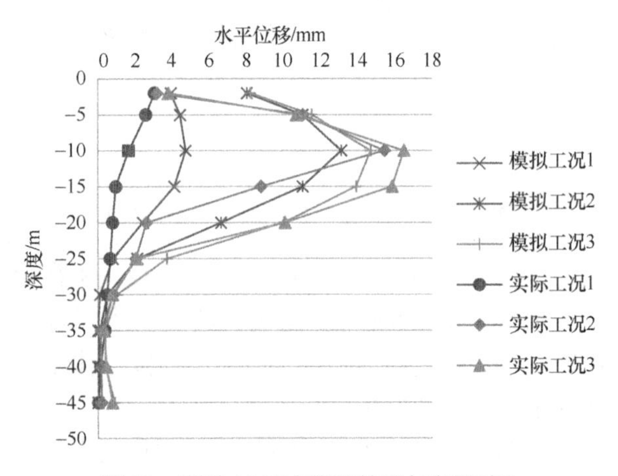

图 19　ZQT-08 测点模拟结果与实测对比

分析 FLAC3D 的位移云图变化，并将模拟得到的位移曲线与实际相对比可知：仿真计算得到的 3 个工况地下连续墙水平位移沿深度趋势与根据实际监测得到的趋势相吻合，并且在深度为5～20m 的范围内位移最大，下部地下连续墙由于横墙的支撑作用位移较小，这也证明了模型计算的准确性。由于实际施工过程中的地面荷载会加大地下连续墙的水平位移，仿真计算得到的地下连续墙水平位移在开挖段略小于实际监测结果，但总体上看，可利用模拟找到危险点的相对位置，例如可以在施工前预判危险位置，以便施工时加强支护，提高工程安全性。

4　结论

本研究依托北京地铁 8 号线永定门外车站深基坑工程，分析了富水地层深基坑地下连续墙墙体水平位移及坑外地表沉降变形特性，并基于FLAC3D 数值仿真方法构建了基坑开挖支护三维数值模型，结合实测数据对模型进行了分析和验证。本研究在建模过程中，虽然只分析了土方卸荷阶段的基坑稳定性，并未对地下水的回灌和抽排进行模拟计算，但是仍能够得到以下关键结论，下一步工作将进行精细化建模，考虑抽排和回灌过程中动态水压力对基坑变形的影响。主要结论包括：

（1）在地下水位高、含水率大，强渗透性地层中，采用“水位回灌—水下开挖—混凝土封底”的开挖方式能较好控制地表沉降、坑底隆起及支护结构失稳变形。

（2）地下连续墙在疏干开挖阶段前的变形远大于水下开挖阶段的变形，最终呈“弓”形分布，最大位移发生在基坑中上部位，坑底横墙及水下混凝土对墙体水平变形有抵抗作用，当变形发展到横墙墙顶处时墙体位移大幅度减小。坑底横墙对地下连续墙中下部变形有很强的抑制作用。基坑阳角处由于架设的支撑较多，墙体水平位移较小，具有明显的空间效应。

（3）坑外地表沉降主要发生在水位回灌之前，占比达 69%。基坑回灌后的水下开挖过程中，地表沉降增大缓慢。基坑周边最大沉降发生在基坑长边中部，约为基坑最终开挖深度的 0.044%，最大沉降量为 16.12mm，远小于北京基坑沉降预警值（30mm）。水下开挖及封底的施工工法效果良好，对基坑周边的土体变形有较强的抑制作用，类似于墙体水平变形规律，地表沉降亦呈现明显的空间效应。

（4）FLAC3D可以用于复杂工况下的基坑开挖支护建模及计算分析，本次数值计算结果与工程实测结果基本吻合，可利用数值计算提前预判基坑支护结构最大变形及危险区位，提高施工安全性。

参考文献：

[1] 王国琴．京沪高铁淮河特大桥主桥水中基础施工技术[J]．铁道建筑技术，2012(6)：33-36.

[2] 郭志昆，张武刚，陈妙峰，等．对当前基坑工程中几个主要问题的讨论[J]．矿产勘查，2001(5)：40-43.

[3] 陈启辉，孙剑平，郭秋英．某基坑事故原因分析及加固处理[J]．建筑结构，2006，36(11)：107-108.

[4] 徐晓伟．复杂工程环境下高地下水位深基坑支护设计与施工控制要点[J]．岩土锚固工程，2013(3)：6-10.

[5] 阮林龙，杜雄文，张海鹏．深基坑地下水综合控制方法[J]．土工基础，2013(6)：75-77.

[6] 刘继国，曾亚武．FLAC3D在深基坑开挖与支护数值模拟中的应用[J]．岩土力学，2006，27(3)：505-508.